建筑工程高级管理人员实战技能一本通系列丛书

生产经理实战技能一本通
（第二版）

赵志刚　陆总兵　主编

中国建筑工业出版社

图书在版编目（CIP）数据

生产经理实战技能一本通 / 赵志刚，陆总兵主编
—2版. — 北京：中国建筑工业出版社，2021.6
（建筑工程高级管理人员实战技能一本通系列丛书）
ISBN 978-7-112-26238-0

Ⅰ. ①生… Ⅱ. ①赵… ②陆… Ⅲ. ①建筑施工企业
—施工管理 Ⅳ. ①TU71

中国版本图书馆 CIP 数据核字（2021）第 118064 号

责任编辑：张 磊 万 李
责任校对：芦欣甜

建筑工程高级管理人员实战技能一本通系列丛书
生产经理实战技能一本通（第二版）
赵志刚 陆总兵 主编
*
中国建筑工业出版社出版、发行（北京海淀三里河路 9 号）
各地新华书店、建筑书店经销
北京科地亚盟排版公司制版
廊坊市海涛印刷有限公司印刷
*
开本：787 毫米×1092 毫米 1/16 印张：19¼ 字数：476 千字
2022 年 2 月第二版 2022 年 2 月第一次印刷
定价：**68.00** 元
ISBN 978-7-112-26238-0
（37681）

本书编委会

主　　编：赵志刚　陆总兵

副 主 编：袁志斌　董凇伯　殷　亿　张松岩　章建江　郑　滨

参编人员：蒋贤龙　王力丹　时伟亮　曹健铭　李　宏　薄虎山

赵得志　殷　亿　敖　焱　闫　亮　周文文　曹　勇

尹　亮　王政伟　方　园　李大炯　王　帅

前　言

《建筑工程高级管理人员实战技能一本通系列丛书》自出版以来深受广大建筑业从业人员喜爱。本次修订在原版基础上删除了一部分理论知识，增加了一部分与建筑施工发展有关的新内容，书籍更加贴近施工现场，更加符合施工实战，能更好地为高职高专、大中专土木工程类及相关专业学生和土木工程技术与管理人员服务。

此书具有如下特点：

1. 图文并茂，通俗易懂。书籍在编写过程中，以文字介绍为辅，以大量的施工实例图片或施工图纸截图为主，系统地对项目生产经理工作内容进行详细地介绍和说明，文字内容和施工实例图片直观明了、通俗易懂。

2. 紧密结合现行建筑行业规范、标准及图集进行编写，编写重点突出，内容贴近实际施工需要，是施工从业人员不可多得的施工作业手册。

3. 通过对本书的学习和掌握，即可独立进行项目生产经理工作，做到真正的现学现用，体现本书所倡导的培养建筑应用型人才的理念。

4. 本次修订编辑团队更加强大，主编及副主编人员全部为知名企业高层领导，施工实战经验非常丰富，理论知识特别扎实。

本书由赵志刚担任第一主编，由南通新华建筑集团有限公司陆总兵担任第二主编；由重庆悦力建筑工程有限公司袁志斌、建峰建设集团股份有限公司董凇伯、中建国际工程有限公司殷亿、中信国安建工集团有限公司张松岩、浙江欣捷建设有限公司章建江、惠州市友诚实业有限公司郑滨担任副主编。本书编写过程中难免有不妥之处，欢迎广大读者批评指正，意见及建议可发送至邮箱 bwhzj1990@163.com。

目　　录

1　杰出项目生产经理必备技能

1.1　项目生产经理定义

项目生产经理是受项目经理领导，在项目施工现场全面负责生产管理工作的组织者和指挥者，对工程工期、质量、安全生产和环境保护负有直接的领导责任。

项目生产经理的作用：在公司职能部门指导与项目经理的领导下，执行有关施工生产计划、指令、文件，并对信息进行反馈，按照既定施工组织计划合理安排，保证均衡施工。

1.2　项目生产经理岗位职责及具体内容

项目生产经理岗位职责是领导编制项目施工生产计划（年、季、月、周计划），负责审定、考核分包单位月、周计划，并组织贯彻实施。

1.2.1　项目进度计划管理概述

项目进度计划管理是指在项目实施过程中，对各阶段的进展程度和项目最终完成的期限所进行的管理。

1.2.2　项目进度管理体系

项目进度管理体系主要包括两大部分的内容，即项目进度计划的制定和项目进度计划的控制。

（1）在项目进度管理中，制定出一个科学、合理的项目进度计划，只是为项目进度的科学管理提供了可靠的前提和依据，但并不等于项目进度的管理就不再存在问题。在项目实施过程中，由于内外部环境和条件的变化，往往会造成实际进度与计划进度发生偏差，如不能及时发现这些偏差并加以纠正，项目进度管理目标的实现就一定会受到影响。所以，必须实行项目进度计划控制。

（2）项目进度计划控制的方法：以项目进度计划为依据，在实施过程中对实施情况不断进行跟踪检查，收集有关实际进度的信息，比较和分析实际进度与计划进度的偏差，找出偏差产生的原因和解决办法，确定调整措施，对原进度计划进行修改后再予以实施；随后继续检查、分析、修正；再检查、分析、修正，直至项目最终完成。

1.2.3　横道图

横道图是项目进度计划管理的常用工具，如图1.2-1所示。

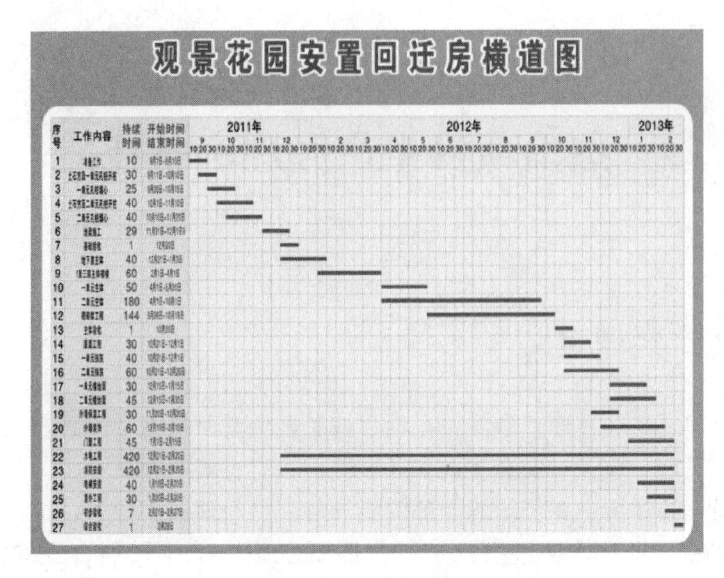

图 1.2-1 横道图

（1）横道图优点

形象直观，易于编制和理解。从横道图上可以直观地看出各项工作内容及开始时间、持续时间、结束时间。

（2）横道图适用范围

可直接用于一些小项目，一般用作项目总体计划。

（3）横道图缺点

1）不能反映各工作间的逻辑关系；2）不能反映出影响工期的关键工作和关键线路；3）不能反映出工作的机动时间，因而无法进行最合理的组织和指挥；4）不能反映出工期与费用的关系，因而不便于压缩工期和降低成本。

1.2.4 网络计划技术

常用网络计划技术有双代号网络计划，如图 1.2-2 所示。

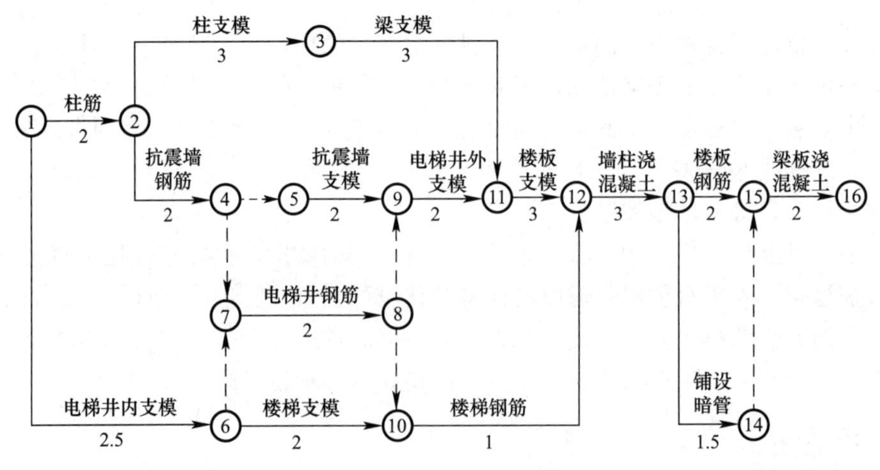

图 1.2-2 双代号网络计划

（1）优点

1）能够明确表达各项工作之间的逻辑关系；

2）通过时间参数的计算，可以找出关键线路和关键工作；

3）通过计算，可以明确各项工作的机动时间；

4）可以利用电脑进行计算、优化和调整。

（2）缺点

没有横道图那么直观明了。

（3）适应范围

工作项目较少、工艺简单的工程。

1.2.5 网络进度计划的优化

网络进度计划优化的内容包括：费用优化、资源优化、工期优化。

1.2.6 施工总进度计划编制步骤和方法

（1）计算工程量

根据批准的工程项目一览表，按单位工程分别计算其主要实物工程量，工程量只需粗略地计算即可。工程量的计算可按初步设计（或扩大初步设计）图纸和有关定额手册或资料进行。

（2）确定各单位工程的施工期限

各单位工程的施工期限应根据合同工期确定，同时还要考虑建筑类型、结构特征、施工方法、施工管理水平、施工机械化程度及施工现场条件等因素。

（3）确定各单位工程的开竣工时间和相互搭接关系

确定各单位工程的开竣工时间和相互搭接关系主要应考虑以下几点。

1）同一时期施工的项目不宜过多，以避免人力、物力过于分散。

2）尽量做到均衡施工，以使劳动力、施工机械和主要材料的供应在整个工期范围内达到均衡。

3）尽量提前建设可供工程施工使用的永久性工程，以节省临时工程费用。

4）急需和关键的工程先施工，以保证工程项目如期交工。对于某些技术复杂、施工周期较长、施工困难较多的工程，亦应安排提前施工，以利于整个工程项目按期交付使用。

5）施工顺序必须与主要生产系统投入生产的先后次序相吻合。同时还要安排好配套工程的施工时间，以保证建成的工程能迅速投入生产或交付使用。

6）应注意季节对施工顺序的影响，使施工季节不导致工期拖延，不影响工程质量。

7）安排一部分附属工程或零星项目作为后备项目，用以调整主要项目的施工进度。

8）注意主要工种和主要施工机械能连续施工。

（4）编制初步施工总进度计划

施工总进度计划应安排全工地性的流水作业。全工地性的流水作业安排应以工程量大、工期长的单位工程为主导，组织若干条流水线，并以此带动其他工程。施工总进度计划既可以用横道图表示，也可以用网络图表示。

（5）编制正式施工总进度计划

初步施工总进度计划编制完成后，要对其进行检查。主要是检查总工期是否符合要求，资源使用是否均衡且其供应是否能得到保证。

1.2.7 如何编制施工季度、月、周进度计划

（1）施工季度、月、周进度计划关系

施工季度、月、周进度计划编制方法与施工总进度计划基本相同，不同之处在于施工总进度计划是以整个建设项目为编制对象，而施工季度、月、周进度计划以建设项目下的子项目为编制对象；施工季度进度计划的编制以总进度计划为依据进行编制，是总进度计划的再细分化；施工月进度计划的编制以季度进度计划为依据进行编制，是季度计划的再细分化；周进度计划的编制以月进度计划为依据进行编制，是月进度计划的再细分化。

（2）施工季度、月、周进度计划编制方法

1）划分施工过程。

将建设项目划分为多个单项工程、单位工程、分部分项工程。

2）计算工程量。

分别根据要编制的进度计划类别来计算工程量，如编制季度进度计划，计算单项、单位工程量；编制月、周进度计划，计算分部分项工程量。

3）确定劳动量和机械台班数量。

4）确定各施工过程的持续施工时间（天或周）。

5）编制施工季度、月、周进度计划的初始方案。

6）检查和调整施工季度、月、周进度计划初始方案。

1.2.8 项目进度控制

项目进度控制是决定项目能否实现建设目标的重中之重。

（1）进度控制概述

进度控制是指对工程项目建设各阶段的工作内容、工作程序、持续时间和衔接关系根据进度总目标及资源优化配置的原则编制计划并付诸实施，然后在进度计划的实施过程中检查、监督是否按计划要求进行，对出现的偏差情况进行分析，采取补救措施或调整、修改原计划后再付诸实施，如此循环，直到建设工程竣工验收交付使用。

（2）影响进度的因素分析

常见影响因素有：①业主因素；②勘察设计因素；③施工技术因素；④自然环境因素；⑤组织管理因素；⑥社会环境因素；⑦材料设备因素；⑧资金因素。

其中人为因素是最大的干扰因素。

（3）进度控制措施

包括组织措施、技术措施、经济措施、合同措施。

1）组织措施

① 建立进度控制目标体系，明确建设工程现场监理组织机构中进度控制人员及其职责分工。

② 建立工程进度报告制度及进度信息沟通网络。

③ 建立进度计划审核制度和进度计划实施中的检查分析制度。

④ 建立进度协调会议制度，包括协调会议举行的时间、地点，协调会议的参加人员等。

⑤ 建立图纸审查、工程变更和设计变更管理制度。

2）技术措施

① 审查承包商提交的进度计划，使承包商能在合理的状态下施工。

② 编制进度控制工作细则，指导监理人员实施进度控制。

③ 采用网络计划技术及其他科学适用的计划方法，结合电子计算机的应用，对建设工程进度实施动态控制。

3）经济措施

① 及时办理工程预付款及工程进度款支付手续。

② 对应急赶工给予优厚的赶工费用。

③ 对工期提前给予奖励。

④ 对工程延误收取误期损失赔偿金。

⑤ 加强索赔管理，公正地处理索赔。

4）合同措施

① 推行CM（Construction Management）承发包模式，对建设工程实行分段设计、分段发包和分段施工。

② 加强合同管理，协调合同工期与进度计划之间的关系，保证合同中进度目标的实现。

③ 严格控制合同变更，对各方提出的工程变更和设计变更，监理工程师应严格审查后再补入合同文件之中。

④ 加强风险管理，在合同中应充分考虑风险因素及其对进度的影响，以及相应的处理方法。

1.2.9　组织施工

项目生产经理负责组织实施项目工程施工组织设计及既定的方针目标，直接领导安全生产、文明施工、施工机械设备、现场材料等各项管理工作，简单讲，就是项目管理。

1.2.10　施工控制

组织施工人员严格按施工程序，科学安排施工作业，加强指挥，合理调度，对施工过程质量、工期和安全生产进行控制、检查。

（1）安全控制

建筑企业要发展，施工安全是基石。如果说项目经理是项目施工安全第一责任人，那么项目生产经理就是项目施工安全生产的直接负责人，所以生产经理应时刻狠抓现场施工安全，将施工安全作为一切工作的前提。安全培训和作业安全检查是做好安全生产的重要环节。

1）安全培训要有针对性；

2）培训达到的标准是使每一个作业人员都有“安全第一，预防为主，综合治理”的思想意识；

3）作业过程有专人进行安全专项检查。

(2) 进度控制

1) 科学合理制定施工进度计划。

由于每一个工程的分部项目较多，为了缩短工期，控制工程进度，应全面熟悉了解施工图纸，根据工程结构特点和已定施工方案，按照施工顺序逐一列出各个施工项目，尽量防止项目遗漏或重复，合理安排工程的施工顺序，在保质、保量、保安全的前提下，以最短时间完成工程项目（图 1.2-3）。

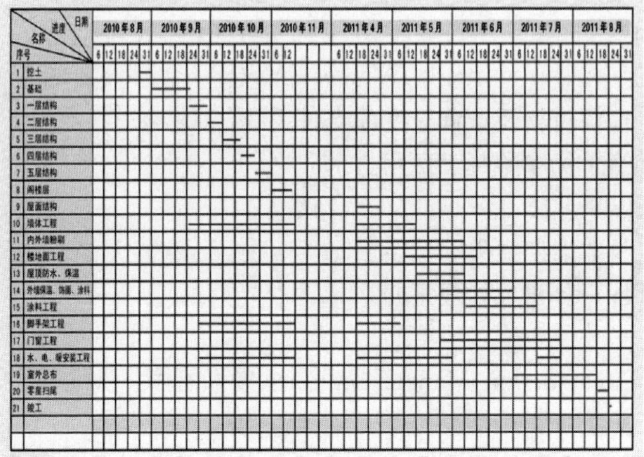

图 1.2-3 合理的施工进度计划

2) 适时监控施工进度计划执行情况。

进度计划重在落实。

首先，工程进度计划确定后必须严格执行，谨防发生"连锁反应"直接影响后续施工；其次，施工进度计划在编制时已经考虑到了施工单位可以得到最优施工条件和资源因素，而赶工期将会额外增加企业的投入。工程在投标报价阶段都是以施工成本为基础的，增加企业的投入也就减少了企业的利润，对建造成本控制也十分不利。

因此，要定时总结归纳已经完成进度，及时监控计划与实际执行情况是否存在偏差，并找到出现偏差的原因，进一步实施赶工方案，尽量避免赶工期的现象出现。

(3) 质量控制

项目施工的质量控制主要应从人、材、机三个方面着手控制，由于任何项目都是由人来完成的，所以人的控制是质量控制中最为关键的工作，是其他控制的基础。

1) 人的控制。

① 要选用高技能的人才，加强工人技能培训。②人员的工作积极性要高。

2) 材料的控制。

对材料要施行全程控制，从材料的采购、运输、存储和使用等过程进行控制。材料控制的目的是使在施工项目上所使用的材料尽可能经济合理，并减少损耗，降低材料成本。材料的采购应根据施工合同的要求，在满足合同条件的要求下以低价为宜。材料的采购应坚持"货比三家"的买卖原则。

3) 机械使用的控制。

机械的使用及管理严格执行"三定"制度，即定机、定人、定岗，根据不同类别的机械，制定操作人员职责和岗位职责。机械的使用可以有效提高生产效率，加快施工进度，保证施工质量和施工安全。同时，施工机械是一次性投资，使用期较长，属于较大项目的固定资产投资。施工机械使用控制的关键是在开工前对机械购买、租赁或者继续使用原有机械进行评估。评估主要针对经济指标，在评估时应充分核算各个方案在工程存续期所消耗的经济资源，从中选择较经济的方案，如对施工电梯控制好进场时间，一般主体施工到一半左右即可安排施工电梯进场安装；大多数企业都会选择租赁施工电梯。

（4）成本控制

成本控制的原则有以下几点。

1）成本最低化原则。

施工单位应根据市场价格编制施工定额。施工定额要求成本最低化，同时还应注意降低成本的合理性。施工定额应根据市场价格的变动，经常地进行调整。

2）全面成本控制原则。

成本控制是“三全”控制，即全企业、全员和全过程的控制。项目成本的全员控制有一个系统的实质性内容，即建立包括各部门、各单位的责任网络和班组经济核算等，应防止成本控制人人有责，又人人不管。

3）动态控制原则。

施工项目是一次性的，成本控制应从项目施工的开始一直到结束。在施工前，应确定成本控制目标；在施工中，应对成本进行实时控制，及时校正偏差；在施工结束后，对成本控制的情况进行总结。

4）目标管理原则。

项目施工开始前，应对项目施工成本控制确立目标。目标的确定应注意其合理性，目标太高易造成浪费，太低又难以保证质量。如果目标成本确定合理，项目施工的实际成本就应该与目标成本相差不多。相差太多，不是目标成本确定有问题，就是项目施工有不完善的地方（如有偷工减料或者出现材料质量不合格的情况）。

5）责、权、利相结合的原则。

在项目施工过程中，生产经理、各部门在肩负成本控制责任的同时，享有成本控制的权力，同时，生产经理要对各部门在成本控制中的业绩进行定期的检查和考评，实行有奖有罚。只有真正做好责、权、利相结合的成本控制，才能收到预期的效果。

1.2.11 现场协调

项目生产经理负责协调总包各工种间、总包与各分包间交叉施工中相互配合工作，组织对项目施工资源进行协调、调配。

（1）生产经理应每周召开一次生产协调会，并把各专业工种的配合与协作列为生产协调会的一项重要内容，会议记录员记录下各专业需要协调的问题，有针对性地采取协调措施，及时解决施工中各专业的配合问题。

（2）各专业技术人员在施工前进行图纸会审，认真学习图纸，将施工中配合交叉有矛盾的问题在施工前提出，并共同商讨解决办法，以避免施工中互相干扰。

（3）现场施工施行精细化管理。施工现场精细化管理不是一个人能够完成的，需要每一位施工人员精诚团结，共同去完成。生产经理应通过会议、培训学习、方案指导等方式将精细化管理观念宣传、深入到每一个施工人员的内心深处。施工中的精细化管理包括：1）合同执行中的精细化；2）加强索赔意识；3）质量管理的精细化；4）材料管理的精细化；5）竣工结算中核算精细化。

1.2.12 例会管理

项目经理部的生产例会，是为了落实项目施工生产计划和完成情况。施工生产例会是现场参建各单位最有效的沟通方式，生产经理应主持项目部的生产例会。会议要点：1）检查上次例会拟定事项的完成情况，如没完成，说明原因；2）各单位上报近期安全生产工作情况和困难、要求等；3）结合本部门单位实际，通报本单位安全工作整体情况，提出下一步工作重点，安排工作任务，通报表扬和批评等；4）拟定这次安全生产会议的内容，以及确定从这次到下次会议要完成的工作内容。

好的生产例会需做到以下几点：

1）生产例会通知要明确会议时间、地点、参会人员、会议内容及会议纪律，并按此严格实施；

2）要掌握工程信息，了解各方关切的问题，做好会议准备；

3）沉稳主持，善于倾听，协调立场，明确措施，恰当表态；

4）会议后形成会议纪要备查。

1.2.13 竣工验收与事故处理

生产经理参与工程各阶段的验收工作，具体负责质量事故、安全事故和环境污染事故的调查处理。验收前准备工作：1）检查施工项目，完成各项收尾工作；2）采取成品保护措施并封闭管理，禁止人员进入成品区，防止造成成品破坏；3）施工现场管线系统负荷试验完成；4）临建拆除、清理；5）组织竣工现场清理；6）竣工各项验收资料准备齐全；7）及时组织并完成各项工作的预验收。

1.3 杰出生产经理必须具备的知识能力

1.3.1 扎实的专业知识基础

一个好的生产经理首先必须有扎实的专业基础。扎实的专业基础是技术管理的关键。生产经理需掌握的专业知识如下。

（1）土方工程开挖支护要求、排降水要点、开挖支护方式的选择、常见土方开挖问题的预防及处理、土方开挖完毕验收要求等。

（2）各类工程钢筋施工工序，钢筋连接种类、方法，钢筋锚固要求，不同钢筋构件的保护层要求，常见钢筋工程质量通病的预防及处理，钢筋工程验收要求等，见图1.3-1。

（3）各类工程模板施工工序、模板安装要点、模板加固方法、模板垂直度及平整度要求、常见模板工程质量通病的预防及处理、模板工程验收要求等，见图1.3-2。

（4）各类工程防水施工工序、防水重点部位的施工要点、常见防水工程质量通病的预防及处理、防水工程质量验收要求等，见图1.3-3。

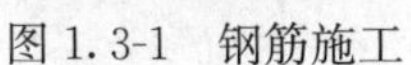

图 1.3-1 钢筋施工

图 1.3-2 模板施工

（5）各类工程混凝土施工工序，不同类别混凝土施工要点，混凝土浇筑，养护方法，混凝土表面垂直度及平整度要求，常见混凝土工程质量通病的预防及处理，混凝土工程验收要求等，见图 1.3-4。

图 1.3-3 防水工程施工

图 1.3-4 混凝土浇筑

（6）各类工程模板支架、脚手架搭设及拆除工艺顺序，纵横钢管间距设置要求，剪刀撑设置要求，拉结点设置要求，安全围护设置要求，常见搭设问题预防与处理，脚手架、模板支架验收要求等，见图 1.3-5。

（7）读图识图能力。

图 1.3-5 模板支架

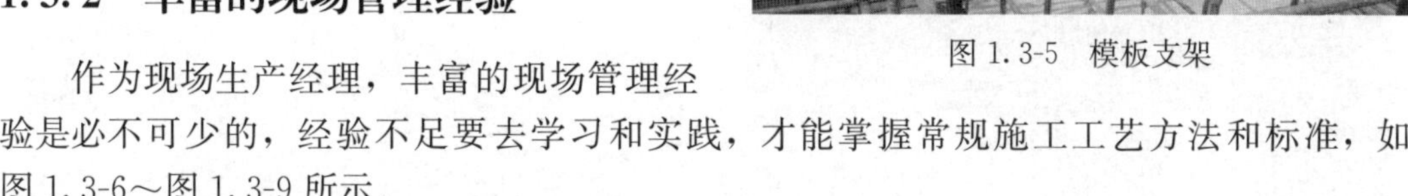

1.3.2 丰富的现场管理经验

作为现场生产经理，丰富的现场管理经验是必不可少的，经验不足要去学习和实践，才能掌握常规施工工艺方法和标准，如图 1.3-6～图 1.3-9 所示。

1.3.3 正确的作业管理方法（以砌筑施工为例）

除专业技术知识外，生产经理还应具备卓越的组织协调能力。砌体施工时难免与水电预埋、构造柱、圈梁钢筋绑扎施工交叉、影响，协调配合的总体思路是合理安排各施工工序，采取跟班制原则，即预埋工作比砌体工作提前一个班施工。

具体协调方法：（1）构造柱、圈梁等可提前在钢筋预制场绑扎成钢筋笼，尽量减少与砌体的交叉影响。

图 1.3-6 混凝土浇筑跑道支架

图 1.3-7 构造柱（一）

图 1.3-8 构造柱（二）

施工工艺要点：防止接缝处错台、漏浆滴挂，在模板支设时，在已有结构上种植螺栓@450，用于方木固定防止横板偏移，保证接缝表面平整、方正，接缝处用两层双面海绵条填塞严密防止混凝土漏浆。

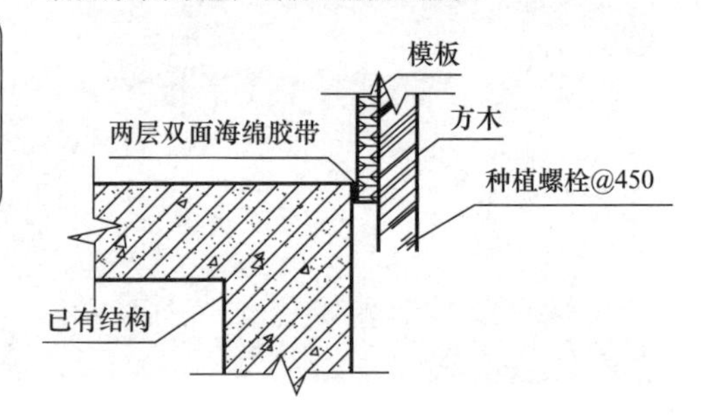

图 1.3-9 墙体接缝控制要点

（2）水电预埋工作可提前安排水电现场安装负责人与砌体负责人达成一致，涉及墙壁开槽的要有工序交接单，各方施工时注意对彼此成品的保护，见图 1.3-10、图 1.3-11。

图 1.3-10 砌体施工协调

图 1.3-11 吊顶施工

注：吊顶板封板前，确保电气、通风、消防、给水排水等专业施工完毕，避免重新打开吊顶板施工破坏吊顶。

1.3.4 良好的交流沟通技巧

良好的沟通能力、独立分析和解决问题的能力等也是一个优秀生产经理的必备条件，具体体现在对内协调、对外沟通上，当内部员工出现矛盾时，如塔式起重机司机与信号工，协调要点：首先以劝导为主，大家走到一起是缘分，背井离乡来到工地上，都是为了挣钱养家，无仇无怨，有矛盾也都是为了工作，双方彼此谦让，和气生财；其次为软硬兼施，遇到双方都不肯让步的情况，分别针对各人的脾气性格先以朋友的身份进行劝导，若无效则必须以领导的身份严肃对待，找出矛盾所在，错的批评，对的教训（不懂得谦让）。

内部员工与合作单位员工出现矛盾时，如员工与监理、业主等，协调要点：首先，在没了解矛盾原因的情况下必须维护对方的面子，但不是当着对方的面斥责员工，而是主动承担责任，怪自己没交代到位；其次，事后了解矛盾发生的原因后，如果是员工原因则是批评加指导，批评错误，指导其改正，如果是对方原因则鼓励加指导，鼓励其坚持原则，指导其注意沟通方式。

1.4 生产经理的素质要求

1.4.1 专业能力，解决问题的能力，组织能力

良好的专业能力、解决问题的能力、组织能力是优秀生产经理必备的素质。

1.4.2 交流、交际的能力，倾听的能力

良好的交际能力、倾听能力是一个人与他人快速交往并友好相处的关键，所以对于日常与形形色色人员打交道的生产经理来说，这种能力也是工作顺利开展必不可少的条件。生产经理的工作不仅仅是在工地上，还体现在与合作单位的默契配合中，为使项目顺利进行，必要的公关也是生产经理日常工作中的一项。

1.4.3 激励的能力，指导下属的能力，培养能力

生产经理要善于激励下属，下属犯错时不要一味地批评斥责，应耐心指导，帮助其改正错误，同时培养其独立解决问题的能力。生产经理应通过与下属座谈，掌握下属心理动态，了解下属心中所想及对工作的建议与意见，帮助其解决工作和思想上的困惑，从而更好地开展工作。

1.4.4 控制情绪的能力，自我约束的能力

由于施工现场人员繁多，素质参差不齐，不可能全都达到生产经理的预期要求，因此管理起来会遇到各种各样的问题。这就要求生产经理有良好的控制情绪能力与自我约束能力。

1.4.5 有建立团队的能力和意识

众人拾柴火焰高，生产管理是一个团队的管理，不是生产经理一个人所能完成的，因

此生产经理要有建立团队的能力和意识。一个高效率的团队应该是：生产经理不必面面俱到，团队成员定岗定责，各司其职。建立、维护这个团队的核心是沟通。生产经理要主动带头，加强团队间的沟通、协作，及时掌握团队各成员的工作进度、状态及需要协调解决的问题，以便更好地为生产管理服务。

1.5 生产管理经常遇到的问题

1.5.1 材料供应不及时

（1）原因：生产无计划或物料无计划，造成物料进度经常跟不上，以至于经常性地停工待料，见图 1.5-1。

（2）处理方法：首先，向项目经理报告，抓紧时间催要材料；其次，集合各班组长安抚工人（现在大部分项目都是采取点包形式，材料供应不及时，工人会闹情绪），可以安排些安全防护、清理现场的活先让工人干着。

（3）预防措施：周转材料、装修材料等要提前做好材料计划，具体提前时间根据当地市场材料供应时间来定，比如提前 1 个月或 2 个月等。

1.5.2 材料供应无计划

（1）原因：材料计划的不准或材料控制的不良，半成品或材料不能衔接上，该来的不来，不该来的来了一大堆，造成库存量增多，生产自然不顺畅，见图 1.5-2。

图 1.5-1 停工待料

图 1.5-2 材料剩余

（2）预防措施：材料计划要求算量要精准，预算算量和技术算量结合起来，预算人员多与现场生产经理沟通。

1.5.3 进度拖延

召开进度分析会，分析进度拖延的原因。大部分原因是劳务人员不足，要催促上人和积极帮助劳务队联系施工班组。建筑施工大部分是手工作业，劳务人员必须充足。

1.6 生产管理容易忽略的问题

（1）何时——时间

生产经理安排施工任务时，给班组要有确切的时间规定，如什么时间开始、什么时间完成。

（2）何地——地点

生产经理安排施工任务时，施工班组的作业位置要交代清楚，比如地下一层①～⑦/Ⓐ～Ⓓ轴梁钢筋绑扎作业。

（3）何人——谁做

生产经理安排任务时，要落实到班组具体负责人身上，如钢筋绑扎任务交给钢筋班组长。

（4）何物——做什么

生产经理安排任务时，要交代清楚具体做什么，如是梁钢筋绑扎还是柱钢筋绑扎。

（5）为何——为什么做

生产经理安排任务时，会有作业指导书，要交代清楚为什么这么做，不这么做的后果是什么，如工人用电作业时必须接地，否则容易出现电击事故。

（6）如何做——用什么方法

生产经理安排任务时，要交代清楚班组如何施工，一般通过技术交底的方式体现。

（7）做多少或花多少钱

生产经理安排任务时，要清楚作业任务的工程量及所对应消耗的人工时，据此来安排对应数量的作业人员。

2 劳务管理

2.1 劳务分包模式及合同

2.1.1 劳务分包的定义

劳务分包是指建筑工程施工总承包企业或专业承包企业将劳务作业依法分包给有建筑劳务资质的劳务分包企业。

2.1.2 劳务分包模式

（1）传统劳务分包

传统劳务分包即包清工模式，并承包辅助材料及中小型机械。

企业的经营是以营利为目的，对于施工企业来说，工程的利润主要是来自工程成本中材料费和机械费。工程成本的直接费中，目前人工费的利润较低，要赢利只能从工程成本中材料费和机械费上来获取。

（2）扩大劳务分包模式

即在传统模式分包的基础上进一步扩大承包范围，如周转材料模板、木方、钢管、扣件、粗装修材料等。这种分包模式的好处在于既可以获取主材、主要设备的利润，同时又可以相对减少项目管理人员的配置，有利于工程成本的控制。

（3）总分包模式

除钢筋、混凝土、大型机械外，其他的施工内容由分包承包，且标价不分离。这种分包模式的好处与扩大劳务分包模式类似，但相对于扩大劳务分包模式更有利于工程成本的控制。

从利润的获取方法来看，以上三种分包模式中纯劳务的包清工模式应该是最能赢利的。

（4）联营分包模式

即所有施工内容由分包自行完成，且标价不分离。从工程利润的获取来看，联营分包的管理模式是最不赢利的。因为材料、机械等都是分包提供，利润大部分都流进了分包的腰包里，作为总包只能收取几个点的管理费。但考虑到建筑市场运作的不规范，现在大部分工程需要垫资，而垫资必然会带来风险，解决的办法就是将垫资风险转移出去，寻找合作方来转移垫资的风险和压力。

2.1.3 劳务分包合同

（1）劳务分包合同不得包括大型机械租赁、周转性材料的租借和主要材料采购。劳务分包合同可规定低值易耗材料由劳务企业采购，并由劳务企业凭采购凭证另加一定的管理费向总包企业报销。

（2）劳务企业不得以低于成本价的垫资为条件承包劳务作业，如果是最低价中标，在公布中标结果前，劳务工程发包人要组织专业人员进行人工成本测算分析，防止低于人工成本的恶意竞争。

（3）建设单位应当将建设工程发包给具有相应资质等级的总承包企业或专业承包企业，禁止建设单位向劳务分包企业或无资质的企业、“包工头”、个人发包建设工程。

（4）总承包企业将专业工程发包时，必须选择具有相应资质等级的专业承包企业。总承包企业、专业承包企业发包劳务作业时，必须选择具有相应资质等级的劳务分包企业。

现实存在问题是，许多劳务作业人员与劳务企业没有劳动合同或只是口头协议；综合保险办理更是少之又少。一旦出现劳务纠纷，劳动者维权困难。

（5）两个以上不同资质等级的单位实行联合共同承包的，应当按照资质等级低的单位的业务许可范围承揽工程。

2.2 劳务分包合同备案

2.2.1 劳务分包合同备案流程

（1）劳务分包企业签订劳务分包合同及劳动合同用工必须使用项目所在市统一的《建设工程劳务分包合同》和《建筑劳务作业人员劳动合同》文本。

（2）劳务分包企业必须在劳务分包施工合同签订后7个工作日内，到项目所在地的分包、劳务市场办理合同备案和综合保险手续，劳务分包施工合同必须加盖合同双方单位的合同备案专用章。

（3）劳务分包企业必须与使用的每位劳务人员签订劳动合同，并及时向总包企业提供务工人员名单，要进行用工人数比对，并经总包企业盖章认可后，到工程所在地劳务、分包市场办理综合保险手续。

（4）劳务分包企业使用的劳务人员因故离开，需及时到分包劳务市场办理综合保险注销手续。

2.2.2 劳务分包合同变更

分包合同约定的工程范围、建设工期、工程造价、工程款支付和结算方式等内容发生重大变更的，应当自合同变更后7个工作日内，重新向原合同管理部门备案。

2.3 项目部现场劳务管理工作的主要内容

2.3.1 劳动力管理员设置标准

（1）使用劳务分包企业人员3000人以上，必须设置劳务管理机构；3000人以下，必须设置至少一名专职管理人员。

（2）劳务企业使用人员在1000人以上的要设置劳务管理机构；使用1000人以下要设置一名专职的劳务管理员。

（3）项目使用劳务分包企业人员500人以上，必须设置专职劳务管理人员；500人以下，必须设置至少一名兼职劳务管理人员。

2.3.2 劳务管理检查

应坚持每周开展一次劳务管理自查制度，检查、督促劳务企业落实实名制管理。项目部的劳动力管理员，必须建立分包队伍及人员履约情况检查记录，定期对履约能力进行评价，及时指导劳务工程分包人改进管理，保证完成合同规定内容。

2.3.3 项目部劳务管理标准

（1）项目部必须设置持证上岗的专职劳动力管理员。

（2）要制定工程项目现场劳动力管理员管理制度，并张贴上墙，建筑新人进场，劳动力管理员向其讲解管理制度。

（3）要制定工程项目现场劳务管理的实施方案。

（4）项目部在批准使用的劳务企业进入施工现场时，劳动力管理员要与市建委发布的“个人信用警戒提示”名单进行核对，以防“个人信用警戒提示”名单中的人员进入施工现场；要逐一核对人员是否全部具有身份证、劳动合同和岗位技能证书，不具备以上条件的不能使用。

（5）要严格按照劳务管理相关规定加强对现场的监控，要依据实名制要求，督促劳务企业做好劳务人员的劳动合同签订、人员增减变动台账资料。

（6）做好对进场施工人员的教育，根据国家有关规定，新入场工人必须进行三级安全教育并经考试合格后，方可上岗作业。

三级安全教育时间：①公司安全教育，不少于 15 学时；②项目部安全教育，不少于 15 学时；③班组安全教育，不少于 20 学时。

（7）严格执行劳务分包合同，及时办理洽商变更手续。随时了解劳务分包工程的进展状况，发现并解决劳务方面出现的问题，对解决不了的要及时向项目经理和公司反映。

（8）要合理控制工程项目劳务队伍的使用数量，结构工程的同一施工段只选择使用一家劳务企业。装修阶段或因抢工需多工种同时作业时，项目部可按要求另行选择分包企业。分包企业不得将工程转包或发包。

（9）应提前安排劳务队伍使用计划，预测劳动力人员的使用数量，做好劳动力的余缺调剂。因压缩工期需增加队伍时，应先办理原分包合同变更手续后，再增选队伍进行分部发包，不得让劳务分包方再次分包。

（10）应严格监管实行承包制的作业班组，防止劳务分包方的二次分包或转包。

（11）要做好劳务管理工作的业内资料收集、整理、归档。

（12）加强对分包食堂、宿舍的管理。

（13）按月对劳务管理工作进行检查。

（14）要做好结算工作，严格按照市住建委颁布的要求，做到“月结月清”，并按月填报劳务费结算支付情况报表。

（15）在劳务分包工程完工后，及时结清劳务费，监督分包方付清工人工资，并协调劳务队伍退场。

（16）研究制定建筑劳务纠纷和突发事件的协调处理预案。

2.4 劳务资料管理

2.4.1 劳务管理工作项目部应有的资料

（1）每月的项目部管理人员、作业人员花名册、考勤表、工资发放表。

（2）劳务分包合同、备案手续。

（3）劳务企业资质、营业执照、安全生产许可证复印件（需盖章）。

（4）每月的劳务企业人员花名册、考勤表、工资发放表、工资发放表封面、人员变动表。

（5）劳务企业人员的劳动合同原件、身份证、岗位技能证书复印件、施工现场人员登记表。

（6）每月的劳务费结算、支付情况台账。

（7）年度、月度劳动力用工计划。

（8）每周的“劳务管理检查表”。

2.4.2 劳务企业应有的资料

（1）劳务分包合同、备案手续。

（2）劳务企业资质、营业执照、安全生产许可证复印件。

（3）外地施工队伍（人员）来项目所在市备案通知书。

（4）每月的管理人员花名册、劳动合同、身份证、专业管理人员考试合格证书复印件。

（5）每月的作业人员花名册、劳动合同、身份证、岗位技能证书复印件。

（6）特殊工种人员花名册、劳动合同、身份证、岗位技能证书复印件。

（7）劳务企业劳动管理规章制度（特别是考勤、工资、劳动合同管理）。

（8）每月的考勤表、工资发放表。

（9）食堂、宿舍管理制度，见图 2.4-1、图 2.4-2。

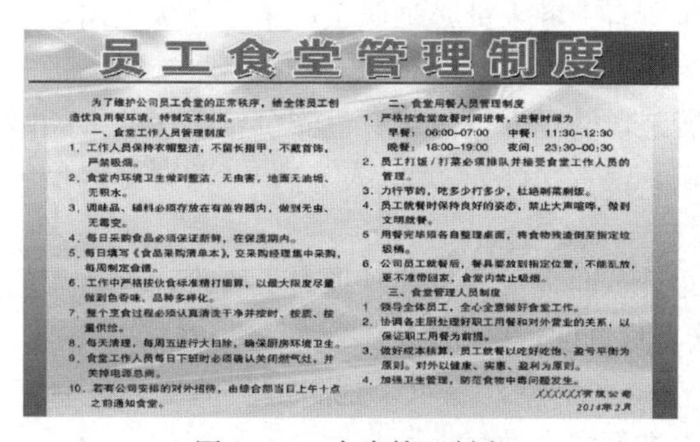

图 2.4-1 食堂管理制度

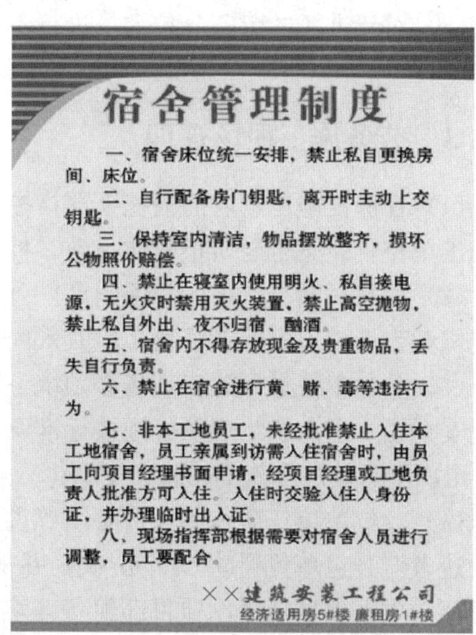

图 2.4-2 宿舍管理制度

2.5 劳务管理成功案例

2.5.1 工程概述

工程名称：××交易中心展览大楼。

建设地点：××市长安南路南端、东侧，紧邻电视塔北侧。

建设规模：总建筑面积 51400m^2。

质量标准：合格，争创鲁班奖。

投标工期：开工 2009 年 7 月 12 日，竣工 2010 年 9 月 10 日；绝对日历 446 天。

本工程根据实际情况采用总分包的管理模式，即除钢筋、混凝土、大型机械外，其他的施工内容由分包承包，且标价不分离。

本工程工程量大，工期紧，工程质量要求高，分解为多个单位工程，每个施工阶段都会有多家劳务分包单位同时施工作业，劳务人员众多，素质良莠不齐，管理难度较大。

项目部综合以上因素制定了以下管理方案。

2.5.2 劳务进场管理

（1）首先根据工程项目分解，落实劳务分包单位并完成报批工作；组织劳务分包商的推荐和考查；审查劳务分包商的施工资质和许可证。本工程中土建工程、钢结构工程、机电设备安装工程、给水排水工程、精装修工程、消防工程分别选择一家劳务分包单位。

（2）查验所有分包劳务人员的身份证、技能证书、体检证明，并留存记录；检查劳务分包单位是否与每一位劳务人员都签订了劳动合同，并要求其向项目部提供务工人员名单，完成进场与用工人数比对、盖章。然后协同劳务分包商到市劳务分包市场办理综合保险手续。

（3）对新进场的劳务分包人员进行不少于 3 天的入职培训，培训内容以三级安全教育为主。

2.5.3 劳务施工现场管理

（1）在保证施工进度的前提下严格控制分包单位及劳务人员的使用数量，严格审查实际施工单位资质是否与所报资质一致，杜绝了转包或再分包。

（2）项目部实行严格的门卫制度，分包所有劳务人员必须佩戴胸卡，持证上岗，不按规定佩戴者，门卫安保人员可拒绝其入内。

（3）分包单位进入施工现场必须统一着装，管理人员佩戴黄色安全帽，作业人员佩戴白色安全帽，进入施工现场必须按标准佩戴，违者罚款 50 元/(人・次)，并对分包单位罚 200 元，从当月进度款中扣除。

（4）分包单位任何劳务人员必须尊重建设、监理及项目部管理人员管理，不得无理顶撞，违者对分包单位罚款 500 元/次，并从当月进度款中扣除。

（5）根据项目规模，项目部配备 3 名专职安全员，专职于施工过程的安全监督与检查，发现并及时消除安全隐患，定期对工人进行安全教育。

（6）组织对劳务班组长、骨干作业人员的培训，培训包括工艺技能培训、技术交底等。

（7）项目部技术组全程把控劳务施工质量。

（8）制定劳务作业队安全、质量、进度考核奖励办法。

2.5.4 劳务日常生活管理

（1）根据项目常住劳务人员的数量（300人），每个宿舍住8人，设置劳务人员专职管理员一名，同时监管工地食堂。

（2）施工现场、宿舍内严禁吸烟，吸烟者可到指定的吸烟区（亭）吸烟。

（3）对劳务人员进行消防知识教育并进行消防培训（灭火器材的使用），项目部定期组织消防演习。

（4）施工现场、生活区内严禁赌博、酗酒，违者清理出场；严禁偷盗、打架、斗殴，违者清理出场，严重者直接移交公安机关。

（5）宿舍内严禁私拉乱接电线，违者罚款50元/次，分包罚款200元/次。

（6）宿舍内轮流值日打扫卫生，项目部定期检查，优良者奖励，脏乱差者通报批评。

（7）工地设有厕所、浴室并安排专人负责打扫。

（8）任何人不得翻越围墙及大门，不得扰乱保卫秩序。所有参建人员外出应于晚11：00前返回工地，如有特殊情况，应由其所在单位负责人事先与现场保卫科联系。

（9）外来人员参观、会客、探友必须持有关证件到保卫室办理来客登记手续，值班保卫经请示相关部门允许后方准进入，出门必须持有探访人签字的会客条方可放行。

2.5.5 劳务资料管理

（1）劳务分包单位每月按时将管理人员、作业人员花名册，考勤表，工资发放表，人员变动表报送至项目部，并积极配合项目部核实所报项目的真实性。

（2）劳务分包单位每月按时将各个专业的劳务费结算、支付情况台账、劳务管理检查表报送至项目部，并积极配合项目部核实所报项目的真实性。

（3）劳务分包单位每月按时将月度劳动力用工计划报送项目部审批。

3 建筑施工人员入场安全教育

3.1 建筑行业的特点

3.1.1 作业流动性大，周期变化快

建筑施工项目随地点的变化而变化，施工人员随项目地点的变化而不断流动，即便是一个项目上的施工人员也会随工程进度的变化而不断流动，正是由于工作环境和条件产生的动态变化快，施工周期变化快，导致了不安全因素变化快，安全隐患变化快。

3.1.2 劳动强度大，劳动力密集

建筑行业（工地）工作时间长，劳动强度大，作业人员密集，交叉作业多，这就要求施工人员工作专心、思想集中，谨防伤害他人或被他人伤害。尤其遇到抢工期、加夜班，更是要求施工人员思想高度集中，稍不留神有可能发生安全事故。

3.1.3 从业人员成分杂，素质良莠不齐

建筑从业人员多，构成成分复杂，素质良莠不齐，普遍安全意识较差；工作时大多数抱有侥幸心理，意识不到工作的危险性，意识不到可能发生事故后果的严重性，甚至在没有监督的情况下，我行我素，不遵守劳动纪律，不遵守安全操作规程，违章操作等。

3.2 相关法律法规

3.2.1 《中华人民共和国劳动法》

《中华人民共和国劳动法》规定：从事特种作业的劳动者必须经过有关部门的培训并取得特种作业资格证后持证上岗，如塔式起重机司机、架子工、电焊工等。

3.2.2 《中华人民共和国建筑法》

《中华人民共和国建筑法》规定：建筑工程安全生产管理必须坚持“安全第一、预防为主、综合治理”的方针，建立健全安全生产责任制度和群防群治制度。加强对作业人员安全生产的教育培训，为从事危险作业的作业人员办理意外伤害保险。

3.3 入场安全教育

3.3.1 入场安全教育的必要性

施工新人刚进场，对作业环境不熟悉，甚至有些施工新人是第一次从事建筑行业工作，加之施工现场安全隐患众多，安全事故发生率极高，因此，入场安全教育至关重要。

3.3.2 入场安全教育的内容

入场安全教育以三级安全教育为主。

（1）公司级安全教育

公司级安全教育内容：①安全生产的意义和基础知识；②国家安全生产方针、政策、法律、法规；③国家、行业安全技术标准、规范、规程；④地方有关安全生产的规定和安全技术标准、规范、规程；⑤企业安全生产规章制度等；⑥企业历史上发生的重大安全事故和应汲取的教训。

（2）项目部级安全教育

项目部级安全教育内容：①施工现场安全管理规章制度及有关规定；②各工种的安全技术操作规程；③安全生产、文明施工基本要求和劳动纪律；④工程项目部基本情况，包括现场环境、施工特点，危险作业部位及安全注意事项；⑤安全防护设施的位置、性能和作用。

（3）班组级安全教育

班组级安全教育内容：①本班组从事作业的基本情况，包括现场环境、施工特点、危险作业部位及安全注意事项；②本班组使用的机具设备及安全装置的安全使用要求；③个人防护用品的安全使用规则和维护知识；④班组的安全要求及班组安全活动等。

3.4 施工现场安全隐患

3.4.1 人的不安全行为

主要有操作人员违章操作，对规章制度视而不见；麻痹大意；疲劳工作；不使用或不按规定使用劳保用品等，见图 3.4-1～图 3.4-3。

图 3.4-1 人的不安全行为（一）

注：高空作业不系安全带，易发生坠落事故。

图 3.4-2 人的不安全行为（二）

注：未戴安全帽，易发生物体打击事故。

3.4.2　物的不安全状态

主要有设备本身存在缺陷；用具存在缺陷；环境存在缺陷等不利于安全生产的状态，见图 3.4-4～图 3.4-6。

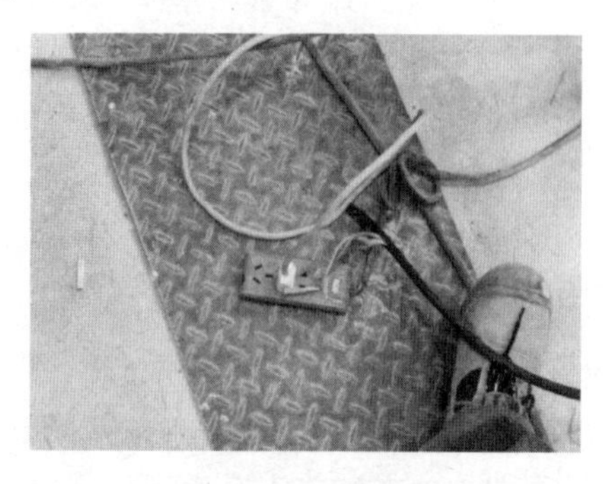

图 3.4-3　人的不安全行为（三）

注：插板线破损、接电不用插头，易发生触电事故。

图 3.4-4　物的不安全状态（一）

注：电箱无门锁，闸刀开关破损老化，易发生触电事故。

图 3.4-5　物的不安全状态（二）

注：洞口无防护，易发生跌落事故。

图 3.4-6　物的不安全状态（三）

注：工人宿舍在塔式起重机工作半径范围内，且宿舍上部没有任何防护架（棚）。

3.4.3　管理缺陷

主要有安全管理人员不负责任；建筑施工企业本身的安全管理混乱，使得操作人员无章可循等不利于安全管理的缺陷，见图 3.4-7、图 3.4-8。

图 3.4-7　管理缺陷（一）

注：管理混乱，材料乱堆乱放，未完工建筑内住人，易发生钉扎、火灾事故。

图 3.4-8　管理缺陷（二）

注：工人宿舍管理混乱，工人私自乱用电器，易发生火灾事故。

3.4.4　环境不安全因素

主要有照明不足、作业场所狭窄、恶劣天气等，见图 3.4-9～图 3.4-11。

图 3.4-9　照明不足

注：施工现场照明不足，工人仅靠头灯来照明，易发生跌落、钉扎等事故。

图 3.4-10　作业场所狭小

注：施工现场作业面过小，土方遭受长时间机械振动，导致坍塌。

图 3.4-11　大雪天气

注：大雪天气施工，高空作业易发生滑落事故。

3.5　常见安全事故的预防措施

3.5.1　物体打击的预防措施

（1）文明施工。施工现场必须达到《建筑施工安全检查标准》JGJ 59—2011 中文明施工的各项要求，见图 3.5-1。

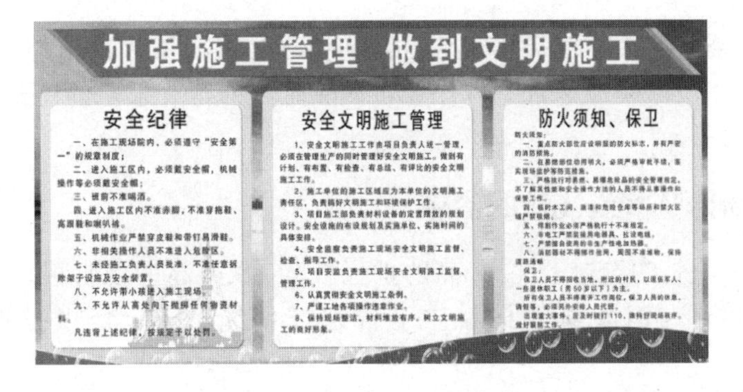

图 3.5-1　文明施工宣传牌

（2）设置警戒区。下述作业区应设置警戒区：脚手架搭设或拆除、桩基作业处、钢模板安装拆除、预应力钢筋张拉处周围以及建筑物拆除处周围等。设置的警戒区应由专人负责警戒，严禁非作业人员穿越警戒区或在其中停留，见图 3.5-2。

（3）避免交叉作业。施工计划安排时，尽量避免或减少同一垂直线内的立体交叉作业。无法避免交叉作业时，必须设置能阻挡上面坠落物体的隔离层，否则不准施工，见图 3.5-3、图 3.5-4。

图 3.5-2 脚手架整改警戒区

注：①高处作业高度在 2m 以上至 5m 时，称为一级高处作业，坠落范围半径 R 为 3m；②高处作业高度在 5m 以上至 15m 时，称为二级高处作业，坠落范围半径 R 为 4m；③高处作业高度在 15m 以上至 30m 时，称为三级高处作业，坠落范围半径 R 为 5m；④高处作业高度在 30m 以上时，称为特级高处作业，坠落范围半径 R 为 6m。

图 3.5-3 交叉施工

图 3.5-4 通道防护棚

（4）模板安装与拆除。模板的安装与拆除应按照施工方案进行作业，高处作业应有可靠立足点，不要在被拆模板垂直下方作业，拆除时不准留有悬空的模板，防止掉下砸伤人，见图 3.5-5。

3.5.2 预防物体坠落或飞溅的措施

（1）脚手架。施工层应设 1.2m 高防护栏杆和 18cm 高的挡脚板。脚手架外侧设置密目安全网，扣件、钢丝绳等材料向下传递或用绳吊下，禁止投扔，见图 3.5-6、图 3.5-7。

图 3.5-5 模板拆除措施

注：高处作业有可靠立足点，作业面狭小时有专人监护。

图 3.5-6 脚手架围护

注：预埋脚手架拉结钢管或钢筋，脚手架外侧设密目安全网，作业层满铺脚手板（毛竹板）。

（2）材料堆放。材料、构件、料具应按施工组织设计规定的位置堆放整齐，做到工完场清，见图 3.5-8、图 3.5-9。

图 3.5-7 施工洞口围护

注：1.2m 高防护栏杆，中间空档 60cm 高，挡脚板 18cm 高，防护栏杆和挡脚板刷红白警戒色。

图 3.5-8 工完场清

注：认真执行工完场清制度，每一道工序完成以后，必须按要求对施工中造成的污染进行认真的清理，前后工序必须办理文明施工交接手续。

（3）上下传递物件禁止抛掷，见图 3.5-10。

（4）往井字架、龙门架上装材料时，把料车放稳妥，材料堆放稳固，关好吊笼安全门后，应退回到安全地区，严禁在吊篮下方停留，见图 3.5-11。

图 3.5-9 钢筋堆放整齐

注：钢筋材料堆放整齐、分类标识，遮盖保护防雨锈蚀，底部垫高不小于 20cm。

图 3.5-10 高空抛物警示牌

①卸料平台对应的每层楼边处必须设置两根连墙杆，连墙杆预埋插管埋深不得小于250mm。②卸料平台卸料层应满铺木脚手架，脚手板应与架体绑扎牢固，且靠近升降机侧应高于靠近建筑物20cm。③卸料平台在架体两侧及正反面外侧两立杆之间应按标准设置扶手、中栏杆及挡脚板

图 3.5-11　物料提升机防护门

(5) 起重运输。运送易滑的钢材时，绳结必须系牢。起吊物件应使用交互捻制的钢丝绳。钢丝绳如有扭结、变形、断丝、锈蚀等异常现象，应降级使用或报废。严禁用麻绳起吊重物。吊装不易放稳的物件或大模板应用卡环，不得用吊钩。禁止将物体放在板形构件上起吊。在平台上吊运大模板时，平台上不准堆放无关料具，以防滑落伤人。禁止在吊臂下穿行和停留，见图 3.5-12、图 3.5-13。

防止倾翻措施：①吊装现场道路必须平整坚实，回填土、松软土层要进行处理；如土质松软，应单独铺设道路；起重机不得停置在斜坡上工作，也不允许起重机两个边一高一低；②严禁超载吊装；③禁止斜吊；斜吊会造成超负荷及钢丝绳出槽，甚至造成拉断绳索和翻车事故；斜吊还会使重物在脱离地面后发生快速摆动，可能碰伤人或其他物体；④绑扎构件的吊索须经过计算，所有起重工具，应定期进行检查，对损坏者做出鉴定,绑扎方法应正确牢固，以防吊装中吊索破断或从构件上滑脱，使起重机失重而倾翻；⑤不吊重量不明的重大构件设备；⑥禁止在六级风的情况下进行吊装作业；⑦指挥人员应使用统一指挥信号，信号要鲜明、准确。起重机驾驶人员应听从指挥

图 3.5-12　吊装作业防倾翻

防止高空坠落措施：①操作人员在进行高空作业时，必须正确使用安全带，安全带一般应高挂低用，即将安全带绳端的钩环挂于高处，而人在低处操作；②在高空使用撬扛时，人要立稳，如附近有脚手架或已装好构件，应一手扶住，一手操作，撬扛插进深度要适宜，如果撬动距离较大，则应逐步撬动，不宜急于求成；③工人如需在高空作业时，应尽可能搭设临时操作台，操作台为工具式，宽度为0.8~1.0m，临时以角钢夹板固定在柱上部，低于安装位置1.0~1.2m，工人在上面可进行屋架的校正与焊接工作；④如需在悬高空的屋架上弦上行走时，应在其上设置安全栏杆；⑤登高用的梯子必须牢固，使用时必须用绳子与已固定的构件绑牢，梯子与地面的夹角一般以65°~70°为宜；⑥操作人员在脚手板上通过时，应思想集中，防止踏上挑头板；⑦安装有预留孔洞的楼板或屋面板时，应及时用木板盖严；⑧操作人员不得穿硬底皮鞋上高空作业

图 3.5-13　高空作业防坠落

（6）深坑、槽施工。四周边沿在设计要求范围内，禁止堆放模板、架料、砖石或钢筋等材料。深坑、槽施工所用材料，均应用溜槽运送或塔式起重机调运，严禁抛掷，见图 3.5-14。

基坑周边堆放材料距周边距离不小于1.5m；一般在基坑四周安全距离50cm内搭设栏杆。栏杆可用脚手钢管、连接扣件进行组装搭设，要在四周设置必要的照明，防止夜间施工意外发生。雨季要注意排水，对临边围护要进行定期检查、加固

图 3.5-14　基坑围护

（7）安全帽。戴好安全帽，是防止物体打击的可靠措施。因此，进入施工现场的所有人员都必须戴好符合安全标准、具有检验合格证的安全帽，并系牢帽带，见图 3.5-15～图 3.5-17。

进入施工现场
必须戴好安全帽

工地使用
进入施工现场请正确佩戴安全帽

图 3.5-15　正确系戴安全帽

图 3.5-16　管理人员指导安全帽佩戴

安全帽撞击体验

图 3.5-17　安全帽撞击体验

注：通过让施工人员亲身体验安全帽撞击，提高其对安全帽重要性的认知度。

3.5.3 高空坠落预防措施

高空坠落易发生在脚手架作业、各类登高作业、塔式起重机作业、外用电梯安装作业及洞口临边作业等时，其中五临边是发生高空坠落的主要部位。

(1) 深度超过 2m 的槽、坑、沟的周边防护，见图 3.5-18、图 3.5-19。基坑施工时沿混凝土围堰周边布置安全栏杆，栏杆采用 $\phi48\times3.5$mm 钢管搭设，1.5m 高，面刷黄黑相间安全警示漆，栏杆外用密目安全网进行全封闭，立杆底焊 4mm 厚 200mm×200mm 的钢板，用膨胀螺栓与围堰连接，栏杆底部安装有 200mm 高挡脚板，基坑附近挂警示牌、责任牌。

图 3.5-18 基坑边防护

图 3.5-19 基坑坠落事故

(2) 无外脚手架的屋面和框架结构楼层的周边防护，见图 3.5-20、图 3.5-21。

(3) 楼梯的梯段边防护，见图 3.5-22。

(4) 尚未安装栏板、栏杆的阳台、料台、悬挑平台的周边防护，见图 3.5-23、图 3.5-24。

(5) 施工预留洞口、电梯口临边防护，见图 3.5-25～图 3.5-28。

建筑物楼层临边的四周，无围护结构时，必须设两道防护栏杆或一道防护栏杆并立挂安全网封闭

图 3.5-20 无外脚手架的楼边防护

外侧还应加挂密目安全网围护

防护栏杆由上、中、下三道横杆及栏杆柱组成，并刷有红白相间警示漆，上杆离地高度为1.2m，下杆离地高度为0.6m。栏杆底部与预留夹具焊接，固定到屋面围堰上，护栏外侧应挂安全立网。横杆长度大于2m时，必须加设栏杆柱

图 3.5-21 无外脚手架屋面边防护

楼梯口、梯段边及休息平台处必须安装临时护栏，顶层楼梯口应随工程结构进度安装正式防护栏杆。回转式楼梯间应支设首层水平安全网，每隔4层（10m）设一道水平安全网

图 3.5-22 楼梯梯段边防护

安装临时护栏，
栏杆扶手应随
工程结构进度
及时进行安装

图 3.5-23 安装栏杆扶手前的护栏防护

钢平台两侧必须
设置固定的防护
栏杆和密目安全
网，防护栏杆高

悬挑出去的三面
安装挡脚板，高
度不低于600mm

图 3.5-24 悬挑料台两侧防护

预留洞口四周
必须设双道防
护栏杆，栏杆
高度不低于
1.2m，洞口中
间支挂水平安
全网，网的四
周要拴挂牢固、
严密

图 3.5-25 预留洞口防护

电梯井必须设不低于1.2m的金属防护门，井内首层和首层以上每隔10m设一道水平安全网，安全网应封闭。未经上级主管技术部门批准，电梯井不得作为垂直运输通道和垃圾通道

图 3.5-26 电梯洞口防护

层门安装牢固，在外面安装插锁装置，使门内人员不能随意开启，层门由吊笼内人员打开，通过后必须关门上锁

图 3.5-27 施工电梯楼层门口防护

洞口有生命危险!
通过让工人亲身体验高空坠落的感觉，提高对高空坠落危险的重视

图 3.5-28 洞口坠落体验

3.5.4 触电伤害预防措施

（1）触电常发生的场所

触电常发生在办公区、生活区、施工现场等，防止触电伤害措施见图 3.5-29～图 3.5-35。

①施工现场均实行“三相五线制”，除三条相线外，有一条工作零线，一条保护零线，这两条线必须正确使用，不得混用。
②配电箱中的熔断器是按照用电负荷的大小选用的，任何人不得擅自更改，更不能用其他金属代替

图 3.5-29 生活区、办公区配电箱

每台用电设备必须有各自专用的开关箱，严禁用同一个开关箱直接控制2台及2台以上用电设备（含插座）

图 3.5-30　施工现场配电箱

在电箱等用电危险地方，挂设安全警示牌或其他危险标识。
作业完毕要把电闸拉下，锁好配电箱，配电箱内不允许放置任何物件、工具。
具体执行公司制定的《施工安全控制措施》中“施工用电安全要求”之规定

图 3.5-31　施工区配电箱

晾衣服到指定晾衣区，严禁在电线上晾衣服和挂其他东西

图 3.5-32　工地晾衣区

外电线路与在建工程及脚手架、起重机械、场内机动车道距离不小于4m

图 3.5-33　外电线路与在建工程

①在建工程不得在外电线路正下方施工、搭设作业棚、建造生活设施或堆放构件、架具材料及其他杂物等。②外电线路防护架不得使用金属架体等易导电材料

图 3.5-34　外电线路防护

私自用大功率电器导致火灾发生
宿舍内严禁违规使用大功率电器，严禁私拉乱接电线，宿舍没人时确保所有用电设备关闭

图 3.5-35　宿舍用电事故防护

（2）触电急救措施

触电急救的要点是动作迅速，救护得法。常见有：

1）出事附近有电源开关或电源插头时，应立即将闸刀拉开或将插头拔掉，切断电源，见图 3.5-36。

图 3.5-36　触电事故防护

2）当电线触及人体导致触电时，一时无法找到并断开电源开关时，可用绝缘的物体将电线移掉，使触电者脱离电源。必要时可用绝缘工具切断电源，见图 3.5-37。

3）成立应急领导小组，制定应急预案，备好应急资源（人力、物力），以便事故发生时能使伤者及时得到抢救，见图 3.5-38。

3.5.5　机械事故的预防措施

（1）建筑机械设备的安全使用

1）施工常用机械设备

有挖掘机、推土机、汽车式起重机、施工电梯、塔式起重机、混凝土搅拌机、砂浆搅拌机、打夯机、电锯、钢筋切断机、钢筋弯曲机、钢筋调直机、预应力张拉设备等，见图 3.5-39～图 3.5-53。

图 3.5-37 绝缘物体移掉电线

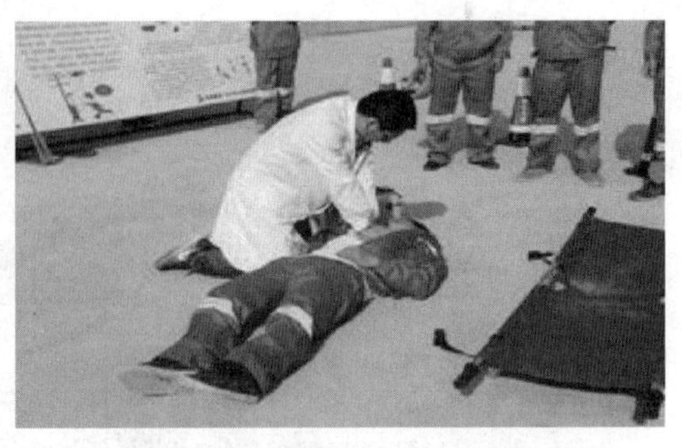

图 3.5-38 触电事故应急演练

图 3.5-39 挖掘机

图 3.5-40 推土机

图 3.5-41 汽车式起重机

图 3.5-42 施工电梯

图 3.5-43 塔式起重机

图 3.5-44 混凝土搅拌机

图 3.5-45 砂浆搅拌机

图 3.5-46 打桩机

图 3.5-47 打夯机

图 3.5-48 钢筋切断机

图 3.5-49 砂轮锯

图 3.5-50 钢筋调直机

图 3.5-51 钢筋弯曲机

图 3.5-52 台式电锯

图 3.5-53 预应力张拉设备

2）施工机械安全使用要求

① 建筑机械设备应按其技术性能和有关规定正确使用，缺少安全装置或安全装置已失效的机械设备不得使用。

② 严禁拆除机械设备上的自动控制机构、力矩限位器等安全装置以及监测指示仪表、警报器等自动报警、信号装置，其调试和故障的排除应由专业人员负责进行。

③ 机械设备应按时进行保养，当发现有漏保、失修或超载、带病运转等情况时，有关部门应停止其使用。严禁在作业中对机械设备进行维修、保养或调整等作业。

④ 机械设备的操作人员必须身体健康，并经过专业培训，考试合格，取得有关部门颁发的操作证或特殊工种操作证后，方可独立操作。

⑤ 操作人员有权拒绝执行违反安全技术规程的命令。由于发令人强制违章作业造成事故者，应追究发令人的责任，直至被追究刑事责任。

⑥ 机械操作人员和配合作业人员，必须按规定穿戴劳动保护用品，长发不得外露。高处作业必须系安全带，不得穿硬底鞋和拖鞋。严禁从高处往下投掷物件。

⑦ 机械作业时，操作人员不得擅自离开工作岗位或将机械交给非本机操作人员操作。严禁无关人员进入作业区和操作室。工作时，思想要集中，严禁酒后操作。

⑧ 两班以上作业的机械设备均须实行交接班制。操作人员要认真填写交接班记录。

⑨ 机械进入作业地点后，施工技术人员应向机械操作人员进行施工任务及安全技术措施交底。操作人员应熟悉作业环境和施工条件，听从指挥，遵守现场安全规定。

⑩ 现场施工负责人应为机械作业提供道路、水电、临时机棚或停机场地等必需的条件，并消除对机械作业有妨碍或不安全的因素。夜间作业必须设置充足的照明。

⑪ 在有碍机械安全和人身健康场所作业时，机械设备应采用相应的安全措施。操作人员必须配备适用的安全防护用品。

⑫ 当使用机械设备与安全生产发生矛盾时，应首先服从安全要求。

⑬ 当机械设备发生事故或未遂事故时，应及时抢救，保护现场，并立即报告领导和有关部门，听候处理。企业领导对事故应按“四不放过”的原则进行处理。

（2）施工机械安全防护措施

1）施工机械安全防护方案和记录

① 施工组织设计应有施工机械使用过程中的定期检测方案。

② 施工现场应有施工机械安装、使用、检测、自检记录。

2）主要施工机械安全措施

① 塔式起重机的路基和轨道的铺设及起重机的安装必须符合国家标准及原厂使用规定，并办理验收手续，经检验合格后方可使用。使用中，要定期进行检测，见图 3.5-54。

② 施工电梯的地基、安装和使用须符合原厂使用规定，并办理验收手续，经检验合格后方可使用。使用中，要定期进行检测，见图 3.5-55。

图 3.5-54　塔式起重机安全防护

注：塔式起重机的安全装置（四限位、两保险）必须齐全、灵敏、可靠。

图 3.5-55　施工电梯

注：电梯的安全装置必须齐全、灵敏、可靠。

③ 卷扬机必须搭设防砸、防雨的专用操作棚，固定机身必须设牢固地锚。传动部分必须安装防护罩，导向滑轮不得用开口拉板式滑轮，见图 3.5-56。

④ 搅拌机应搭设防砸、防雨操作棚，使用前应固定，不得用轮胎代替支撑。移动时，必须先切断电源，见图 3.5-57。

图 3.5-56　卷扬机操作棚

注：操作人员离开卷扬机或作业中停电时，应切断电源，将吊笼降至地面。

图 3.5-57　现场搅拌机棚

注：启动装置、离合器制动器、保险链、防护罩应齐全完好，使用安全可靠。搅拌机停止使用料斗升起时，必须挂好上料斗的保险链。维修、保养、清理时必须切断电源，设专人监护。

⑤ 蛙式打夯机必须两人操作，操作人员必须戴绝缘手套和穿绝缘胶鞋。手柄应采取绝缘措施。打夯机用后应切断电源，严禁在打夯机运转时清除积土，见图 3.5-58。

⑥ 乙炔发生器必须使用金属防爆膜，严禁用胶皮薄膜代替。回火防止器应保持有一定水量。氧气瓶不得暴晒、倒置、平放，禁止沾油。氧气瓶和乙炔瓶（罐）工作间距不得小于 5m，两种瓶与焊炬间的距离不得小于 10m。施工现场内严禁使用浮桶式乙炔发生器，见图 3.5-59。

⑦ 圆锯的锯盘及传动部位应安装防护罩，并应设置保险挡、分料器。凡长度小于50cm、厚度大于锯盘半径的木料，严禁使用圆锯。破料锯与横截锯不得混用，见图3.5-60。

图3.5-58 蛙式打夯机两人操作

注：必须两人操作，一人扶线一人扶机器。

图3.5-59 氧气瓶、乙炔瓶放置

⑧ 砂轮锯应使用单向开关。砂轮必须装设不小于180°的防护罩和牢固的工件托架。严禁使用不圆、有纹裂和磨损剩余部分不足25mm的砂轮。

图3.5-60 圆锯防护罩

注：圆锯的锯盘及传动部位应安装防护罩，且锯片上有止裂孔。

⑨ 吊索具必须使用合格产品，见图3.5-61。

①卡环在使用时，应使销轴和环底受力。吊运大模板、大灰斗、混凝土斗和预制墙板等大件时，必须用卡环
②钢丝绳应根据用途保证足够的安全系数。凡表面磨损、腐蚀、断丝超过标准的，打死弯、断股、油芯外露的不得使用。③吊钩除正确使用外，应有防止脱钩的保险装置

图3.5-61 现场吊装吊索具

4 建筑施工企业安全生产事例

4.1 建筑施工企业安全生产许可证管理规定

4.1.1 实施许可证规定的依据及必要性

为了严格规范建筑施工企业安全生产条件，进一步加强安全生产监督管理，防止和减少生产安全事故，根据《安全生产许可证条例》《建设工程安全生产管理条例》等有关行政法规，制定许可证管理规定。

4.1.2 国家对建筑施工企业实行安全生产许可制度

建筑施工企业未取得安全生产许可证的，不得从事建筑施工活动。安全生产许可证有效期为3年。

4.1.3 安全生产许可证的颁发部门

（1）国务院建设主管部门负责中央管理的建筑施工企业安全生产许可证的颁发和管理。

（2）省、自治区、直辖市人民政府建设主管部门负责本行政区域内上述规定以外的建筑施工企业安全生产许可证的颁发和管理，并接受国务院建设主管部门的指导和监督。

（3）市、县人民政府建设主管部门负责本行政区域内建筑施工企业安全生产许可证的监督管理，并将监督检查中发现的企业违法行为及时报告安全生产许可证颁发管理机关。

4.1.4 建筑施工企业取得安全生产许可证必备条件

（1）建立、健全安全生产责任制，制定完备的安全生产规章制度和操作规程；

（2）保证本单位安全生产条件所需资金的投入；

（3）设置安全生产管理机构，按照国家有关规定配备专职安全生产管理人员；

（4）主要负责人、项目负责人、专职安全生产管理人员经建设主管部门或者其他有关部门考核合格；

（5）特种作业人员经有关业务主管部门考核合格，取得特种作业操作资格证书；

（6）管理人员和作业人员每年至少进行一次安全生产教育培训并考核合格；

（7）依法参加工伤保险，依法为施工现场从事危险作业的人员办理意外伤害保险，为从业人员交纳保险费；

（8）施工现场的办公、生活区及作业场所和安全防护用具、机械设备、施工机具及配件符合有关安全生产法律、法规、标准和规程的要求；

（9）有职业危害防治措施，并为作业人员配备符合国家标准或者行业标准的安全防护用具和安全防护服装，如油漆作业；

(10) 有对危险性较大的分部分项工程及施工现场易发生重大事故的部位、环节的预防、监控措施和应急预案；

(11) 有生产安全事故应急救援预案、应急救援组织或者应急救援人员，配备必要的应急救援器材、设备；

(12) 法律、法规规定的其他条件。

4.1.5 建筑施工安全生产许可证的办理流程

安全生产许可证办理流程，见图 4.1-1。

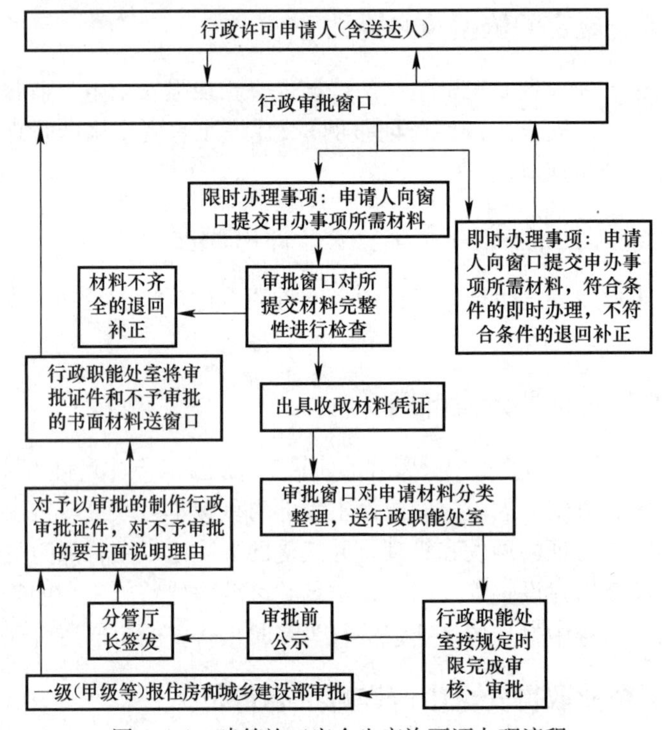

图 4.1-1 建筑施工安全生产许可证办理流程

4.2 建筑施工安全生产事故的分类

建筑施工安全生产事故分为特别重大事故、重大事故、较大事故和一般事故四个等级。

4.2.1 特别重大事故

特别重大事故是指造成 30 人以上死亡，或者 100 人以上重伤，或者 1 亿元以上直接经济损失的事故。

4.2.2 重大事故

重大事故是指造成 10 人以上 30 人以下死亡，或者 50 人以上 100 人以下重伤，或者 5000 万元以上 1 亿元以下直接经济损失的事故，见图 4.2-1。

升降机有效期限为2011年8月23日至2012年6月3日，出事时间9月13日，电梯已超出有效期限工作3个月。登机牌上标注了该升降梯核定人数是12人，而事故现场升降梯内有19人，严重超载
9月13日13时许，武汉市东湖风景区一建筑工地发生重大安全事故，一台升降机在升至100m处时发生坠落，造成梯笼内工作人员随笼坠落，致19人死亡

图 4.2-1 某机械使用重大事故

4.2.3 较大事故

较大事故是指造成 3 人以上 10 人以下死亡，或者 10 人以上 50 人以下重伤，或者 1000 万元以上 5000 万元以下直接经济损失的事故。

4.2.4 一般事故

一般事故是指造成 3 人以下死亡，或者 10 人以下重伤，或者 1000 万元以下 100 万元以上直接经济损失的事故。

4.3 建筑施工安全生产事故报告和处理

4.3.1 建筑施工企业安全生产事故管理内容

建筑施工企业安全生产事故管理包括记录、统计、报告、调查、处理、分析改进等工作内容。

4.3.2 建筑施工企业安全生产事故报告程序

生产安全事故发生后，建筑施工企业必须在事故发生 1h 内及时、如实向县以上建设主管部门汇报上报，并做好相关的救援工作。实行施工总承包的，应由总承包企业负责上报；生产安全事故报告后出现新情况的，应及时补报。

4.3.3 建筑施工企业安全生产事故报告的内容

（1）事故的时间、地点和工程项目有关单位名称；

（2）事故的简要经过；

（3）事故已经造成或者可能造成的伤亡人数（包括下落不明的人数）和初步估计的直接经济损失；

（4）事故的初步原因；

（5）事故发生后采取的措施及事故控制情况；

（6）事故报告单位或报告人员。

4.3.4　建筑施工企业安全生产事故档案内容

（1）企业职工伤亡事故月报表；

（2）企业职工伤亡事故年统计表；

（3）生产安全事故快报表；

（4）事故调查情况报告、对事故责任者的处理决定、伤残鉴定、政府的事故处理批复资料及相关影像资料；

（5）其他相关资料。

4.3.5　建筑施工企业安全生产事故调查和处理

建筑施工企业安全生产事故管理应做到“四不放过”：事故原因不查清楚不放过，事故责任者和从业人员未受到教育不放过，事故责任者未受到处理不放过，没有采取防范事故再发生的措施不放过。

4.4　建筑工程消防安全

4.4.1　消防安全事故案例

消防安全事故见图4.4-1～图4.4-4。

事故起因：电焊工违章操作引发大火
对大型公共建筑、高层建筑必须设置完善合理的消防灭火系统，保证在发生火情时，能及时扑救和封锁火道，以最短时间疏散人员，控制火势，将损失减少到最低程度

图4.4-1　工地大火

现场违规使用大量尼龙网、聚氨酯泡沫等易燃材料，安全监管不力，致使大火在不到7min的时间里从10层烧到28层

图4.4-2　上海11·15大火

工人在宿舍内使用大功率电器煮肉，致使宿舍起火

图 4.4-3 青岛 1·27 火灾（一）

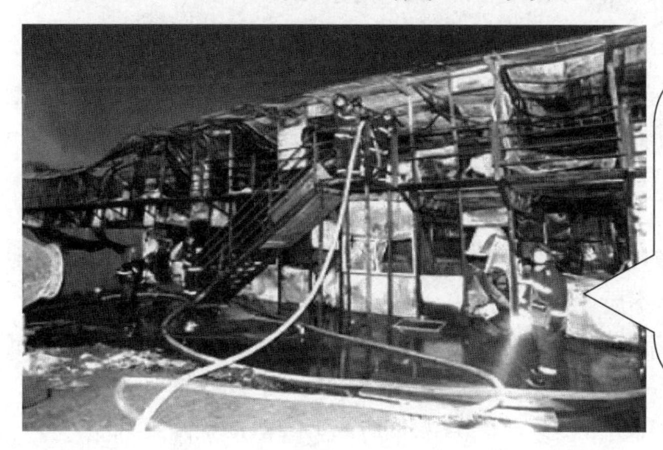

大火烧毁员工宿舍工棚两排，万幸的是，大部分工人因春节放假已离开了工地，现场没有发现人员伤亡。有工人刚领到手的工资被烧，建筑公司的办公室人员称，重要资料和文件也被烧毁，初步估算大火过火面积约1000m²

图 4.4-4 青岛 1·27 火灾（二）

4.4.2 建筑现场常用设施的防火及规范要求

（1）临时用房。

临时用房是在施工现场建造的、为建设工程施工服务的各种非永久性建筑物，包括办公用房、宿舍、厨房操作间、食堂、锅炉房、发电机房、变配电房、库房等，见图 4.4-5、图 4.4-6。

临时用房特点：
①临时用房是一种新型的轻钢组合板房，在材质和钢构合理的搭配下，可以起到非常好的安全作用，具体的数据是7级以上强震和12级台风作用，而这是一般房屋难以做到的；
②临时用房的成本较低，由于临时用房的一些特点，相较于一些砖瓦房而言，它的成本非常低，且可以循环利用，使用寿命也比较长；
③临时用房的施工速度很快，而且这样的建筑也不会产生建筑垃圾

图 4.4-5 施工现场临时用房（一）

临时用房安全使用要求：标准间尺寸为5460mm×3640mm，配置单开彩钢门，规格为960mm×2030mm；配置塑钢推拉窗，规格为1740mm×950mm，保证良好通风条件。室内高度不低于2.4m,宿舍门、窗玻璃齐全，地坪采用硬化措施。板房楼道宽1.0m，外侧设置高不小于1.05m的防护栏杆。根据《中华人民共和国消防法》相关规定，在每栋建筑中间共设置两个净宽为1.0m的疏散楼梯

图 4.4-6　施工现场临时用房（二）

临时用房相关要求如下。

1）建筑构件的燃烧性能等级应为 A 级。当采用金属夹芯板材时，其芯材的燃烧性能等级应为 A 级（A 级材料应符合现行国家标准《建筑材料及制品燃烧性能分级》GB 8624—2012 中的 A1、A2 级。此款为强制性条款）。

2）建筑层数不应超过 3 层，每层建筑面积不应大于 300m^2。

3）层数为 2 层或每层建筑面积大于 200m^2 时，应设置不少于 2 部疏散楼梯，房间疏散门至疏散楼梯的最大距离不应大于 25m。

4）单面布置用房时，疏散走道的净宽度不应小于 1.0m；双面布置用房时，疏散走道的净宽度不应小于 1.5m。

5）宿舍房间的建筑面积不应大于 30m^2，其他房间的建筑面积不宜大于 100m^2。

（2）临时防护设施。

临时防护设施是在施工现场建造的，为建设工程施工服务的各种非永久性设施，包括围墙、大门等，见图 4.4-7、图 4.4-8。

图 4.4-7　施工现场围挡

注：围墙要求如下。

1. 施工区、生活区围墙在市区一般不低于 2.5m，其他地方一般不低于 1.8m。

2. 彩钢板围挡高度不宜超过 2.5m，立柱间距不宜大于 3.6m，围挡应进行抗风计算。

图 4.4-8　施工现场防护棚

注：防护用于材料堆场及其加工场、固定动火作业场、作业棚、机具棚、贮水池及临时给水排水、供电、供热管线等。

（3）临时消防设施。

设置在建设工程施工现场，用于扑救施工现场火灾，引导施工人员安全疏散等各类消

防设施，包括灭火器、临时消防给水系统、消防应急照明、疏散指示标识、临时疏散通道等，见图 4.4-9、图 4.4-10。

(1) 灭火器不论已经使用过还是未经使用，距出厂的年月已达规定期限时，必须送维修单位进行水压试验检查。
①手提式和推车式灭火器、手提式和推车式干粉灭火器以及手提式和推车式二氧化碳灭火器期满五年，以后每隔两年，必须进行水压试验等检查。
②手提式和推车式机械泡沫灭火器、手提式清水灭火器期满三年，以后每隔两年，必须进行水压试验检查。
③手提式和推车式化学泡沫灭火器、手提式酸碱灭火器期满两年，以后每隔一年，必须进行水压试验检查

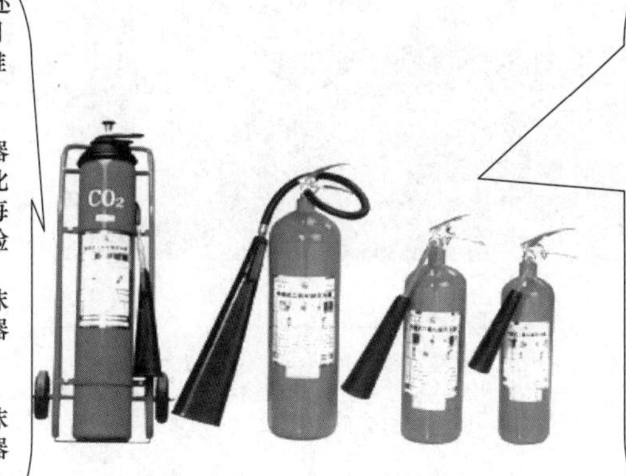

(2) 灭火器的报废年限。
灭火器从出厂日期算起，达到如下年限的，必须报废：
手提式化学泡沫灭火器——5年；
手提式酸碱灭火器——5年；
手提式清水灭火器——6年；
手提式干粉灭火器（贮气瓶式）——8年；
手提贮压式干粉灭火器——10年；
手提式灭火器——10年；
手提式二氧化碳灭火器——12年；
推车式化学泡沫灭火器——8年；
推车式干粉灭火器（贮气瓶式）——10年

图 4.4-9 灭火器

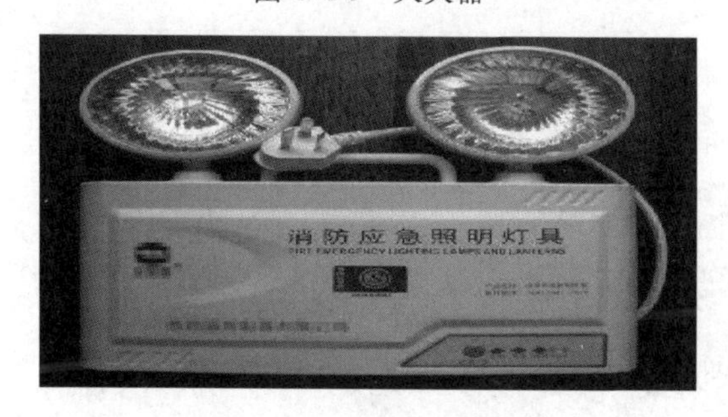

图 4.4-10 消防应急照明灯具

注：应急照明灯安装高度一般为 2.3m，现实安装中，走道内一般按 20m 间距安装，以保持持续视物感觉成效为好。运行中温度大于 60℃的灯具，当靠近可燃物时，采取隔热、散热等防火措施。

（4）临时疏散通道。

施工现场发生火灾或意外事件时，供人员安全撤离危险区域并到达安全地点或安全地带所经的路径，见图 4.4-11～图 4.4-13。

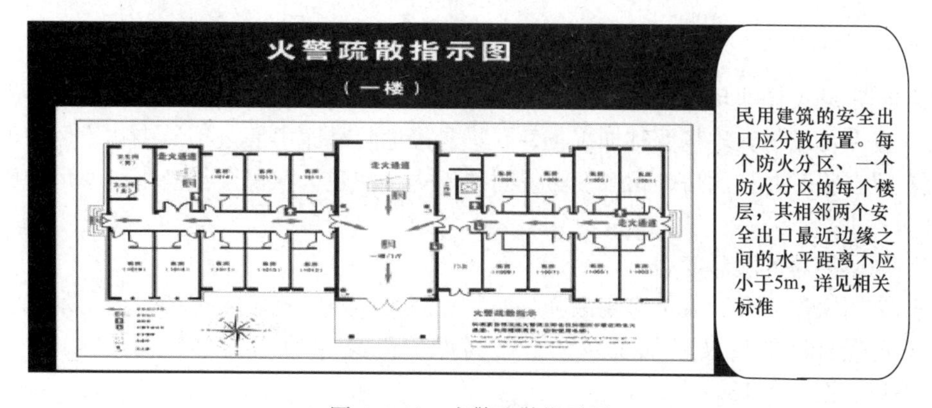

火警疏散指示图
（一楼）
民用建筑的安全出口应分散布置。每个防火分区、一个防火分区的每个楼层，其相邻两个安全出口最近边缘之间的水平距离不应小于5m，详见相关标准

图 4.4-11 火警疏散指示图

临时消防救援场地，施工现场中供人员和设备实施灭火救援作业的场地
①施工现场的重点防火部位或区域应设置防火警示标识。
②施工单位应做好施工现场临时消防设施的日常维护工作，对已失效、损坏或丢失的消防设施应及时更换、修复或补充。
③临时消防车道、临时疏散通道、安全出口应保持畅通，不得遮挡、挪动疏散指示标识，不得挪用消防设施。
④施工期间，不应拆除临时消防设施及临时疏散设施。
⑤施工现场严禁吸烟，定期清理油垢

图 4.4-12　消防演练（一）

①五级(含五级)以上风力时，应停止焊接、切割等室外动火作业；确需动火作业时，应采取可靠的挡风措施。
②动火作业后，应对现场进行检查，并应在确认无火灾危险后，动火操作人员再离开。
③具有火灾、爆炸危险的场所严禁明火。
④施工现场不应采用明火取暖。
⑤厨房操作间炉灶使用完毕后，应将炉火熄灭，排油烟机及油烟管道应定期清理油垢

图 4.4-13　消防演练（二）

（5）固定动火作业场。

应布置在可燃材料堆场及其加工场、易燃易爆危险品库房等全年最小频率风向的上风侧；宜布置在临时办公用房、宿舍、可燃材料库房、在建工程等全年最小频率风向的上风侧，见图 4.4-14。

（6）易燃易爆危险品库房。

应远离明火作业区、人员密集区和建筑物相对集中区，见图 4.4-15、图 4.4-16。

（7）可燃材料堆场及其加工场、易燃易爆危险品库房不应布置在架空电力线下，见图 4.4-17、图 4.4-18。

①动火作业应办理动火许可证；动火许可证的签发人收到动火申请后，应前往现场查验并确认动火作业的防火措施落实后，再签发动火许可证。
②动火操作人员应具有相应资格。
③焊接、切割、烘烤或加热等动火作业前，应对作业现场的可燃物进行清理；作业现场及其附近无法移走的可燃物应采用不燃材料对其覆盖或隔离。
④施工作业安排时，宜将动火作业安排在使用可燃建筑材料的施工作业前进行。确需在使用可燃建筑材料的施工作业之后进行动火作业时，应采取可靠的防火措施

①一级动火作业由项目负责人组织编制防火安全技术方案，填写动火申请表，报企业安全管理部门审查批准后，方可动火。
②二级动火作业由项目责任工程师组织拟定防火安全技术措施，填写动火申请表，报项目安全管理部门和项目负责人审查批准后，方可动火。
③三级动火作业由所在班组填写动火申请表，经项目责任工程师和项目安全管理部门审查批准后，方可动火。
④动火证当日有效，如动火地点发生变化，则需重新办理动火审批手续

图 4.4-14　专业人员进行动火作业

警  告

您已进入易燃易爆场所

禁止吸烟　禁止打手机　严禁烟火

图 4.4-15　消防警告牌

①易燃易爆危险品仓库应符合防爆、防火、防雷、防潮、防盗、防鼠的要求，并有良好通风，其温度应保持在10~30℃之间。
②仓库距村庄或其他建筑物应在800m以上，不足800m的，仓库四周应修筑高出顶层檐口不得小于1.5m的土堤或用半地下室库、山洞库，但其距离均不得小于400m。
③易燃易爆危险品库房显著位置应悬挂能区分类别的安全警示牌。一切易燃易爆危险品仓库严禁烟火，存放地点应有防静电措施。
④易燃易爆危险品仓库内应配备足够的消防器材，保管人员必须会使用消防器材

图 4.4-16　易燃易爆危险品库房

木工防护棚
①严禁在木工棚内及周围吸烟或进行明火作业。
②木工棚内必须每天清理碎木料、刨花、锯末等易燃物。
③木工棚内严禁存放汽油、酒精、油漆等易燃易爆物品。
④砂轮锯与木工操作地点必须保持足够的安全距离。
⑤木工棚内木料存放不宜太多，做好的成品应及时运走。
⑥下班后要断电、关窗、锁门。
⑦木工棚内要配备足够的消防器材

图 4.4-17　木工防护棚

易燃易爆危险品应根据《危险货物品名表》GB 12268—2012分类、分项储存，并保持一定的安全距离。室内存放易燃气体的安全距离在三级耐火建筑内应相距12m以上。所有气瓶不得靠近明火，安全距离为10m以上

图 4.4-18　危险品分开放置

4.4.3　防火间距

（1）易燃易爆危险品库房与在建工程的防火间距不应小于 15m，可燃材料堆场及其加工场、固定动火作业场与在建工程的防火间距不应小于 10m，其他临时用房、临时设施与在建工程的防火间距不应小于 6m，见图 4.4-19。

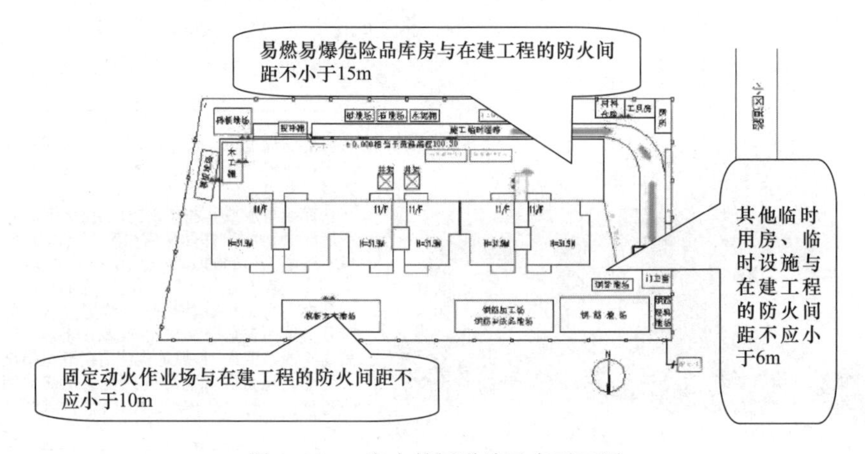

图 4.4-19　安全救援道路示意平面图

(2) 消防车道。

施工现场内应设置临时消防车道，临时消防车道与在建工程、临时用房、可燃材料堆场及其加工场的距离，不宜小于 5m，且不宜大于 40m；施工现场周边道路满足消防车通行及灭火救援要求时，施工现场内可不设置临时消防车道，见图 4.4-20～图 4.4-24。

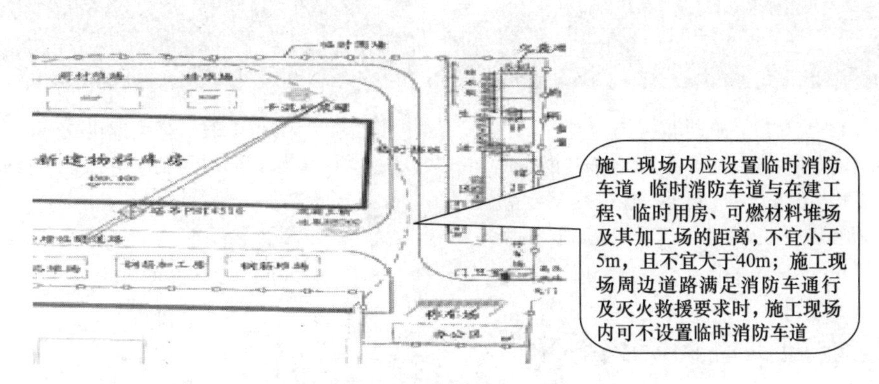

图 4.4-20　消防通道示意图

图 4.4-21　消防车道

图 4.4-22　消防监管人员指导消防车道设置

图 4.4-23 临时救援场地设置

注：临时消防救援场地应设置在成组布置的临时用房场地的长边一侧及在建工程的长边一侧；场地宽度应满足消防车正常操作要求且不应小于 6m。

图 4.4-24 脚手架设置

注：与在建工程外脚手架的净距不宜小于 2m，且不宜超过 6m。

4.5 建设施工现场防火要求

4.5.1 一般规定

（1）临时用房和在建工程应采取可靠的防火分隔和安全疏散等防火技术措施。

（2）临时用房的防火设计应根据其使用性质及火灾危险性等情况进行确定。

（3）在建工程防火设计应根据施工性质、建筑高度、建筑规模及结构特点等情况进行确定。

4.5.2 临时用房防火

（1）宿舍、办公用房防火设计规定

相关规定参见 4.4.2 小节（1）临时用房。此外，还有以下规定。

1）疏散楼梯的净宽度不应小于疏散走道的净宽度，临时用房设置见图 4.5-1。

①临时建筑物应设有消防车道，消防车道的宽度和净空高度均不应小于4m。
②临时建筑物距离易燃易爆仓库等危险源距离不应小于16m；对于成组布置的临时建筑，每组数量不应超过10幢，幢与幢之间的距离不应小于3.5m，组与组之间的间距不应小于8m

图 4.5-1 临时用房设置

2）房间内任一点至最近疏散门的距离不应大于 15m，房门的净宽度不应小于 0.8m，

房间建筑面积超过 $50m^2$ 时，房门的净宽度不应小于 1.2m。

3）隔墙应从楼地面基层隔断至顶板基层底面，见图 4.5-2。

宿舍房间的建筑面积不应大于30m²，其他房间的建筑面积不宜大于100m²，房间内任一点至最近疏散门的距离不应大于15m，房门的净宽度不应小于0.8m，房间建筑面积超过50m²时，房门的净宽度不应小于1.2m

图 4.5-2 临时宿舍

（2）发电机房、变配电房、厨房操作间、锅炉房、可燃材料库房及易燃易爆危险品库房的防火设计规定

1）建筑构件的燃烧性能等级应为 A 级。

2）层数应为 1 层，建筑面积不应大于 $200m^2$，见图 4.5-3。

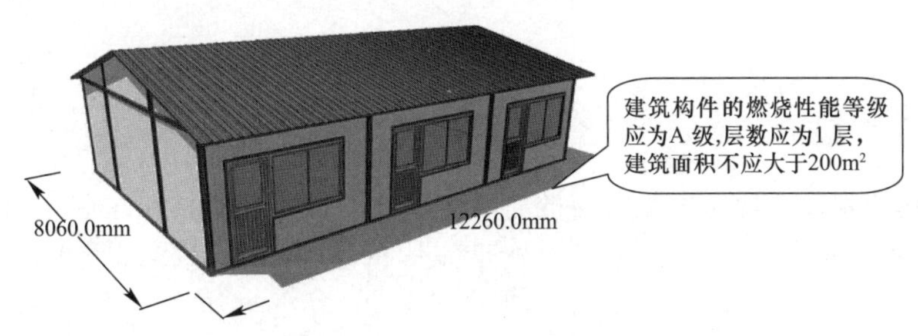
建筑构件的燃烧性能等级应为A 级,层数应为1 层，建筑面积不应大于200m²
8060.0mm
12260.0mm

图 4.5-3 易燃易爆危险品库房

3）可燃材料库房单个房间的建筑面积不应超过 $30m^2$，易燃易爆危险品库房单个房间的建筑面积不应超过 $20m^2$。

4）房间内任一点至最近疏散门的距离不应大于 10m，房门的净宽度不应小于 0.8m，见图 4.5-4、图 4.5-5。

图 4.5-4 可燃材料库

注：可燃材料库房单个房间的建筑面积不应超过 $30m^2$。

图 4.5-5 易燃易爆危险品库房

注：易燃易爆危险品库房单个房间的建筑面积不应超过 $20m^2$。

（3）其他防火设计规定

1）宿舍、办公用房不应与厨房操作间、锅炉房、变配电房等组合建造。

2）会议室、文化娱乐室等人员密集的房间应设置在临时用房的第一层，其疏散门应向疏散方向开启，见图 4.5-6、图 4.5-7。

图 4.5-6　会议室、文化娱乐室

注：会议室、文化娱乐室等人员密集的房间应设置在临时用房的第一层，其疏散门应向疏散方向开启。

图 4.5-7　宿舍、办公用房与厨房分开建造

注：宿舍、办公用房不应与厨房操作间、锅炉房、变配电房等组合建造。

4.5.3　在建工程防火

（1）在建工程作业场所的临时疏散通道应采用不燃、难燃材料建造并与在建工程结构施工同步设置，也可利用在建工程施工完毕的水平结构、楼梯设置，见图 4.5-8、图 4.5-9。

（2）在建工程作业场所临时疏散通道的设置应符合下列规定。

1）耐火极限不应低于 0.5h。

图 4.5-8　临时设置的楼梯（一）

注：在建工程作业场所的临时疏散通道应采用不燃、难燃材料建造并与在建工程结构施工同步设置。

图 4.5-9　临时设置的楼梯（二）

注：可利用在建工程施工完毕的水平结构、楼梯。

2）设置在地面上的临时疏散通道，其净宽度不应小于 1.5m；利用在建工程施工完毕的水平结构、楼梯作临时疏散通道，其净宽度不应小于 1.0m；用于疏散的爬梯及设置在脚手架上的临时疏散通道，其净宽度不应小于 0.6m，见图 4.5-10、图 4.5-11。

3）临时疏散通道为坡道时，且坡度大于 25°时，应修建楼梯或台阶踏步或设置防滑条。

4）临时疏散通道不宜采用爬梯，确需采用爬梯时，应有可靠固定措施。

5）临时疏散通道的侧面如为临空面，必须沿临空面设置高度不小于 1.2m 的防护栏杆，见图 4.5-12。

6）临时疏散通道设置在脚手架上时，脚手架应采用不燃材料搭设，见图 4.5-13。

7）临时疏散通道应设置明显的疏散指示标识。

8）临时疏散通道应设置照明设施。

（3）既有建筑进行扩建、改建施工时，必须明确划分施工区和非施工区（见图 4.5-14）。施工区不得营业、使用和居住；非施工区继续营业、使用和居住时，应符合下列要求。

1）施工区和非施工区之间应采用不开设门、窗、洞口的耐火极限不低于 3.0h 的不燃烧体隔墙进行防火分隔。

图 4.5-10 疏散通道（一）

注：利用在建工程施工完毕的水平结构、楼梯作临时疏散通道，其净宽度不应小于 1.0m。

图 4.5-11 疏散通道（二）

注：设置在地面上的临时疏散通道，其净宽度不应小于 1.5m。

图 4.5-12 疏散通道设置

注：临时疏散通道的侧面如为临空面，必须沿临空面设置高度不小于 1.2m 的防护栏杆。

图 4.5-13 疏散通道搭设

2）非施工区内的消防设施应完好和有效，疏散通道应保持畅通，并应落实日常值班及消防安全管理制度。

3）施工区消防安全配专人值守，发生火情应能立即处置。

既有建筑进行扩建、改建施工时，必须明确划分施工区和非施工区。施工区不得营业、使用和居住

图 4.5-14 划分施工区和非施工区

4）施工单位向居住和使用者进行消防教育，告知建筑消防设施、疏散通道位置及使用方法，同时组织疏散演练；外脚手架搭设不应影响安全疏散、消防车正常通行及灭火救援操作；外脚手架搭设长度不应超过该建筑物外立面周长的1/2，组织疏散演练。

（4）外脚手架、支模架的架体宜采用不燃或难燃材料搭设，其中，下列工程的外脚手架、支模架的架体应采用不燃材料搭设：

1）高层建筑；

2）既有建筑改造工程。

（5）下列安全防护网应采用阻燃型安全防护网：

1）高层建筑外脚手架的安全防护网；

2）既有建筑外墙改造时，其外脚手架的安全防护网；

3）临时疏散通道的安全防护网，见图 4.5-15、图 4.5-16。

图 4.5-15 具有阻燃型的安全防护网

注：高层建筑外脚手架的安全防护网采用阻燃型。

图 4.5-16 防护网阻燃型

注：既有建筑外墙改造时，其外脚手架的安全防护网用阻燃型。

4.5.4 建筑施工临时消防设施

（1）一般规定

1）施工现场应设置灭火器、临时消防给水系统和临时消防应急照明等临时消防设施。

2）临时消防设施应与在建工程的施工同步设置。房屋建筑工程中，临时消防设施的设置与在建工程主体结构施工进度的差距不应超过 3 层。

3）在建工程可利用已具备使用条件的永久性消防设施。当永久性消防设施无法满足使用要求时，应增设临时消防设施，并应符合规范的有关规定。

4）施工现场的消火栓泵应采用专用消防配电线路。专用消防配电线路应自施工现场总配电箱的总断路器上端接入，且应保持不间断供电，见图 4.5-17、图 4.5-18。

图 4.5-17　施工现场的消火栓泵

注：在建工程可利用已具备使用条件的永久性消防设施供电。

图 4.5-18　检测消火栓的情况

注：当永久性消防设施无法满足使用要求时，应增设临时消防设施。

5）地下工程的施工作业场所宜配备防毒面具。

6）临时消防给水系统的贮水池、消火栓泵、室内消防竖管及水泵接合器等，应设有醒目标识。

（2）灭火器及临时消防给水系统

1）宿舍、办公用房防火设计参见 4.4.2 小节（1）临时用房的相关规定。

2）在建工程及临时用房的下列场所应配置灭火器：

① 易燃易爆危险品存放及使用场所；

② 动火作业场所。

3）临时消防给水系统。

① 施工现场或其附近应设置稳定、可靠的水源，并应能满足施工现场临时消防用水的需要。消防水源可采用市政给水管网或天然水源。当采用天然水源时，应采取措施确保冰冻季节、枯水期最低水位时顺利取水，并满足临时消防用水量的要求。

② 临时消防用水量应为临时室外消防用水量与临时室内消防用水量之和。

③ 临时室外消防用水量应按临时用房和在建工程的临时室外消防用水量的较大者确定，施工现场火灾次数可按同时发生 1 次确定。

④ 临时用房建筑面积之和大于 1000m^2 或在建工程单体体积大于 10000m^3 时，应设置临时室外消防给水系统。

⑤ 临时用房的临时室外消防用水量不应小于表 4.5-1 的规定。

⑥ 在建工程的临时室外消防用水量不应小于表 4.5-2 的规定。

临时用房的临时室外消防用水量 表 4.5-1

临时用房的建筑面积之和	火灾延续时间（h）	消火栓用水量（L/s）	每支水枪最小流量（L/s）
$1000m^2$＜面积≤$5000m^2$	1	10	5
面积＞$5000m^2$		15	5

在建工程的临时室外消防用水量 表 4.5-2

在建工程（单体）体积	火灾延续时间（h）	消火栓用水量（L/s）	每支水枪最小流量（L/s）
$10000m^3$＜体积≤$30000m^3$	1	15	5
体积＞$30000m^3$	2	20	5

⑦ 施工现场临时室外消防给水系统的设置应符合下列要求：

给水管网宜布置成环状；临时室外消防给水干管的管径应依据施工现场临时消防用水量和干管内水流计算速度进行计算确定，且不应小于 *DN*100；室外消火栓应沿在建工程、临时用房及可燃材料堆场及其加工场均匀布置，距在建工程、临时用房及可燃材料堆场及其加工场的外边线不应小于 5m；消火栓的间距不应大于 120m；消火栓的最大保护半径不应大于 150m。

⑧ 建筑高度大于 24m 或单体体积超过 $30000m^3$ 的在建工程，应设置临时室内消防给水系统。

⑨ 在建工程的临时室内消防用水量不应小于表 4.5-3 的规定。

在建工程的临时室内消防用水量 表 4.5-3

建筑高度、在建工程体积（单体）	火灾延续时间（h）	消火栓用水量（L/s）	每支水枪最小流量（L/s）
24m＜建筑高度≤50m 或 $30000m^3$＜体积≤$50000m^3$	1	10	5
建筑高度＞50m 或体积＞$50000m^3$	1	15	5

⑩ 在建工程室内临时消防竖管的设置应符合下列要求：

消防竖管的设置位置应便于消防人员操作，其数量不应少于两根，当结构封顶时，应将消防竖管设置成环状；

消防竖管的管径应根据在建工程临时消防用水量、竖管内水流计算速度进行计算确定，且不应小于 *DN*100。

⑪ 设置室内消防给水系统的在建工程，应设消防水泵接合器。消防水泵接合器应设置在室外便于消防车取水的部位，与室外消火栓或消防水池取水口的距离宜为 15～40m，见图 4.5-19、图 4.5-20。

⑫ 设置临时室内消防给水系统的在建工程，各结构层均应设置室内消火栓接口及消防软管接口，并应符合下列要求：

A. 消火栓接口及软管接口应设置在位置明显且易于操作的部位；

图 4.5-19 消防水泵接合器（一）

图 4.5-20 消防水泵接合器（二）

B. 消火栓接口的前端应设置截止阀；

C. 消火栓接口或软管接口的间距，多层建筑不大于 50m，高层建筑不大于 30m。

⑬ 在建工程结构施工完毕的每层楼梯处，应设置消防水枪、水带及软管，且每个设置点不少于两套，见图 4.5-21。

⑭ 高度超过 100m 的在建工程，应在适当楼层增设临时中转水池及加压水泵。中转水池的有效容积不应少于 $10m^3$，上下两个中转水池的高差不宜超过 100m，见图 4.5-22。

在建工程结构施工完毕的每层楼梯处，应设置消防水枪、水带及软管，且每个设置点不少于两套

图 4.5-21 楼内消火系统配备

高度超过100m 的在建工程，应在适当楼层增设临时中转水池及加压水泵

图 4.5-22 加压水泵

⑮ 临时消防给水系统的给水压力应满足消防水枪充实水柱长度不小于 10m 的要求；给水压力不能满足要求时，应设置消火栓泵，消火栓泵不应少于两台；消火栓泵宜设置自

动启动装置，见图 4.5-23。

⑯ 当外部消防水源不能满足施工现场的临时消防用水量要求时，应在施工现场设置临时贮水池。临时贮水池宜设置在便于消防车取水的部位，其有效容积不应小于施工现场火灾延续时间内一次灭火的全部消防用水量，消防水枪充实水柱长度不小于10m。

⑰ 施工现场临时消防给水系统应与施工现场生产、生活给水系统合并设置，但应设置将生产、生活用水转为消防用水的应急阀门。应急阀门不应超过两个，且应设置在易于操作的场所，并设置明显标识。

⑱ 严寒和寒冷地区的现场临时消防给水系统，应采取防冻措施。

(3) 应急照明

1) 施工现场的下列场所应配备临时应急照明：

自备发电机房及变（配）电房；水泵房；无天然采光的作业场所及疏散通道；高度超过 100m 的在建工程的室内疏散通道；发生火灾时仍需坚持工作的其他场所。

2) 作业场所应急照明的照度不应低于正常工作所需照度的 90%，疏散通道的照度值不应小于 0.5lx。

3) 临时消防应急照明灯具宜选用自备电源的应急照明灯具，自备电源的连续供电时间不应小于 60min。

给水压力不能满足要求时，应设置消火栓泵，消火栓泵不应少于两台；消火栓泵宜设置自动启动装置

图 4.5-23 消火栓泵

4.5.5 建筑施工防火管理

1) 施工现场的消防安全管理由施工单位负责。

实行施工总承包的，由总承包单位负责。分包单位应向总承包单位负责，并应服从总承包单位的管理，同时应承担国家法律、法规规定的消防责任和义务。

2) 监理单位应对施工现场的消防安全管理实施监理。

3) 施工单位应根据建设项目规模、现场消防安全管理的重点，在施工现场建立消防安全管理组织机构及义务消防组织，并应确定消防安全负责人和消防安全管理人，同时应落实相关人员的消防安全管理责任。

4) 施工单位应针对施工现场可能导致火灾发生的施工作业及其他活动，制定消防安全管理制度。消防安全管理制度应包括下列主要内容：

①消防安全教育与培训制度；②可燃及易燃易爆危险品管理制度；③用火、用电、用气管理制度；④消防安全检查制度；⑤应急预案演练制度等。

5）施工单位应编制施工现场防火技术方案，并应根据现场情况变化及时对其修改、完善。防火技术方案应包括下列主要内容：

①施工现场重大火灾危险源辨识；②施工现场防火技术措施；③临时消防设施、临时疏散设施配备；④临时消防设施和消防警示标识布置图等。

6）施工单位应编制施工现场灭火及应急疏散预案。灭火及应急疏散预案应包括下列主要内容：

①应急灭火处置机构及各级人员应急处置职责；②报警、接警处置的程序和通信联络的方式；③扑救初起火灾的程序和措施；④应急疏散及救援的程序和措施等，见图4.5-24、图4.5-25。

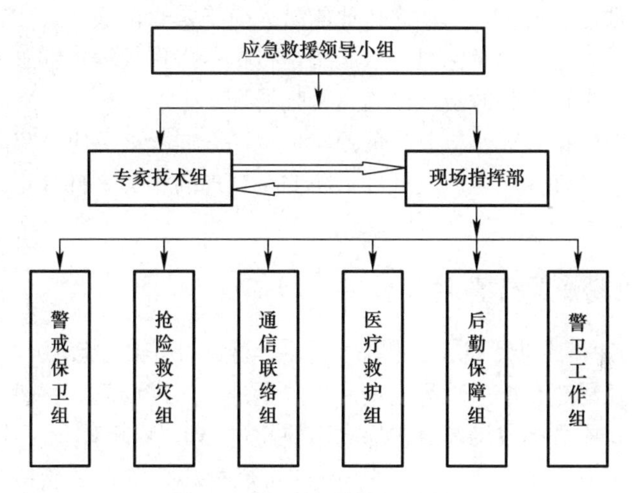

图4.5-24　应急救援领导小组

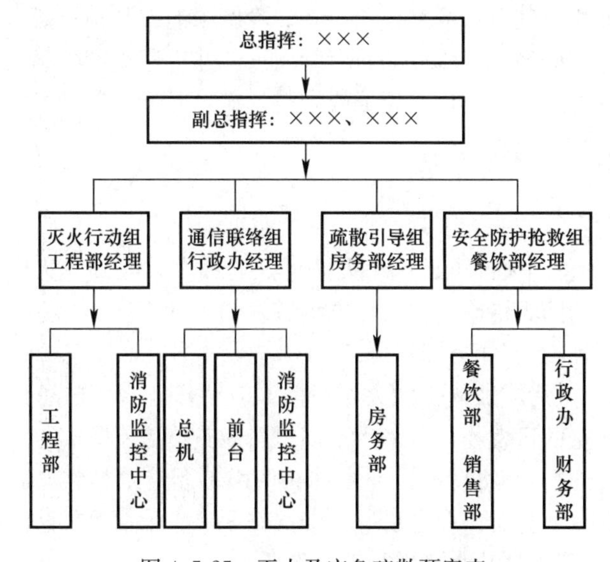

图4.5-25　灭火及应急疏散预案表

7）施工人员进场前，施工现场的消防安全管理人员应向施工人员进行消防安全教育和培训，内容如下：

①施工现场消防安全管理制度、防火技术方案、灭火及应急疏散预案的主要内容；②施工现场临时消防设施的性能及使用、维护方法；③扑灭初起火灾及自救逃生的知识和技能；④报火警、接警的程序和方法等。

8）施工作业前，施工现场的施工管理人员应向作业人员进行消防安全技术交底。消防安全技术交底应包括下列主要内容：

①施工过程中可能发生火灾的部位或环节；②施工过程应采取的防火措施及应配备的临时消防设施；③初起火灾的扑救方法及注意事项；④逃生方法及路线等。

9）施工过程中，消防安全负责人应定期组织消防安全管理人员对施工现场的消防安全进行检查，检查内容如下：

①危险品的管理是否落实；②动火作业的防火措施是否落实；③用火、用电、用气是否存在违章操作，④电、气焊及保温防水施工是否执行操作规程；⑤临时消防设施是否完好有效；⑥临时消防车道及临时疏散设施是否畅通等。

10）施工单位应依据灭火及应急疏散预案，定期开展灭火及应急疏散的演练。

11）施工单位应做好并保存施工现场消防安全管理的相关文件和记录，建立现场消防安全管理档案。

4.5.6 可燃物及易燃易爆危险品管理

（1）用于在建工程的保温、防水、装饰及防腐等材料的燃烧性能等级，应符合设计要求。

（2）可燃材料及易燃易爆危险品应按计划限量进场。进场后，可燃材料宜存放于库房内，如露天存放时，应分类成垛堆放，垛高不应超过 2m，单垛体积不应超过 $50m^3$，垛与垛之间的最小间距不应小于 2m，且采用不燃或难燃材料覆盖；易燃易爆危险品应分类专库储存，库房内通风良好，并设置严禁明火标志。

（3）室内使用油漆及其有机溶剂、乙二胺、冷底子油或其他可燃、易燃易爆危险品的物资作业时，应保持良好通风，作业场所严禁明火，并应避免产生静电。

（4）施工产生的可燃、易燃建筑垃圾或余料，应及时清理。

4.5.7 用火、用电、用气管理

（1）施工现场用火，应符合下列要求。

1）动火作业应办理动火许可证；动火许可证的签发人收到动火申请后，应前往现场查验并确认动火作业的防火措施落实后，方可签发动火许可证。

2）动火操作人员应具有相应资格。

3）焊接、切割、烘烤或加热等动火作业前，应对作业现场的可燃物进行清理；作业现场及其附近无法移走的可燃物，应采用不燃材料对其覆盖或隔离。

4）施工作业安排时，宜将动火作业安排在使用可燃建筑材料的施工作业前进行。确需在使用可燃建筑材料的施工作业之后进行动火作业，应采取可靠防火措施。

5）裸露的可燃材料上严禁直接进行动火作业。

6）焊接、切割、烘烤或加热等动火作业，应配备灭火器材，并设动火监护人进行现

场监护，每个动火作业点均应设置一个监护人，见图 4.5-26、图 4.5-27。

7）五级（含五级）以上风力时，应停止焊接、切割等室外动火作业，否则应采取可靠的挡风措施。

图 4.5-26 动火作业，动火监护人进行现场监护

注：焊接、切割、烘烤或加热等动火作业，应配备灭火器材，并设动火监护人进行现场监护。

图 4.5-27 监护人进行动火作业监督

注：每个动火作业点均应设置一个监护人。

8）动火作业后，应对现场进行检查，确认无火灾危险后，动火操作人员方可离开。

9）具有火灾、爆炸危险的场所严禁明火。

10）施工现场不应采用明火取暖。

11）厨房操作间炉灶使用完毕后，应将炉火熄灭，排油烟机及油烟管道应定期清理油垢。

（2）施工现场用电，应符合下列要求。

1）施工现场用电设施设计、施工、运行、维护应符合现行国家标准《建设工程施工现场供用电安全规范》GB 50194 的要求。

2）电气线路应具有相应的绝缘强度和机械强度，严禁使用绝缘老化或失去绝缘性能的电气线路，严禁在电气线路上悬挂物品。破损、烧焦的插座、插头应及时更换。

3）电气设备与可燃、易燃易爆和腐蚀性物品应保持一定的安全距离。

4）有爆炸和火灾危险的场所，按危险场所等级选用相应的电气设备。

5）配电屏上每个电气回路应设置漏电保护器、过载保护器，距配电屏 2m 范围内不应堆放可燃物，5m 范围内不应设置可能产生较多易燃、易爆气体、粉尘的作业区，见图 4.5-28。

6）可燃材料库房不应使用高热灯具，易燃易爆危险品库房内应使用防爆灯具。

7）普通灯具与易燃物距离不宜小于 300mm；聚光灯、碘钨灯等高热灯具与易燃物距离不宜小于 500mm，见图 4.5-29、图 4.5-30。

8）电气设备不应超负荷运行或带故障使用；禁止私自改装现场供用电设施；应定期对电气设备和线路的运行及维护情况进行检查。

（3）施工现场用气，应符合下列要求。

1）储装气体的罐瓶及其附件应合格、完好和有效；严禁使用减压器及其他附件缺损的氧气瓶，严禁使用乙炔专用减压器、回火防止器及其他附件缺损的乙炔瓶。

①漏电保护器安装时，应检查产品合格证、认证标志、试验证章，发现异常情况必须停止安装。
②漏电保护器的保护范围应是独立回路，不能与其他线路有电气上的连接。一台漏电保护器容量不够时，不能两台并联使用，应选用容量符合要求的漏电保护器。
③安装漏电保护器后，不能撤掉或降低对线路、设备的接地或接零保护要求及措施，安装时应注意区分线路的工作零线和保护零线。工作零线应接入漏电保护器，并应穿过漏电保护器的零序电流互感器。经过漏电保护器的工作零线不得作为保护零线，不得重复接地或接设备的外壳。线路的保护零线不得接入漏电保护器。
④在潮湿、高温、金属占有系数大的场所及其他导电良好的场所，必须设置独立的漏电保护器，不得用一台漏电保护器同时保护两台以上的设备（或工具）。
⑤安装不带过电流保护的漏电保护器时，应另外安装过电流保护装置。采用熔断器作为短路保护时，熔断器的安秒特性与漏电保护器的通断能力应满足选择性要求。
⑥漏电保护器经安装检查无误，并操作试验按钮检查动作情况正常，方可投入使用

图 4.5-28　配电屏设置漏电保护器

图 4.5-29　高热灯具

注：可燃材料库房不应使用高热灯具，易燃易爆危险品库房内应使用防爆灯具。

图 4.5-30　普通灯具与易燃物距离控制合理范围内

注：普通灯具与易燃物距离不宜小于 300mm；聚光灯、碘钨灯等高热灯具与易燃物距离不宜小于 500mm。

2）气瓶运输、存放、使用时，应符合下列规定：

气瓶应保持直立状态，并采取防倾倒措施，乙炔瓶严禁横躺卧放；严禁碰撞、敲打、抛掷、滚动气瓶；气瓶应远离火源，距火源距离不应小于 10m，并应采取避免高温和防止暴晒的措施；燃气储装瓶罐应设置防静电装置。

3）气瓶应分类储存，库房内通风良好；空瓶和实瓶同库存放时，应分开放置，两者间距不应小于 1.5m。

4）气瓶使用时，应符合下列规定：

①使用前，应检查气瓶完好性，检查连接气路的气密性，并采取避免气体泄漏的措施，严禁使用已老化的橡皮气管；②氧气瓶与乙炔瓶的工作间距不应小于5m，气瓶与明火作业点的距离不应小于10m；③冬季使用气瓶，如气瓶的瓶阀、减压器等发生冻结，严禁用火烘烤或用铁器敲击瓶阀，禁止猛拧减压器的调节螺栓；④氧气瓶内剩余气体的压力不应小于0.1MPa；⑤气瓶用后，应及时归库。

（4）其他施工管理。

1）施工现场的重点防火部位或区域，应设置防火警示标识。

2）施工单位应做好施工现场临时消防设施的日常维护工作，对已失效、损坏或丢失的消防设施，应及时更换、修复或补充。

3）临时消防车道、临时疏散通道、安全出口应保持畅通，不得遮挡、挪动疏散指示标识，不得挪用消防设施。施工现场严禁吸烟。

4.6 建筑施工五大安全伤害事故案例分析及预防

4.6.1 触电伤害

触电伤害主要是：经过或靠近施工现场的外电线路没有或缺少防护，在搭设钢管架、绑扎钢筋或起重吊装过程中，碰触这些线路造成触电；使用各类电气设备触电；因电线破皮、老化，又无开关箱等触电。

[案例1]

×年×月×日晚，南京某工地进行剪力墙混凝土浇筑准备。工人王某等正在进行墙模板拉筋紧固加固，因照明不足，王某将绑在旁边木架上的临时简易照明碘钨灯解开，右手抓紧固拉筋（接地），左手移动碘钨灯，因碘钨灯外壳带电，形成单相回路，电击死亡。

（1）主要原因：安装使用不合格的碘钨灯；非电工违章移动碘钨灯。

（2）直接原因：非电工擅自移动碘钨灯；碘钨灯出厂不合格，固定灯管螺丝过长，触及灯罩致使碘钨灯外壳带电；进场使用检查不够，未能及时发现隐患。

（3）间接原因：对工人的安全用电教育不够，管理不严，没有配备相应的防护用品；碘钨灯出厂不合格，未检查出来。

（4）预防措施：①对工人加强安全教育，提高安全意识和自我保护能力，遵守安全用电规定；②施工现场的电气设备的检修、电源线路的架设、照明灯具的安装均应由专业电工进行操作；③对作业人员配备必要的防护用品和用具；④对进场材料如电气设备等严格验收、检查。

4.6.2 物体打击伤害

物体打击伤害主要是：人员受到同一垂直作业面的交叉作业中和通道口处坠落物体的打击。

[案例2]

×年×月×日下午，两名钢筋工用塔式起重机往15楼屋面吊柱子钢筋，他们用单根钢丝绳，捆绑了约50根平均长度为3.2m的直径16mm的螺纹钢。当吊物起吊至13m高度时，钢筋从空中滑落，将正好经过下面的施工员唐某砸中，安全帽被穿透，当场死亡。

（1）主要原因：两名工人违章操作，未按规定用两根钢丝绳捆扎钢筋，起吊过程中周围无警戒带，无人监护。

（2）直接原因：两名钢筋工未按规定只用一根钢丝绳捆绑钢筋，导致钢筋吊升过程中失衡、滑落。

（3）间接原因：施工员唐某安全意识淡薄，施工现场走路时不注意头部上方是否有作业正在进行，戳向头部的多根钢筋将安全帽穿透直接扎进了头部。

（4）预防措施：①塔式起重机调运材料时必须用双钢丝绳或专用料斗；②在起吊过程中必须拉警戒带、设警戒区，并有专人监护、指挥；③加强现场安全巡查，发现违章行为必须立即制止。

4.6.3 高空坠落伤害

高空坠落伤害主要是：高空作业人员坠落地面伤害。

[案例 3]

×年×月×日 16 时左右，架子工郑某等 3 名工人正在搭设 15 楼外侧围护脚手架子。在未系安全带的情况下竖立脚手架立杆时，因外斜重量过大，使其在脚手板上失去重心，随钢管从 42m 高处一同坠落至地面，坠落时脸部朝下，当场死亡。

（1）主要原因：郑某违章作业，安全意识淡薄，认识不到作业的危险性。

（2）直接原因：郑某未经脚手架搭设技能培训，无证上岗，安全意识淡薄，对项目的安全规章制度没有严格遵守，虽戴安全帽，但未系安全带，不按操作规程施工，在搭设过程中对关键部位操作要领不清。

（3）间接原因：郑某未经架子工专业技能培训，且不具有架子工操作证，在不系安全带和无安全防护的情况下进行脚手架搭设作业；项目部管理不到位，对特种作业人员没有严格检查。

（4）预防措施：①杜绝违章指挥、违章操作，严格执行特种作业人员管理的有关规定；②安全防护设施不符合规定、不合格者，不得施工；③企业必须有切实可行的安全生产管理制度和安全管理网络体系；④明确各级管理人员的安全生产责任，提高管理人员的素质，杜绝盲目指挥、违章操作等违规现象；⑤加强现场安全管理，加强对特种作业人员的专业技能考核，不合格者坚决不予使用。

4.6.4 机械伤害

机械伤害事故主要是：垂直运输机械设备、吊装设备、各类桩机等对人的伤害。

[案例 4]

×年×月×日下午 4 时左右，深圳市××区××街道“×××”建筑工地塔式起重机坍塌，多名工人从 10 多层楼的高度直落下来，5 人当场死亡，1 人重伤，见图 4.6-1、图 4.6-2。

（1）主要原因：顶升系统发生意外，上部结构坠落，造成冲击，导致平衡臂拉杆连接处拉断，配重块撞击塔身，造成塔身弯折翻倒，上部结构平衡臂及配重坠落地面，顶升作业人员高空坠落。

图 4.6-1 事故现场（一）

图 4.6-2 事故现场（二）

（2）直接原因：工人违规操作，导致顶升系统发生意外。

（3）间接原因：工人未经培训，无特种作业证，不熟悉操作要领，违规操作，项目部管理缺失，无方案、无交底，没有安排专业塔式起重机技术人员指挥操作。

（4）预防措施：①塔式起重机操作人员必须经培训合格，获得特种作业证后持证上岗；②加强现场安全管理；③工人作业过程中有专业技术人员指导、监督；④作业前有专项方案、技术交底。

4.6.5 坍塌事故

坍塌事故主要是：现浇混凝土梁、板的模板支撑失稳倒塌，基坑边坡失稳引起土石方坍塌，拆除工程中的坍塌，施工现场的围墙及在建工程屋面板质量低劣塌落。

[案例 5]

×年×月×日上午 10 时 17 分，江门市新会区会城中心南路正在施工的新会××商业广场突然发生工地棚架倒塌事故，该倒塌棚架面积约 200m^2，造成 16 死 5 伤。坍塌当时正在浇筑混凝土。

（1）主要原因：违规操作，无监督、无管理、无检查、无验收，棚架坍塌突然，人员来不及躲避。

（2）直接原因：混凝土集中浇筑，模架受力不匀，局部立杆失稳，引起多杆失稳，以致整个支架体系失稳，发生垮塌。

（3）间接原因：模板支架搭设没有严格按方案施工，工人没有按混凝土浇筑方案施工，现场无管理人员监督。

（4）预防措施：模架搭设有交底、有检查、有验收，混凝土浇筑有交底、有监督，严格按照既定方案施工作业。

5　房屋施工图识读

5.1　房屋建筑施工图识读

读图顺序：按目录顺序（一般按“建施”“结施”“设施”的顺序排列）通读一遍，对建筑物有一个概括了解，读图时，应按先整体后局部，先文字说明后图样，先图样后尺寸等原则依次仔细阅读。读图时，应特别注意各类图纸的表达重点和它们之间的内在联系。房屋建筑各部名称见图 5.1-1。

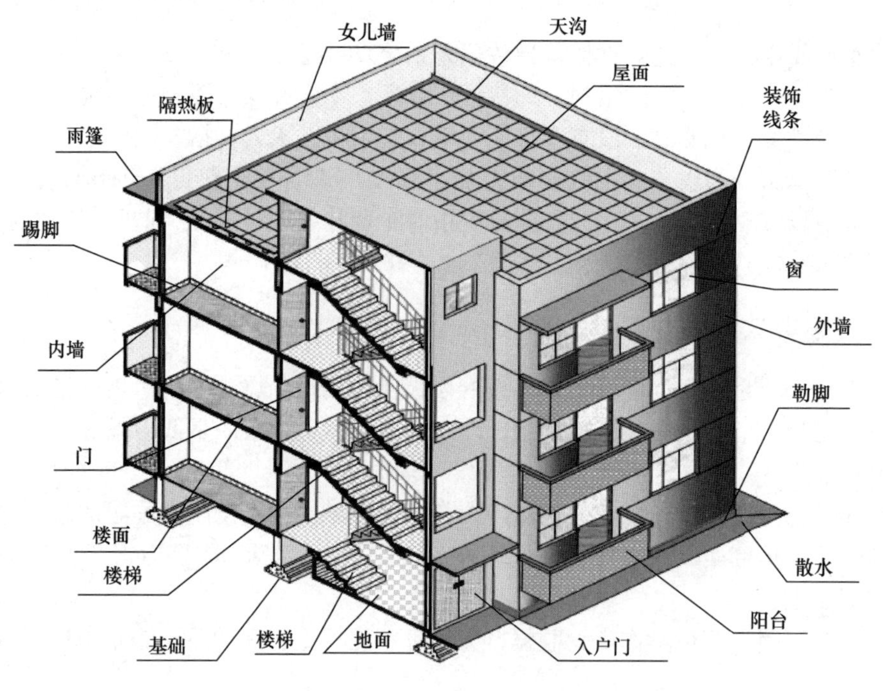

图 5.1-1　房屋建筑名称

建筑施工图是房屋建筑的施工图纸中关于建筑部分的图纸，这类图纸主要是反映建筑物的规划位置、内外装修、构造及施工要求等，有首页（图纸目录、设计总说明）、总平面图、平面图、立面图、剖面图和详图。某工程图纸目录见图 5.1-2。

5.1.1　建筑设计说明

图纸齐全后就可以按照图纸顺序看图了，首先要看的是设计总说明，了解建筑概况、技术要求等。以下以北京大学某工程建筑设计说明举例说明。

建筑及总图专业图纸目录

序号	图号	图纸名称	比例	规格
总引述				
1	建施—A001	图纸目录、建筑设计总说明（一）		A1
2	建施—A002	建筑设计总说明（二）		A1
3	建施—A003	建筑设计总说明（三）、电梯表		A1
4	建施—A004	材料做法表 房间用料表		A1
总图				
5	总施—1	总平面图		A1
防火分区图				
6	建施—A101	防火分区图（一）		A1+
7	建施—A102	防火分区图（二）		A1+

拿到图纸，应先把目录看一遍，按照图纸目录检查图纸是否齐全，图纸编号与图名是否符合，如采用标准图则要了解标准图是哪一类的，要把它们准备好存放在手边，以便到时可以查看

图 5.1-2 某工程图纸目录

设计说明

一、 设计依据

1. 教育部《关于北京大学××区域教学科研综合楼工程项目建议书的批复》（教发函〔2001〕80号）。

2. 北京市文物局《关于北京大学××校区教学楼翻建设计方案的复函》(京文物〔2009〕1376号)。

3. 北京市文物局《关于北京大学××校区教学楼设计方案核准的复函》(京文物〔2010〕1377号)。

4.《北京大学××本部校区总体规划》。

5. 北京市规划委员会《规划意见书附件〈条件〉》(2009年规意条字0134号)。

6. 北京市规划委员会《关于原则同意北京大学××区域教学科研综合楼设计方案的复函》(2010规复函字0171号)。

7. 《北京大学××区域教学科研综合楼工程招标文件设计任务书》。

8. 中央国家机关人民防空办公室《中央国家机关人民防空工程建设规划意见表》(编号：GJYB07HD871A)。

9. 中央国家机关人民防空办公室《人民防空工程建设规划审核意见书》(编号：国机防工规字〔2010〕031号)。

10. 中央国家机关人民防空办公室《人民防空工程初步设计审核意见书》(编号：国机防工规字〔2010〕39号)。

11. 中央国家机关人民防空办公室《人民防空工程施工图审核意见书》(编号：国机防工规字〔2011〕11号)。

12. 北京××工程有限公司2010年2月26日完成的《北京大学××教学区2号～6号楼岩土工程勘察报告》。

了解建筑概况、定位位置、占地面积等信息

二、 工程概述

1. 工程位置与用地现状

北大××教学科研楼位于北京大学校园内，范围南沿南校门道路两侧，北至百年讲堂。

该用地原为学生宿舍用地，地块西邻学生宿舍区，东邻农园餐厅和五四运动场，南至南校门，北至百年讲堂，是学校南区的核心地段。用地范围占地面积约为 40299m^2。场地南北长约 302m，南侧东西宽约 134m；北侧东西宽约 126m；地形基本为长方形。场地基本平整。

2. 工程建设规模及项目组成

整体规划含有六栋单体建筑。其中包括 1 号楼教育学院已经建成。本次新建 2、3、6 号楼三栋建筑。依据设计任务书要求，本工程以办公、教研为主，其中 2 号楼为对外汉语教育学院，3 号楼为新闻与传播学院，6 号楼为学生活动中心，均为框架-剪力墙结构，包括各院系的教研室、行政办公室以及接待室、学术报告厅、学术及学生活动室、机动车停车库等多功能的综合建筑群。

施工时，主要了解项目的规模、栋数，各单位工程的作用、层数、建筑面积、地上部分面积、地下部分面积、檐口高度

本次新建 2、3、6 号楼，地上 3 ～ 5 层，地下 2 层。在地下 2 层设置人防工程，其中，2、3 号楼地下 2 层平时为汽车库(停车总数为 79 辆，2 号楼为小型汽车库，停车数 27 辆，3 号楼为中型汽车库，停车数 52 辆)，战时分别为物资库、汽车库；6 号楼地下 2 层平时为书店。建筑物面积如表 1 所示。

建筑物面积明细表 表1

序号	名称	基底面积(m)^2	总建筑面积(m)^2(不含人防通道)	地上建筑面积(m)^2	地下总建筑面积(m)^2(不含人防通道)	地下总建筑面积(m)^2(含人防通道)	人防通道面积(m)^2	总建筑面积(m)^2(含人防通道)	备注
1	2 号楼	1518	10206	6325	3881	3981	100	10306	1 号人防通道
2	3 号楼	1518	10663	6028	4635	4825	190	10853	2、3 号人防通道
3	6 号楼	3418	19266	10572	8694	8694	—	19266	
4	合计	6454	40135	22925	17210	17500	290	40425	

建筑面积及层数

3. 建筑层数及高度

2、3 号楼地上主体 5 层，局部 3 层，地下 2 层，檐口高度 18m。

6 号楼地上主体 5 层，局部 4 层，地下 2 层，檐口高度 18m。

4. 建筑设计使用年限：50 年。建筑耐火等级：一级。汽车库耐火等级：一级。抗震设防烈度：八度。

5. 结构类型：钢筋混凝土框架-剪力墙结构。

注意正负零，一般都以建筑物的首层（即底层）室内地面高度作为 0 点来计算

三、 标高及单位

1. 本工程设计标高：2、3 号楼±0.000 相当于绝对标高 51.25m；6 号楼±0.000 相当于绝对标高 51.00m。

2. 各层标高为完成面标高，屋面标高为结构面标高。

3. 本工程标高以米(m)为单位，尺寸以毫米(mm)为单位。

注意内外墙区别，构件功能不同，所用材料也不同

四、 墙体

主要注意钢筋混凝土墙体的混凝土强度等级及防水混凝土抗渗等级，砌块墙体的类型、墙厚、砌筑使用砂浆类型

1. 地下部分

(1) 外墙：外墙为防水钢筋混凝土墙，详结施图。

(2) 内墙：除钢筋混凝土墙外，为 200mm 厚(防火墙 300mm 厚)轻骨料混凝土空心砌块墙体，用 M5 水泥砂浆砌筑。墙体基础部分采用 240mm 厚页岩实心砖从底板砌筑至地坪。

2. 地上部分

外墙：a. 外立面可见部分240mm厚(局部360mm厚)灰色特制仿古页岩砖组合建筑。b. 外立面不可见部分200mm厚轻骨料混凝土空心砌块墙体。

五、屋面

1. 屋—1(上人屋面)防滑地砖面层屋面

面层：10mm厚防滑地砖

防水层：防水等级Ⅱ级，两层3mm厚聚酯胎Ⅱ型SBS防水卷材

保温层：80mm厚岩棉防火复合板

隔汽层：1.5mm厚聚合物水泥基防水涂料

2. 屋—2(坡屋面)灰色筒瓦屋面

屋面做法简介，分为上人屋面、不上人屋面和坡屋面三种不同做法

面层：灰色筒瓦面层

保温层：80mm厚岩棉防火复合板

防水层：防水等级Ⅱ级，1.5mm厚水孔型聚合物水泥基防水涂料

隔汽层：1.5mm厚聚合物水泥基防水涂料

挂瓦措施参见08BJ1—1，坡屋10°

3. 屋—3(不上人屋面)

面层：60mm厚粒径15～20mm卵石保护层

防水层：防水等级Ⅱ级，两层3mm厚聚酯胎Ⅱ型SBS防水卷材

保温层：80mm厚岩棉防火复合板

隔汽层：1.5mm厚聚合物水泥基防水涂料

六、门窗

注意门窗材料，门窗一般都有统一的标准图集，在设计总说明中可以了解不同功能房间对门窗要求不同

1. 本工程外门采用断桥铝合金玻璃门，内门采用成品实木复合门。外窗采用断桥铝合金节能窗，窗立面形式、颜色、开启方式见门窗图，门窗数量见门窗表。

2. 门窗立樘位置：外门窗立樘位置见墙身节点图，内门窗立樘位置除注明外，双向平开门立樘居墙中。

3. 门窗洞口尺寸应以现场实测尺寸为准，加工尺寸要按洞口尺寸减去相关外饰面的厚度。

4. 防火门均装闭门器，常开防火门在火灾时应能自行关闭并带信号反馈功能。双扇防火门均装顺序器，防火门向疏散方向开启。

5. 变配电室、地下室库房及防火分区之间的门，均为甲级防火门。风机房、水泵房等设备机房的门采用甲级防火隔音门。

6. 管道井检修门采用丙级防火门，定位与管道井外侧墙面平；门口底距地高度凡未注明者，均做120mm高C15混凝土门槛。

7. 外窗指标：抗风压性能≥3000Pa，雨水渗透性能≥250Pa，隔声性能≥25dB。

8. 玻璃选用应符合现行行业标准《建筑玻璃应用技术规程》JGJ 113。

9. 窗台未特殊注明均为900mm高，落地窗安全横挡设在距地900mm处，横挡下为固定窗，采用夹胶安全防撞玻璃或安全护栏，详见墙身详图。安全横档水平荷载为0.5kN/m，见现行国家标准《建筑结构荷载规范》GB 50009。

七、(略)

注意幕墙要求，了解玻璃、铝合金等材料性能要求，有时需要与节能计算书核对着一起查看

八、幕墙

1. 玻璃幕墙:玻璃幕墙的设计、制作和安装应符合现行行业标准《玻璃幕墙工程技术规范》JGJ 102 的要求;玻璃采用安全玻璃,应符合现行行业标准《建筑玻璃应用技术规程》JGJ 113 的要求。

2. 本工程幕墙图为示意图，仅表示幕墙的形式、分格、颜色、玻璃类型和材料的要求等。幕墙应以本施工图为依据由建设单托有资质的幕墙公司进行深化设计及施工。幕墙公司进行幕墙的深化设计时，幕墙的材料选择和外观效果等技术指标应与业主、设计院共同确定，应注意与土建及室外照明工程等专业密切配合，应配合土建施工及时提供幕墙施工图纸，有关预埋件应在主体结构混凝土施工时埋入，保证幕墙安全可靠。幕墙的设计、加工、安装和维护均应确保质量并符合建筑效果。

3. 本工程玻璃幕墙采用断桥铝合金框料，辐射率≤0.25 的中空 Low-E 玻璃。石材幕墙采用米色花岗石。

4. 玻璃幕墙采用节能型材，指标见“节能设计”。阳光室玻璃顶棚采用钢结构、铝合金框料采用玻璃 6＋9A＋6(mm)。钢化夹层玻璃须符合现行行业标准《建筑玻璃应用技术规程》JGJ 113中第 8.2.2～8.2.8 条中的强制性条文规定。

5. 幕墙玻璃采光顶必须保证安全、防水、防冰雹、防雷击、抗风压、保温隔热。

6. 幕墙上设计百叶窗时，应注意幕墙与风口的配合，非风口处必须在室内一侧采用轻钢龙骨防火板(内填岩棉)封严。

九、(略)

注意精装修部位做法，考虑备料，不同区域不同做法

十、内装修

室内装修见房间装修用料表、材料做法表。教研室、接待室、办公室等房间门室内外均设成品木制门套，窗室内上、左、右均设木制成品窗套，窗下设花岗石窗台板，窗上结合吊顶设木制窗帘盒,配双铝合金窗帘轨。

2 号楼的 1 层门厅、多功能厅、3 层会议室二次精装设计，本次设计仅为示意。

3 号楼的地下 1 层新闻演播厅、 1 层门厅、学术报告厅、 3 层会议室为二次精装设计，本次设计仅为示意。

6 号楼的地下 1 层小剧场、创意休闲吧、咖啡厅， 1 层阳光大厅、服务大厅、贵宾会议室， 3 层会议室为二次精装设计，本次设计仅为示意。

十一、室外雨篷、台阶、坡道、散水、地面

见立面图、平面图、总平面图及有关详图，玻璃雨篷采用 PVB 镀膜厚度为 0.76mm 的安全玻璃，制作和安装应符合现行行业标准《玻璃幕墙工程技术规范》JGJ 102 的要求。

十二、节能设计

屋顶、外墙等围护结构材料性能、做法必须满足节能要求

1. 建筑节能执行北京市地方标准《公共建筑节能设计标准》DB 11/687。

2. 本工程属乙类节能建筑。体形系数：2 号楼 S=0.201、3 号楼 S=0.201、6 号楼 S=0.212。

3. 建筑为框架-剪力墙结构，采用外墙内保温体系，墙身细部：钢筋混凝土梁、柱与楼板、隔墙交接处、女儿墙、阳台部位均应采取断桥保温措施,做法见 2、3、6 号各楼节点详图。

屋顶、外墙等部位围护结构节能设计见表 2。

屋顶、外墙、楼板等节能设计表　　表2

序号	部位		保温材料	保温材料厚度(mm)	构造做法	传热系数 K [W/(m²·K)]
1	屋顶	平屋顶	岩棉防火复合板	80	屋1 08BJ1-1 平屋3	0.508
		坡屋顶	岩棉防火复合板	80	屋2 08BJ1-1 坡屋10	0.508
2	外墙	2、3号楼	岩棉防火复合板	100	见墙身大样、节能计算书	0.350
		6号楼	岩棉防火复合板	100	见墙身大样、节能计算书	0.350
3	接触室外空气楼板	2、3、6号楼	膨胀玻化微珠	30	见墙身大样、节能计算书	0.500
4	非采暖空调房间与采暖空调房间	隔墙	膨胀玻化微珠	30	88 J2-10 补2 内墙 6C2	1.500
		楼板	膨胀玻化微珠	30	88 J2-10 补2 内墙 6C2	1.470
5	变形缝	两侧墙内保温处	岩棉防火复合板	80	10BJ2-11 缝1	0.800

十三、防水设计

1. 地下室防水

（1）地下室防水等级为一级，在钢筋混凝土自防水（抗渗等级 0.8MPa）外侧，设二道卷材防水：双层 3mm 厚（3+4）聚酯胎Ⅱ型 SBS 防水卷材（SBS Ⅱ PY S3，GB 18242），在防水层外设 50mm 厚挤塑聚苯板保护层，详见地下室墙身、底部详图，做法参见 08BJ 6-1 图集 34 页节点 1。

（2）地下室外墙预留通道、穿墙管必须做好防水处理，做法参见08BJ 6-1图集95-96页、110-113页。

（3）变形缝、施工缝、转角处等部位为地下防水工程薄弱环节，应做好细部处理。施工缝防水做法详见 08BJ 6-1 图集 55 页点 1，后浇做法参见 81 页 2 节点，桩基端部防水做法参照 87 页 2 节点。其他做法参照《地下工程防水》08BJ 6-1中相关内容。

防水做法，了解防水所用材料、做法要求、重点部位的防水要求

2. 室内防水

（1）水泵房、水箱间等用水房间楼地面采用 2mm 厚聚合物水泥防水涂料，做法见材料做法表。上述楼地面防水涂料沿四周墙面起 250mm。所有做防水的地面均应做闭水试验。

（2）卫生间、清洁间等房间地面及墙面均做 2mm 厚聚合物水泥防水涂料。

（3）凡有地漏的房间均应做防水并增加 500mm 宽附加防水层。

（4）有防水要求的房间穿楼板立管均应预埋防水套管并高出楼面 30mm，套管与立管之间用建筑密封胶填实。其他房间穿楼板立管是否预埋套管见设备专业要求。

十四、防火设计

1. 主要参考规范：现行国家标准《建筑设计防火规范》GB 50016、《建筑灭火器配置设计规范》GB 50140、《自动喷水灭火系统设计规范》GB 50084。

2. 消防车道：基地内的道路宽度为 4～14m，在建筑四周呈环形布置，满足紧急情况

下消防车的通行。四面都具备扑救条件。

3. 防火分区见各层平面图。2、3、6 号楼均设火灾自动报警系统和自动灭火系统，详见各专业设计说明。

4. 2、3、6 号楼各层平面安全出口和疏散宽度均满足要求，详见各楼消防设计说明。

其中 2 号楼地下 1 层学生活动室的疏散宽度为规定宽度的 1.6 倍，3 号楼地下 1 层新闻演播厅的疏散宽度为规定宽度的 1.5 倍，6 号楼地下 2 层超市、书店的疏散宽度为规定宽度的 1.4 倍，地下 1 层小剧场疏散宽度为规定宽度的 3.7 倍，均满足疏散宽度。

防火要求是最终消防验收的一大重点，施工过程中要按照防火要求做好相关措施

5. 所有砌体墙（除说明者外）均砌至梁底或板底。

6. 管道穿过隔墙、楼板时，应采用不燃烧材料将其周围的缝隙填塞密实；室内变形缝做防火封堵，按现行《建筑防火封堵应用技术规程》CECS 154 要求施工。

7. 先安装管道、设备，后砌筑管井、机房墙体，并在每层楼板处用相当于楼板耐火极限的材料作防火分隔，通风管道隔墙边砌边抹水泥砂浆（内外均抹），保证管井内壁光滑平整，气密性良好。

十五、人防设计

人防设计概况：本次新建 2、3、6 号楼，均为地上 3 ～ 5 层，地下 2 层。人防工程设置在地下 2 层，人防工程通过地下 2 层人防通道互相连接。其中 2、3 号楼地下 2 层平时为汽车库，战时分别为物资库、汽车库；6 号楼地下 2 层平时为书店人员活动，战时为二等人员掩蔽所。人防面积明细与抗力级别见表 3。

人防工程建设面积明细表 **表 3**

栋号	地上层数	地下层数	人防建筑面积（m^2）	战时用途	平时用途	抗力级别		防化级别	人防有效面积（m^2）	人防面积（m^2）	人防掩蔽人数（人）
						防核武器级别	防常武器级别				
2 号楼	5	2	1933	物资库	汽车库	核 6	常 6	丁	1723	1662	—
3 号楼	5	2	3183	汽车库	汽车库	核 6	常 6	—	2644	2563	—
6 号楼	5	2	2893	二等人员掩蔽所	人员活动	核 5	常 5	丙	1892	1100	1100
合计	人防总建筑面积：12404m^2			其中，物资库面积：1933m^2。汽车库面积：3183m^2。二等人员掩蔽所面积 2893m^2							

人防要求，人防建筑面积分布，清楚战时用途及平时用途

十六、(略)

十七、建筑设备、设施

注意电梯尺寸

电梯：本工程电梯暂按无机房客梯产品样本绘制。选型见电梯选型表（表 4）。

电梯选型表 **表 4**

编号	类别	型号	乘客人数	载重（kg）	速度（m/s）	数量	到达楼层
1号	客货电梯（无机房）	3MRL900VF 100	13	900	1.0	1	−2～5
2号	客货电梯（无机房）	3MRL900VF 100	13	900	1.0	1	−2～5

十八（略）

十九、图例

1. 材料图例见图 1。

图例，有助于读图识图

材料	1∶100、1∶200	≥1∶50
钢筋混凝土		
轻骨料混凝土空心砌块墙		
砖墙		

图 1　材料图例

2. 材料做法表（略）。

3. 地下管综示意图见图 2。

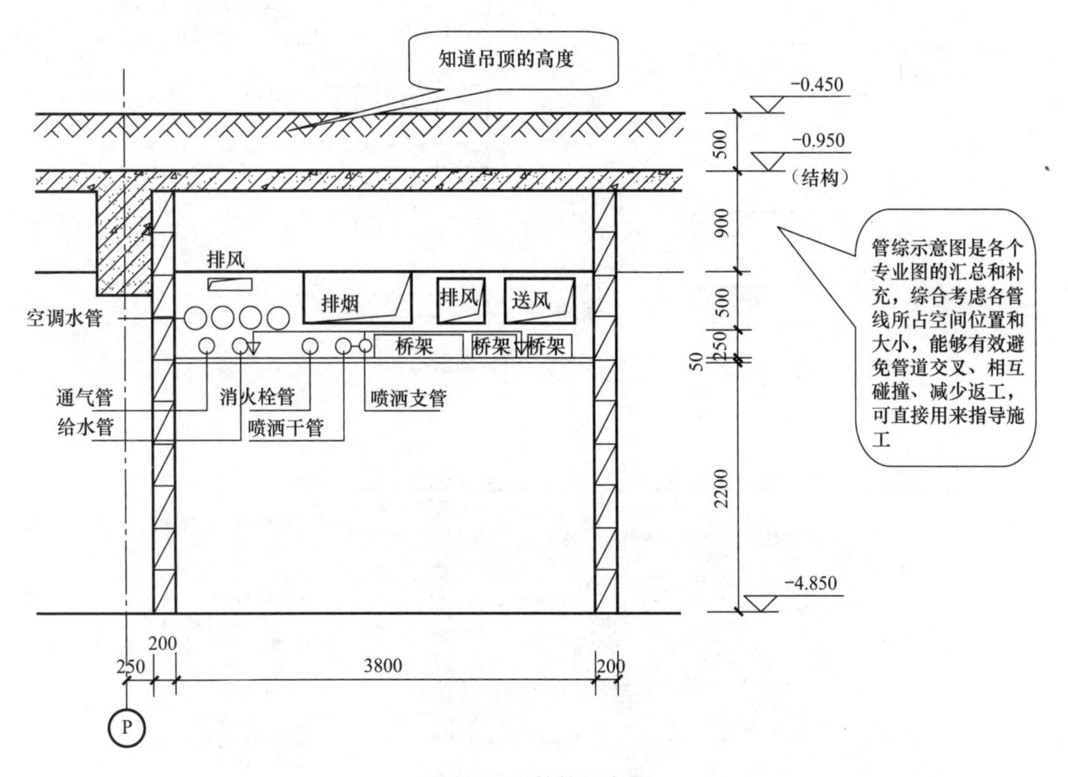

图 2　地下管综示意图

5.1.2　建筑平面图

（1）建筑总平面图：建筑总平面图是表明建筑物建设所在位置的平面状况的布置图。总平面图的基本组成有：房屋的方位、道路、绿化、风玫瑰和指北针、原有建筑、围墙等。详见图 5.1-3～图 5.1-6。

指北针：圆的直径为24mm，用细实线绘制：指针尾部宽度为3mm，指针头部应注“北”或“N”字。需用较大直径绘制指北针时，指针尾部宽度为直径的1/8，如图所示。标有指北针的住宅，即可知道其朝向

北

N

图 5.1-3 指北针

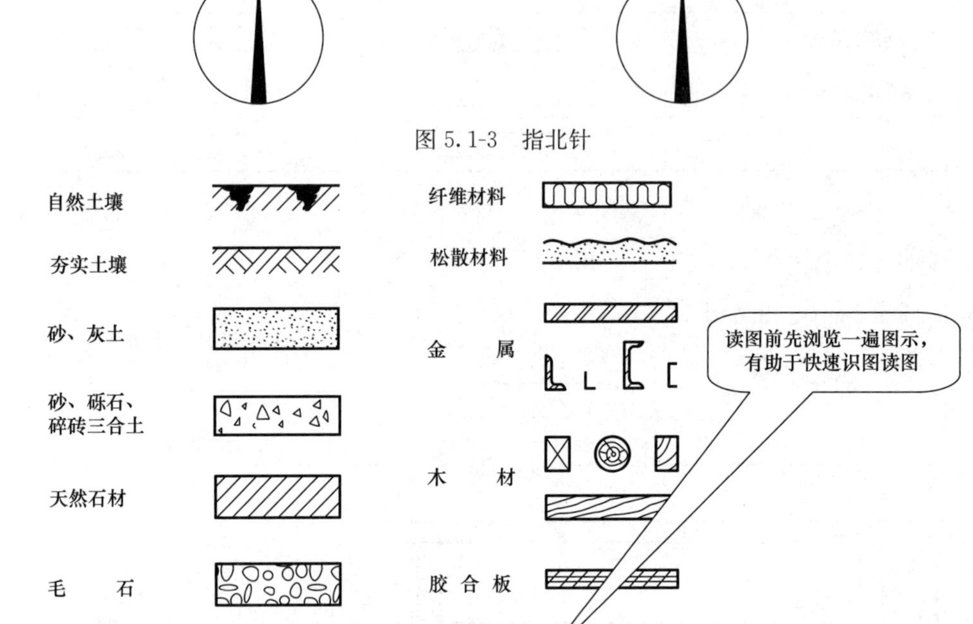

砂、砾石、碎砖三合土

读图前先浏览一遍图示，有助于快速识图读图

图 5.1-4 建筑图示

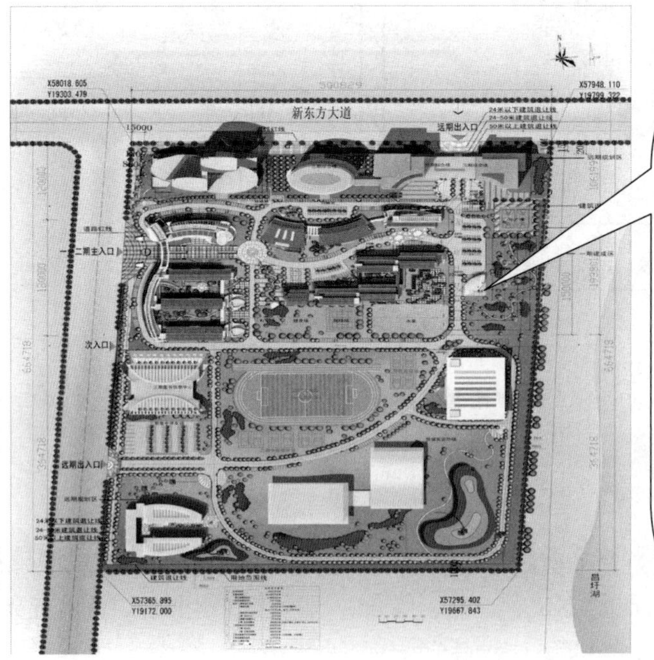

新东方大道
总平面图看图要点：
①了解工程性质、绘图比例、文字说明，熟悉常用图例；
②了解在用地范围内，建筑物（新建、原有、拟建、拆除）、周围环境、道路的布置；
③了解地形地貌从高低起伏可知道地面的坡向、排水方向；
④了解新建房屋室内外高差、道路标高及坡度；
⑤查看房屋与管线走向的关系、管线引入建筑物的位置；
⑥查找新建房屋的定位依据

图 5.1-5 某工程总平面效果图

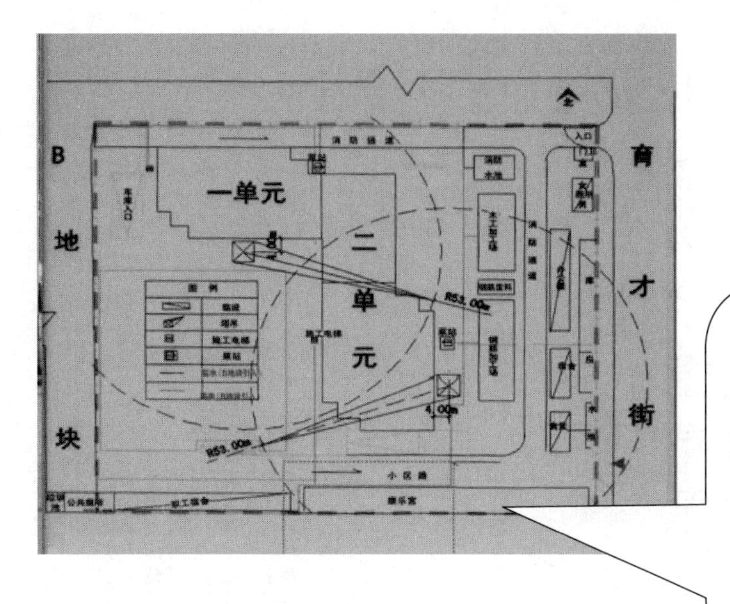

施工现场总平面图主要内容包括：①已建和拟建的地上和地下一切建筑物、构筑物和管线的位置和尺寸，确定施工现场区域、运输道路，设置围墙；②起重机械的位置（如塔式起重机位置及其回转半径）；③材料、加工半成品、构件和机具的堆场；④生产、生活临时设施（如办公区、生活区等）；⑤图例、比例尺、方向及风向标志；⑥测量放线标桩、地形等高线及取舍土地点

图 5.1-6 某施工现场总平面图

（2）建筑平面图就是将房屋用一个假想的水平面，沿窗口（位于窗台稍高一点）的地方水平切开，这个切口下部的图形投影至所切的水平面上，从上往下看到的图形即为该房屋的平面图（图 5.1-7）。

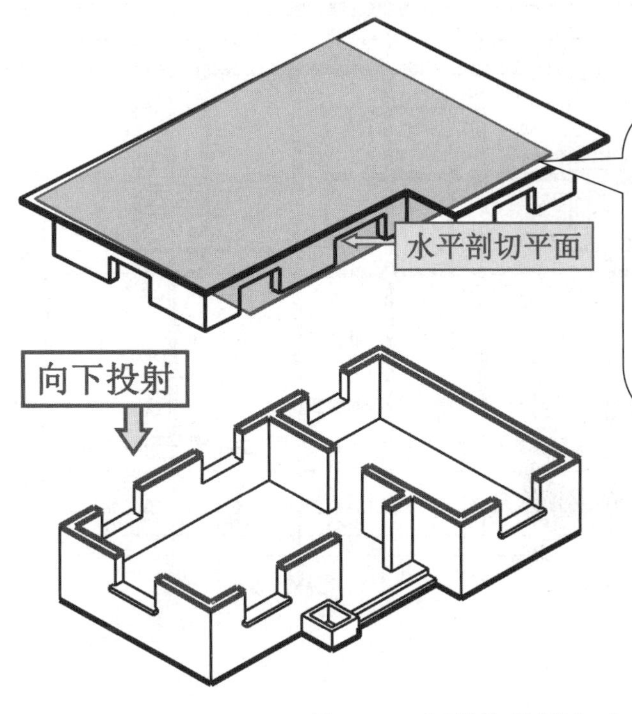

建筑物平面图应在建筑物的门窗洞口处水平剖切俯视（屋顶平面图应在屋面以上俯视），图内应包括剖切面及投影方向可见的建筑构造以及必要的尺寸、标高等，如需表示高窗、洞口、通气孔、槽、地沟及起重机等不可见部分，则应以虚线绘制

图 5.1-7 水平剖切投影图

建筑平面图反映房屋的平面形状、大小和房间的布置，墙或柱的位置、大小、厚度和材料，门窗的类型和位置等情况。以下为建筑平面图实例图（图 5.1-8、图 5.1-9）。

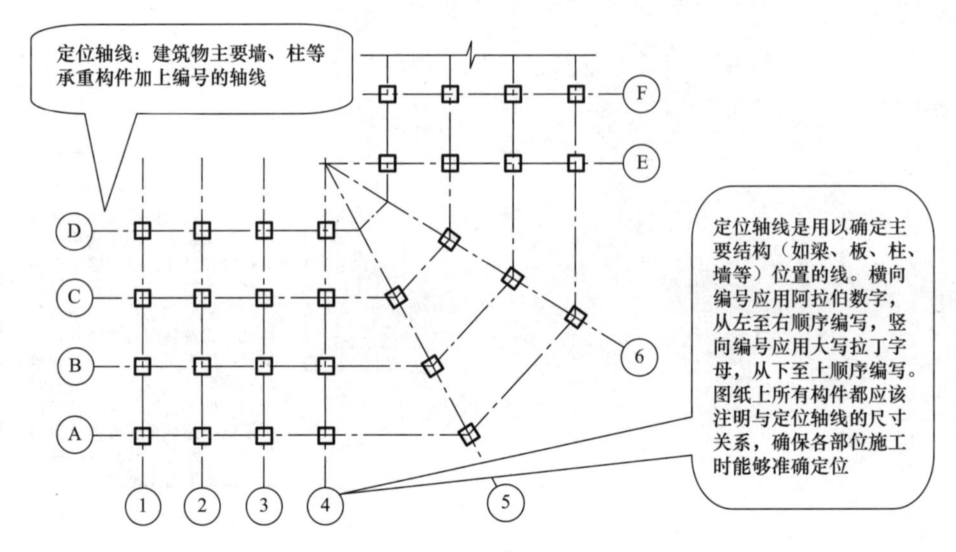

图 5.1-8　定位轴线图

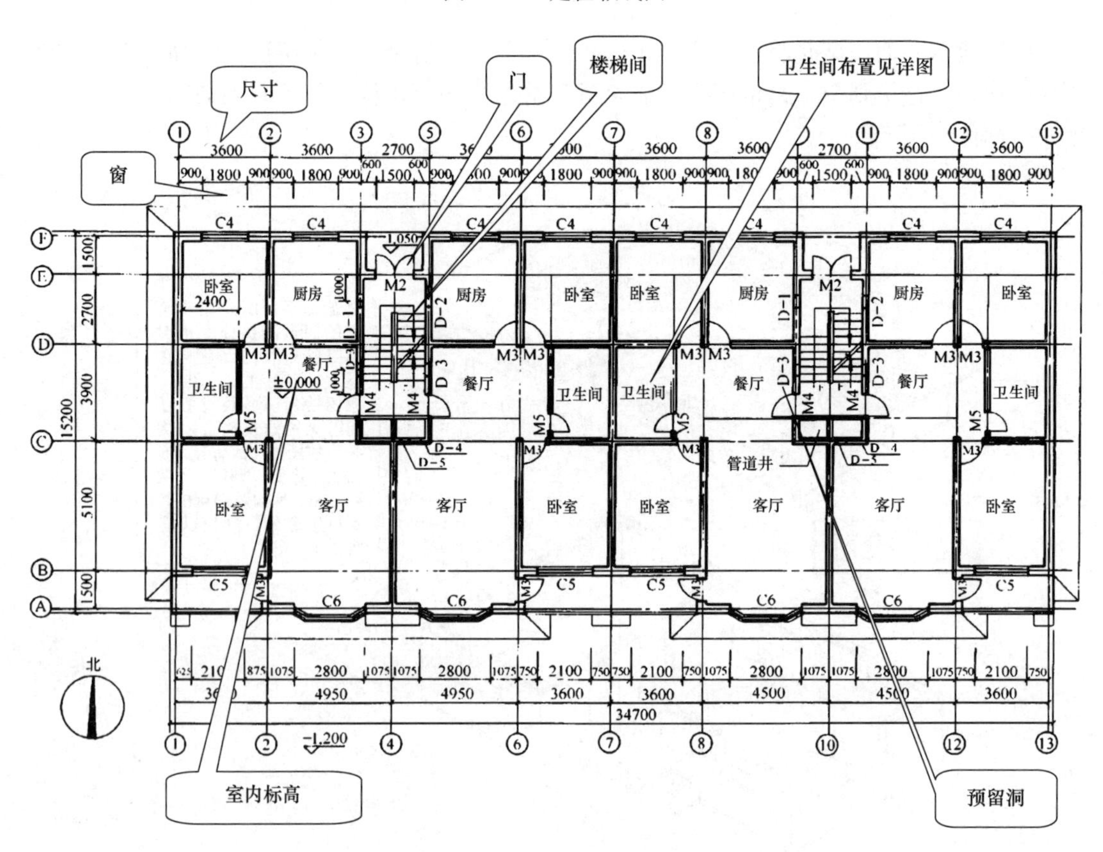

图 5.1-9　建筑平面图

建筑物有几层就画几个平面图，楼层平面相同时，只画标准层平面图。

屋顶平面图主要说明屋顶上建筑构造的平面布置，包括如住宅烟囱位置、浴室和厕所的通风通气孔位置、上屋面的出入孔位置等。此外，屋顶平面图还要标记出流水坡度、流水方向、水落管及集水口位置等。

5.1.3 建筑立面图、剖面图

建筑立面图是建筑物的各个侧面向它平行的竖直平面所做的正投影，这种投影得到的侧视图，称为立面图。它分为正立面、背立面和侧立面，有时又按朝向分为南立面、北立面、东立面、西立面等，详见图 5.1-10～图 5.1-24。

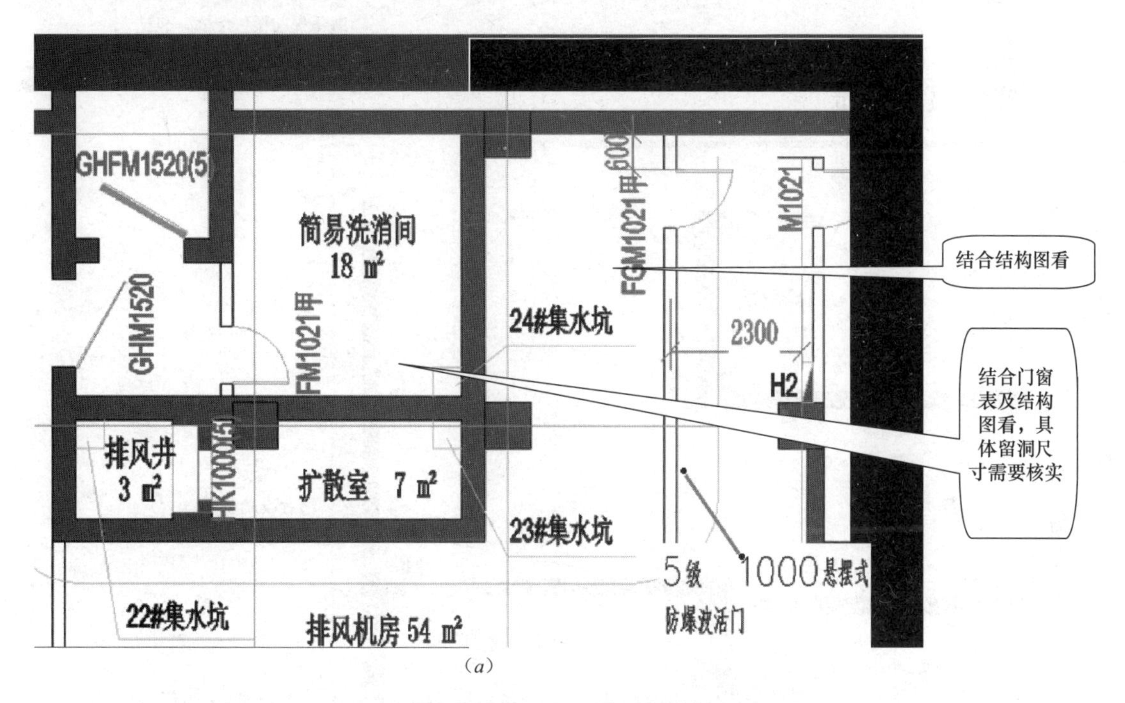

(*a*)

图 5.1-10 地下室人防区及卫生间的放大图

以粗实线画外轮廓线，以特粗线画地坪线，其余轮廓按层次用中、细实线画出，应标注竖向尺寸和有关部位的标高。

假想用一平行于某墙面的铅垂剖切平面将房屋从屋顶到基础全部剖开，把需要表达的部分投射到与剖切平面平行的投影面上而成。剖面图表示房间内部的结构或构造形式、分层情况和各部位的联系、材料及其高度等。

剖切平面选择剖到房屋内部较复杂的部位，可横剖、纵剖或阶梯剖。剖切位置应在底层平面图中标注，见图 5.1-25、图 5.1-26。

5.1.4 建筑详图

从建筑的平面、立面、剖面图上虽然可以看到房屋的外形、平面布置和内部构造情况，以及主要的造型尺寸，但是由于图幅有限，局部细节的构造在这些图上不能够明确表示出来的。为了清楚地表达这些构造，可把它们放大比例绘制成（1∶20、1∶10、1∶5等）较详细的图纸，称这些放大的图为详图或大样图。

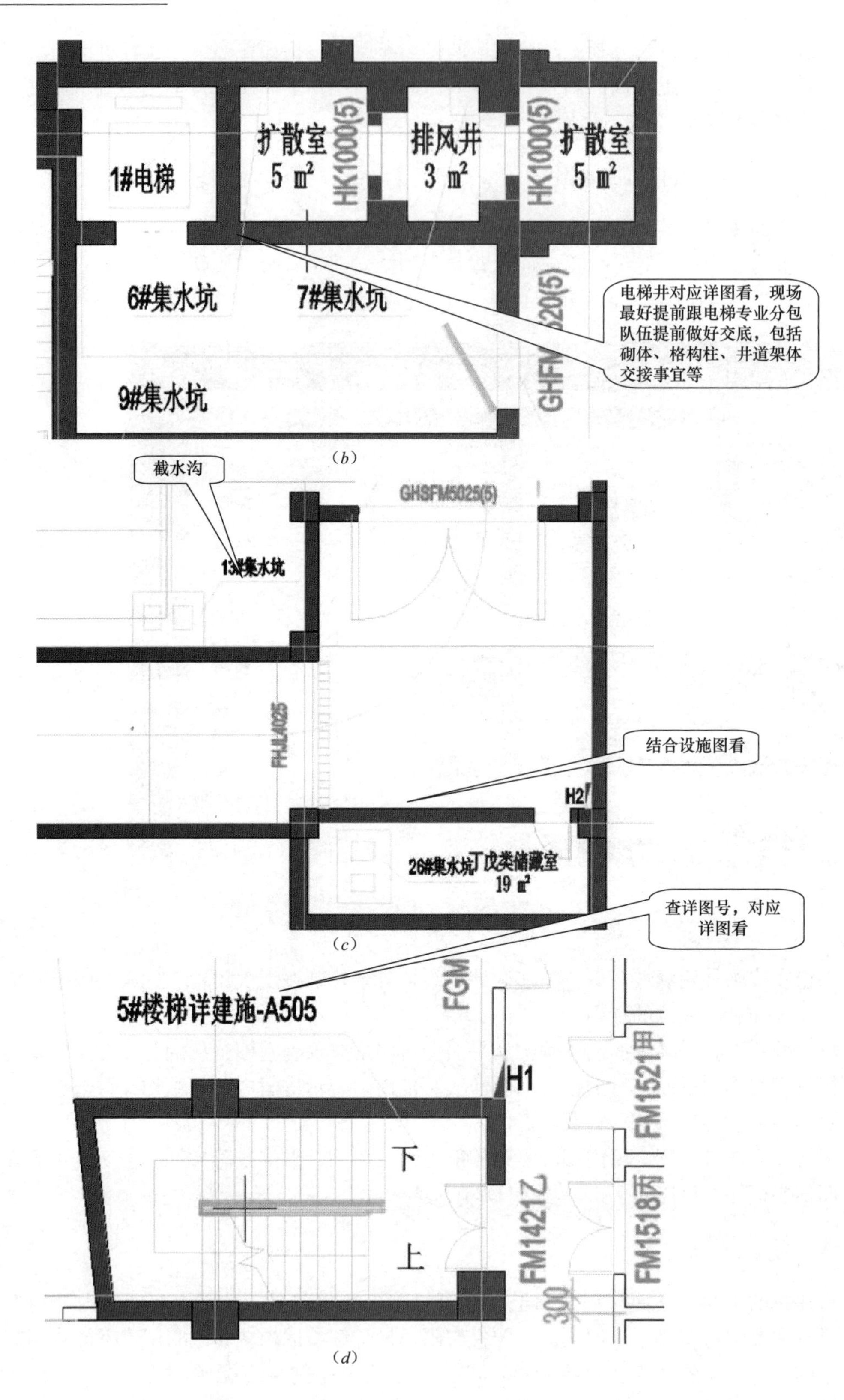

(*b*)

(*c*)

(*d*)

图 5.1-10 地下室人防区及卫生间的放大图（续）

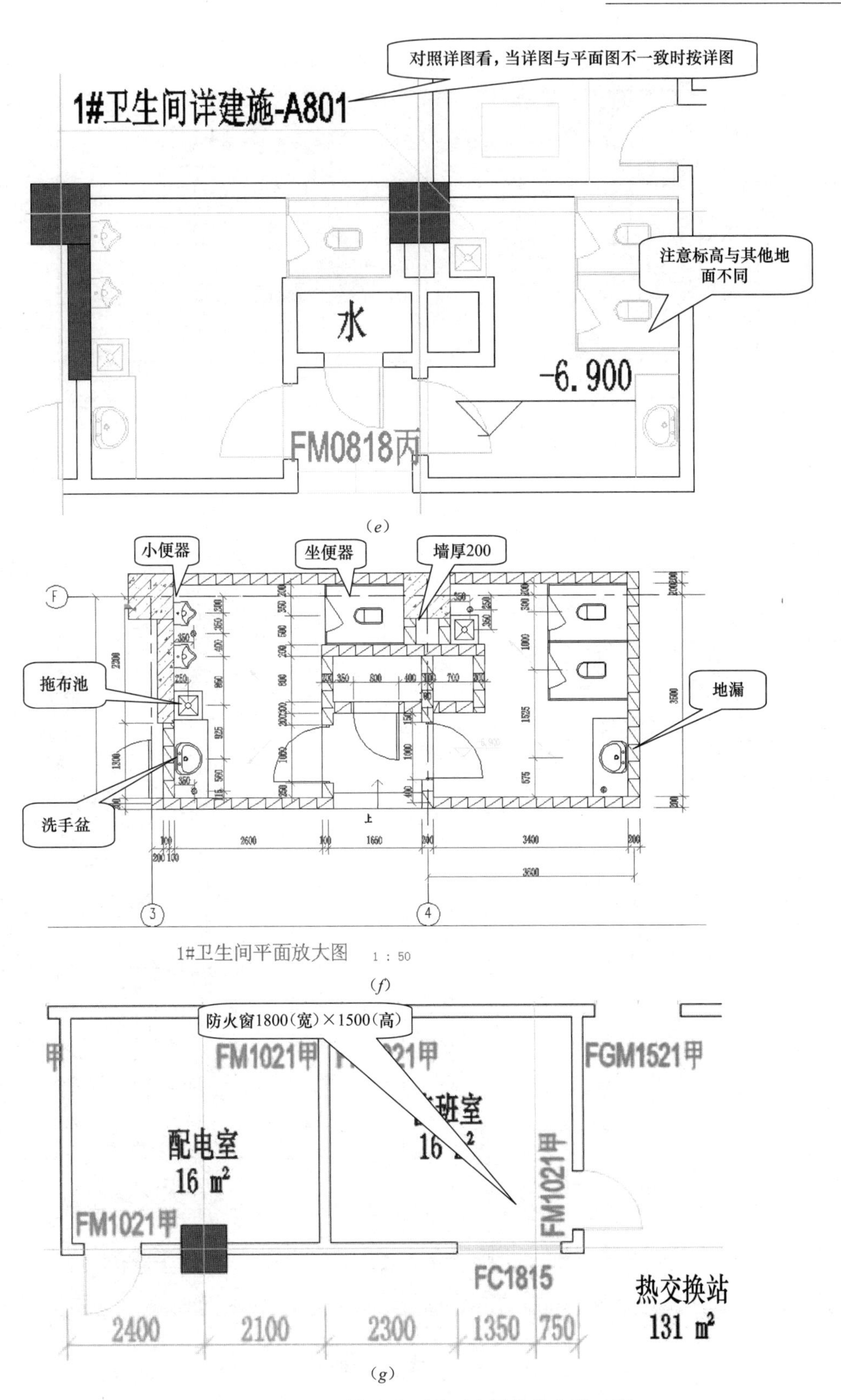

图 5.1-10　地下室人防区及卫生间的放大图（续）

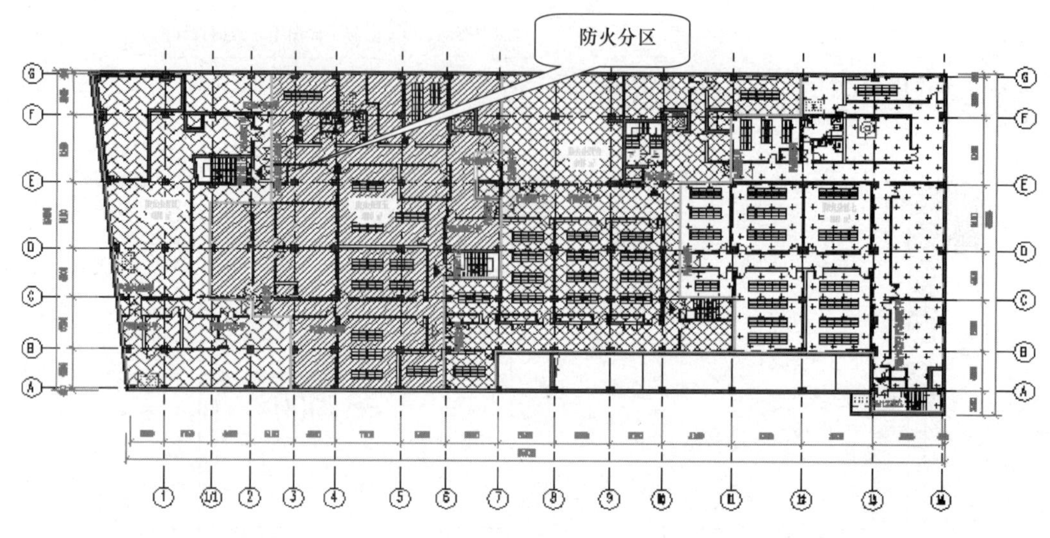

图 5.1-11 地下室防火分区图

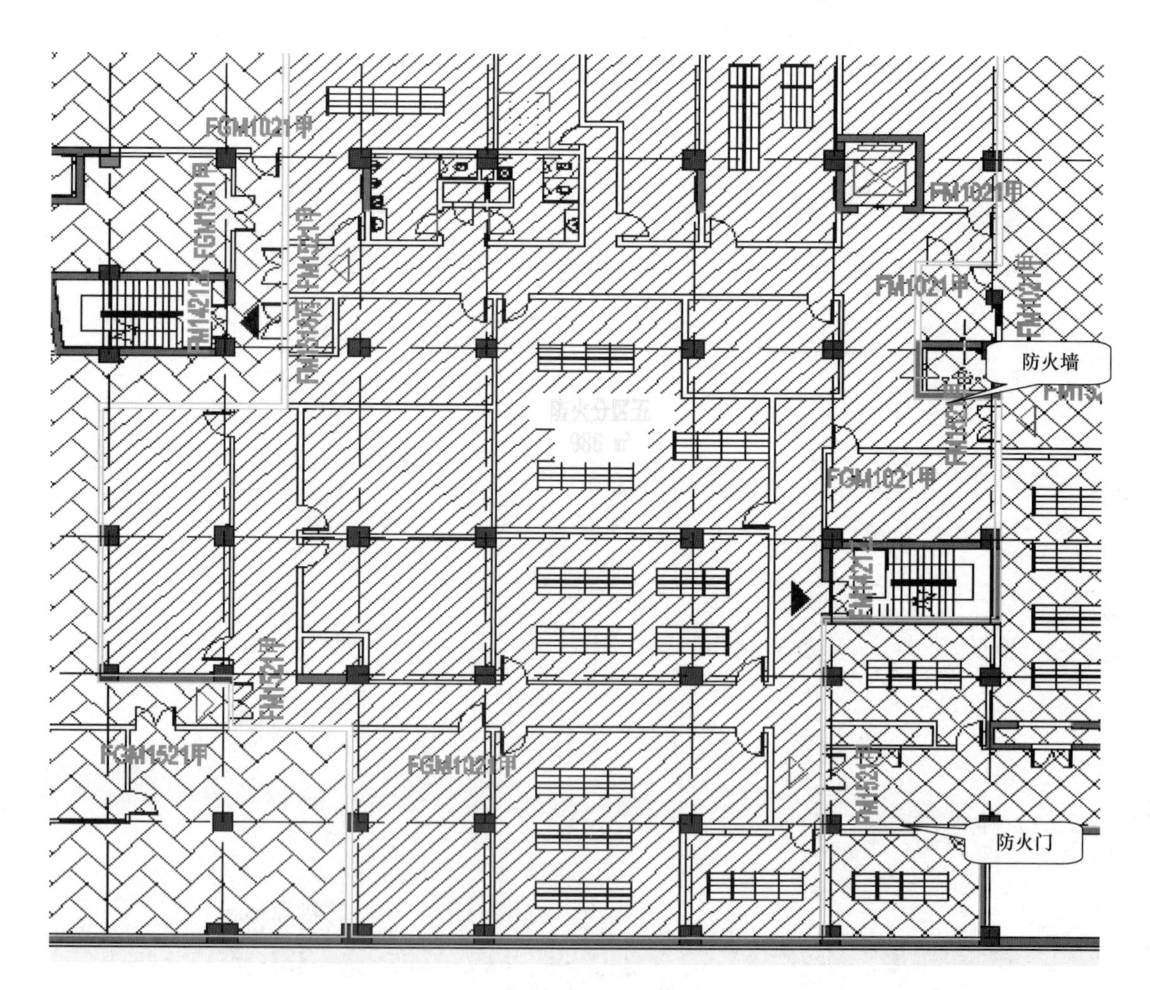

图 5.1-12 地下室平面图

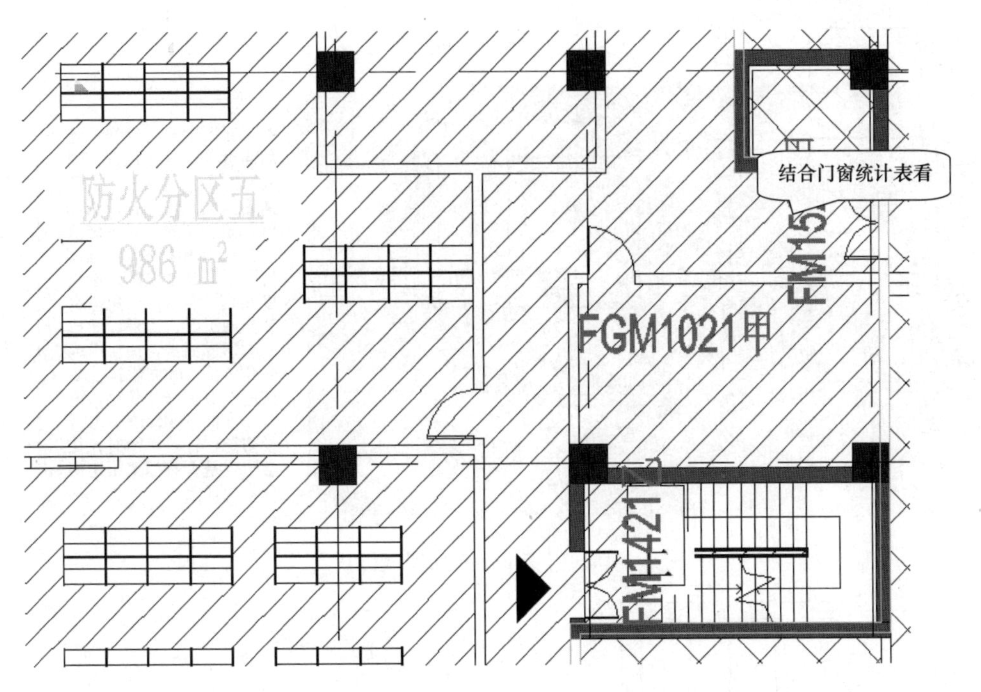

门窗统计表

门窗编号	洞口尺寸(宽×高)(mm)	个数	备注
FGM1021甲	1000×2100	7	甲级防火隔声门
FGM1521甲	1500×2100	5	甲级防火隔声门
FM1021甲	1000×2100	7	甲级防火门
FM1521甲	1500×2100	8	甲级防火门
FM1221乙	1200×2100	2	乙级防火门
FM1421乙	1400×2100	2	乙级防火门
FM1521乙	1500×2100	1	乙级防火门
FM0618丙	600×1800	1	丙级防火门

图 5.1-13 地下室平面放大图及门窗统计表

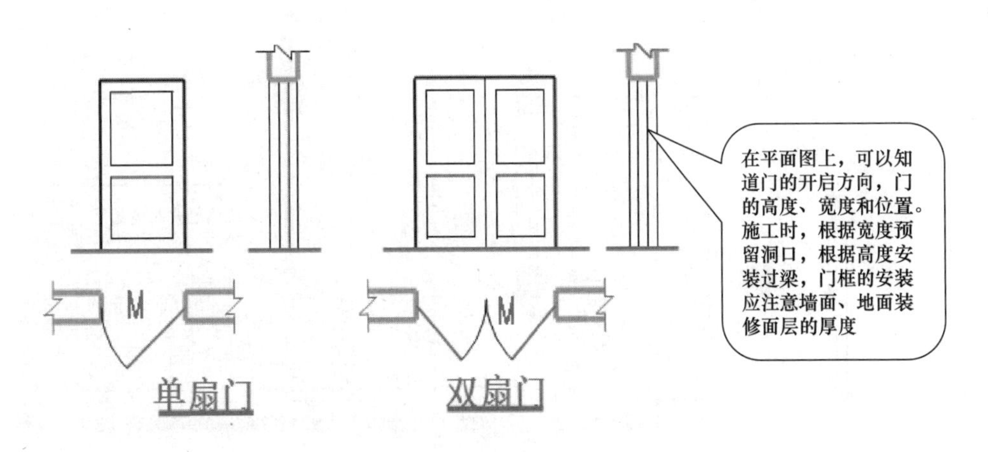

图 5.1-14 门窗平面立面图（一）

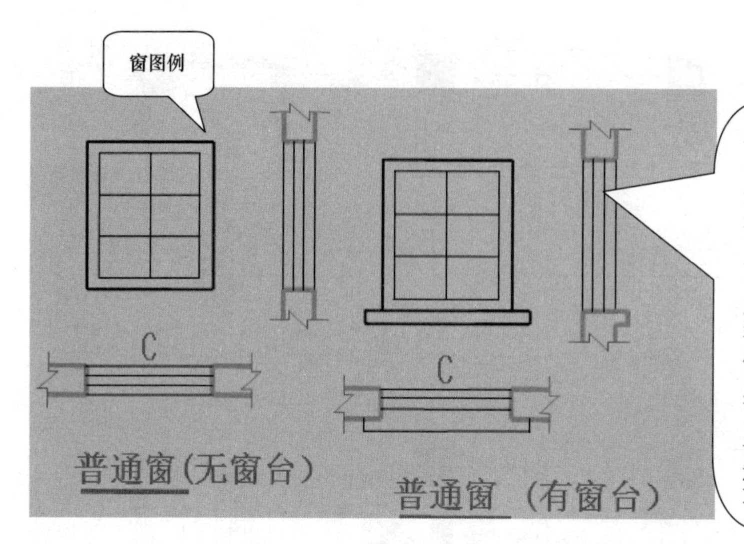

图 5.1-15　门窗平面立面图（二）

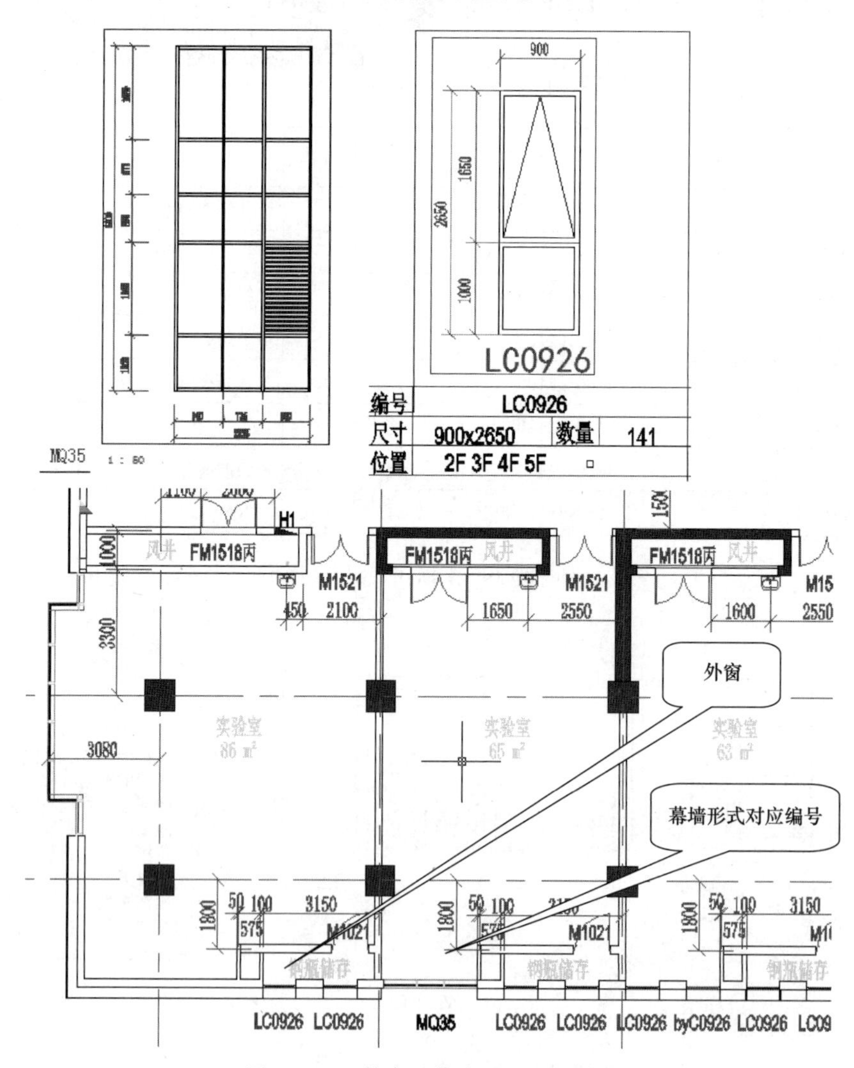

图 5.1-16　外窗、幕墙平面图及详图

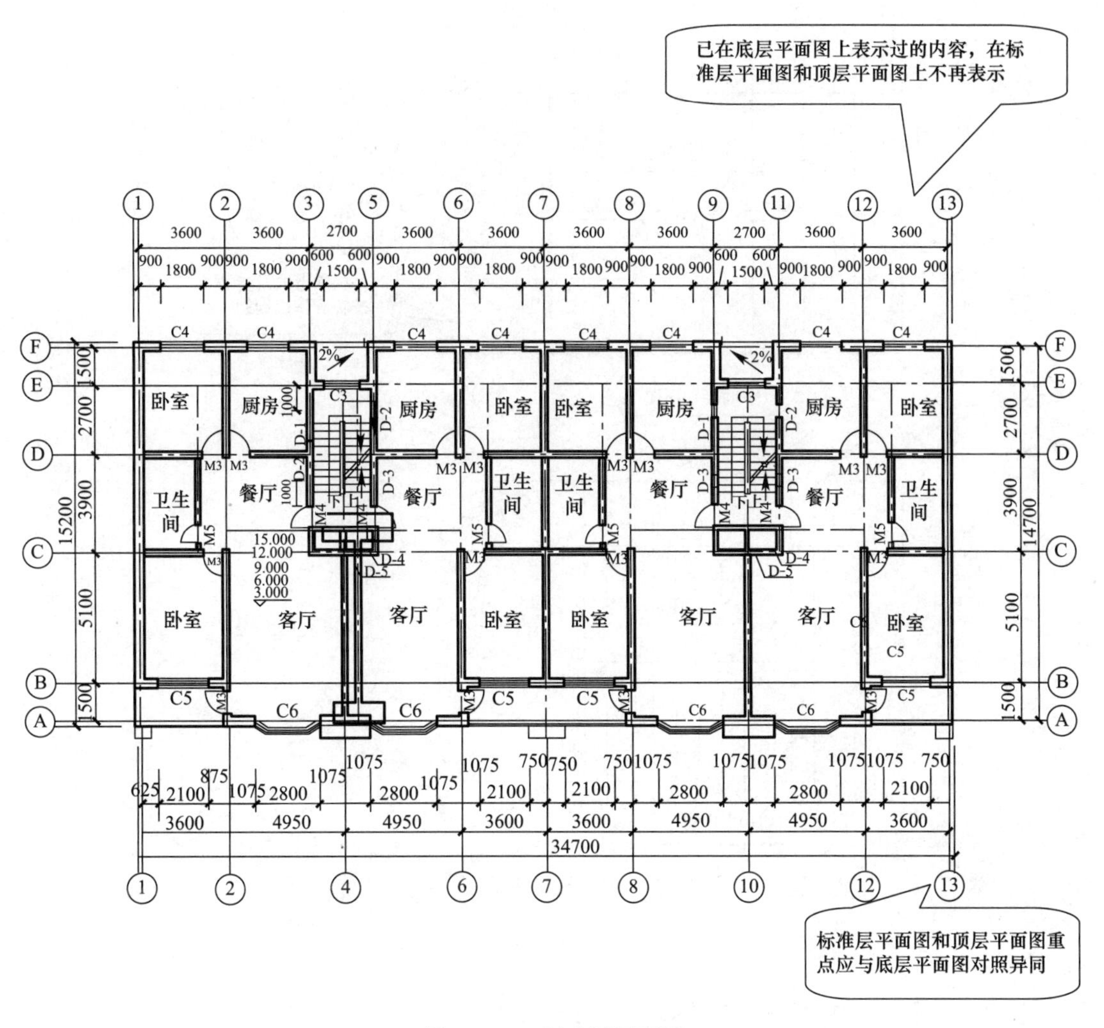

已在底层平面图上表示过的内容，在标准层平面图和顶层平面图上不再表示

标准层平面图和顶层平面图重点应与底层平面图对照异同

图 5.1-17 标准层平面图

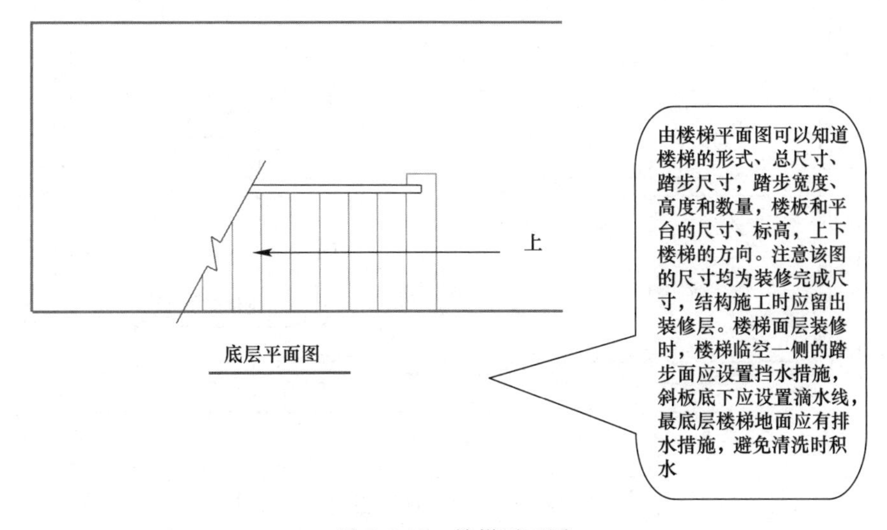

上
底层平面图
由楼梯平面图可以知道楼梯的形式、总尺寸、踏步尺寸，踏步宽度、高度和数量，楼板和平台的尺寸、标高，上下楼梯的方向。注意该图的尺寸均为装修完成尺寸，结构施工时应留出装修层。楼梯面层装修时，楼梯临空一侧的踏步面应设置挡水措施，斜板底下应设置滴水线，最底层楼梯地面应有排水措施，避免清洗时积水

图 5.1-18 楼梯平面图

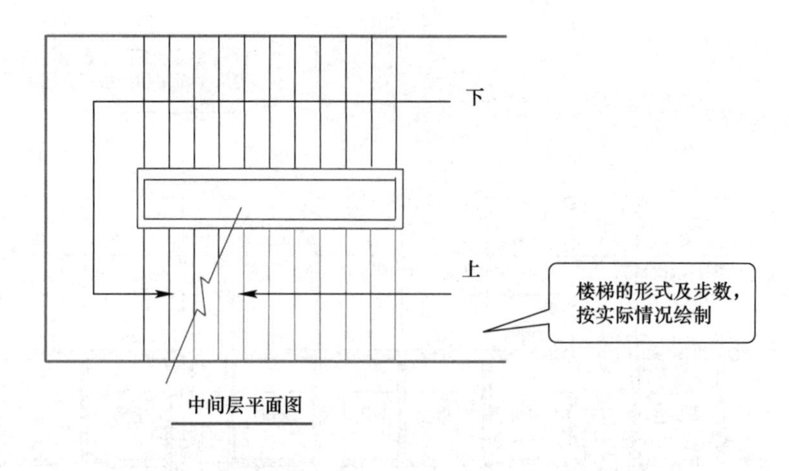

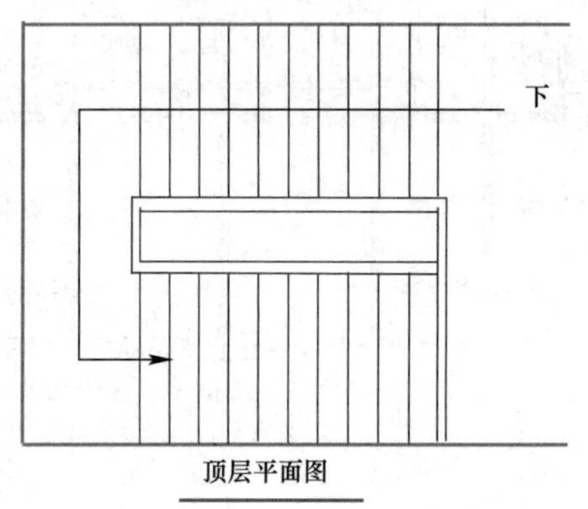

图 5.1-18 楼梯平面图（续）

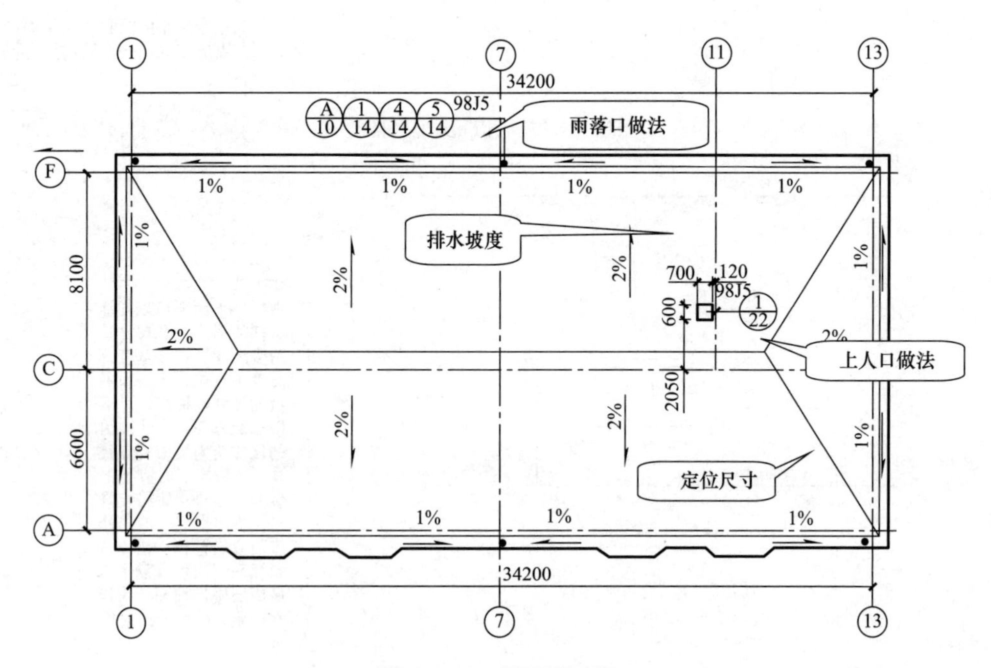

图 5.1-19 屋面平面图

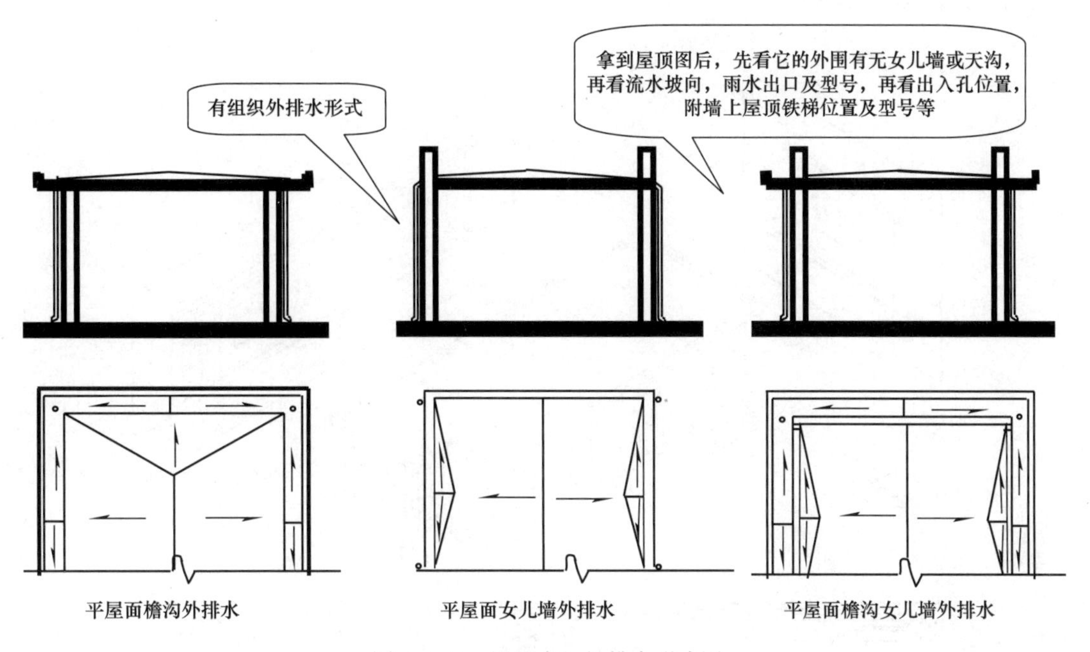
有组织外排水形式
拿到屋顶图后，先看它的外围有无女儿墙或天沟，
再看流水坡向，雨水出口及型号，再看出入孔位置，
附墙上屋顶铁梯位置及型号等
平屋面檐沟外排水
平屋面女儿墙外排水
平屋面檐沟女儿墙外排水

图 5.1-20 屋面有组织排水形式图

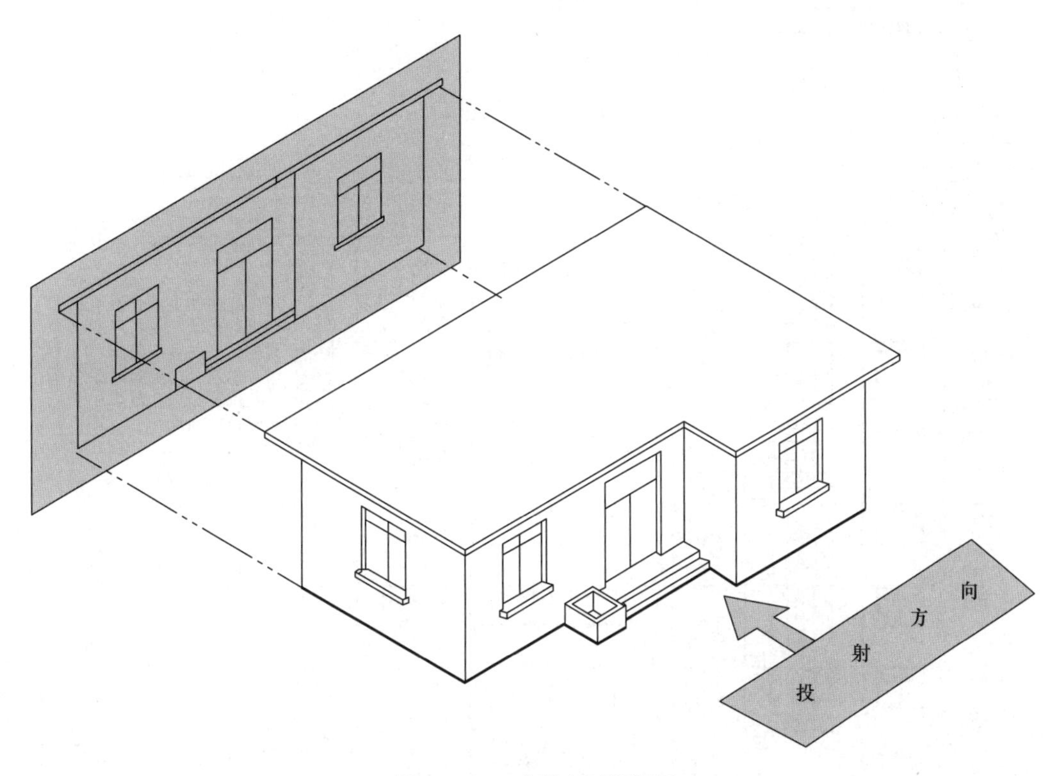
投
射
方
向

图 5.1-21 建筑立面投影图

详图一般包括：房屋的屋檐及外墙身构造大样；楼梯间、厨房、厕所、阳台、门窗、建筑装饰、雨篷、台阶等的具体尺寸、构造、材料及做法。

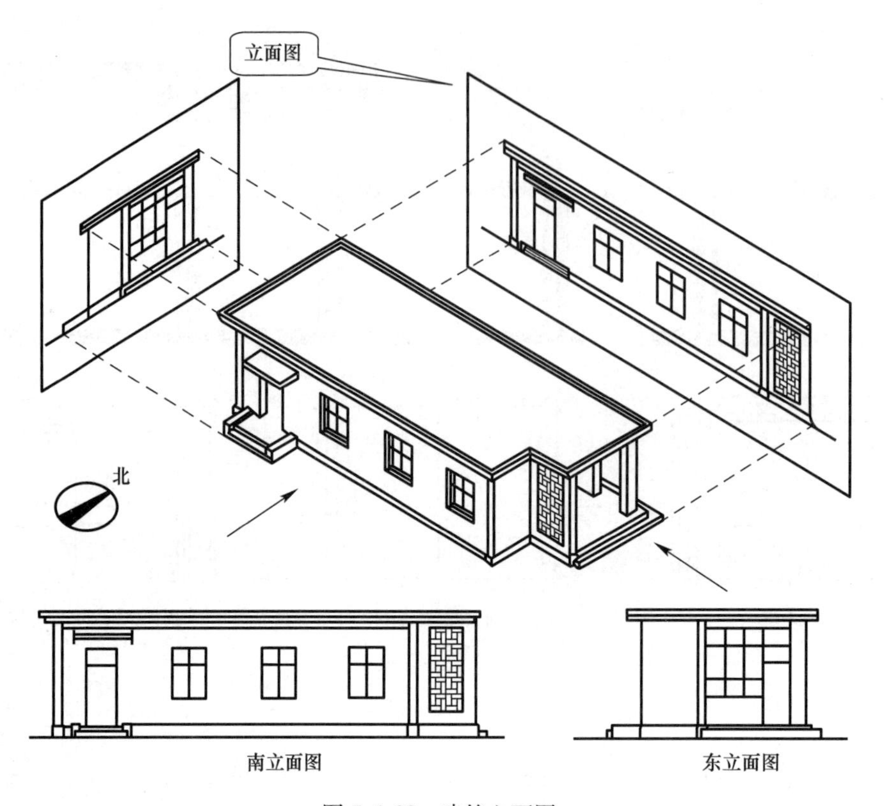

图 5.1-22 建筑立面图

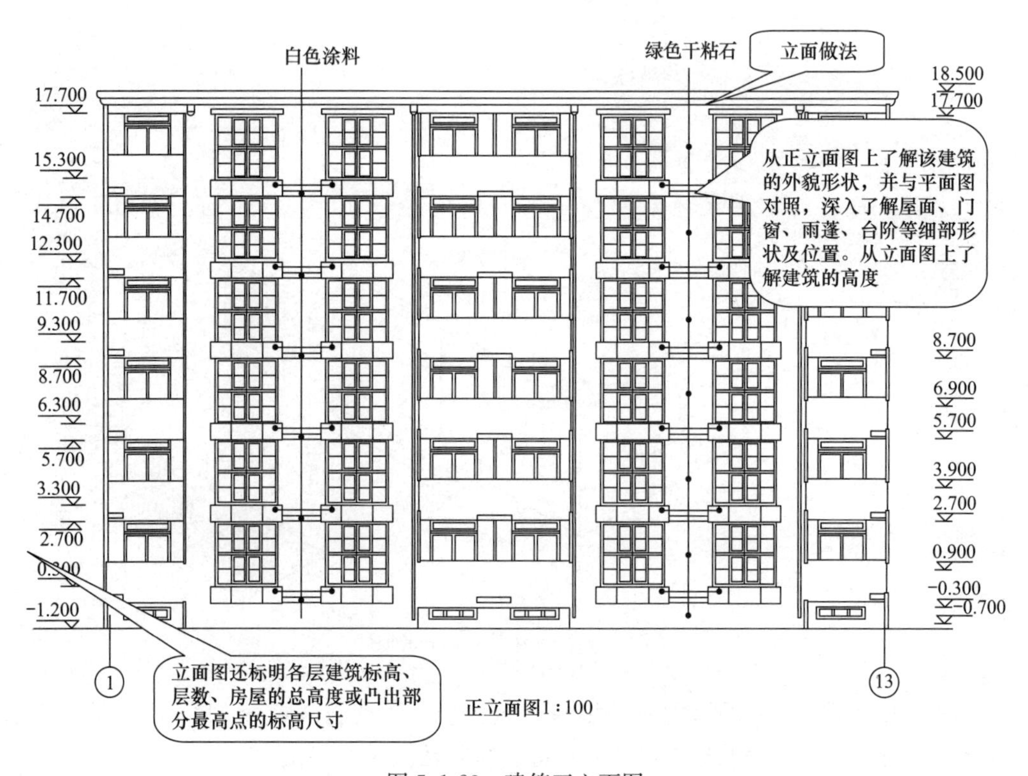

图 5.1-23 建筑正立面图

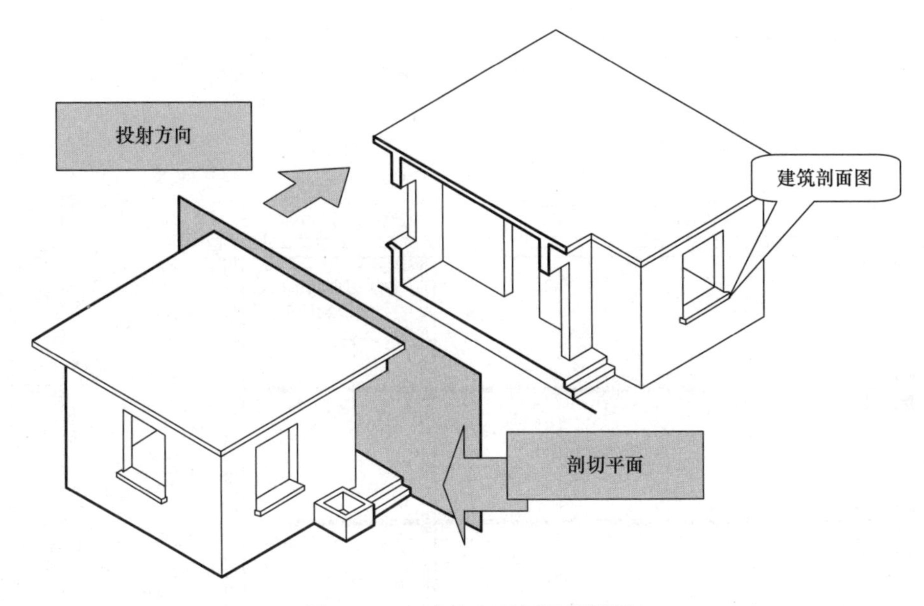

图 5.1-24 建筑立面剖切投影图

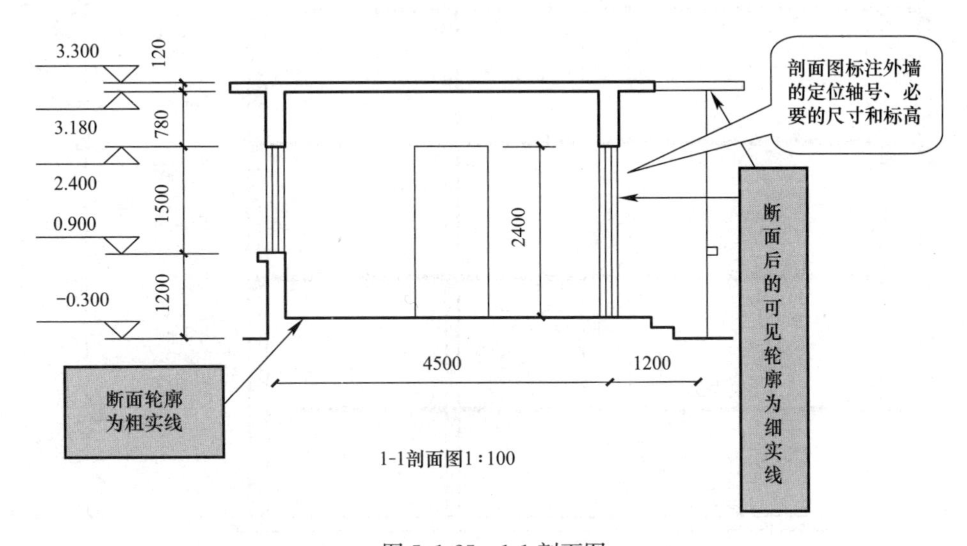

图 5.1-25 1-1 剖面图

详图是各建筑部位具体构造的施工依据，所有平面、立面、剖面图上的具体做法和尺寸均以详图为准，因此详图是建筑图纸中不可缺少的一部分。

（1）窗及栏杆做法详图见图 5.1-27～图 5.1-29。

（2）屋面做法图见图 5.1-30～图 5.1-33。

（3）墙身构造图见图 5.1-34～图 5.1-44。

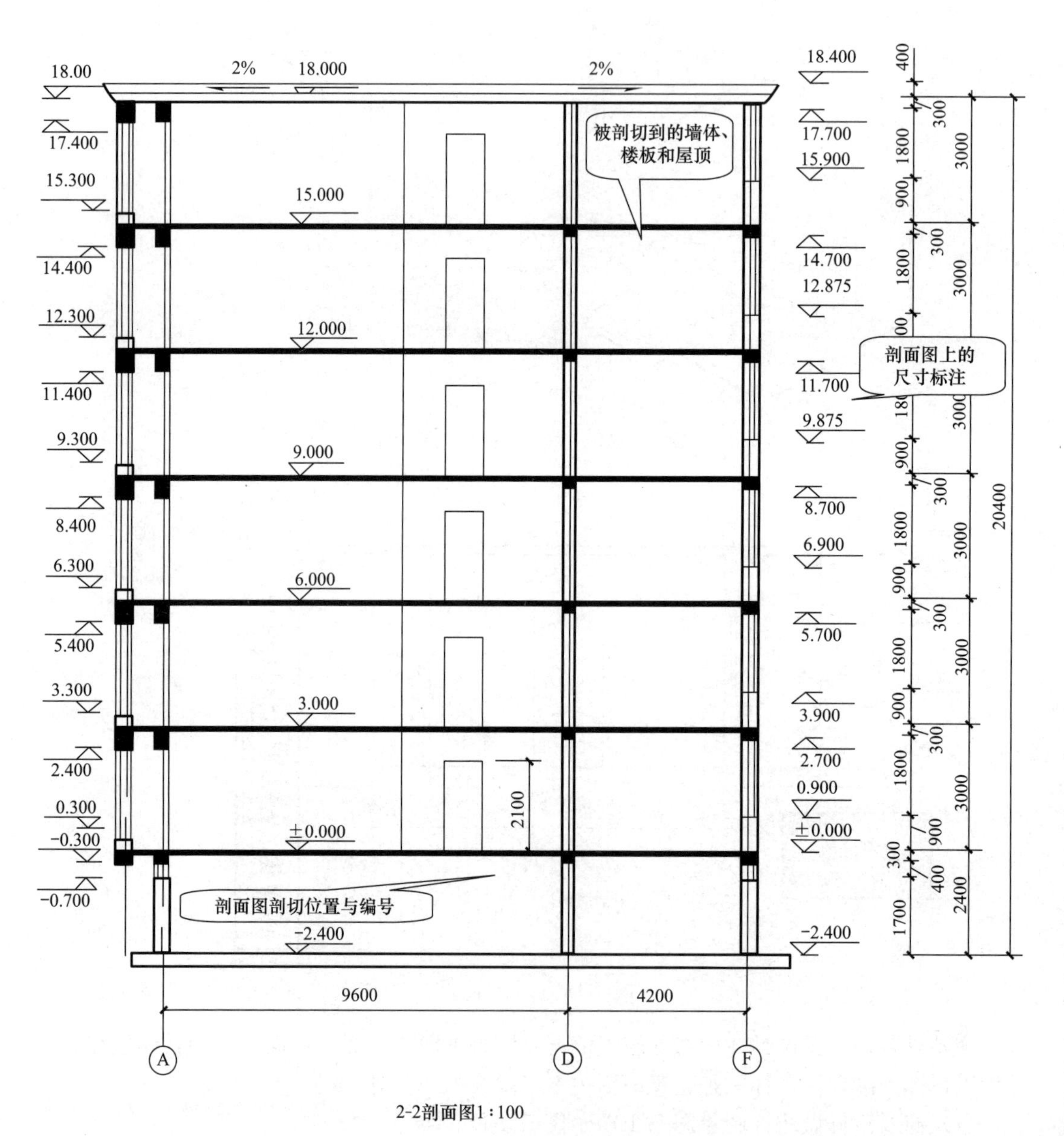

图 5.1-26　2-2 剖面图

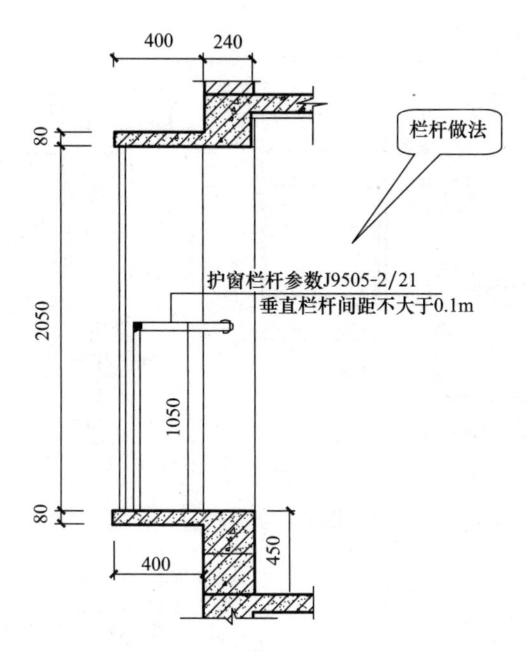

图 5.1-27　栏杆做法 1∶25

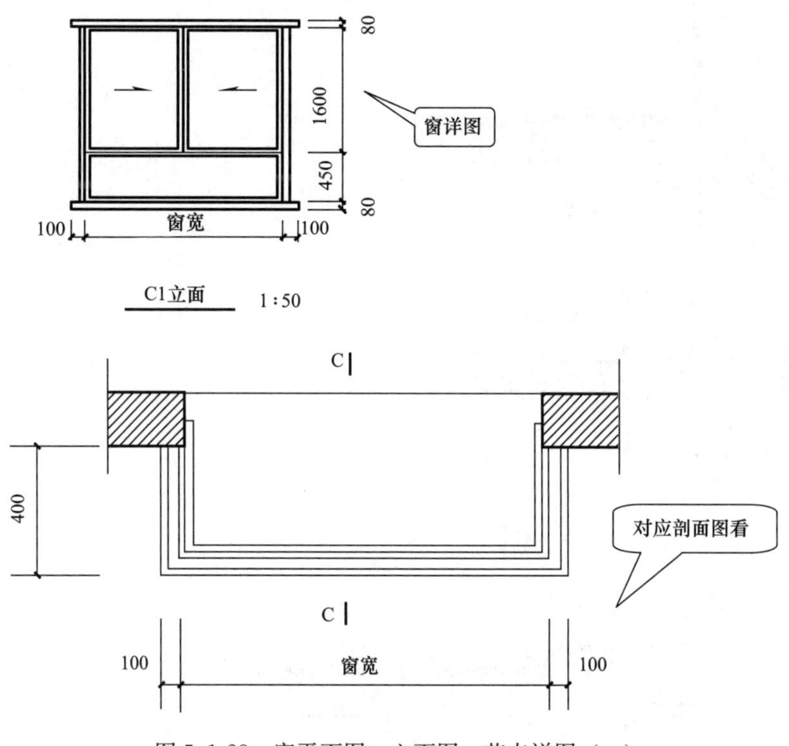

图 5.1-28　窗平面图、立面图、节点详图（一）

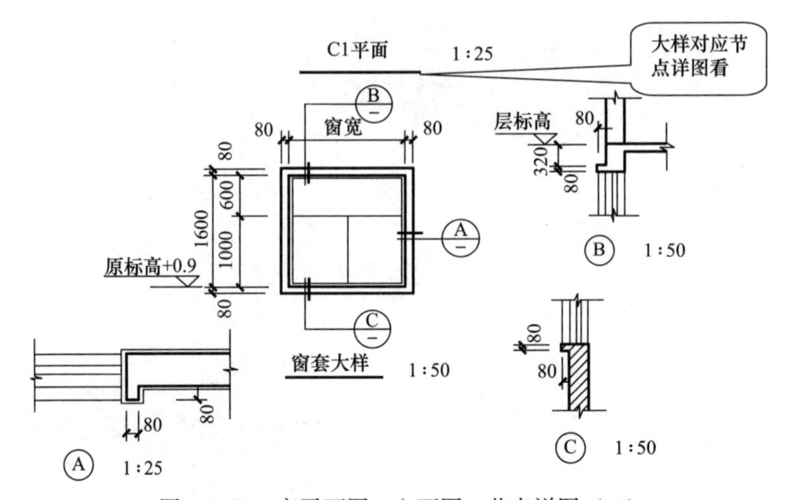

图 5.1-29 窗平面图、立面图、节点详图（二）

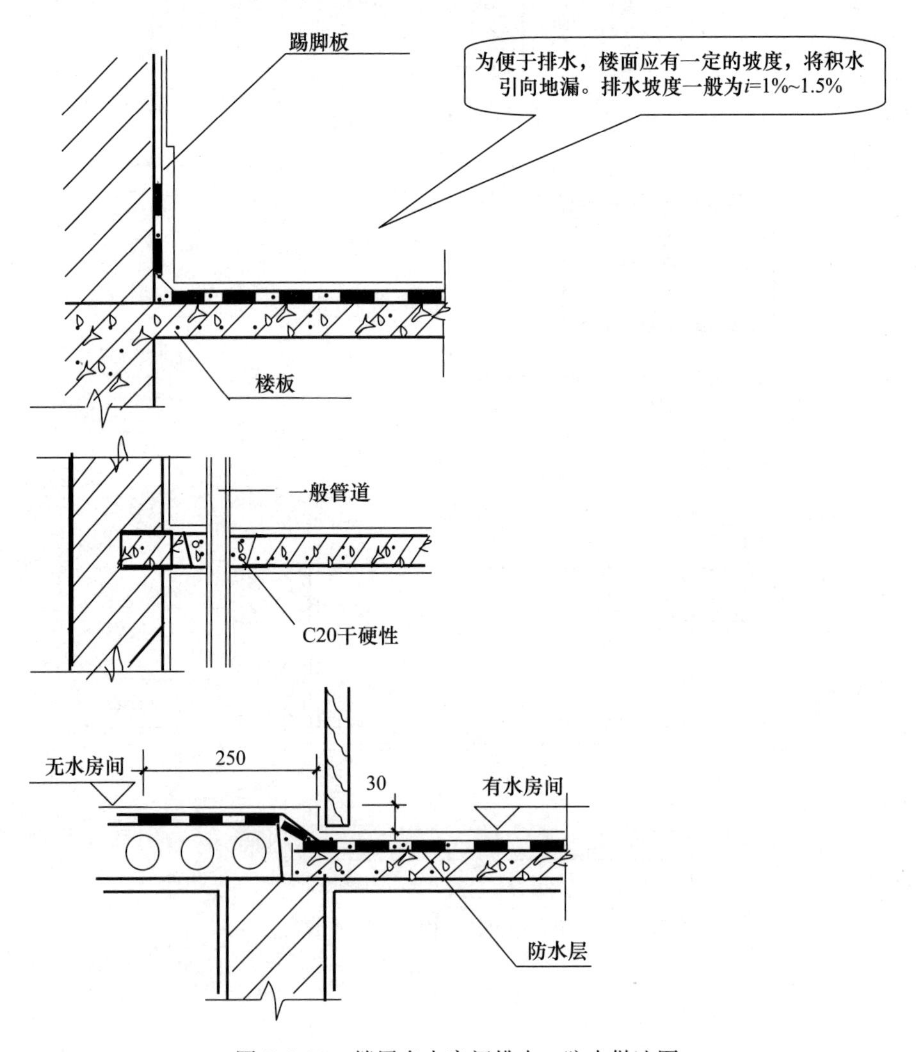

图 5.1-30 楼层有水房间排水、防水做法图

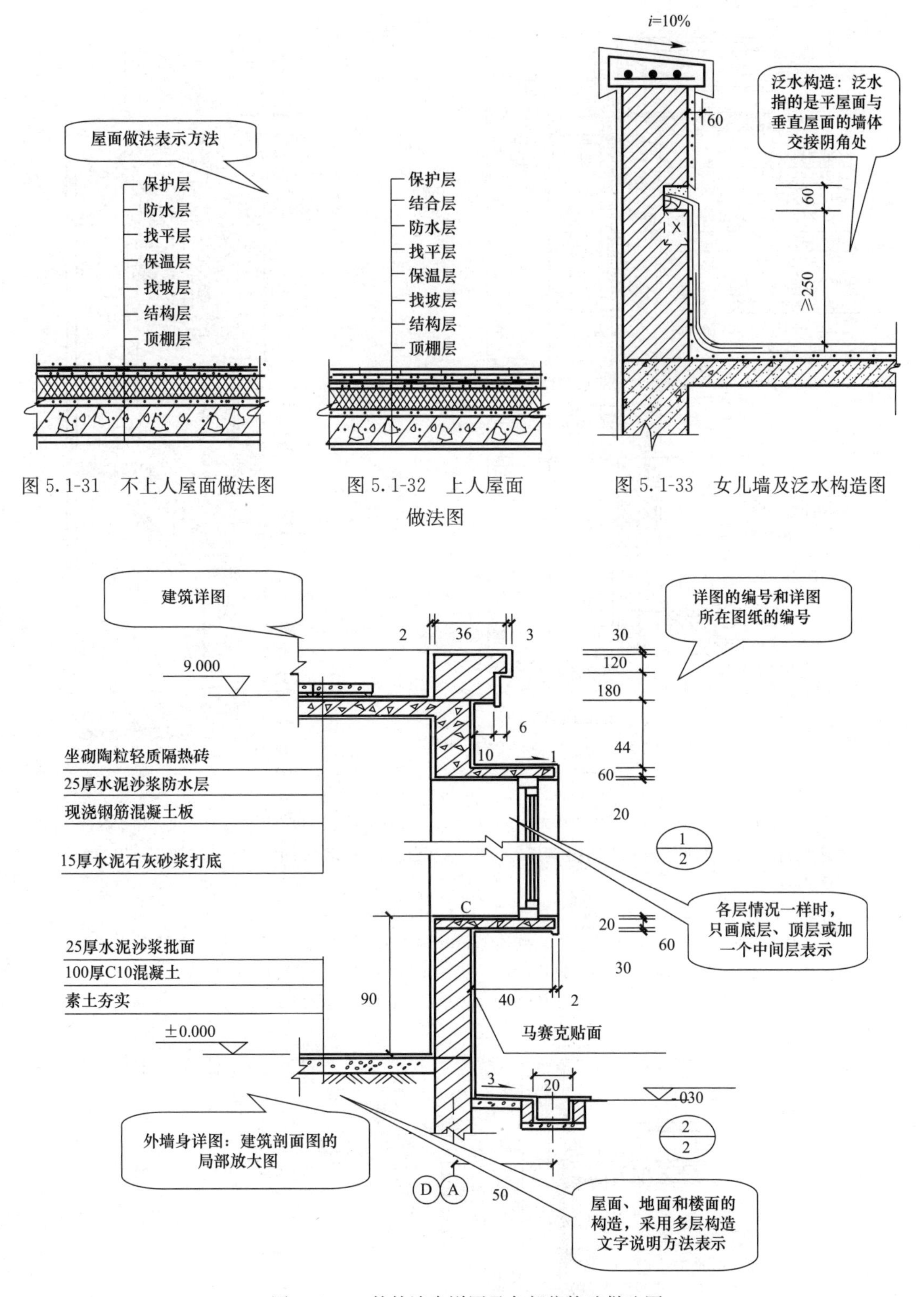

图 5.1-31　不上人屋面做法图

图 5.1-32　上人屋面做法图

图 5.1-33　女儿墙及泛水构造图

图 5.1-34　某外墙身详图及各部位构造做法图

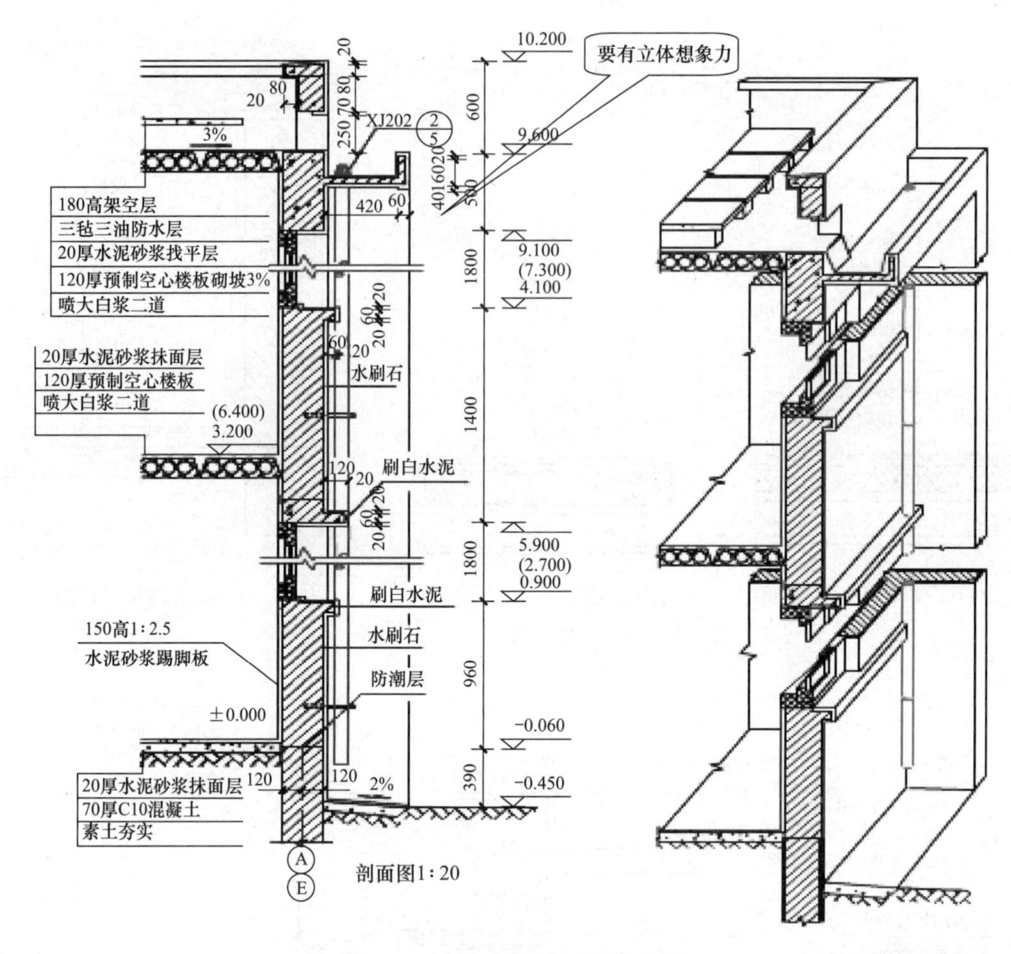

图 5.1-35 剖面图及其立面效果图

注：1. 右图所示为外墙身详图。根据剖面图的编号，对照平面图上相应剖切符号，可知该剖面图的剖切位置和投影方向。绘图所用的比例是 1∶20。图中注上轴线的两个标号，表示这个详图适用于两个轴线的墙身。

2. 在详图中，对屋面楼层和地面的构造，采用多层构造说明方法来表示。

3. 从檐口部分，可知屋面的承重层是预制钢筋混凝土空心板，按 3%来砌坡，上面有油毡防水层和架空层，以加强屋面的隔热和防漏。檐口外侧做一天沟，并通过女儿墙所留孔洞（雨水口兼通风孔），使雨水沿雨水管集中流到地面。雨水管的位置和数量可从立面图和平面图中查阅。

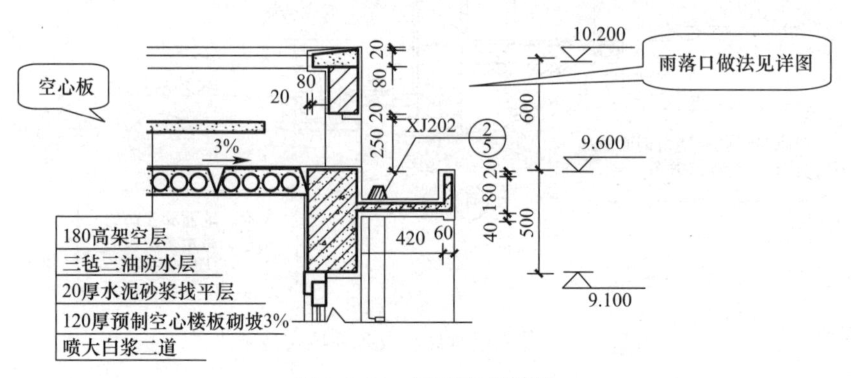

图 5.1-36 屋面节点详图

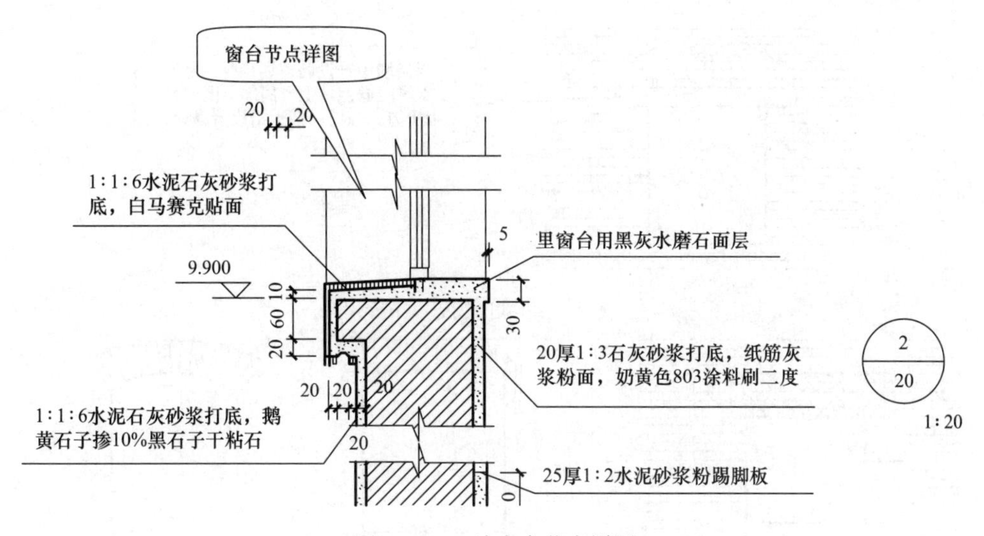

图 5.1-37 墙窗台节点详图

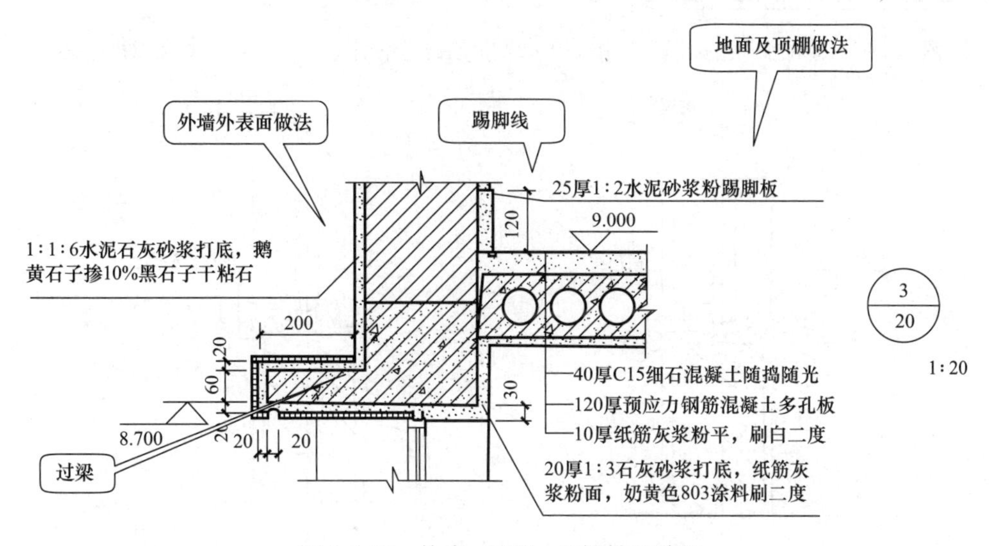

图 5.1-38 外墙、地面、天棚做法详图

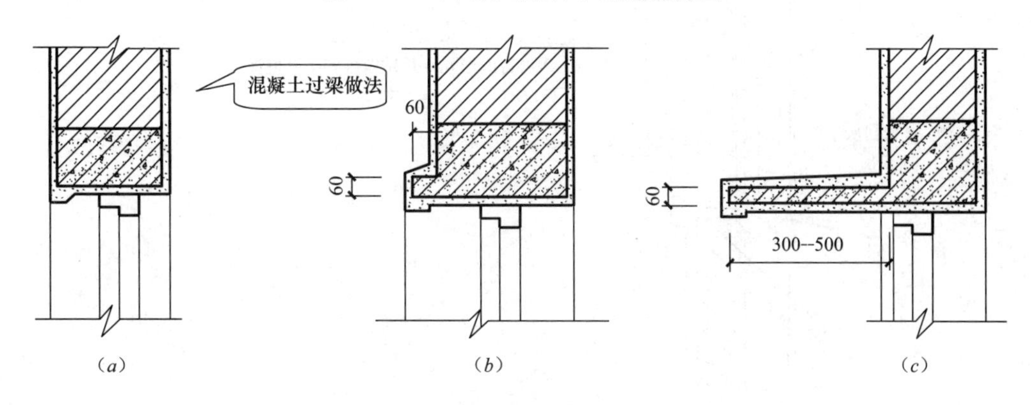

图 5.1-39 混凝土过梁做法详图

(*a*) 平墙过梁；(*b*) 带窗套过梁；(*c*) 带窗楣过梁

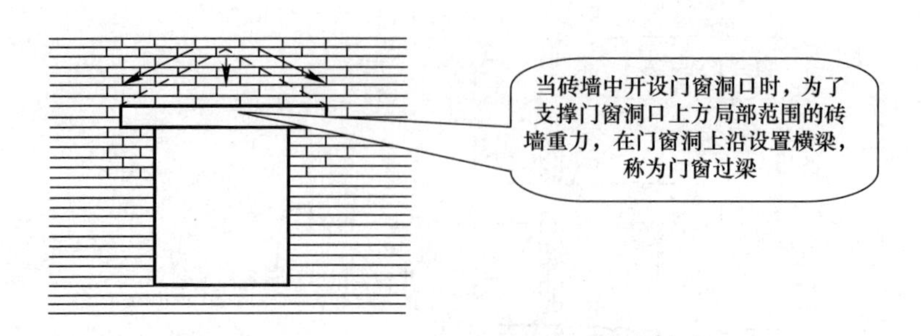

当砖墙中开设门窗洞口时，为了支撑门窗洞口上方局部范围的砖墙重力，在门窗洞上沿设置横梁，称为门窗过梁

图 5.1-40　门窗过梁图

240
≤2m
40~50mm
20~30mm
≤1.2m

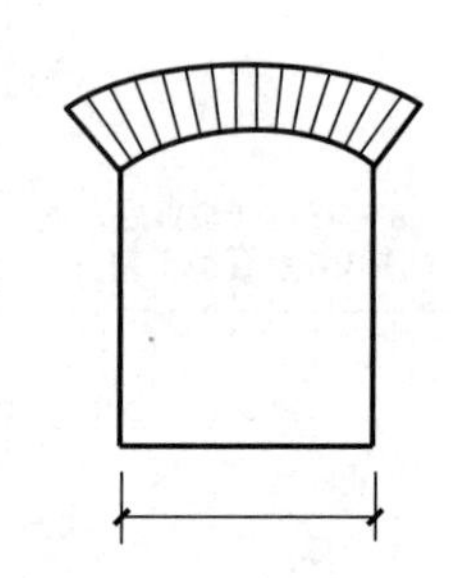

图 5.1-41　砖砌平拱过梁图　　图 5.1-42　钢筋砖过梁图　　图 5.1-43　砖砌弧拱过梁图

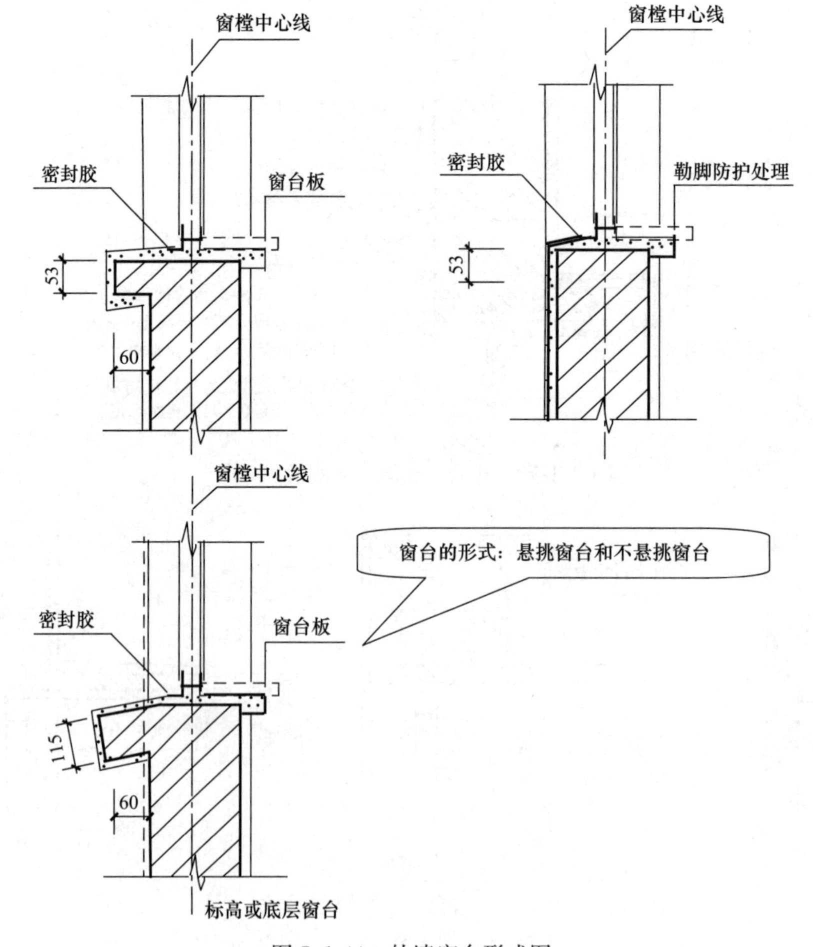

图 5.1-44　外墙窗台形式图

(4) 勒脚散水及防潮层做法图见图 5.1-45～图 5.1-49。

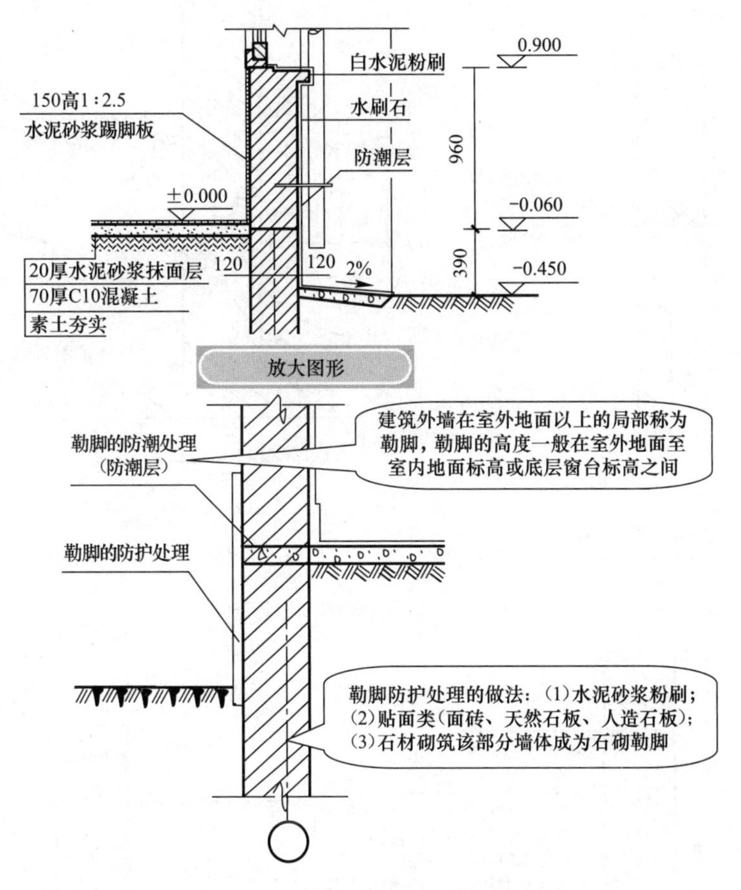

图 5.1-45 勒脚防潮防护处理做法图

注：从勒脚部分，可知房屋外墙的防潮、防水和排水的做法。外（内）墙身的防潮层，一般是在底层室内地面下 60mm 左右（指一般刚性地面）处，以防地下水侵蚀墙身。在外墙面，离室外地面 300～500mm 高度范围内（或窗台以下），用坚硬防水的材料做成勒脚。在勒脚的外地面，用 1∶2 的水泥砂浆抹面，做出 2%坡度的散水，以防雨水或地面水对墙基础的侵蚀。

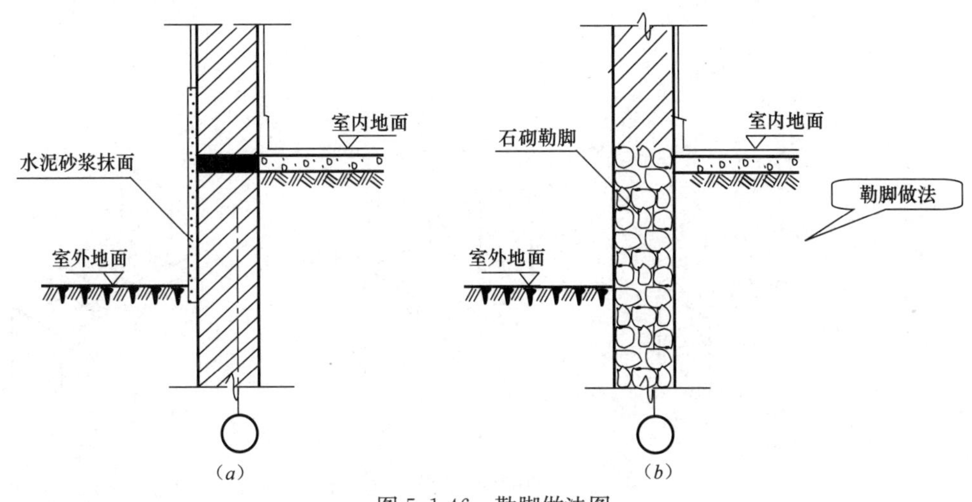

图 5.1-46 勒脚做法图

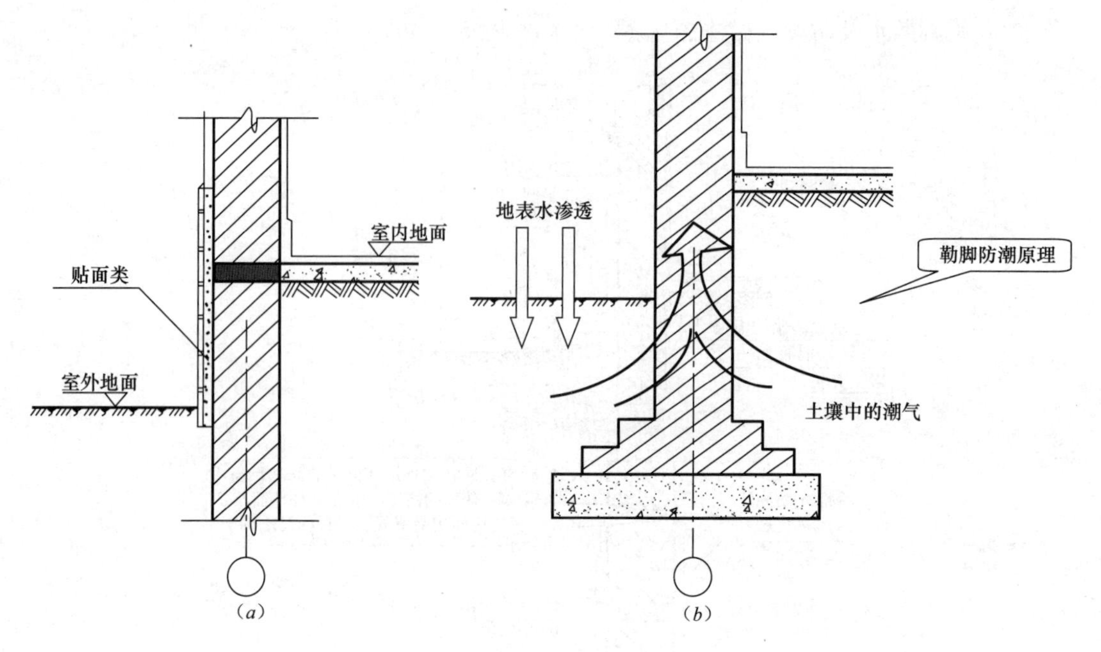

图 5.1-47 勒脚防潮原理图

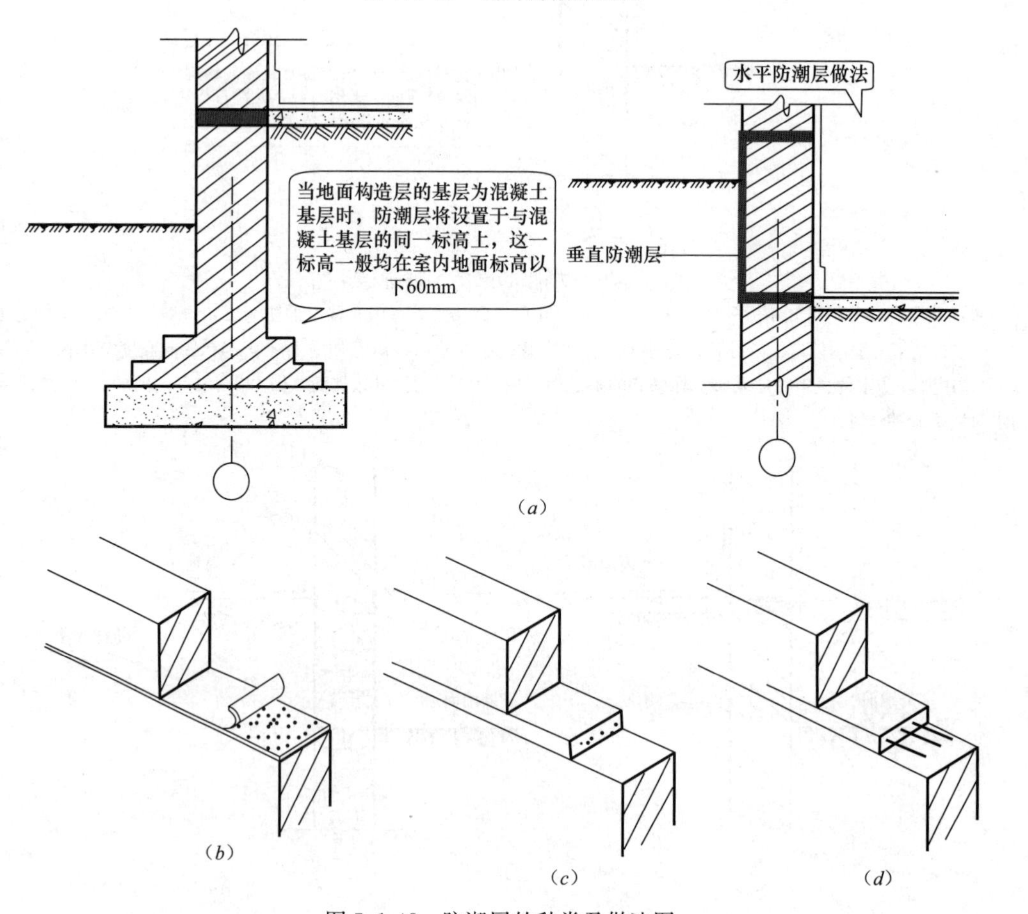

图 5.1-48 防潮层的种类及做法图

(a) 垂直防潮层；(b) 油毡防潮层；(c) 防水水泥砂浆防潮层；(d) 细石混凝土防潮层

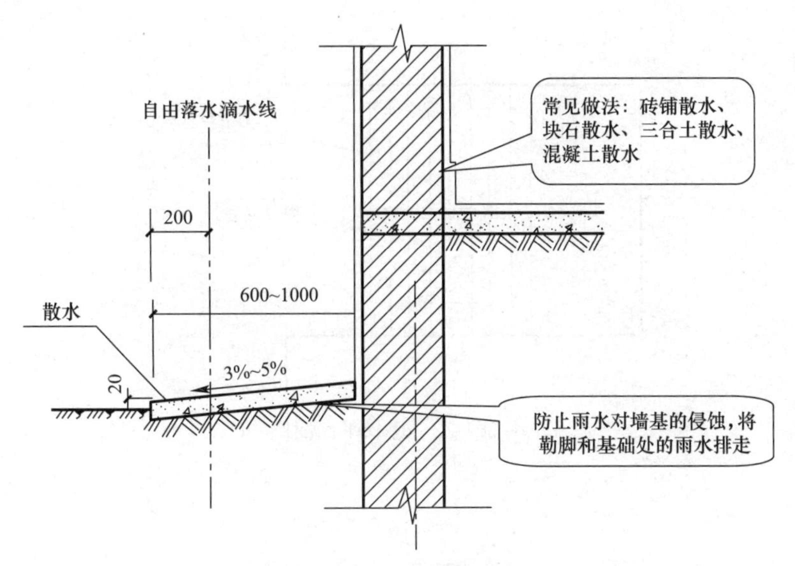

图 5.1-49 勒脚及散水做法

（5）楼梯、扶手构造及做法图见图 5.1-50～图 5.1-60。

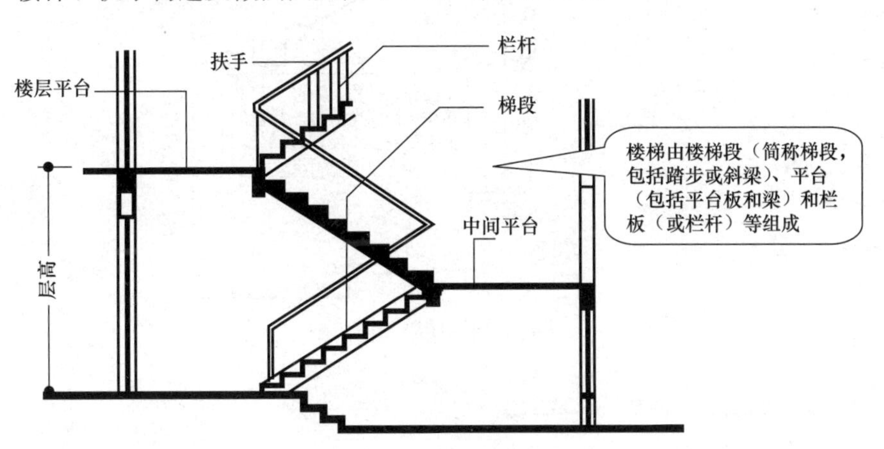

图 5.1-50 楼梯组成部分图

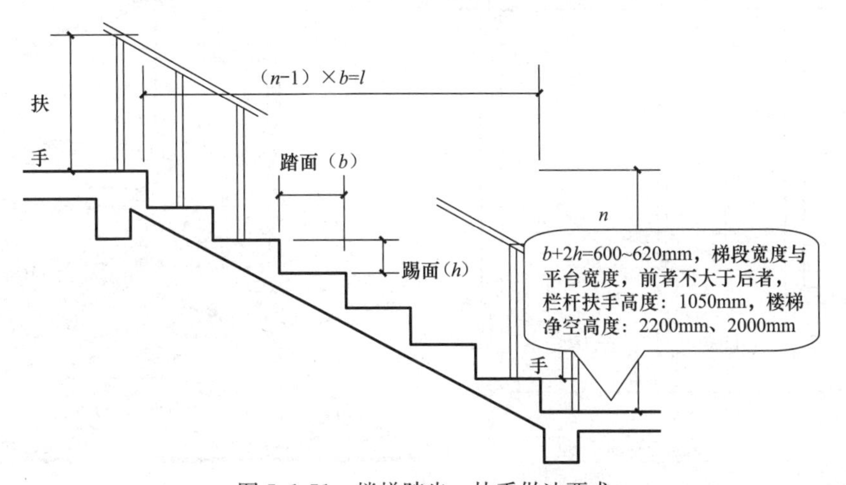

图 5.1-51 楼梯踏步、扶手做法要求

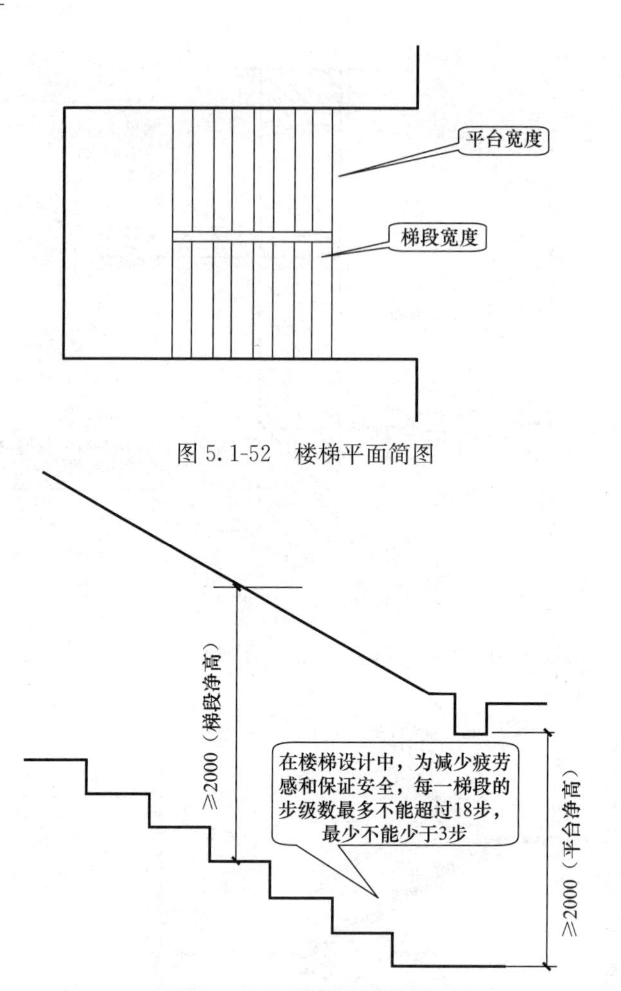

图 5.1-52　楼梯平面简图

图 5.1-53　楼梯立面简图

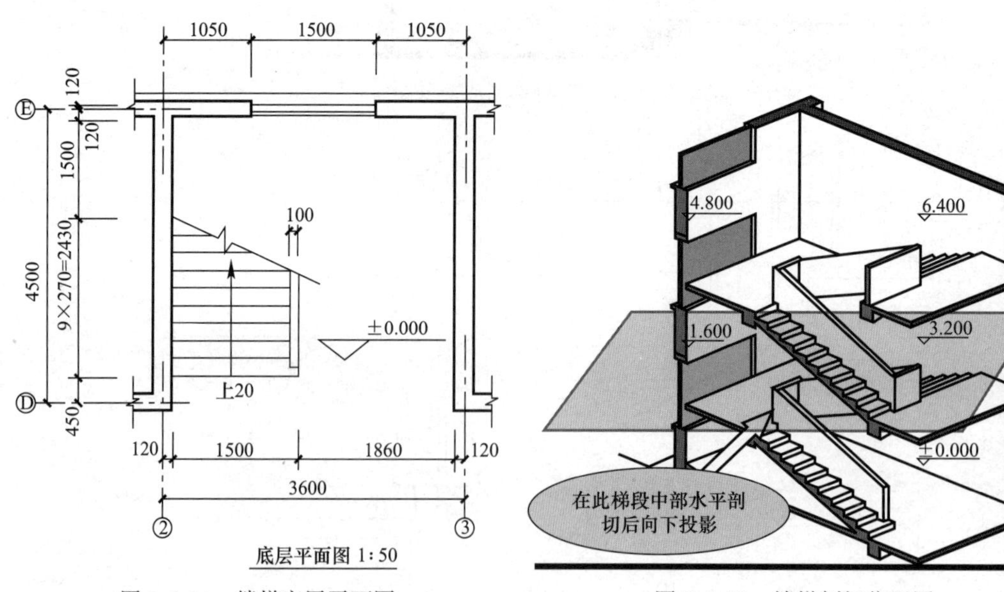

图 5.1-54　楼梯底层平面图

图 5.1-55　楼梯剖切位置图

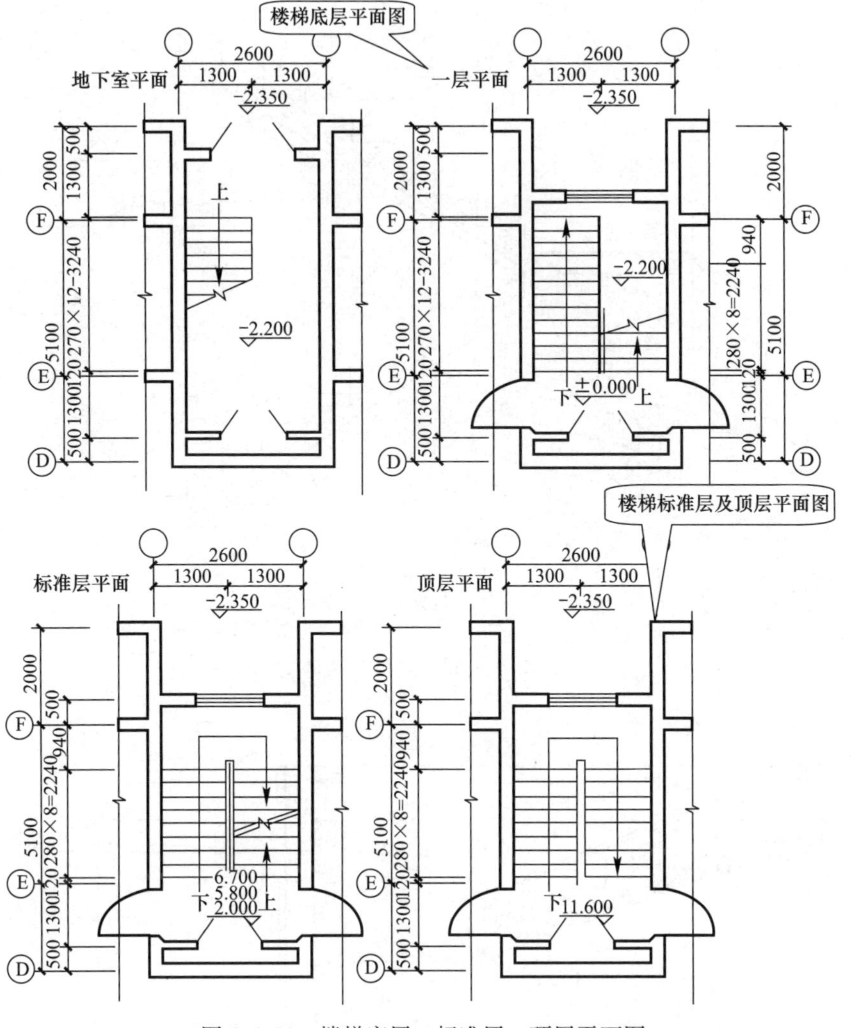

图 5.1-56 楼梯底层、标准层、顶层平面图

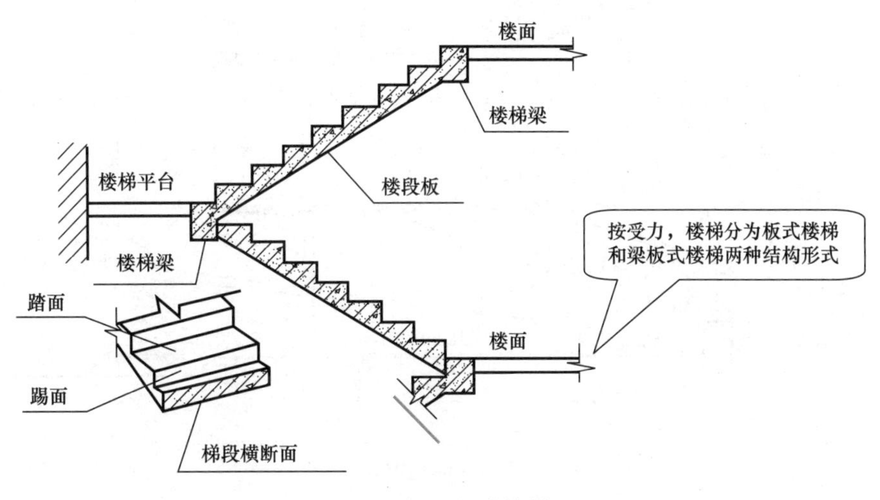

图 5.1-57 板式楼梯

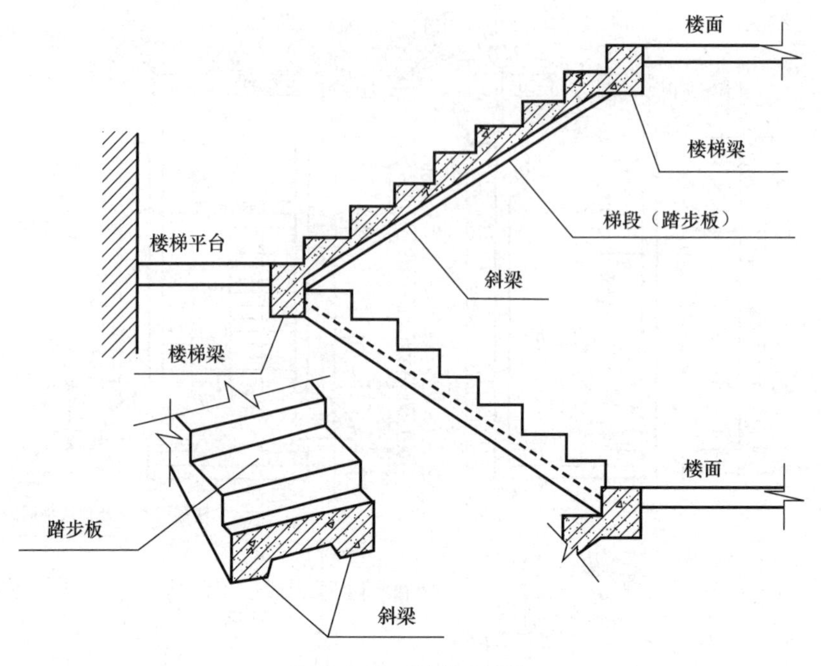

图 5.1-58 梁板式楼梯

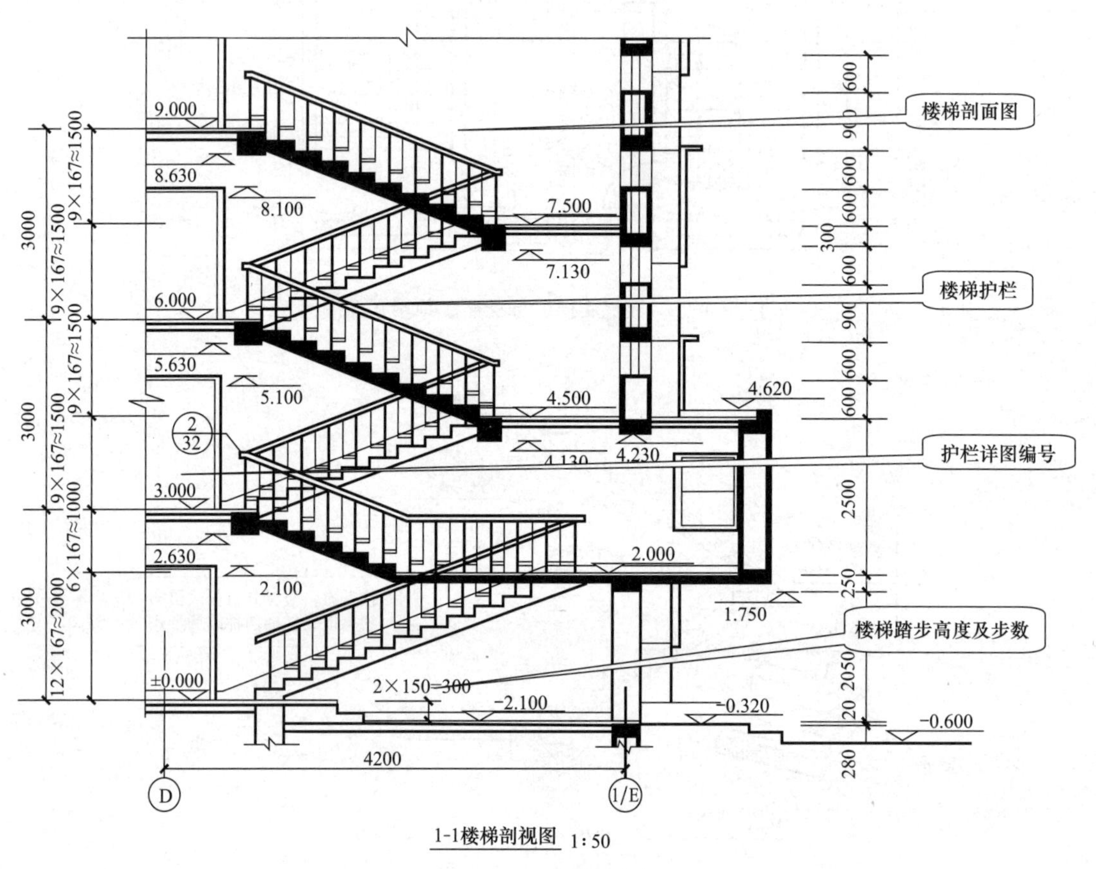

图 5.1-59 楼梯剖视图

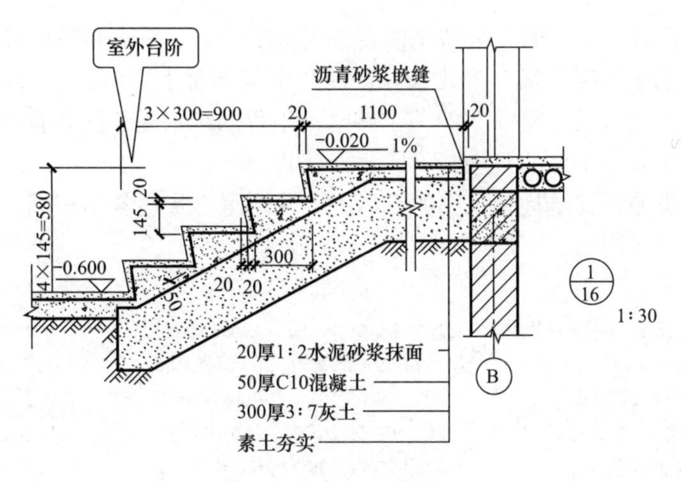

图 5.1-60 室外台阶做法

5.2 房屋结构施工图识读

在建筑上，承受荷载的受力物体和对建筑起稳固作用的受力物体，如屋架、柱、梁、楼板、基础等属于建筑的结构构件。结构施工图是表明一栋建筑的结构构造的图纸，是依据国家建筑结构设计规范和制图标准，根据建筑要求选择结构形式，进行合理布置，再通过力学计算确定构件的断面形状、大小、材料及构造等，并将设计结构绘成图样，能够用来指导施工的图纸，是建筑结构施工的依据。砌体结构和钢筋混凝土结构是两种常见的结构类型，其中，砌体结构示意图如图 5.2-1 所示。

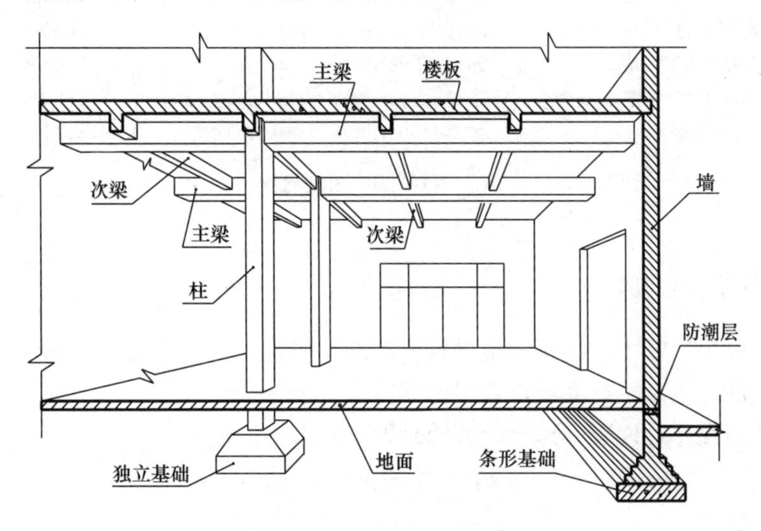

图 5.2-1 砌体结构示意图

读图顺序：按目录顺序（一般按“建施”“结施”“设施”的顺序排列）通读一遍，对建筑物有一个概括了解。读图时，应按先整体后局部，先文字说明后图样，先图样后尺寸等原则依次仔细阅读。读图时，应特别注意各类图纸的表达重点和它们之间的内在联系。

一套结构施工图少则几张、十几张，多则几十张甚至上百张。在阅读结构施工图时，首先要看结构施工图目录（图 5.2-2），了解这个工程的结构施工图共有多少张，每张图纸的内容是什么，建立一个总的概念。

不同的结构类型，其结构施工图的具体内容和图示方式也各不相同，但图纸组成基本相同，一般包括以下内容。

结施-01 结构图纸目录 结构设计总说明... 2013-09-03 10:03 AutoCAD 图形 115 KB
结施-02 结构设计总说明（二）.dwg 2013-09-03 10:03 AutoCAD 图形 175 KB
结施-03 抗拔桩平面布置图.dwg 2013-09-03 10:03 AutoCAD 图形
结施-04 基础底板平面图.dwg 2013-09-03 10:03 AutoCAD 图形
结施-05 基础配筋平面图.dwg 2013-09-03 10:03 AutoCAD 图形 171 KB
结施-06 基础详图.dwg 2013-09-03 10:03 AutoCAD 图形 117 KB
结施-07 人防口部详图（一）.dwg 2013-09-03 10:03 AutoCAD 图形 177 KB
结施-08 人防口部详图（二）.dwg 2013-09-03 10:03 174 KB
结施-09 人防口部详图（三）.dwg 2013-09-03 10:03 Au 151 KB
结施-10：1#楼梯详图.dwg 2013-09-03 10:03 AutoCAD 图形 262 KB
结施-11：3#楼梯详图.dwg 2013-09-03 10:03 AutoCAD 图形 263 KB
结施-12-地下二层模板图.dwg 2013-09-03 10:03 AutoCAD 图形 356 KB
结施-13-地下二层板配筋图.dwg 2013-09-03 10:03 AutoCAD 图形 400 KB
结施-14-地下二层梁配筋图.dwg 2013-09-03 10:03 AutoCAD 图形 304 KB
结施-15-地下一层模板平面图.dwg 2013-09-03 10:03 AutoCAD 图形
结施-16：地下一层板配筋平面图.dwg 2013-09-03 10:03 AutoCAD 图形
结施-17-地下一层梁配筋.dwg 2013-09-03 10:03 AutoCAD 图形
结施-18-一层模板平面图.dwg 2013-09-03 10:03 AutoCAD 图形 421 KB
结施-19：一层板配筋平面图.dwg 2013-09-03 10:03 AutoCAD 图形 636 KB
结施-20-一层梁配筋图.dwg 2013-09-03 10:03 AutoCAD 图形 360 KB
结施-21-二层模板平面图.dwg 2013-09-03 10:03 AutoCAD 图形 350 KB
结施-22：二层板配筋平面图.dwg 2013-09-03 10:03 AutoCAD 图形 571 KB
结施-23-二层梁配筋图.dwg 2013-09-03 10:03 AutoCAD 图形 322 KB

结构图纸目录
看图时首先看各类图纸总说明
结构设计总说明与建筑设计总说明至少先熟悉两遍，对照是否有矛盾的地方

图 5.2-2 结施图纸目录

5.2.1 结构设计说明

结构设计说明主要用以说明结构材料的类型、规格、强度等级，地基情况，主要设计依据，自然条件，施工主要事项，选用标准图集。

某工程结构设计总说明的部分内容摘录如下：

结构总说明（一）

一、工程概括

北京大学××学院位于北京大学校园内，位于北京大学规划 CF-W-05 地块。占地面积 $6521m^2$，东临中关村北大街，北、西、南侧均为北大校内道路。北京大学××学院大楼是集教学、研究、时间、展览、行政及学术会谈于一体的现代综合性

学院建筑，总建筑面积20357m^2，地上5层，地下3层。檐口高17.250m，为框架-剪力墙结构。

注意建筑面积、层数、建筑高度、结构形式、基础形式等基本信息

工程概况见表1。

工程概况 表1

建筑高度（m）	17.250	人防范围	地下三层
建筑层数（地上/地下）	5/3	人防防护类别	甲类
结构形式	框架-剪力墙	人防抗力类别	（略）
基础形式	（略）		

二、建筑结构的安全等级和设计使用年限（表2）

建筑结构的安全等级和设计使用年限 表2

设计使用年限	50年	建筑结构的安全等级	二级
设计基准期	50年	地下室抗震等级	一级
地基基础设计等级	甲级（应进行深化设计）	建筑抗震设防类别	丙类
建筑物的耐火等级	一级		

三、环境类别及地质条件

环境类别与混凝土保护层厚度息息相关

1.混凝土结构的环境类别

与土直接接触的基础底板地面、外墙迎土面、地下车库顶板项目等为二b类，室内潮湿环境(卫生间等)为a类，其余为一类。

2.场地的工程地质条件

（1）本工程根据北京××工程有限公司勘察单位××年12月17日编制，且经审查通过的《北京大学××大楼岩土工程勘察报告》（工程编号:2010-1061)进行设计。

（2）拟建场地地貌单元位于海淀台地与清河故道的交界部位。场区现况地形基本平坦，地面标高一般为47.73～48.62m(仅南侧路旁孔口标高为46.52m)，该标高比周围道路高1.00～2.00m。

注意地址条件如地面标高

（3）当地震烈度达到8度且地下水位按历史最高水位考虑时，拟建场地内天然沉积的地基土不会产生地震液化。

（4）场区主要地质参数如下:略。

（5）场地地下水水文条件:

有抗浮要求就会有抗拔桩

1959年最高地下水位标高为46.5m;近3～5年最高地下水位标高为45.50m。根据上述历年最高水位、勘察时量测的地下水位，考虑到地下水背景条件可能的突发性变化，并结合有关设计标准，建议本工程建筑抗浮设计水位可按不低于标高45.50m考虑。

（6）场地地下水对钢筋混凝土结构中的钢筋无腐蚀性。

这句话必须要注意

四、本工程的±0.000所对应的绝对标高47.600m

五、本工程设计遵循的标准、规范、规程

（1）《建筑结构可靠性设计统一标准》GB 50068。

（2）《工程结构可靠性设计统一标准》GB 50153。

需审查规范有无过期

（3）《建筑工程抗震设防分类标准》GB 50223。

六、略

七、设计采用的均布活荷载标准值（表3）

荷载值对于装修施工非常重要

均布活荷载标准值 表3

类别	部位	活荷载标准值（kN/m²）
屋面	上人屋面	2.0
	不上人屋面	0.5
楼面	水位室	2.0
	实验室、会议室	2.0
	大会谈室	2.5
	楼梯、走道、电梯厅	3.5
	卫生间	2.5
	储藏间、库房	5.0
	空调机房、消防控制室、冷冻机房	7.0
	消防水泵房、生活水泵房，交配电室	10.0
	车库	4.0
	首层地面堆载	5.0

八、地基基础

施工组织设计中会用到

1.基础方案

本工程基础采用钢筋混凝土筏板基础。持力层为第四纪沉积的黏质粉土、粉质黏土④，黏质粉土、砂质粉土$④_1$层，综合考虑的地基承载力标准值(f_{ka})为180kPa。

2.基坑开挖及回填做法

(1)基坑开挖应采取有效的护披措施，保证基坑开挖安全及与本工程相邻的已有建筑物的安全，施工期间应采取有效的排水、降水措施。

(2)基坑开挖时，如遇坟坑、枯井、人防工事、软弱地基等异常情况应通知勘察与设计单位处理。

(3)基坑开挖可采用机械挖掘至基底标高以上300mm处，再采用人员挖掘至设计标高；基坑开挖完毕，由建设单位会同勘察、设计、监理单位验槽。验槽合格后应及时进行下道工序。

必须注意回填要求，是投标报价和实际施工依据

(4)地下部分施工完毕后，应及时进行基坑回填。挡土墙外500mm以内可以采用2:8灰土回填；墙外500mm以外范围可采用素土夯实，回填过程中分层夯实，压实系数不小于0.94。建筑有特殊要求时，见建筑专业图纸。

(5)房心回填土有机物含量不大于5%。回填过程中分层夯实，压实系数不小于0.94。

(6)本工程应进行沉降观测，沉降观测应按相应的规范标准执行。沉降观测应由有相应资质的单位承担。

九、主要结构材料

1.钢筋及焊条见表4。

钢筋及焊条参数 表4

本工程所采用的钢筋及手工焊匹配的焊条				
钢筋级别	HPB300	HRB335	HRB400	HRB500
强度设计值（N/mm²）	270	300	360	435

续表

本工程所采用的钢筋及手工焊匹配的焊条				
焊条	E43 型	E50 型	E50 型	E55 型
不同等级钢筋焊接用较低等级焊条。				

注：HRB500 级钢筋用作受剪、受扭、受冲切承载力计算时，其强度设计值不得大于 360N/mm²。

（1）各类构件的受力钢筋采用 HRB400 级钢筋。

各部位用钢筋

（2）以下部位的钢筋采用 HPB300 级（$d \leqslant 8mm$）：

① 分布钢筋；

② 构造柱和圈梁的钢筋。

（3）吊环应采用 HPB300 级热轧光圆钢筋制作，受力预埋件的锚筋不得采用冷加工钢筋。

抗震钢筋

（4）钢筋的强度标准值应具有不小于 95%的保证率。

（5）抗震等级为一、二、三级的框架和斜撑构件（含梯段）宜优先采用带 E 编号的抗震钢筋，如 HRB400E。

各部位混凝土强度等级

2. 混凝土见表5。

混凝土强度等级和抗渗等级 **表5**

区域	部位	强度等级	抗渗等级
基础	基础垫层	C15	
	筏板（粉煤灰混凝土，采用 60 d 龄期）	C40	P8
墙柱	地下3层外墙 地下 1、2层外墙	C40 C40	P8 P6
	剪力墙、框架柱	C40	
梁板	各层	C40	
	屋面	C40	
本工程其他部位	楼梯、坡道	C40	
	圈梁、构造柱、过梁	C20	
	消防水池	C40	P6
人防构件	顶板	C40	P6

特别注意抗渗等级

3. 砌体材料见表6。

二次结构用材料

砌体材料参数 **表6**

部位	砌体	砂浆
外填充墙	轻骨料混凝土空心砌块 强度等级≥MU5	混合砂浆 强度等级≥Mb5
内隔墙	轻骨料混凝土空心砌块 强度等级≥MU3.5	混合砂浆 强度等级≥Mb5
与土接触的墙体	普通烧结砖或 普通混凝土砌块 强度等级≥MU10	水泥砂浆 强度等级≥M7.5

注：墙块重度≤8kN/m³。

十、抗震

（1）本工程混凝土结构的抗震等级及剪力墙底部加强部位见表7。

抗震等级与钢筋锚固长度息息相关

混凝土结构抗震等级及剪力墙底部加强部位　　表7

部位	楼层	抗震等级	
		抗震墙	框架
主体	地下1层～屋面	二级	二级
	地下2层	二级	二级
	地下3层	三级	三级
部位	底部加强区	约束边缘构件	构造边缘构件
层数	地下2层～2层		地下3层～屋面

(2) 最外层钢筋的混凝土保护层厚度应满足表8要求，且不应小于受力钢筋的公称直径。

保护层厚度是选择垫块的依据

混凝土保护层厚度（mm）　　表8

基础迎土面	40	剪力墙	15
基础顶面	15	柱	20
地下车库顶板迎土面	25	梁	20
地下室顶板底面	15	楼板	15
挡土墙迎土面	40	水池迎水面	25
挡土墙非迎土面	15	水池背水面	15

(3) 钢筋的接头形式及要求：

选择钢筋接头施工方式的依据

1) 纵向受力钢筋直径≥20mm的纵筋应采用等强机械连接接头，接头应50%错开；接头性能等级不低于Ⅱ级。

2) 当采用搭接时，搭接长度范围内应配置箍筋，箍筋间距不应大于搭接钢筋较小直径的5倍，且不应大于100mm。

(4) 钢筋锚固长度和搭接长度见××图集53、55页。纵向钢筋当采用HPB300级时，端部另加弯钩。

注意浇筑时间

垫层后浇带一般不做

(5) 本工程设置伸缩后浇带。

1) 伸缩后浇带混凝土应在其两侧混凝土（楼层后浇带应在该楼层同一伸缩区段内混凝土)浇筑完两个月后用比此两侧构件混凝土强度等级高一级的补偿收缩混凝土浇筑。

2) 后浇带下基础垫层的做法见图1。地下室底板及外墙在后浇带部位的防水做法见建施图(图纸目录见表9) 。后浇带两侧（与后浇带相交的主梁跨度内）的梁、底板模，只有在后浇带封闭且其混凝土达到设计强度后，方可拆除。

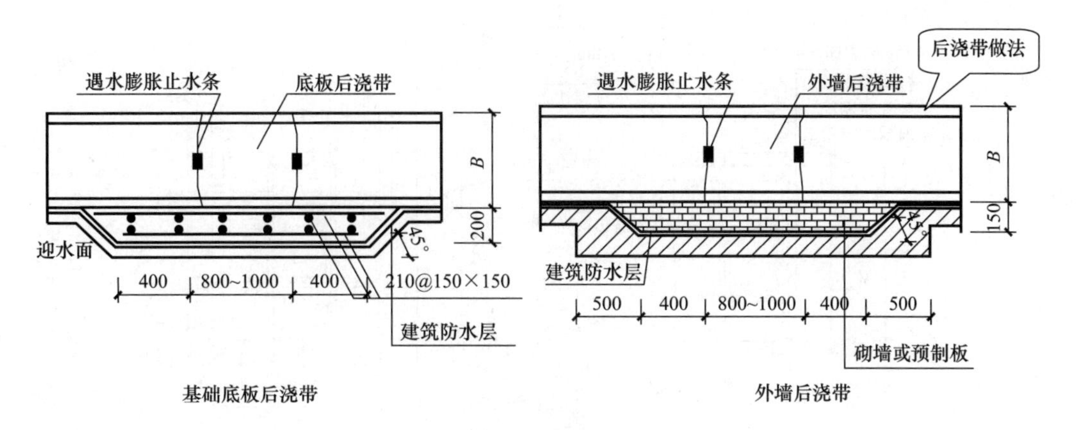

图1 后浇带

图 纸 目 录 **表9**

序号	图号	图纸名称	规格	备注
1	结施-01	结构图纸目录结构设计总说明（一）	A1+	
2	结施-02	结构设计总说明（二）	A1+	
3	结施-03	抗拔桩平面布置图	A1+	
4	结施-04	基础底板平面图	A1+	
5	结施-05	基础配筋平面图	A1+	
6	结施-06	基础详图	A1	
7	结施-07	人防口部详图（一）	A1	
8	结施-08	人防口部详图（二）	A1	
9	结施-09	人防口部详图（三）	A1	
10	结施-10	1#楼梯详图（人防楼梯）	A1+	
11	结施-11	3#楼梯详图（人防楼梯）	A1+	
12	结施-12	地下2层模板平面图	A1+	
13	结施-13	地下2层板配筋平面图	A1+	
14	结施-14	地下2层梁配筋图	A1+	
15	结施-15	地下1层模板平面图	A1+	
16	结施-16	地下1层板配筋平面图	A1+	
17	结施-17		A1+	

3)板上孔洞应预留，结构平面图中只表示出洞口尺寸>300mm的孔洞，施工时各工种必须根据各专业图纸配合土建预留全部孔洞，不得后凿。当孔洞尺寸≤300mm时，洞边不再另加钢筋，板内钢筋由洞边绕过，不得截断。当洞口尺寸>300mm时，应按平面图要求加设洞边附加钢筋或梁。当平面图未交待时，应按图2要求加设洞边板底附加钢筋，每侧加筋面积不小于被截断钢筋面积的一半。加筋的长度为单向板受力方向或双向板的两个方向沿跨度通长，并锚入支座>5d，且应伸至支座中心线。单向板非受力方向的洞口加筋长度为洞口宽加两侧各40d，且应放置在受力钢筋之上。

板预留孔洞加筋做法

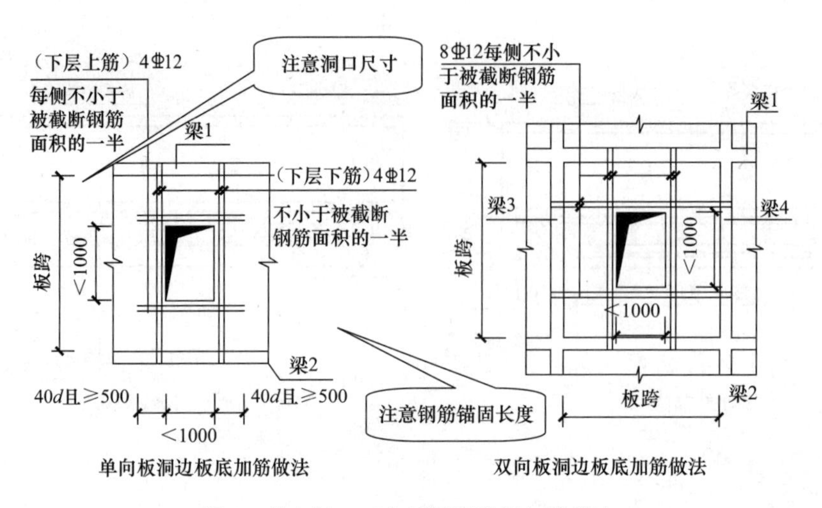

图 2　单向板、双向板预留孔洞加筋做法

4）楼板阳角附加筋见图 3。

板中支座为阳角时，应加设放射状负筋，直径、长度及外侧间距与相邻支座的负钢筋相同，钢筋锚入支座 L_a。

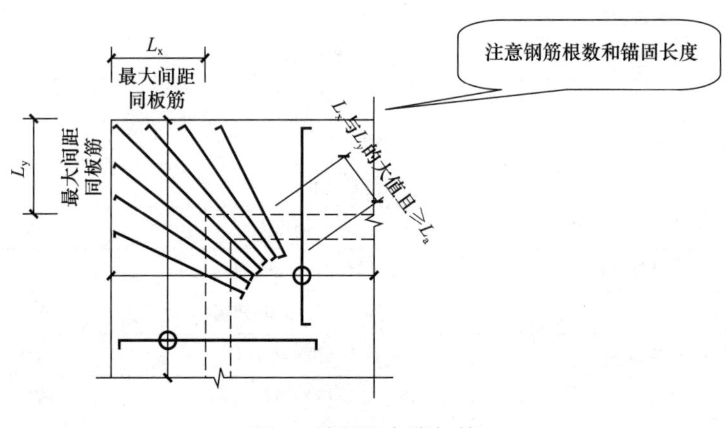

图 3　楼板阳角附加筋

主次梁箍筋加
密设置

5)主次梁附加筋做法如下。

①主次梁相交(主梁不仅包括框架梁)时,主梁在次梁范围内仍应配置箍筋,图中未注明时,在次梁两侧各设3组箍筋，箍筋肢数、直径同主梁箍筋，间距50mm,附加吊筋详见各层梁配筋平面图。井字梁相交处,两方向梁每侧均设附加箍筋各 3 组，共4×3＝12组。悬挑梁端部在封边梁内侧附加 3 组主梁附加箍筋。

附加箍筋、附加吊筋构造如图 4 所示。

② 主梁与次梁底面高度相同时，次梁的下部纵向钢筋应置于主梁下部纵向钢筋之上，并锚入主梁内 15d，见图 5。井字梁相交时短跨下部纵筋置于下方。

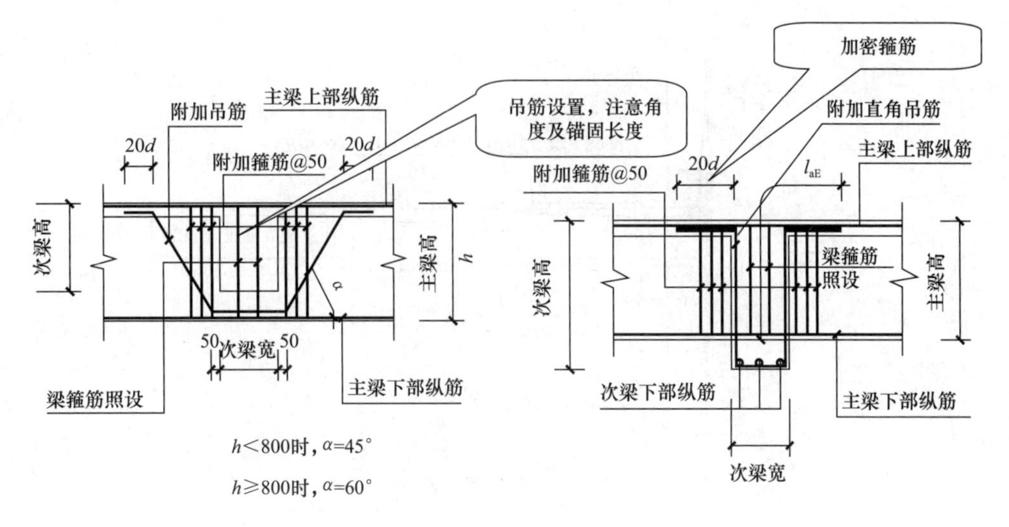

图4 附加箍筋、附加吊筋做法

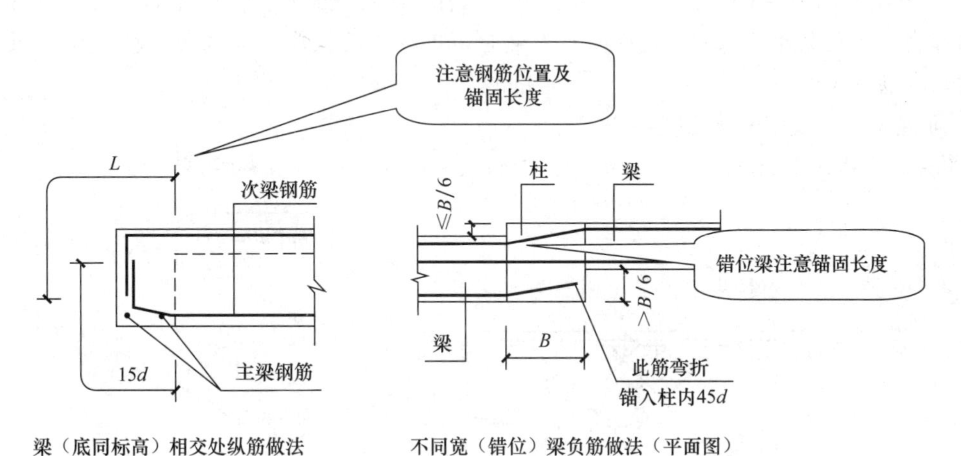

图5 主次梁纵筋绑扎方式

③ 当支座两边梁宽不等(或错位)时负筋做法见图5。

④ 梁的纵向钢筋接头，底部钢筋接头应设在靠支座1/3跨度范围内，上部钢筋接头应设在跨中1/3跨度范围内。同一接头区段内的接头面积百分率不应超过50%。

⑤ 梁纵筋应均匀对称地布置在梁截面中心线两侧。当梁的架立钢筋与其左(或右)支座负筋直径相同时，该筋应与左(或右)负筋通长设置。

⑥ 梁支座两侧的纵筋尽可能拉通。梁边与柱或混凝土墙边平齐时，梁纵筋弯折后伸入柱(混凝土墙)内，同时增设架立筋，见图6。

⑦ 梁跨度≥4m且≤9m、板跨度≥4m时，支设模板时应按跨度的0.2%起拱；梁跨度>9m时，支设模板时应按跨度的0.3%起拱；悬臂梁的模板按悬臂长度的0.4%起拱；起拱高度不小于20mm。

起拱高度

⑧ 悬挑梁、连续梁的悬挑段，梁箍筋间距不得大于100mm，箍筋直径见原位标注。挑出部分应设临时支撑；待混凝土达到100%设计强度时，方可拆除支撑。

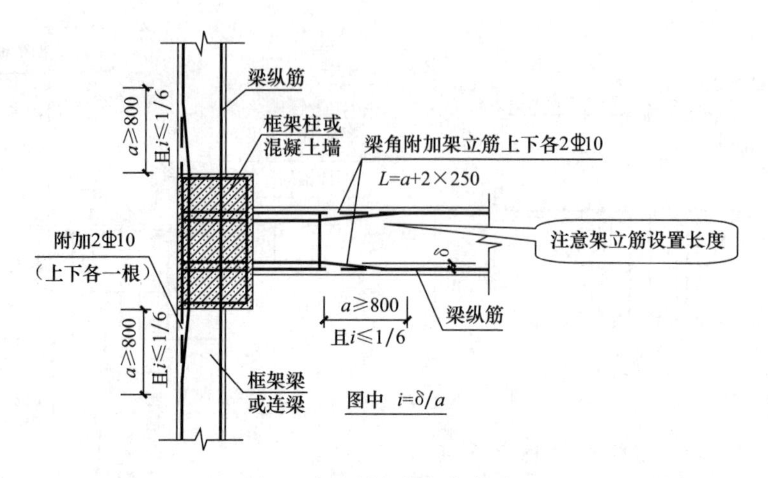

图6 主次梁钢筋细部构造

⑨ 当梁一端与柱（或混凝土墙）相交时，与柱（或混凝土墙）相交处支座梁纵筋锚固及箍筋加密应按框架梁要求；当梁的支座为梁时，此梁在该支座纵筋锚固可按非框架梁要求，且该端箍筋可不加密。

⑩ 屋面框架梁构造见图集××。

⑪ 结构构件上的孔洞严禁后凿。梁上的预留套管周边加筋如图7所示。

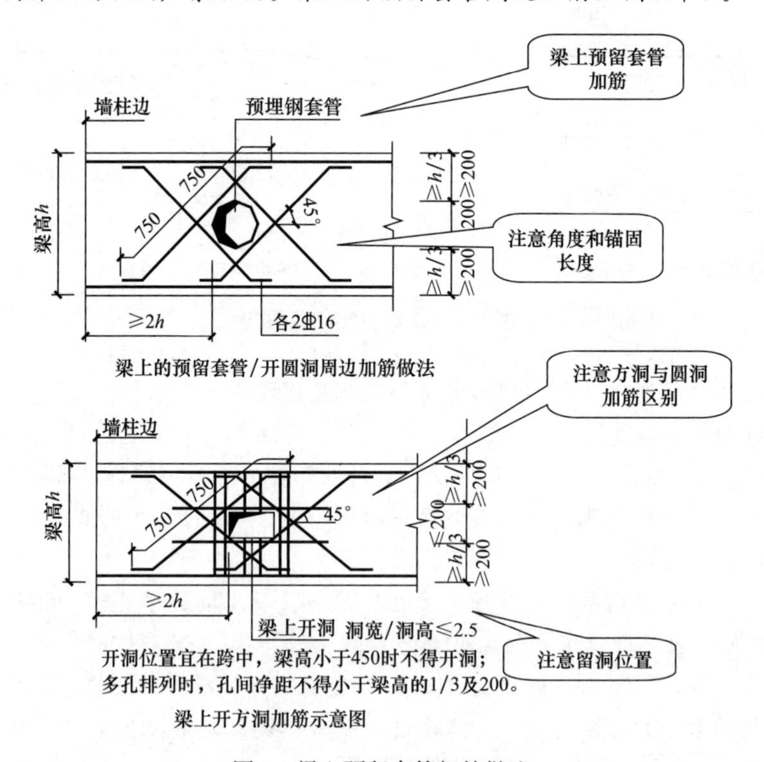

图7 梁上预留套管加筋做法

⑫ 当详图未注明时，变截面梁及折梁配筋做法见图8。

（6）钢筋混凝土柱。

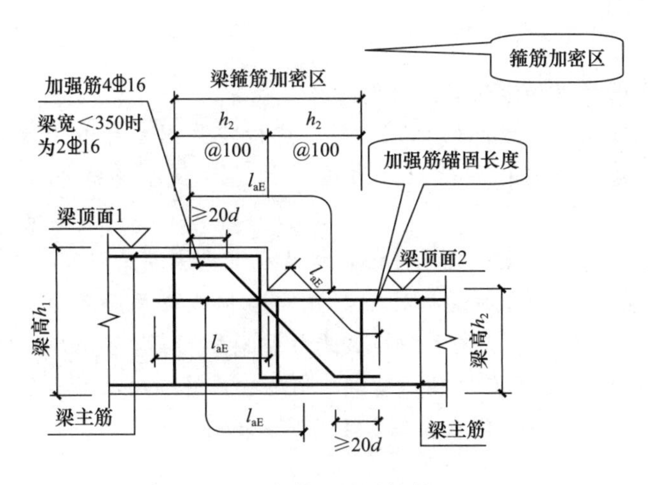

图 8　变截面梁纵筋做法

1）柱应按建筑图中填充墙的位置预留拉结筋，做法见图 9。

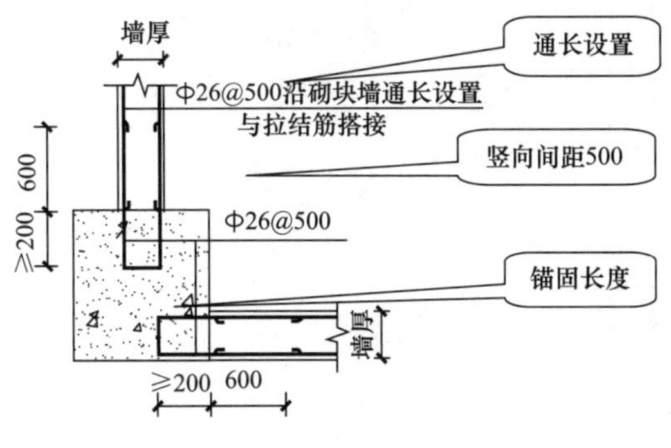

图 9　柱拉结筋做法

2）设备管道穿过连梁时应预埋套管，套管上下的有效高度不小于梁高的 1/3，并不小于 200mm，洞口处设加强筋，详见图 10。

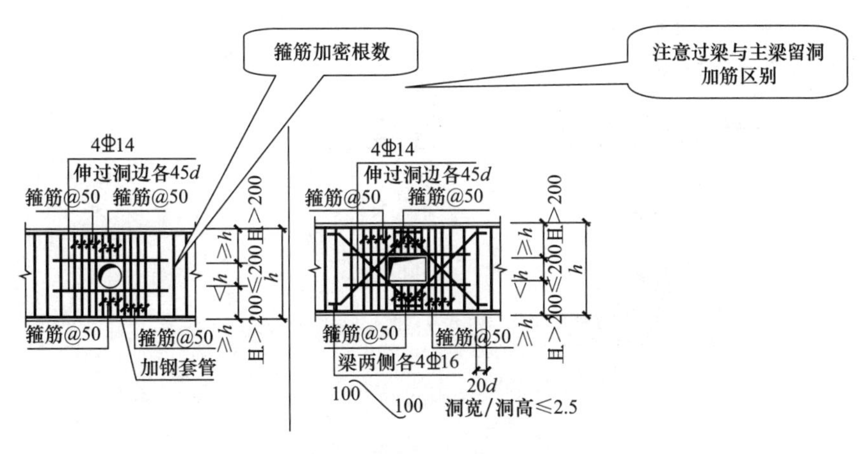

图 10　连梁预埋套管加筋做法

(7) 填充墙。

1) 填充墙的平面位置和做法见建筑图。

2) 填充墙与混凝土柱、墙间的拉结钢筋，应按建施图中填充墙的位置预留，拉结筋沿墙全长布置。填充墙与框架柱，剪力墙或构造柱拉结筋详见《02SG614》第7~10页。

3) 填充墙构造柱设置位置详见建施图，构造柱设置应满足以下要求：墙端部、拐角、纵横墙交接处、门窗洞边，均加设构造柱，直段墙构造柱间距不大于4m。截面配筋见图11。构造柱与墙连接处应砌成马牙槎，构造柱钢筋绑好后，先砌墙后浇构造柱混凝土，上端距梁或板底60mm高用原有混凝土填实，构造柱主筋应锚入上下层楼板或梁内，锚入长度为 l_a。其上下端600mm范围内箍筋加密，间距为100mm。

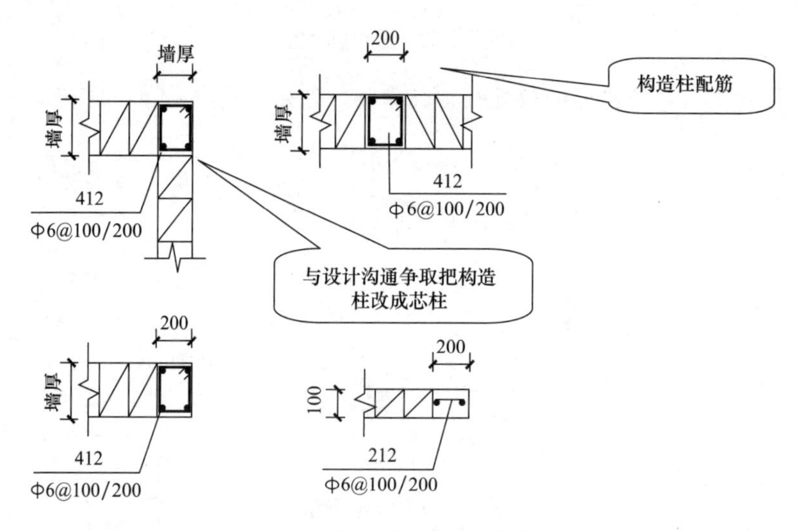

图11 填充墙构造柱配筋图

4) 填充墙中构造柱及墙内拉筋做法见图12。

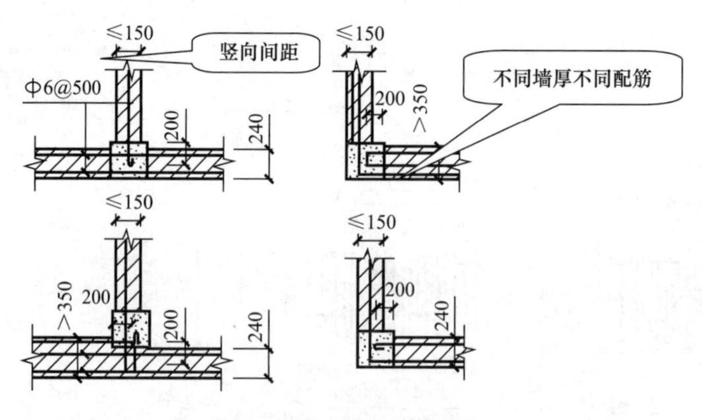

图12 构造柱及拉筋做法

5) 填充墙下为回填土时，回填过程中应分层夯实，压实系数不小于0.94。墙下地基承载力特征值不小于 f_{ak}=100kPa，做法见图13。

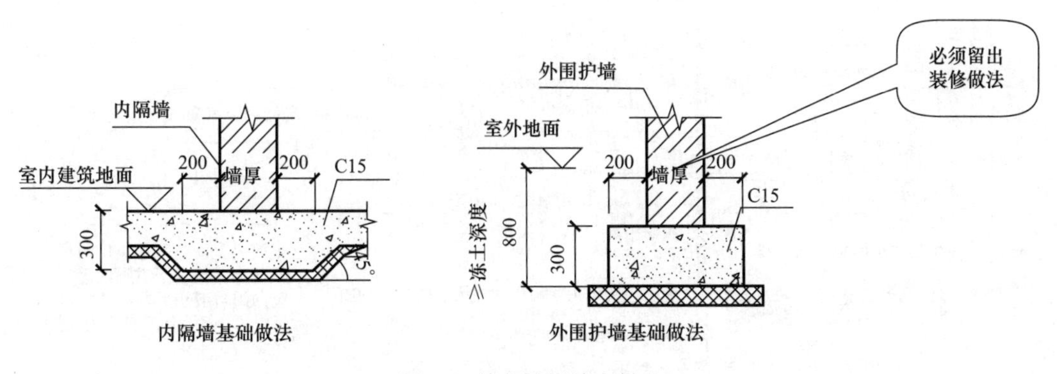

图 13 填充墙回填土做法

(8) 门窗洞顶过梁做法。

在各层门窗洞顶标高处，凡无梁（KL 及 L）时，均应设圈梁一道，圈梁断面为墙厚×150mm，圈梁与柱、构造柱与剪力墙交圈。圈梁兼作过梁时，其断面及配筋均取圈梁及过梁之大值。门窗洞顶梁配筋见表 10。

门窗洞顶梁(mm) 表10

配筋示意	门、窗洞宽B	B≤1200		1200<B≤2400		2400<B≤4000	
	梁高h	h=200		h=200		h=400	
	梁宽b=墙厚	b≤200	b>200	b≤200	b>200	b≤200	b>200
	①号筋	210	310	212	312	214	314
	②号筋	212	312	214	314	216	316
	③号筋	Φ26@100		Φ26@100		Φ28@150	

注：现浇过梁的长度=门、窗的洞口宽度B+2×240mm。

注意过梁长度

5.2.2 结构布置平面图

结构布置图主要包括基础平面图、楼层结构布置图和屋面结构布置图。相关内容见图 5.2-3～图5.2-16。

ZH	柱	ZD	柱墩	JL	基础梁	JAL	基础暗梁	SJ	设备基础
KZ	框架柱	KZZ	框支柱	KL	框架梁	WKL	屋框梁	L	次梁
LL	连梁	LZ	梁上起柱	TZ	楼梯柱	TL	楼梯梁	TB	楼梯板
GZZ	构造柱	QL	圈梁	YB	预制板	AZ		边缘构件	

构件代号

图 5.2-3 构件代号

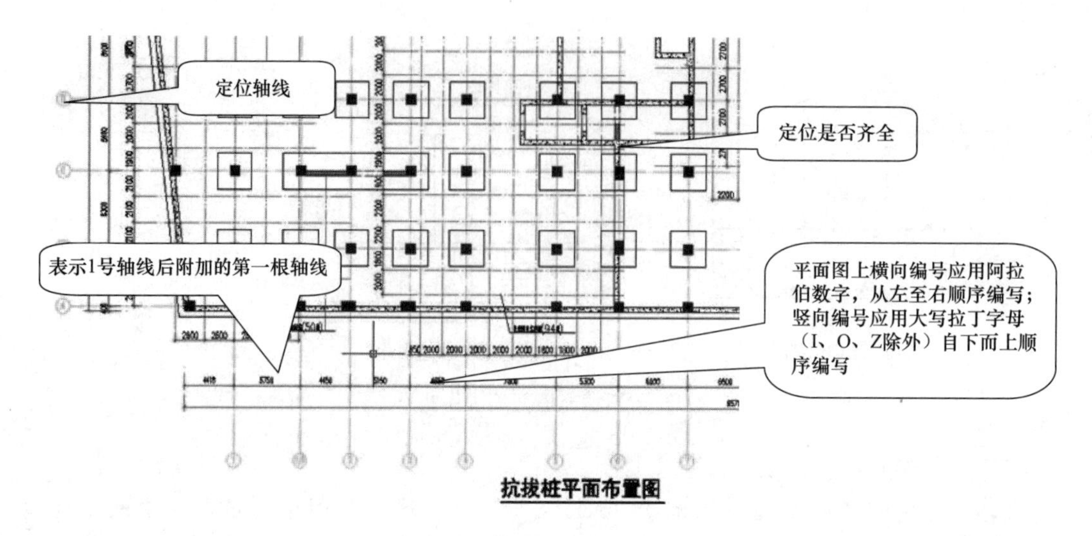

图 5.2-4 基础平面布置图（一）

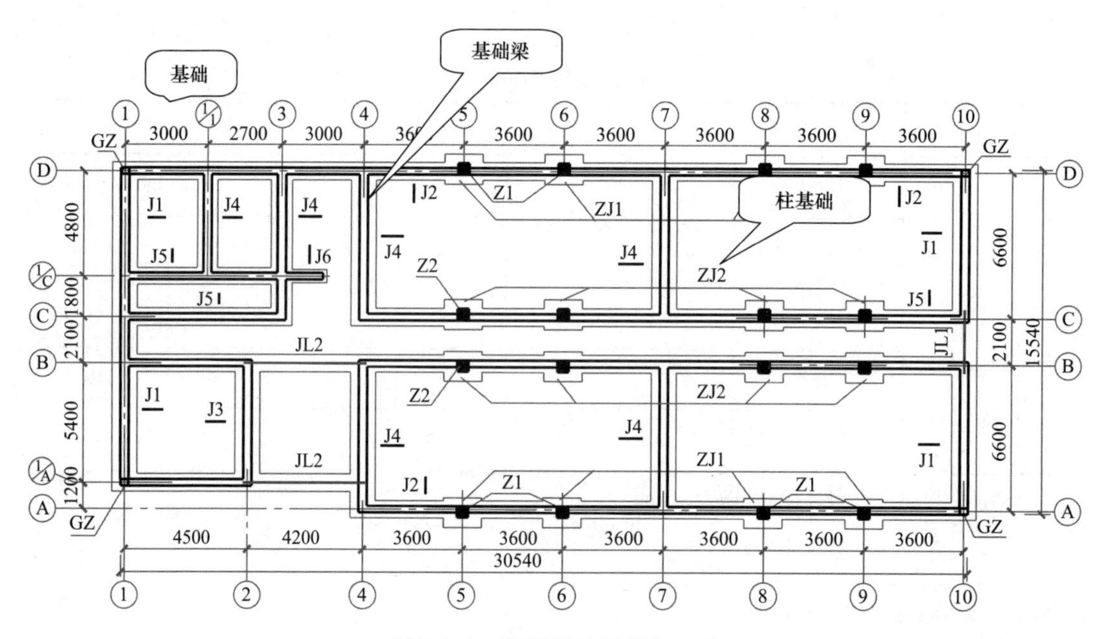

图 5.2-5 基础平面布置图（二）

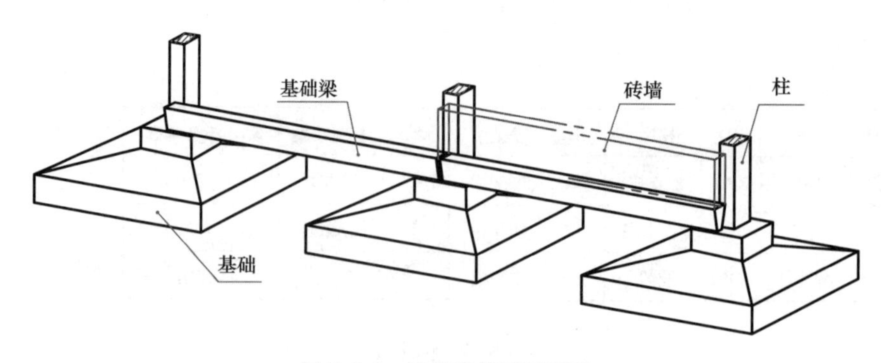

图 5.2-6 基础梁使用示意图

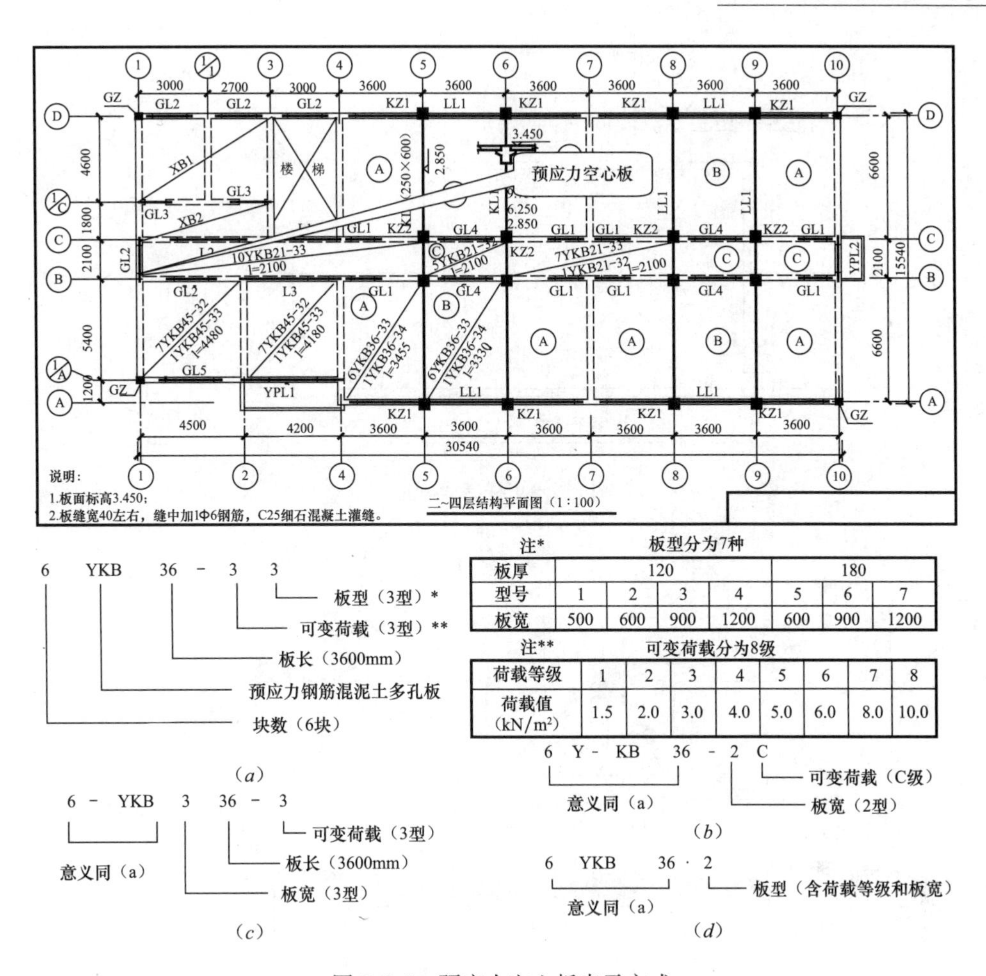

注* 板型分为7种

板厚	120				180		
型号	1	2	3	4	5	6	7
板宽	500	600	900	1200	600	900	1200

注** 可变荷载分为8级

荷载等级	1	2	3	4	5	6	7	8
荷载值 (kN/m²)	1.5	2.0	3.0	4.0	5.0	6.0	8.0	10.0

图 5.2-7 预应力空心板表示方式

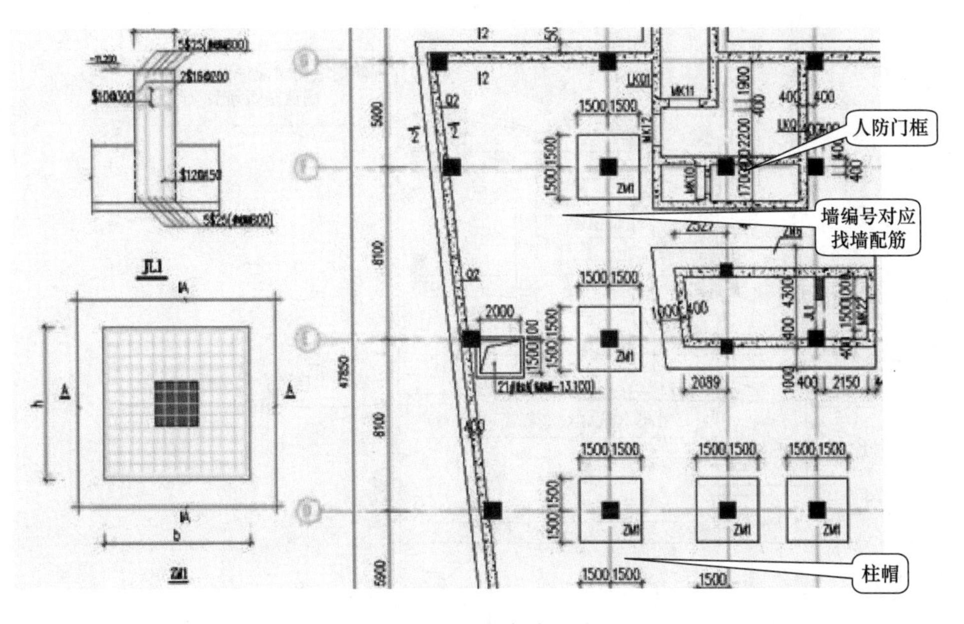

图 5.2-8 基础平面图

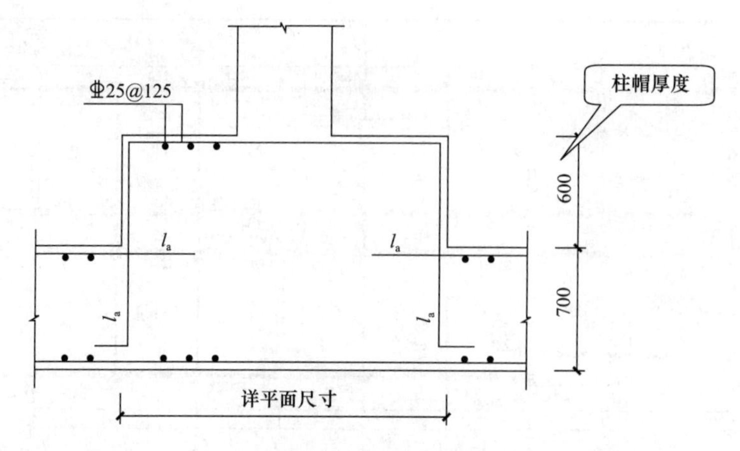

图 5.2-9 柱帽大样图

注：人防区域锚固长度为 l_{aE}。

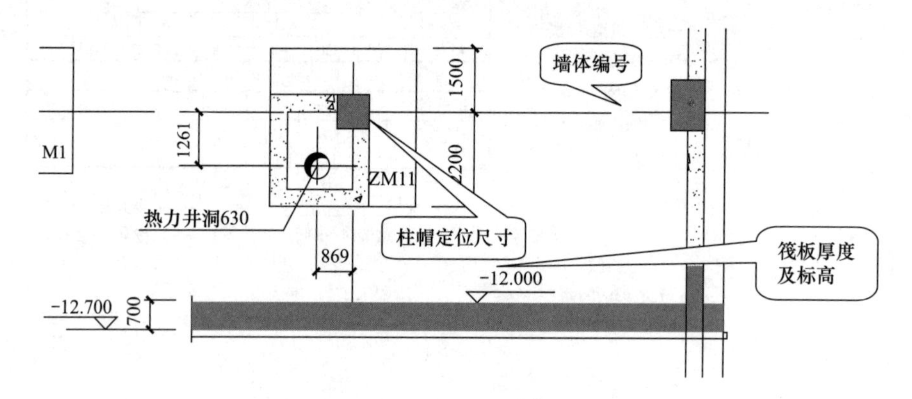

图 5.2-10 墙柱平面布置图

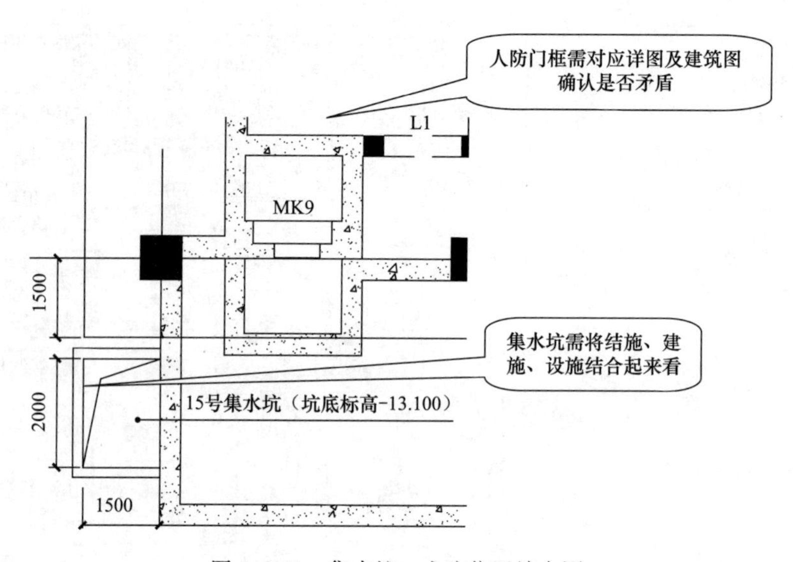

图 5.2-11 集水坑、人防位置放大图

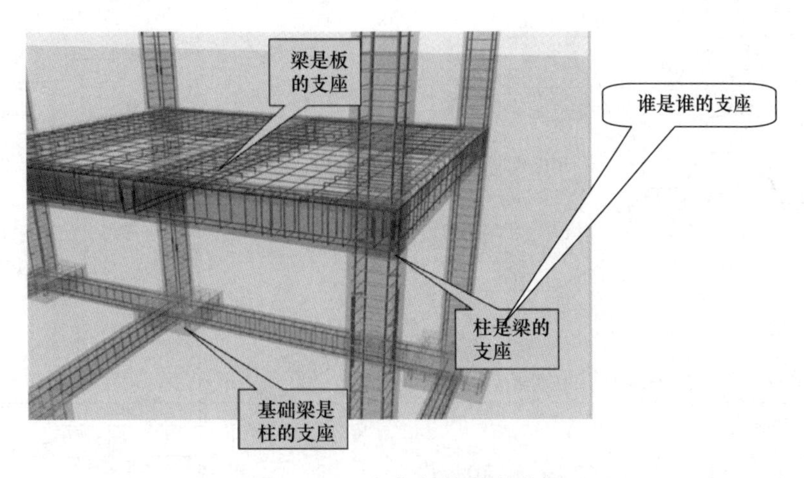

图 5.2-12 框架结构受力形式

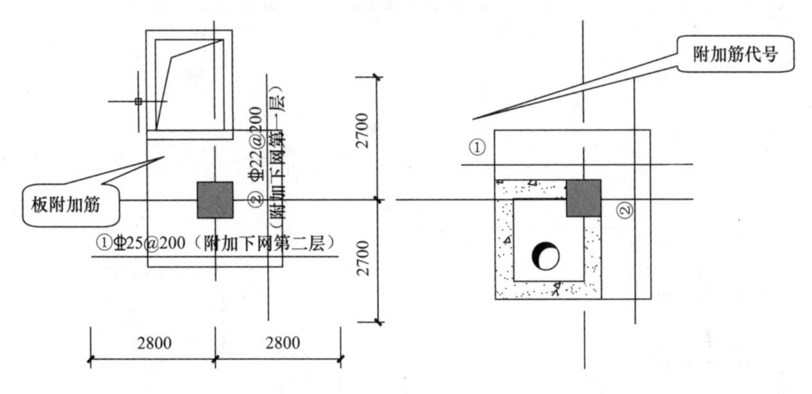

图 5.2-13 底板附加筋标注形式

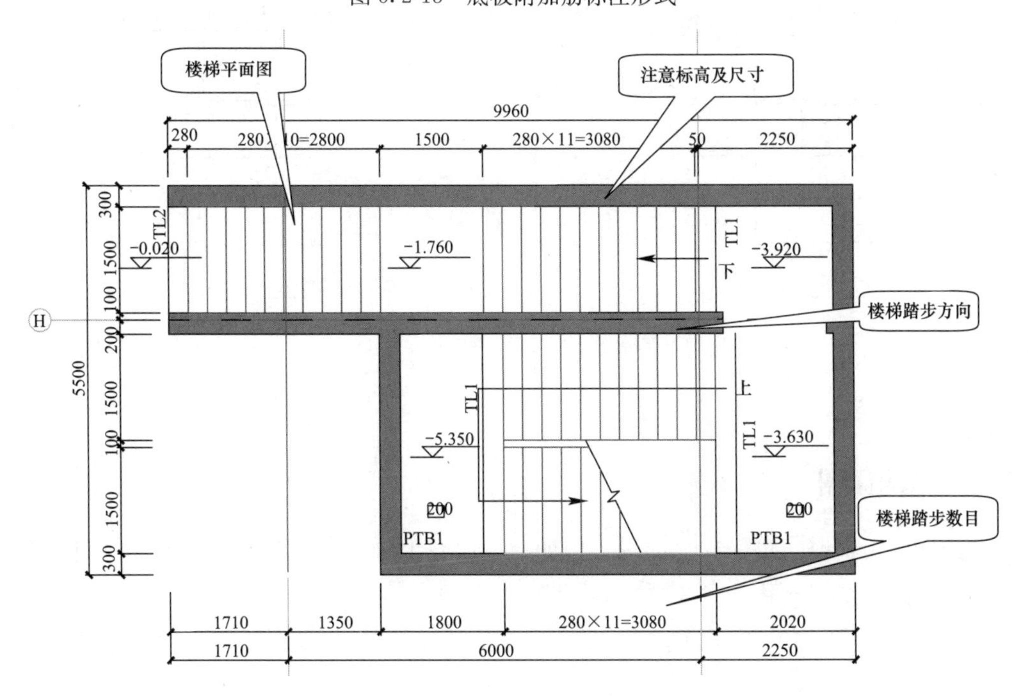

图 5.2-14 楼梯标高及尺寸

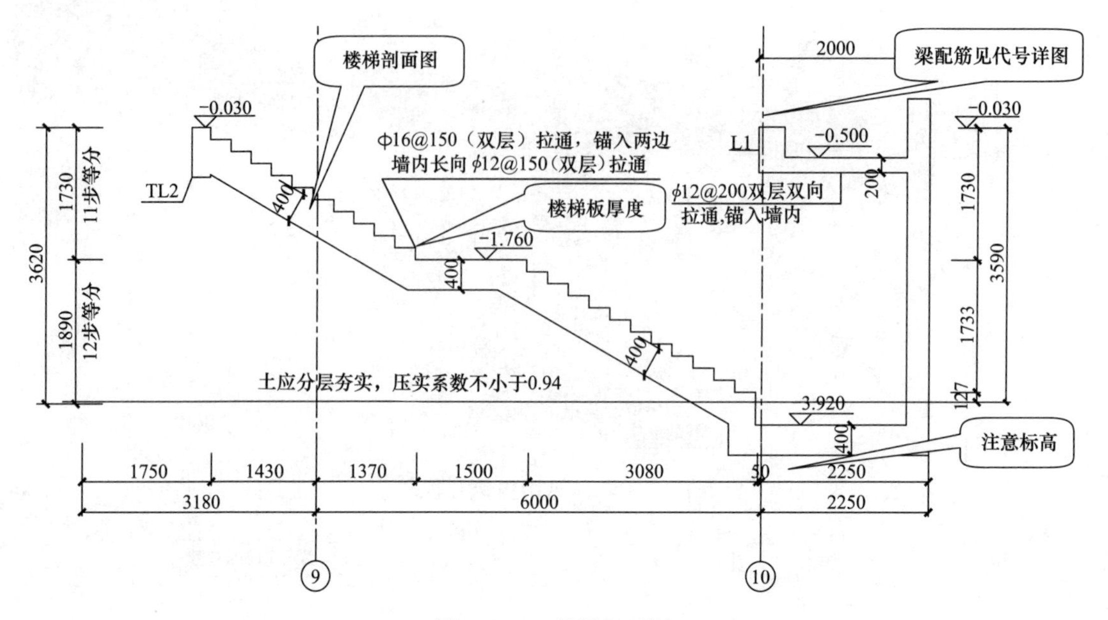

图 5.2-15 楼梯剖面图

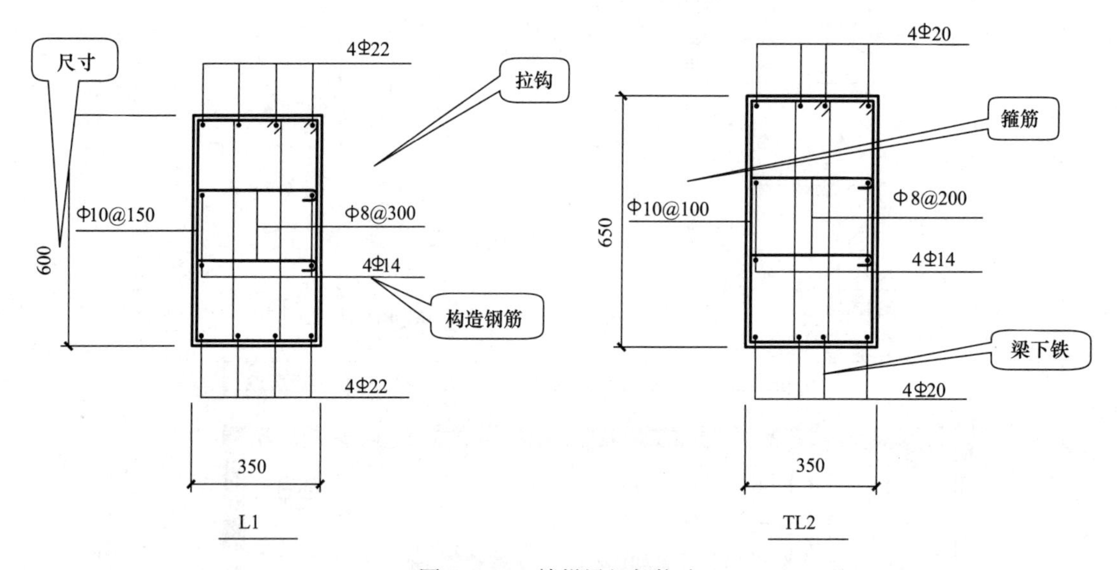

图 5.2-16 楼梯梁细部构造

注：L1、TL2 见图 5.2-15。

5.2.3 结构详图

结构详图包括梁、板、柱、楼梯、屋架等，以及支撑、预埋件、连接件等。某工程结构详图详见图 5.2-17～图 5.2-35。

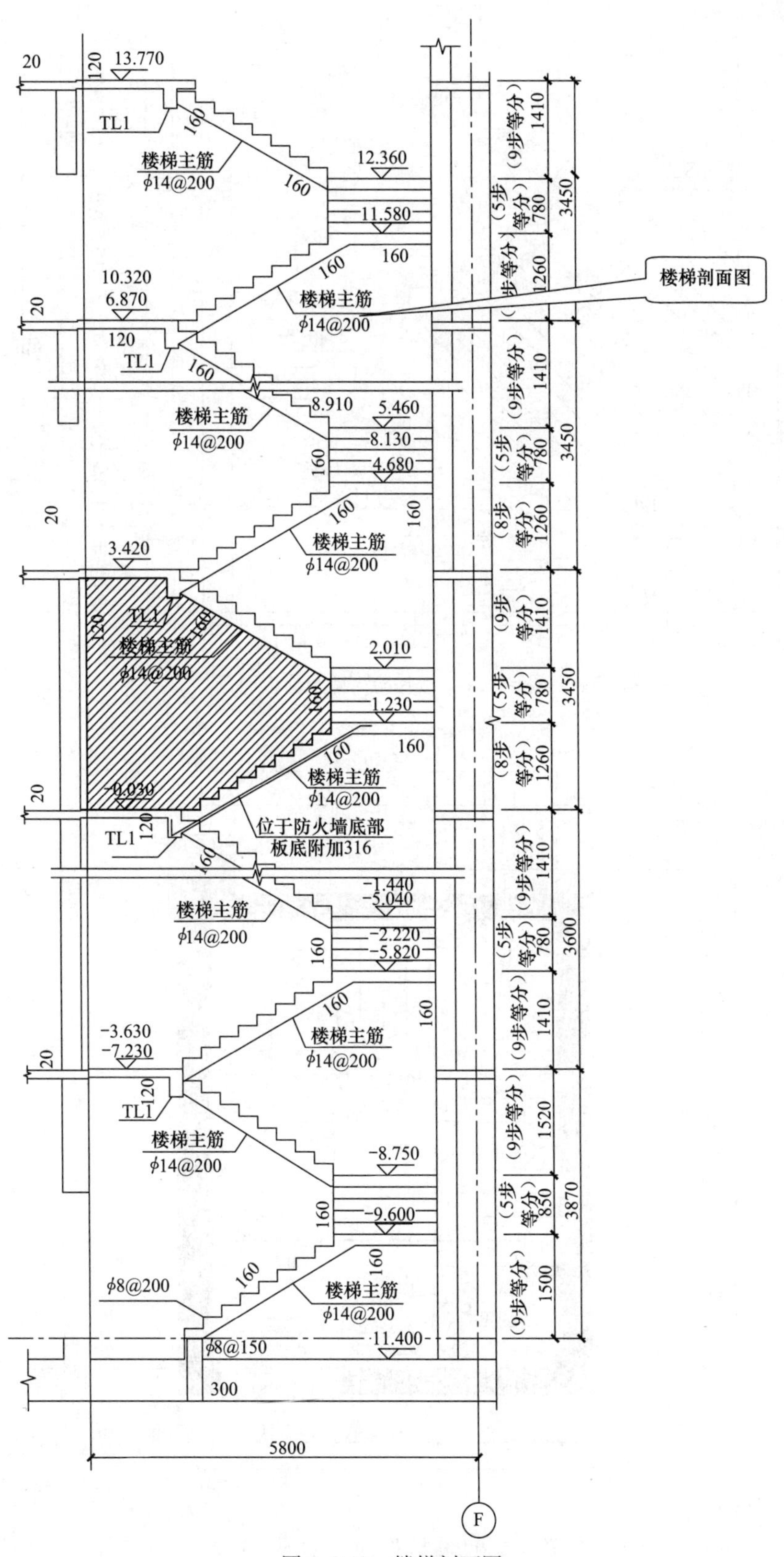

13.770
TL1
楼梯主筋
ϕ14@200
12.360
11.580
10.320
6.870
8.910
5.460
8.130
4.680
3.420
2.010
1.230
-0.030
位于防火墙底部
板底附加316
-1.440
-5.040
-2.220
-5.820
-3.630
-7.230
-8.750
-9.600
ϕ8@200
ϕ8@150
-11.400
楼梯剖面图
（9步等分）
（5步等分）
（8步等分）
3450
3600
3870
5800
300
F

图 5.2-17 楼梯剖面图

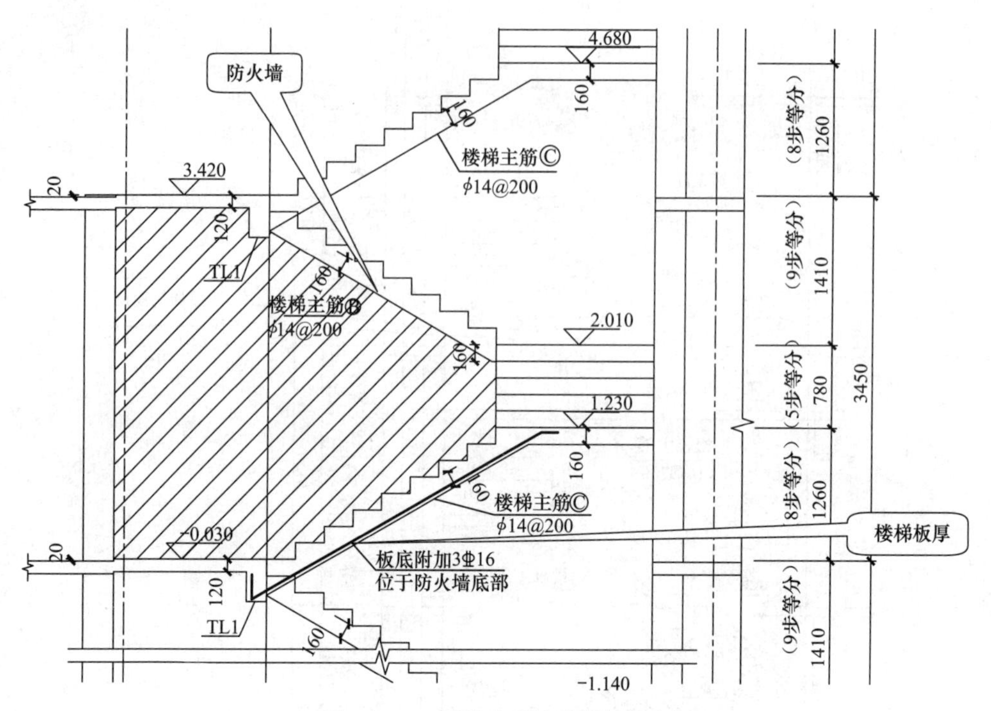

图 5.2-18 楼梯防火墙及梯板构造

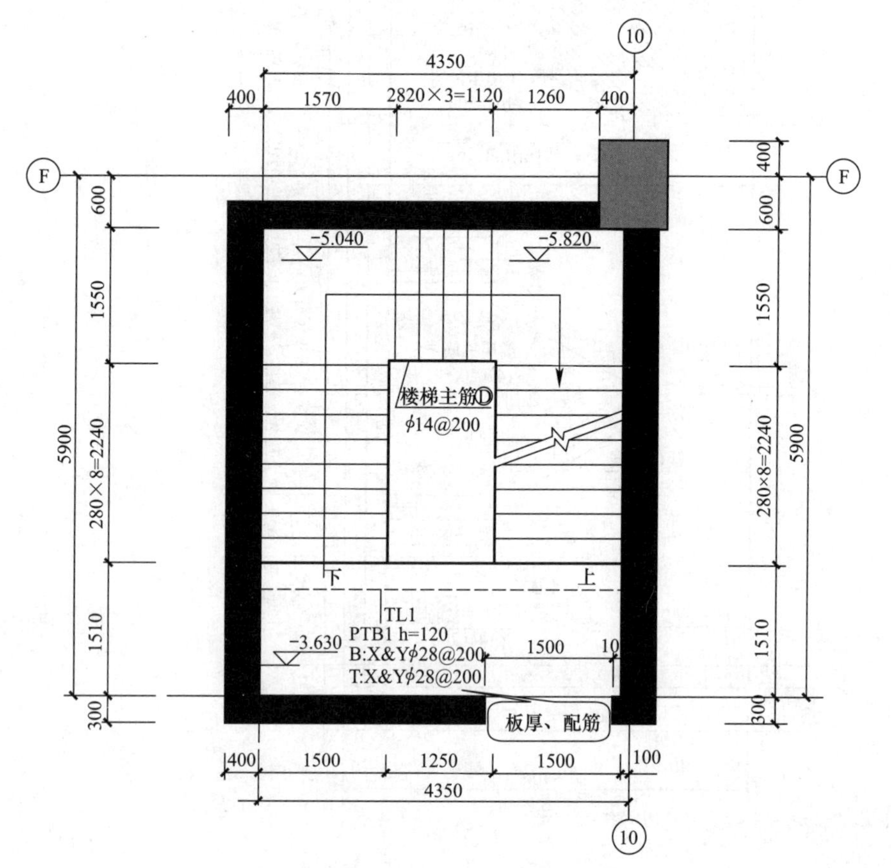

图 5.2-19 楼梯平台板的板厚、配筋

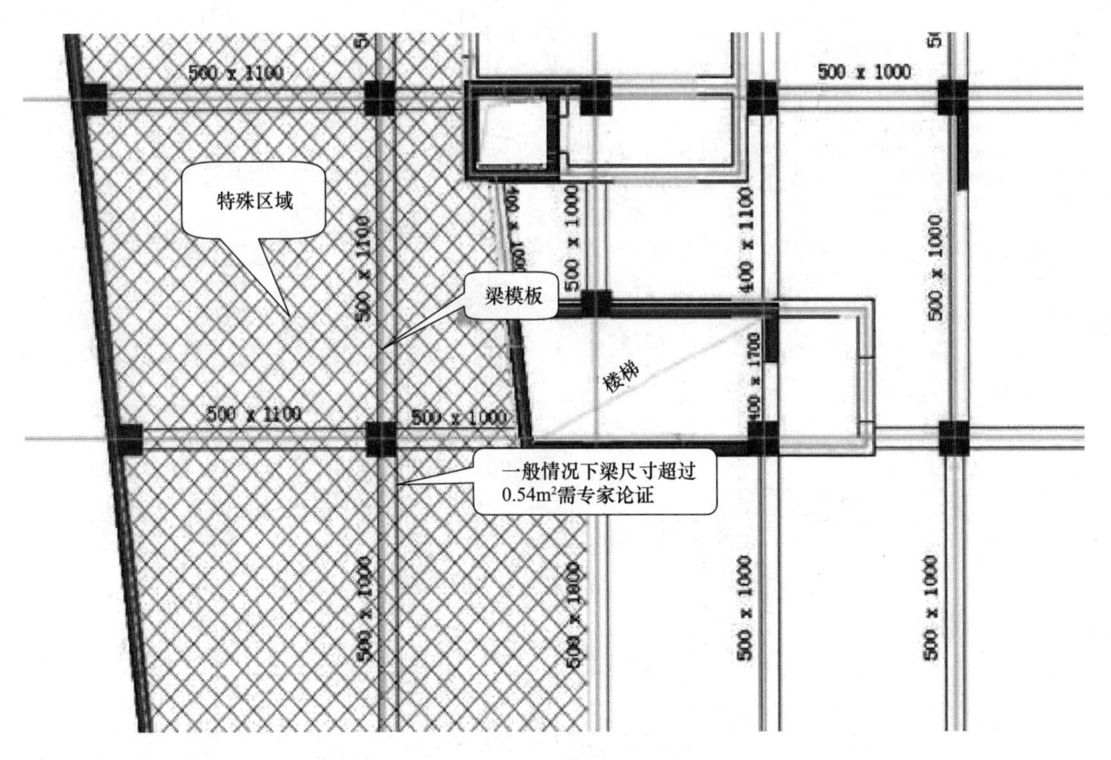

图 5.2-20 模板平面图

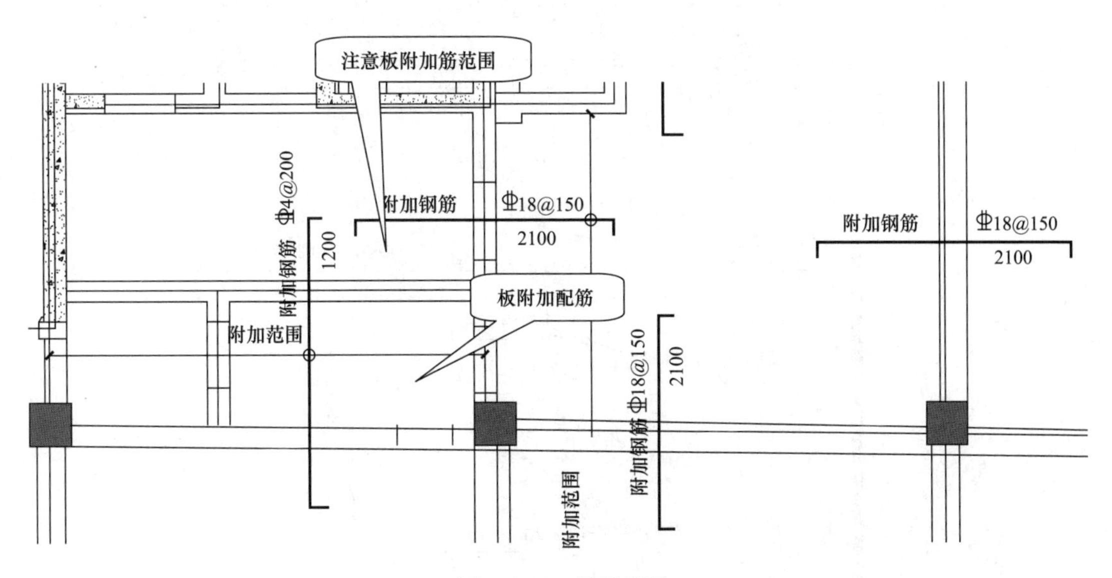

图 5.2-21 板配筋图

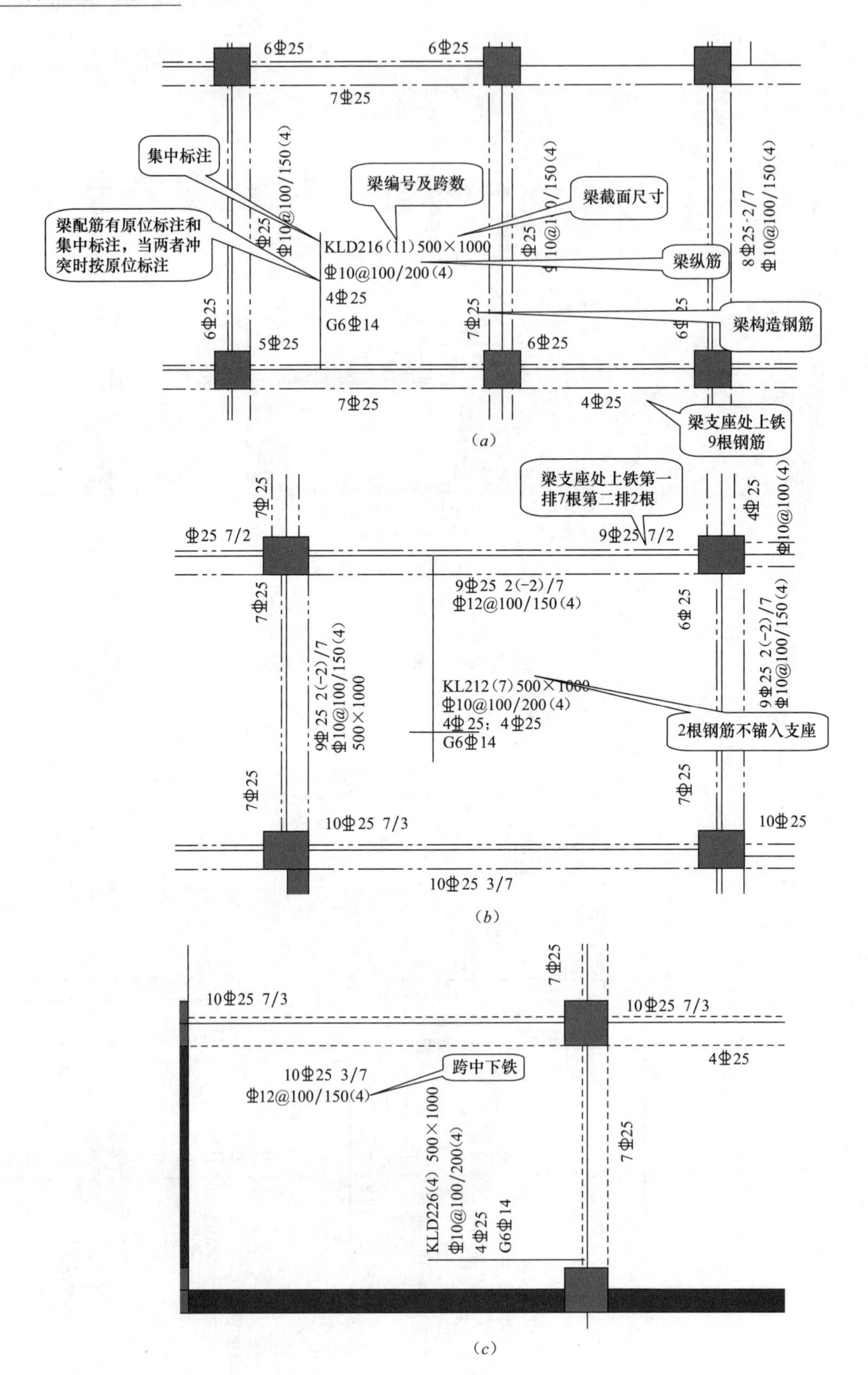
集中标注
梁编号及跨数
梁截面尺寸
梁配筋有原位标注和集中标注，当两者冲突时按原位标注
KLD216（11）500×1000
Φ10@100/200（4）
4Φ25
G6Φ14
梁纵筋
梁构造钢筋
梁支座处上铁9根钢筋
(a)
梁支座处上铁第一排7根第二排2根
9Φ25 7/2
9Φ25 2(−2)/7
Φ12@100/150(4)
KL212(7) 500×1000
Φ10@100/200(4)
4Φ25；4Φ25
G6Φ14
2根钢筋不锚入支座
10Φ25 7/3
10Φ25 3/7
(b)
跨中下铁
10Φ25 3/7
Φ12@100/150(4)
KLD226(4) 500×1000
Φ10@100/200(4)
4Φ25
G6Φ14
(c)

图 5.2-22 梁配筋图

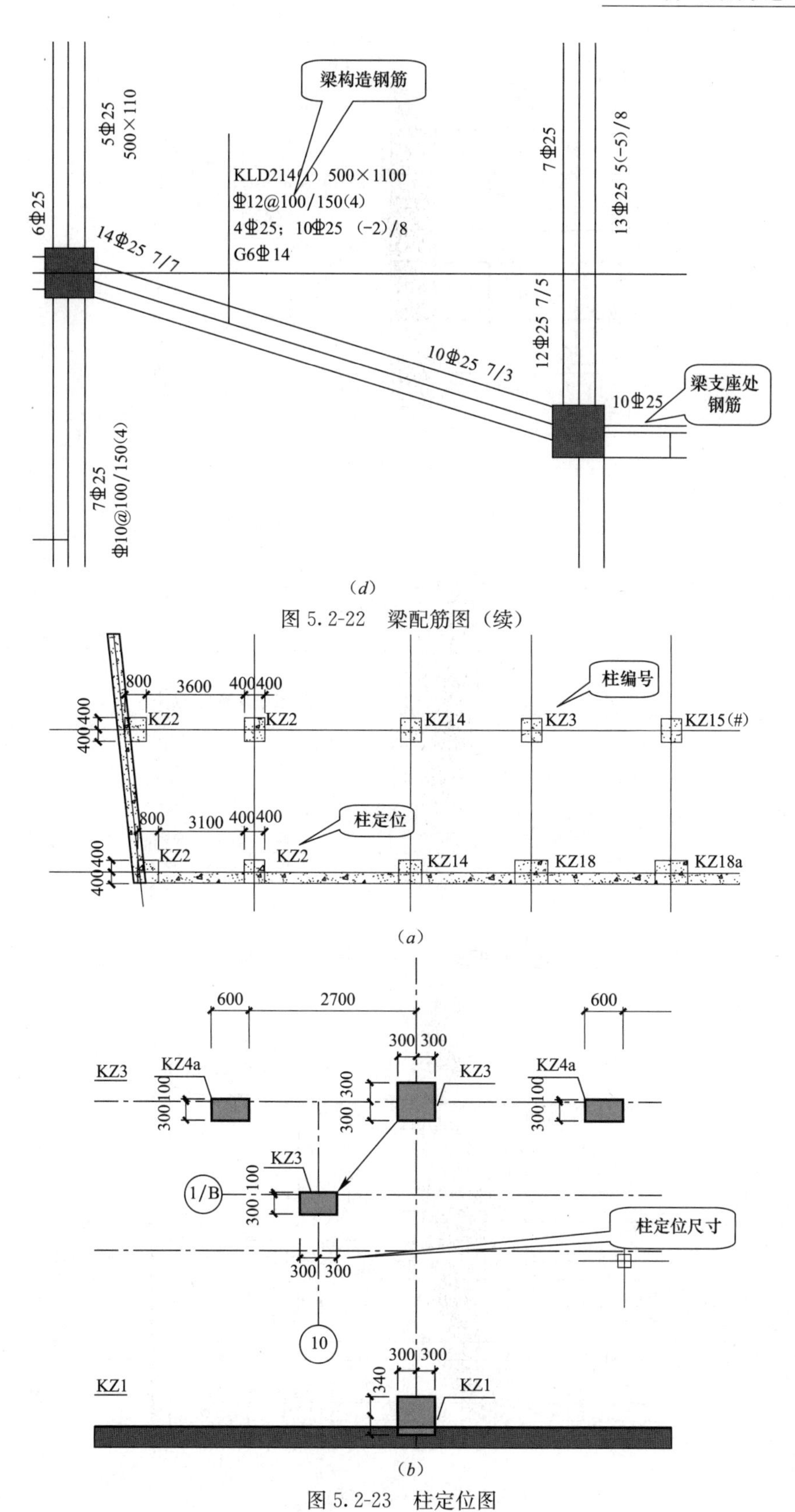

(*d*)

图 5.2-22 梁配筋图（续）

(*a*)

(*b*)

图 5.2-23 柱定位图

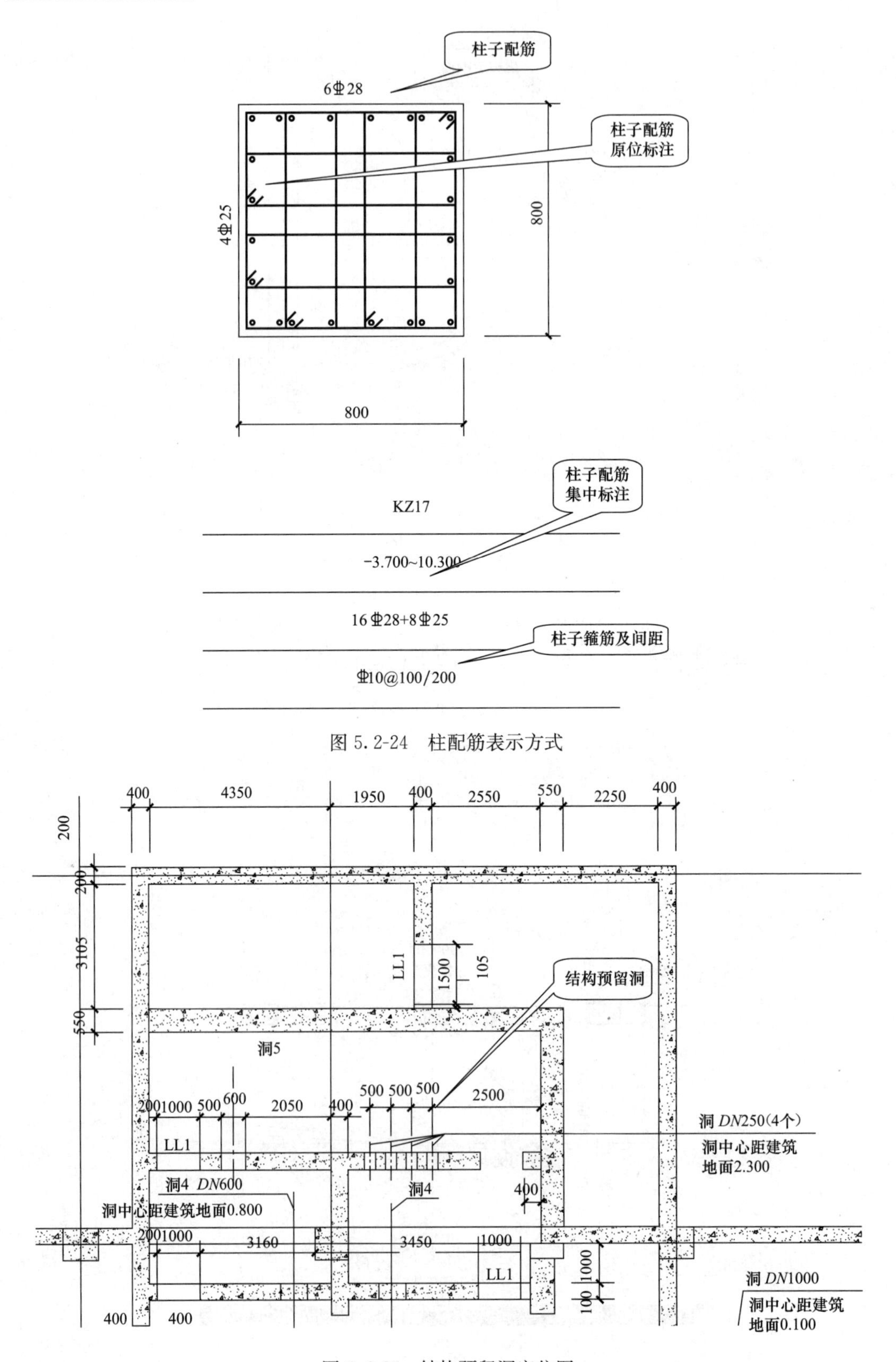

图 5.2-24 柱配筋表示方式

图 5.2-25 结构预留洞定位图

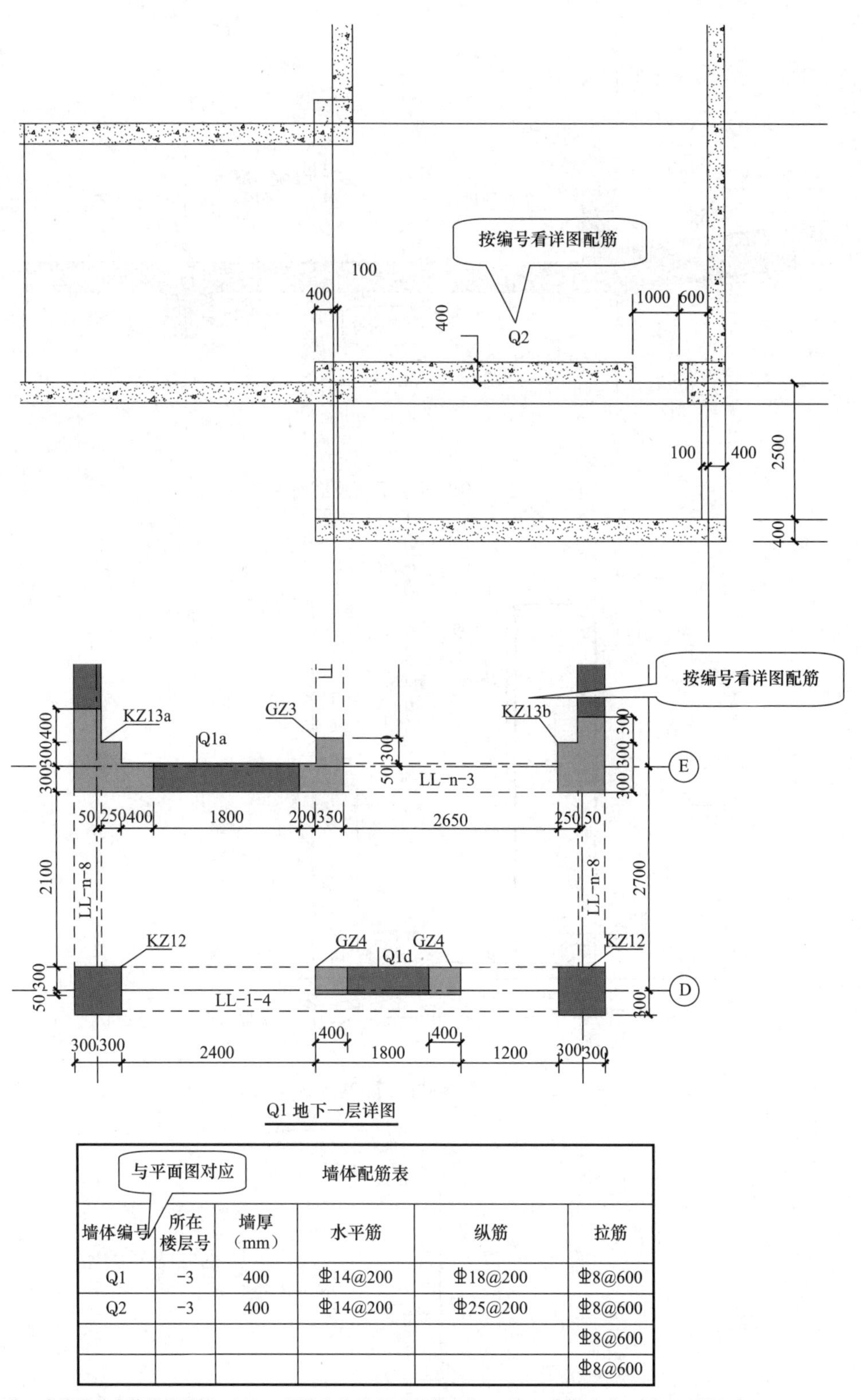

墙体配筋表					
墙体编号	所在楼层号	墙厚（mm）	水平筋	纵筋	拉筋
Q1	-3	400	⏀14@200	⏀18@200	⏀8@600
Q2	-3	400	⏀14@200	⏀25@200	⏀8@600
					⏀8@600
					⏀8@600

注：未注明的内墙墙体配筋，300mm厚均为⏀12@200双排双向；400mm厚均为⏀14@200双排双向；450mm厚墙体水平筋为⏀14@200，纵筋为⏀20@150（三排）。

图 5.2-26　墙体编号及配筋表

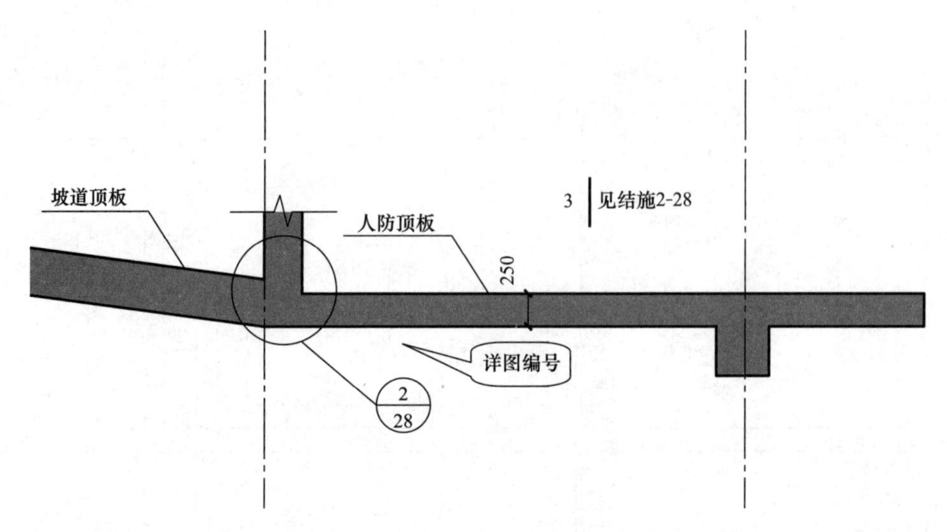

图 5.2-27 汽车坡道平面及剖面图

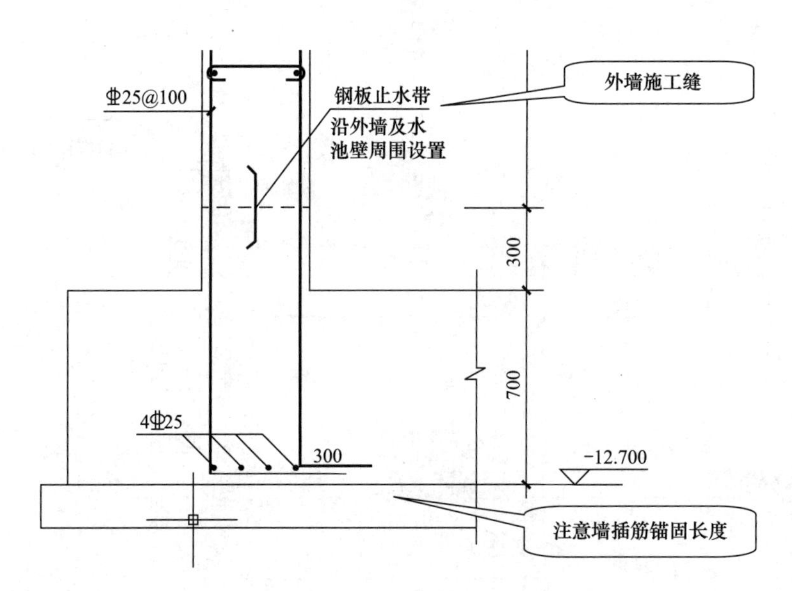

图 5.2-28 外墙基础插筋及施工缝留置

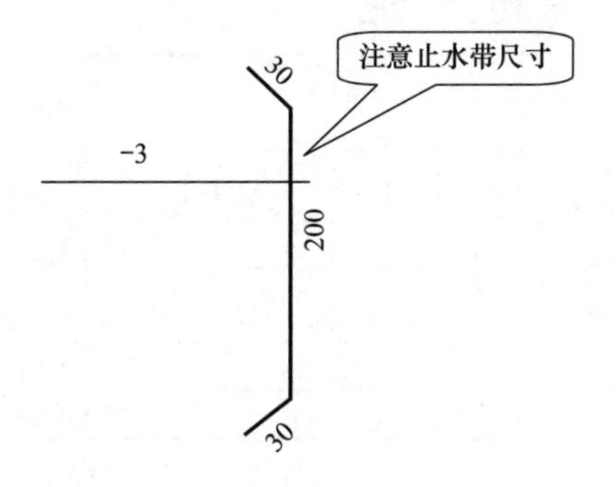

图 5.2-29 钢板止水带大样

550厚临空墙(1KQ2)　　普通400厚混凝土墙(Q4)　　400mm厚临空墙(1KQ1)

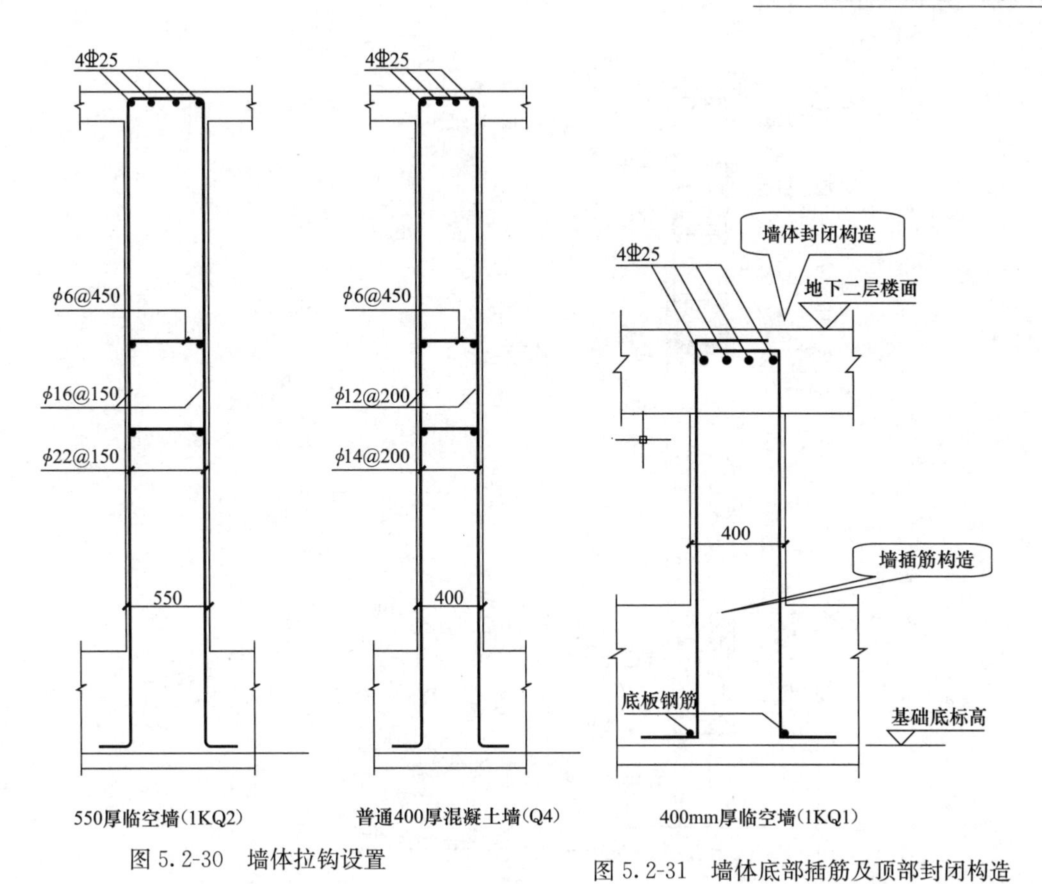

图 5.2-30　墙体拉钩设置

图 5.2-31　墙体底部插筋及顶部封闭构造

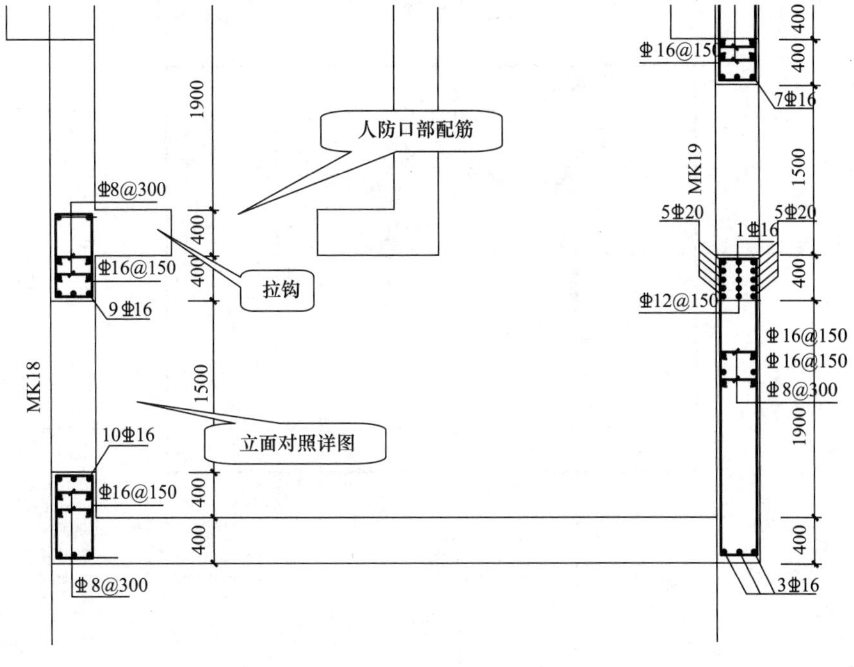

图 5.2-32　人防口部配筋图

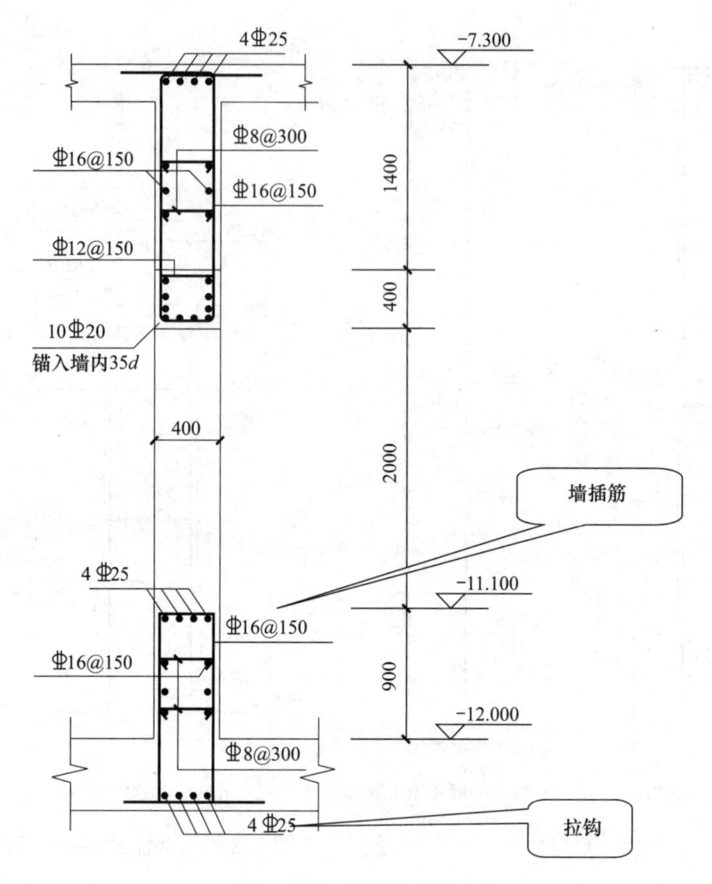

图 5.2-33 墙体配筋图

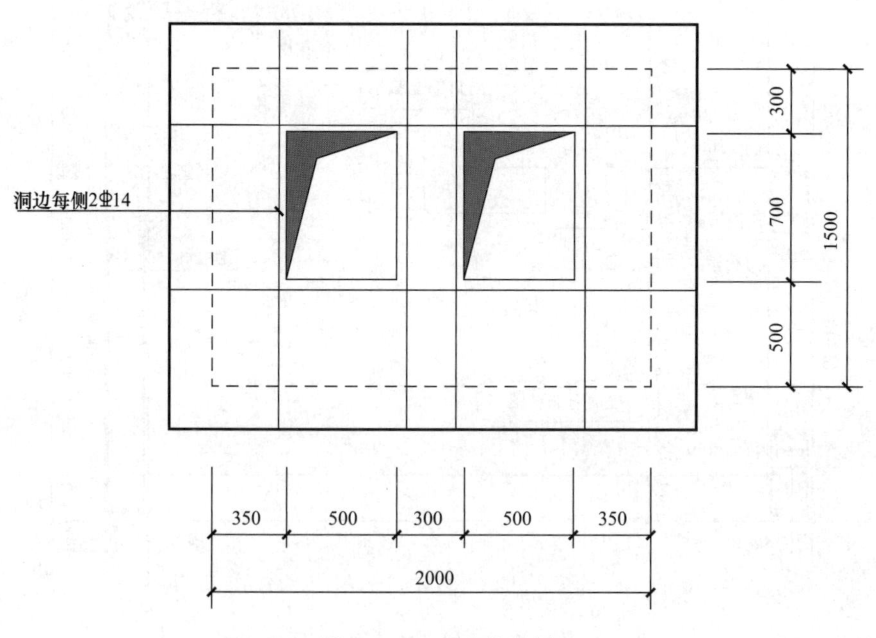

图 5.2-34 集水坑盖板

注：板厚 120mm，配筋双层双向⌀ 10@150，板顶标高−11.100。

钢筋画法

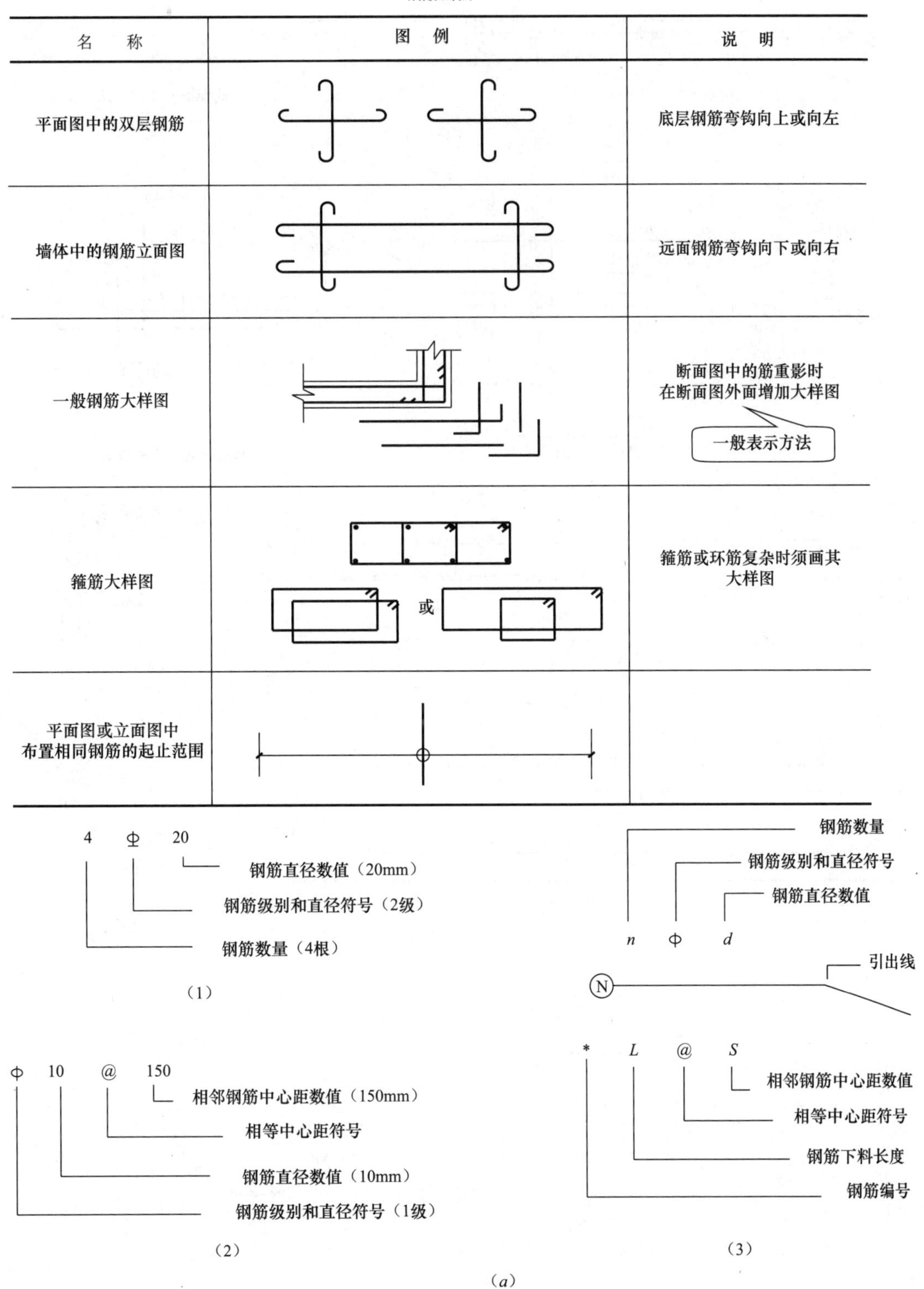

名　称	图　例	说　明
平面图中的双层钢筋		底层钢筋弯钩向上或向左
墙体中的钢筋立面图		远面钢筋弯钩向下或向右
一般钢筋大样图		断面图中的筋重影时在断面图外面增加大样图 一般表示方法
箍筋大样图	或	箍筋或环筋复杂时须画其大样图
平面图或立面图中布置相同钢筋的起止范围		

图 5.2-35　各构件钢筋标注方式

（a）钢筋标注形式

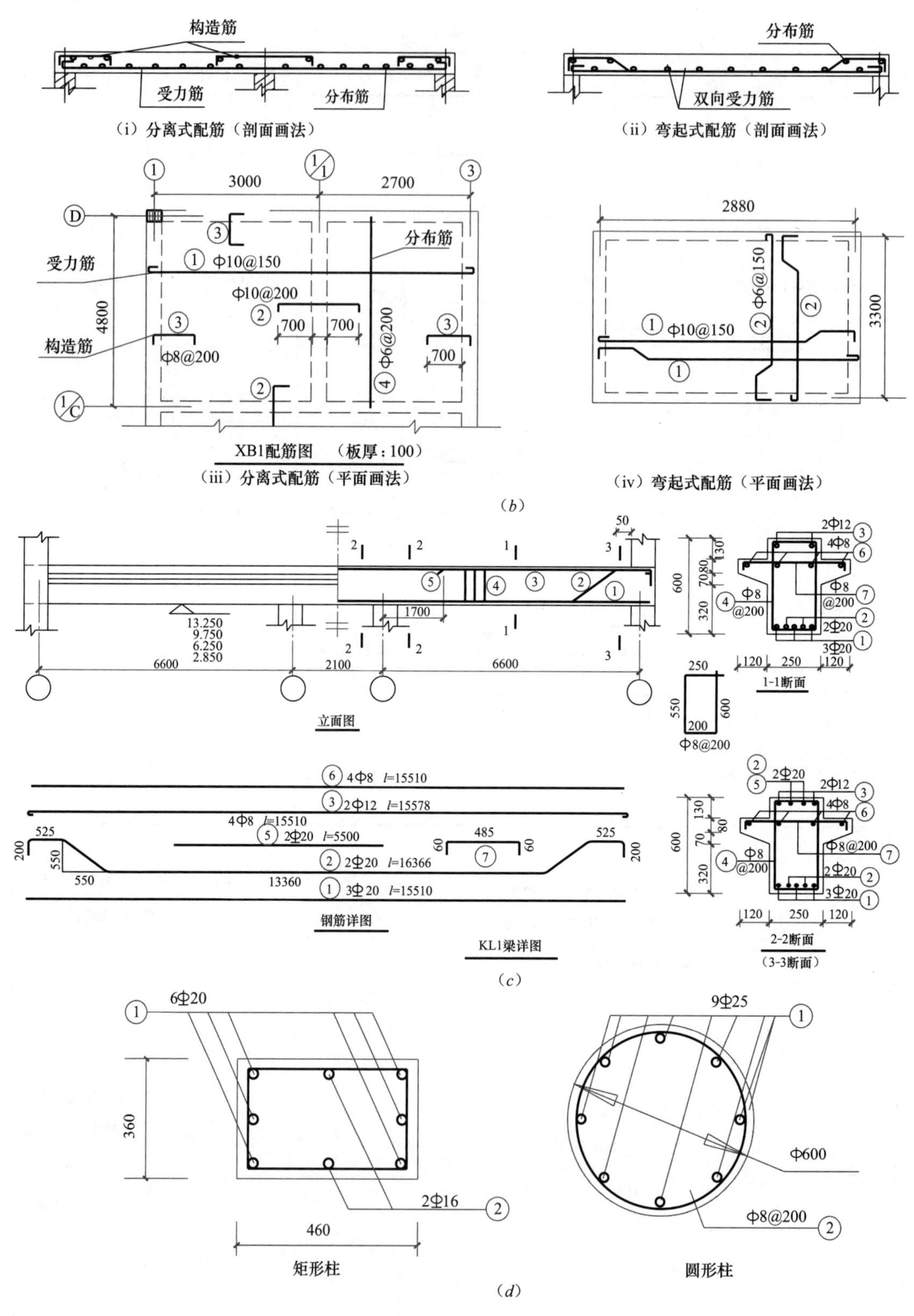

图 5.2-35　各构件钢筋标注方式（续）

（*b*）现浇钢筋混凝土板结构详图；（*c*）钢筋混凝土梁结构详图；（*d*）简单柱的表达

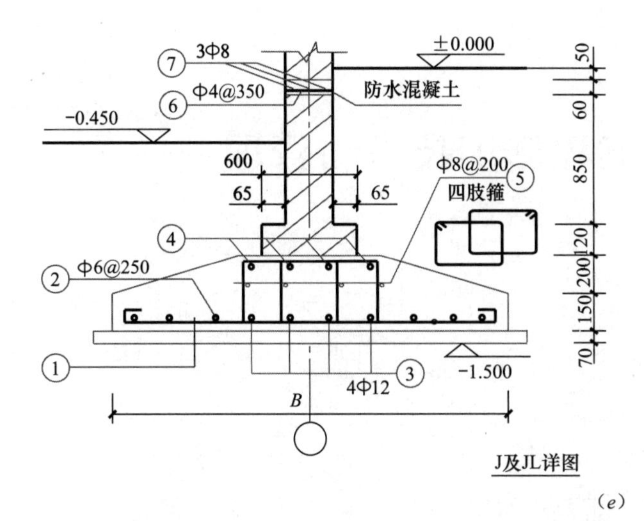

基 础 配 筋

基础编号	基宽B	受力筋①
J1	1200	Φ10@150
J2	1000	Φ10@160
J3	1500	Φ12@120
J4	1400	Φ12@150
J5	800	素混凝土
J6	650	素混凝土

基 梁 配 筋

基梁编号	梁长L	受力筋④
JL1	2100	4Φ16
JL2	4200	4Φ20

(*e*)

图 5.2-35 各构件钢筋标注方式（续）

(*e*) 钢筋混凝土条形基础

6 混凝土工程施工技术与管理

6.1 总则与术语

6.1.1 概述

为了加强建筑工程质量管理，统一混凝土结构工程施工质量的验收，保证工程质量，国家制定了《混凝土结构工程施工质量验收规范》GB 50204。规范适用于建筑工程混凝土结构施工质量的验收，不适用于特种混凝土结构施工质量的验收。

6.1.2 术语

混凝土结构是指以混凝土为主制作的结构，包括素混凝土结构、钢筋混凝土结构和预应力混凝土结构等。

（1）素混凝土

素混凝土是钢筋混凝土结构的重要组成部分，由水泥、砂（细骨料）、石子（粗骨料）、矿物掺合料、外加剂等组成，按一定比例混合后加一定比例的水拌制而成。普通混凝土干表观密度为 1900～2500kg/m^3。当构件的配筋率小于钢筋混凝土中纵向受力钢筋最小配筋百分率时，应视为素混凝土结构。这种材料具有较高的抗压强度，而抗拉强度却很低，故一般在以受压为主的结构构件中采用，如柱墩、基础墙等。素混凝土浇筑见图 6.1-1。

素混凝土主要用于临时地面工程、厂房地面、马路、广场、车库等，施工顺序为浇筑场地清理→支模→浇筑混凝土→混凝土振捣→混凝土养护。即在基土上清除淤泥和杂物，并应有防水和排水措施，垃圾应清理干净，并浇水润湿

图 6.1-1 浇筑素混凝土

（2）钢筋混凝土

当在混凝土中配以适量的钢筋，则为钢筋混凝土。钢筋和混凝土这两种物理、力学性能很不相同的材料之所以能有效地结合在一起共同工作，主要靠两者之间存在粘结力，受荷后协调变形。再者，这两种材料温度线膨胀系数接近，此外，钢筋至混凝土边缘之间的混凝土，作为钢筋的保护层，使钢筋不受锈蚀并提高构件的防火性能。钢筋混凝土浇筑见图 6.1-2。

由于钢筋混凝土结构合理地利用了钢筋和混凝土两者性能特点，可形成强度较高，刚度较大的结构，其耐久性和防火性能好，可模性好，结构造型灵活，以及整体性、延性好，适用于抗震结构等特点，因而在建筑结构及其他土木工程中得到广泛应用

图 6.1-2 浇筑钢筋混凝土

(3) 预应力混凝土

预应力混凝土是在混凝土结构构件承受荷载之前，利用张拉在混凝土中的高强度预应力钢筋而使混凝土受到挤压，所产生的预压应力可以抵消外荷载所引起的大部分或全部拉应力，也就提高了结构构件的抗裂度。这样，一方面，预应力混凝土由于不出现裂缝或裂缝宽度较小，所以它比相应的普通钢筋混凝土的截面刚度要大，变形要小；另一方面，预应力使构件或结构产生的变形与外荷载产生的变形方向相反（习惯称为“反拱”），因而可抵消后者一部分变形，使之容易满足结构对变形的要求，故预应力混凝土适宜于建造大跨度结构。混凝土和预应力钢筋强度越高，可建立的预应力值越大，则构件的抗裂性越好。同时，可以合理有效地利用高强度钢材，从而节约钢材，减轻结构自重。由于抗裂性高，因此可建造水工、储水和其他不渗漏结构。梁预应力混凝土结构见图 6.1-3。

(4) 现浇混凝土结构

1) 优点：结构的整体性能与刚度较好，适合于抗震设防及整体性要求较高的建筑。建造有管道穿过楼板的房间（如厨房、卫生间等）、形状不规则或房间尺度不符合模数要求的房间也宜使用现浇混凝土结构。尤其大体积、整体性要求高的工程，往往采用现浇混凝土结构。

2) 缺点：必须在现场施工，工序繁多，需要养护，施工工期长，大量使用模板等。现浇混凝土还有一个显著缺点就是易开裂，尤其在混凝土体积大、养护情况不佳的情况下，易导致大面积开裂。现浇混凝土结构见图 6.1-4。

图 6.1-3 梁预应力混凝土结构

现浇混凝土结构指在现场原位支模并整体浇筑而成的混凝土结构。为现场绑扎钢筋笼，现场制作构件模板，然后浇捣混凝土

图 6.1-4 现浇混凝土隔墙

(5) 装配式混凝土结构

装配式混凝土结构是以预制构件为主要受力构件，经装配、连接而成的混凝土结构。装配式混凝土结构见图 6.1-5。

优点：可以节省模板，改善制作时的施工条件，提高劳动生产率，加快施工进度。缺点：整体性、刚度、抗震性能较差

图 6.1-5 装配式混凝土结构

(6) 混凝土缺陷

1) 严重缺陷指对结构构件的受力性能或安装使用性能有决定性影响的缺陷，见图 6.1-6。

混凝土表面不平整现象较严重，而且将来上面没有覆盖层的，必须凿除凸出的混凝土，冲刷干净后，用1∶2水泥浆抹平压光。对错台大于2cm的部分，用风镐或人工扁铲凿除,并预留0.5~1.0 cm的保护层，再用电动砂轮打磨平整，使其与周边混凝土保持平顺连接；对错台小于2cm的部位，直接用电动砂轮打磨平整。根据现场施工经验，对错台的处理一般在混凝土强度达到70%后进行修补效果最佳

图 6.1-6 板下出现混凝土严重缺陷

2) 一般缺陷指对结构构件的受力性能或安装使用性能无决定性影响的缺陷，见图 6.1-7。

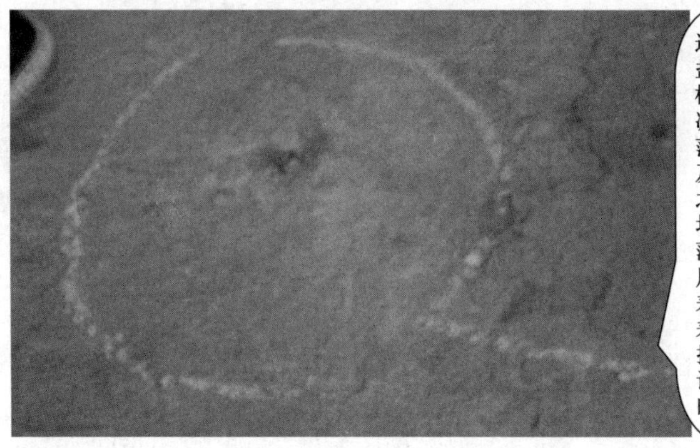

选用早期强度较高的硅酸盐或普通硅酸盐水泥；严格控制水灰比，掺入高效减水剂来增加混凝土的坍落度和和易性，减少水泥及水的用量；浇筑混凝土之前，将基层和模板浇水均匀湿透；及时覆盖塑料薄膜或者潮湿的草垫、麻片等，保持混凝土终凝前表面湿润，或者在混凝土表面喷洒养护剂等进行养护；在高温和大风天气要设置遮阳和挡风设施，及时养护

图 6.1-7 混凝土一般缺陷

(7) 施工缝

施工缝指的是在混凝土浇筑过程中，因设计要求或施工需要分段浇筑，而在先、后浇筑的混凝土之间所形成的接缝。施工缝并不是一种真实存在的“缝”，它只是因先浇筑混凝土超过初凝时间，而与后浇筑的混凝土之间存在一个结合面。

施工缝的位置应设置在结构受剪力较小和便于施工的部位，且应符合下列规定：柱、墙应留水平缝，梁、板的混凝土宜一次浇筑，不留施工缝。

1) 施工缝应留置在基础的顶面、梁或吊车梁牛腿的下面、吊车梁的上面、无梁楼板柱帽的下面，见图 6.1-8。

2) 和楼板连成整体的大断面梁，施工缝应留置在板底面以下 20～30mm 处。当板下有梁托时，留置在梁托下部。

3）对于单向板，施工缝应留置在平行于板的短边的任何位置，见图 6.1-9。

图 6.1-8 底板上 300mm 处预留的施工缝

图 6.1-9 单向板预留的施工缝

4）有主次梁的楼板，宜顺着次梁方向浇筑，施工缝应留置在次梁跨度中间 1/3 的范围内，见图 6.1-10。

5）墙上的施工缝应留置在门洞口过梁跨中 1/3 范围内，也可留在纵横墙的交接处（图 6.1-11）。

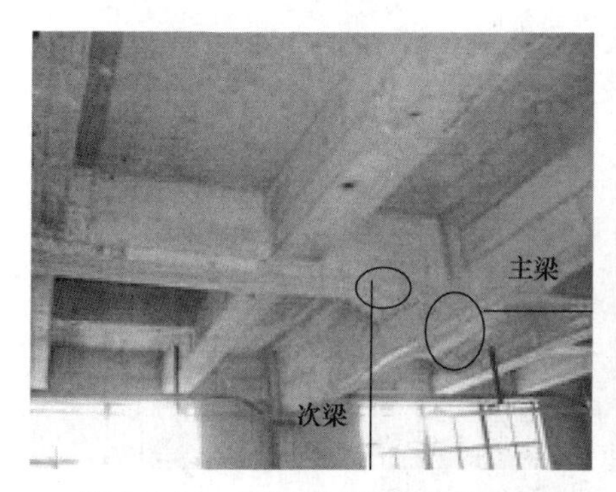

图 6.1-10 次梁跨中预留的施工缝

图 6.1-11 洞口预留的施工缝

6）楼梯上的施工缝应留在踏步板的 1/3 处（图 6.1-12）。

7）水池池壁的施工缝宜留在高出底板表面 200～500mm 的竖壁上（图 6.1-13）。

图 6.1-12 楼梯踏步 1/3 处预留的施工缝

注：施工缝应用钢丝网封堵，防止漏浆，根据钢筋规格和间距调整模板的位置，安排专人负责模板，争取达到重复利用，节约资源。

图 6.1-13 水池壁预留的施工缝

8）双向受力楼板、大体积混凝土、拱、壳、仓、设备基础、多层刚架及其他复杂结构，施工缝位置应按设计要求留设（图 6.1-14）。

留置施工缝处的混凝土必须振捣密实，但其表面不抹光，并一直保持润养，浇筑施工缝处混凝土前，必须彻底清除缝处残渣及浮浆，并用压力水枪冲洗干净，充分润湿后，刷高一等级水泥浆一道再进行混凝土浇筑；在施工缝处继续浇筑混凝土时，已浇筑的施工缝处混凝土抗压强度应不低于1.2MPa

图 6.1-14　板预留的施工缝

（8）结构性能检验

结构性能检验是针对结构构件的承载力、挠度、裂缝控制性能等各项指标所进行的检验。

6.2　基本规定

（1）混凝土结构施工项目应有施工组织设计和施工技术方案，并经审查批准。

（2）混凝土结构子分部工程可根据结构的施工方法分为两类：现浇混凝土结构子分部工程和装配式混凝土结构子分部工程，见图 6.2-1、图 6.2-2。

现浇混凝土结构子分部工程：可模性好、整体性好、周期长
从一侧浇筑，先浇筑柱子、梁、板，总体的规则是沿短向一侧向另一侧浇筑，在此过程中，浇筑构件的顺序是柱—梁—板。实际浇筑就是梁、板、柱一起浇筑

图 6.2-1　现浇混凝土结构

（3）根据结构的分类，还可分为钢筋混凝土结构子分部工程和预应力混凝土结构子分部工程等。

（4）混凝土结构子分部工程可划分为模板、钢筋、预应力、混凝土、现浇结构和装配式结构等分项工程。

图 6.2-2 装配式混凝土结构

（5）根据与施工方式相一致且便于控制施工质量的原则，按工作班、楼层结构、施工缝或施工段划分为若干检验批，见图 6.2-3、图 6.2-4。

图 6.2-3 楼层后浇带留置

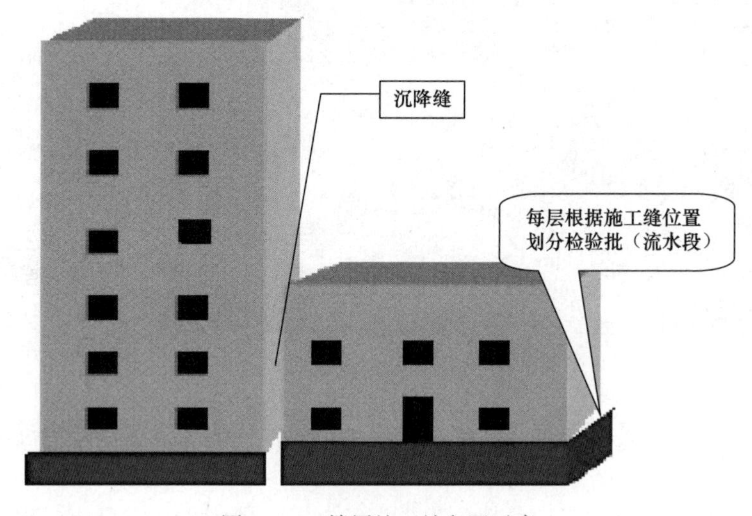

图 6.2-4 楼层施工缝留置示意

(6) 对混凝土结构子分部工程的质量验收，应在钢筋、预应力、混凝土、现浇结构或装配式结构等相关分项工程验收合格的基础上，进行质量控制资料检查及观感质量验收，并应对涉及结构安全的材料、试件、施工工艺和结构的重要部位进行见证检测或实体检验，见图 6.2-5、图 6.2-6。

图 6.2-5　混凝土结构观感质量验收

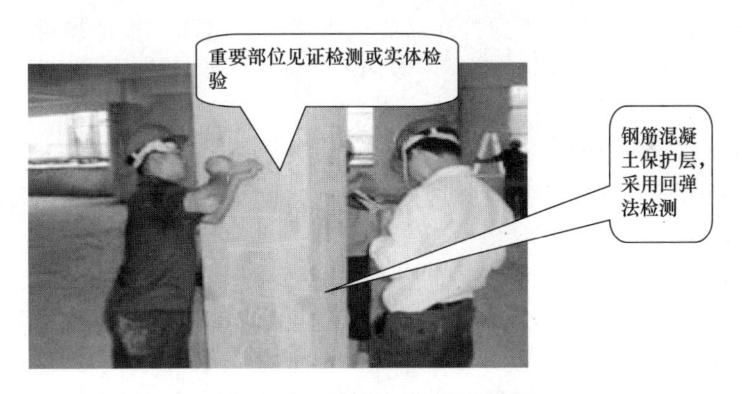

图 6.2-6　混凝土重要部位检测

(7) 分项工程的质量验收应在所含检验批验收合格的基础上，进行质量验收记录检查。

(8) 检验批的质量验收应包括如下内容。

1) 实物检查按下列方式进行。

① 对原材料、构配件和器具等产品的进场复验，应按进场的批次和产品的抽样检验方案执行，见图 6.2-7。

② 见证是指由监理工程师现场监督承包单位某工序全过程完成情况的活动。见证取样则是指对工程项目使用的材料、半成品、构配件的现场取样、工序活动效果的检查实施见证。

2) 见证取样的工作程序。

① 工程项目施工开始前，项目监理机构要督促承包单位尽快落实见证取样的送检试验室。

② 项目监理机构要将选定的试验室向负责本项目的质量监督机构备案并得到认可，同时要将项目监理机构中负责见证取样的监理工程师在该质量监督机构备案。

对原材料、构配件和器具等产品进场复验按相关规定执行。①碳素结构钢：同一厂别、同一炉罐号、同一规格、同一交货状态每≤60t为一验收批。每一验收批取一组试件（拉伸、弯曲各1个）。②热轧光圆钢筋、热轧带肋钢筋：在以上四种条件下，每≤60t为一验收批。每一验收批取一组试件（拉伸、弯曲各两个）

图 6.2-7 原材料进场复验

③ 承包单位在对进场材料、试块、试件、钢筋接头等实施见证取样前，要通知负责见证取样的监理工程师，在该监理工程师现场监督下，承包单位按相关规范的要求，完成材料、试块、试件等的取样过程。

④ 完成取样后，承包单位将送检样品装入木箱，由监理工程师加封，不能装入箱中的试件，如钢筋样品、钢筋接头，则贴上专用加封标志，然后送往试验室。

3）实施见证取样的要求：

① 试验室要具有相应的资质并进行备案、认可。

② 负责见证取样的监理工程师要具有材料、试验等方面的专业知识，且要取得从事监理工作的上岗资格。

③ 承包单位从事取样的人员一般应是由试验室人员，或专职质检人员担任。

④ 送往试验室的样品，要填写“送验单”，送验单要盖有“见证取样”专用章，并有见证取样监理工程师的签字。

⑤ 试验室出具的报告一式两份，分别由承包单位和项目监理机构保存，并作为归档材料，是工序产品质量评定的重要依据。

⑥ 见证取样的频率，国家或地方主管部门有规定的，执行相关规定；施工承包合同中如有明确规定的，执行施工承包合同的规定。见证取样的频率和数量，包括在承包单位自检范围内，一般所占比例为 30%。

⑦ 见证取样的试验费用由承包单位支付。

⑧ 实行见证取样，绝不能代替承包单位应对材料、构配件进场时必须进行的自检。自检频率和数量要按相关规范要求执行。

4）对混凝土强度、预制构件结构性能等，应按国家现行有关标准和规范规定的抽样检验方案执行。

对规范中采用计数检验的项目，应按抽查总点数的合格点率进行检查。

检验批资料检查，包括原材料、构配件和器具等的产品合格证（中文质量合格证明文件、规格、型号及性能检测报告等）及进场复验报告、施工过程中重要工序的自检和交接检记录、抽样检验报告、见证检测报告、隐蔽工程验收记录等，见图 6.2-8、图 6.2-9。

图 6.2-8　钢筋合格证

图 6.2-9　钢筋验收

(9) 检验批合格质量应符合下列规定：

1) 主控项目的质量经抽样检验合格。

2) 一般项目的质量经抽样检验合格，当采用计数检验时，除有专门要求外，一般项目的合格点率应达到 80%及以上，且不得有严重缺陷。

3) 具有完整的施工操作依据和质量验收记录，见表 6.2-1、表 6.2-2。

施工质量检验记录　　　　**表 6.2-1**

施工质量验收规范的规定				施工单位检查评定记录
主控项目	1	石材强度等级	设计要求 MU	
	2	砂浆强度等级	设计要求 M	
	3	砂浆饱满度	≥80%	
	4	轴线位移	第 7.2.3 条	
	5	垂直度每层	第 7.2.5 条	
一般项目	1	顶面标高	第 7.3.1 条	
	2	砌体厚度	第 7.3.1 条	
	3	表面平整度	第 7.3.1 条	
	4	灰缝平直度	第 7.3.1 条	
	5	组砌形式	第 7.3.2 条	

注：1. 主控项目必须合格，一般项目 80%以上合格。
2. 条目摘自《混凝土结构工程施工质量验收规范》GB 50204—2015。

检验方法及允许偏差 表 6.2-2

项目			允许偏差（mm）	检验方法
绑扎钢筋网	长、宽		±10	尺量
	网眼尺寸		±20	尺量连续三档，取最大偏差值
绑扎钢筋骨架	长		±10	尺量
	宽、高		±5	尺量
纵向受力钢筋	间距		±10	钢尺量两端中间
	排距		±5	
	保护层厚度	基础	±10	尺量
		柱、梁	±5	尺量
		板、墙、壳	±3	尺量
绑扎箍筋、横向钢筋间距			±20	尺量连续三挡，取最大偏差值
钢筋弯起点位置			20	尺量
预埋件	中心线位置		5	尺量
	水平高差		+3，0	塞尺量测

注：检查中心线位置时，沿纵、横两个方向量测，并取其中偏差的较大值。

（10）检验批、分项工程、混凝土结构子分部工程的质量验收程序和组织应符合现行国家标准《建筑工程施工质量验收统一标准》GB 50300 的规定。

6.3 混凝土分项工程

（1）混凝土强度。按现行国家标准《混凝土强度检验评定标准》GB/T 50107，对采用蒸汽法养护的混凝土结构构件，其混凝土试件应先随同结构构件同条件蒸汽养护，再转入标准条件养护 28d。当混凝土中掺用矿物掺合料时，确定混凝土强度时的龄期可按现行国家标准《粉煤灰混凝土应用技术规范》GB/T 50146 等的规定取值，见图 6.3-1、图 6.3-2。

图 6.3-1 蒸汽养护（一）

（2）检验评定混凝土强度用的混凝土试件强度的尺寸换算系数应按表 6.3-1 取用，其标准成形方法、标准养护条件及强度试验方法应符合普通混凝土力学要求。

混凝土试件应先随同结构构件同条件蒸汽养护
混凝土养护池
⑤浇筑框架、梁、柱混凝土，应设操作台，不得直接站在模板上或支撑上操作；⑥浇捣拱形结构，应自两边拱角对称同时进行；浇圈梁、雨篷、阳台，应设防护措施；浇捣料仓，下口应先行封闭，并铺设临时脚手架，以防人员下坠；⑦不得在混凝土养护池边上站立和行走，并注意盖板和地沟孔洞，防止失足坠落；⑧使用振动棒应穿胶鞋，湿手不得接触开关，电源线不得有破皮漏电

图 6.3-2 蒸汽养护（二）

试件强度换算系数 **表 6.3-1**

骨料最大粒径（mm）	试件尺寸（mm）	强度的尺寸换算系数
≤31.5	100×100×100	0.95
≤40	150×150×150	1.00
≤63	200×200×200	1.05

（3）结构构件拆模、出池、出厂、吊装、张拉、放张及施工期间临时负荷时的混凝土强度，应根据同条件养护的标准尺寸试件的混凝土强度确定。

（4）当混凝土试件强度评定不合格时，可采用非破损或局部破损的检测方法，按国家现行有关标准的规定对结构构件中的混凝土强度进行推定，并作为处理的依据，见图 6.3-3、图 6.3-4。

非破损（回弹）检测方法

图 6.3-3 混凝土回弹法检测

注：回弹法是推断性无损检测，优点是方便、快捷，不影响结构；缺点是回弹法测定的强度是推断值，精度不高。

局部破损的检测方法（钻芯）

图 6.3-4 混凝土钻芯法检测

注：钻芯法是破坏性有损检测，优点是准确反映钻芯部位强度；缺点是效率低，会对原有结构造成一定的破坏。

（5）混凝土的冬期施工应符合现行行业标准《建筑工程冬期施工规程》JGJ/T 104 和施工技术方案的规定。

（6）水泥进场时应对其品种、级别、包装或散装仓号、出厂日期等进行检查，并应对其强度、安定性及其他必要的性能指标进行复验，其质量必须符合现行国家标准《通用硅酸盐水泥》GB 175—2007 的规定，见图 6.3-5、图 6.3-6。

图 6.3-5 水泥品种、包装等检验

图 6.3-6 混凝土搅拌站

钢筋混凝土结构、预应力混凝土结构中，严禁使用含氯化物的水泥。

检查数量：按同一生产厂家、同一等级、同一品种、同一批号且连续进场的水泥，袋装不超过 200t 为一批，散装不超过 500t 为一批，每批抽样不少于一次。

检验方法：检查产品合格证、出厂检验报告和进场复验报告。

（7）混凝土中掺用外加剂的质量及应用技术应符合现行国家标准《混凝土外加剂》GB 8076、《混凝土外加剂应用技术规范》GB 50119 等和有关环境保护的规定。预应力混凝土结构中，严禁使用含氯化物的外加剂。钢筋混凝土结构中，当使用含氯化物的外加剂时，混凝土中氯化物的总含量应符合现行国家标准《混凝土质量控制标准》GB 50164 的规定。

（8）混凝土中氯化物和碱的总含量应符合现行国家标准《混凝土结构设计规范》GB 50010 和设计的要求。

检验方法：检查原材料试验报告和氯化物、碱的总含量计算书，见图 6.3-7、图 6.3-8。

（9）混凝土中掺用矿物掺合料的质量应符合现行国家标准《用于水泥和混凝土中的粉煤灰》GB/T 1596 等的规定。矿物掺合料的掺量应通过试验确定，见图 6.3-9。

图 6.3-7 碱性物质会发生碱骨料反应

注：水泥中碱性的物质将与空气的二氧化碳加水发生碱骨料反应，降低混凝土的强度、耐久性。

图 6.3-8 氯离子会破坏保护膜

注：氯离子会降低混凝土钢筋周围的 pH 值，破坏了钢筋表面的氧化铁保护膜，使得钢筋在氧和水的条件下发生电化学反应，造成钢筋腐蚀。

图 6.3-9 混凝土掺矿物掺合料

注：矿物掺合料的加入对混凝土物理力学性能及微结构有较大的改善作用，能显著提高混凝土的耐久性能，可克服纯硅酸盐水泥早期水化热高、混凝土坍落度损失大等缺陷。

检查数量：按进场的批次和产品的抽样检验方案确定。

检验方法：检查出厂合格证和进场复验报告。

（10）普通混凝土所用的粗、细骨料的质量，应符合现行行业标准《普通混凝土用砂、石质量及检验方法标准》JGJ 52 的规定，见图 6.3-10。

（*a*）

图 6.3-10 水泥、砂子、石子复验

(b)

(c)

图 6.3-10 水泥、砂子、石子复验（续）

检查数量：按进场的批次和产品的抽样检验方案确定。

检验方法：检查进场复验报告。

（11）拌制混凝土宜采用饮用水，当采用其他水源时，水质应符合现行行业标准《混凝土用水标准》JGJ 63 的规定。

检查数量：同一水源检查不应少于一次。

检验方法：检查水质试验报告。

（12）混凝土应按现行行业标准《普通混凝土配合比设计规程》JGJ 55 的有关规定，根据混凝土强度等级、耐久性和工作性等要求进行配合比设计。

对有特殊要求的混凝土，其配合比设计尚应符合国家现行有关标准的专门规定。

检验方法：检查配合比设计资料。

（13）首次使用的混凝土配合比应进行开盘鉴定，其工作性应满足设计配合比的要求。开始生产时应至少留置一组标准养护试件，作为验证配合比的依据。

检验方法：检查开盘鉴定资料和试件强度试验报告，见图 6.3-11。

(a)

图 6.3-11 混凝土配合比试验

(b)

图 6.3-11 混凝土配合比试验（续）

(14) 混凝土拌制前，应测定砂、石含水率，并根据测试结果调整材料用量，提出施工配合比。

检查数量：每工作班检查一次。

检验方法：检查含水率测试结果和施工配合比通知单。

(15) 结构混凝土的强度等级必须符合设计要求。用于检查结构构件混凝土强度的试件，应在混凝土的浇筑地点随机抽取。取样与试件留置应符合下列规定：

1) 每拌制 100 盘且不超过 100m³ 的同配合比的混凝土，取样不得少于一次。

2) 每工作班拌制的同一配合比的混凝土不足 100 盘时，取样不得少于一次。

3) 当一次连续浇筑超过 1000m³ 时，同一配合比的混凝土每 200m³，取样不得少于一次。

4) 每一楼层、同一配合比的混凝土，取样不得少于一次。

5) 每次取样应至少留置一组标准养护试件，同条件养护试件的留置组数应根据实际需要确定，见图 6.3-12、图 6.3-13。

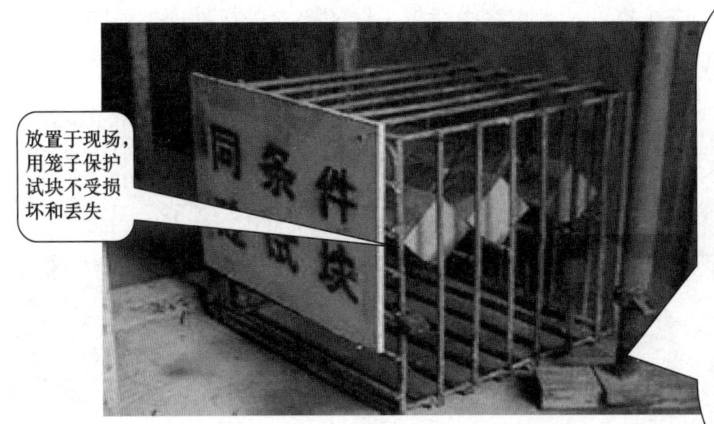

图 6.3-12 试块放置

图 6.3-13 试块放置标养室养护

检验方法：检查施工记录及试件强度试验报告。

(16) 对有抗渗要求的混凝土结构，其混凝土试件应在浇筑地点随机取样。同一工程、同一配合比的混凝土，取样不应少于一次，留置组数可根据实际需要确定，见图 6.3-14。

(*a*)

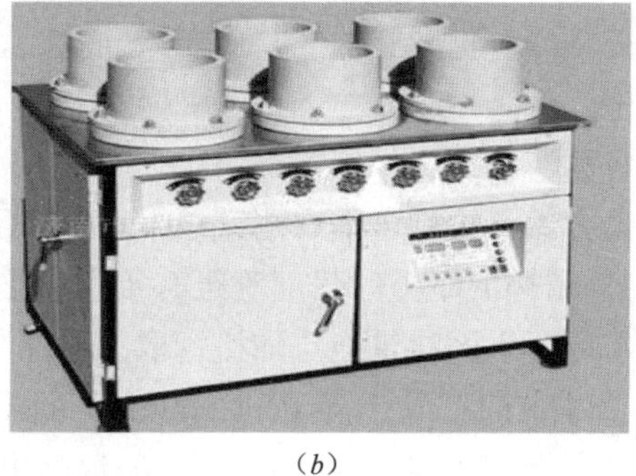

(*b*)

图 6.3-14 抗渗试块留置

(*a*) 抗渗试块；(*b*) 抗渗试块试模一组六块

检验方法：检查试件抗渗试验报告。

(17) 混凝土运输、浇筑及间歇的全部时间不应超过混凝土的初凝时间。同一施工段的混凝土应连续浇筑，并应在底层混凝土初凝之前将上一层混凝土浇筑完毕。当底层混凝土初凝后浇筑上一层混凝土时，应按施工技术方案中对施工缝的要求进行处理，见图 6.3-15。

检查数量：全数检查。

(*a*)

(*b*)

图 6.3-15 施工缝凿毛

(*a*) 施工缝留置；(*b*) 施工缝凿毛

检验方法：观察，检查施工记录。

(18) 施工缝的位置应在混凝土浇筑前按设计要求和施工技术方案确定。施工缝的处理应按施工技术方案执行。

检查数量：全数检查。

检验方法：观察、检查施工记录。

(19) 后浇带的留置位置应按设计要求和施工技术方案确定。后浇带混凝土浇筑应按施工技术方案进行。

检查数量：全数检查。

检验方法：观察，检查施工记录。

超前止水加强带优缺点：

1) 后浇带处采用混凝土导墙超前止水，导墙外侧与地下室外墙模板一体施工，构造明确，施工简便，导墙内侧模板采用快易收口网，施工缝处理一次成形，保证后浇混凝土的施工质量；

2) 导墙中采用留设聚苯泡沫填充伸缩缝及中埋式橡胶止水带，在达到导墙超前止水效果的同时亦保证了后浇带处一定的收缩变形能力；

3) 地下室外墙混凝土浇筑前于导墙内预埋螺栓以作单侧模板拉结用，保证后浇混凝土室内部分与先浇墙面平整一致；

4) 地下室外墙防水层、保护层及室外回填可一体化施工，避免受到外墙后浇带干扰，保证防水整体施工质量，同时地下室内砌筑装饰工程可同步进行，加快了工程施工进度。见图 6.3-16。

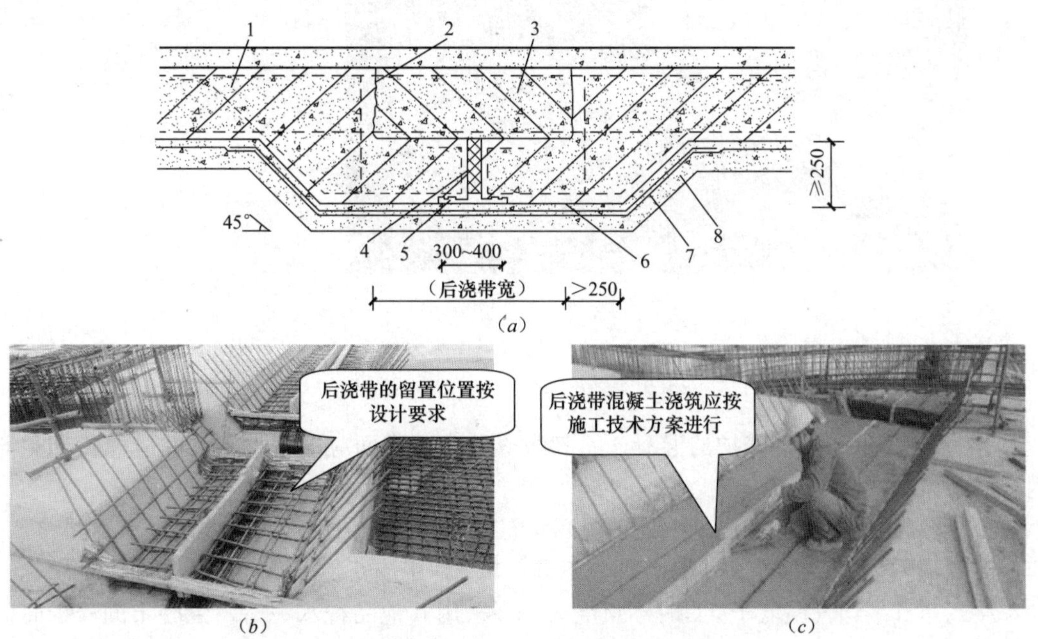

图 6.3-16　后浇带施工

(*a*) 后浇带超前止水构造；(*b*) 后浇带留置；(*c*) 后浇带浇筑混凝土

1—混凝土结构；2—钢丝网片；3—后浇带；4—填缝材料；5—外贴式止水带；

6—细石混凝土保护层；7—卷材防水层；8—垫层混凝土

（20）混凝土浇筑完毕后应按施工技术方案及时采取有效的养护措施，并应符合下列规定。

1）浇筑完毕后的12h内，对混凝土加以覆盖，并保湿养护。

2）混凝土浇水养护的时间：对采用硅酸盐水泥、普通硅酸盐水泥或矿渣硅酸盐水泥拌制的混凝土，不得少于7d；对掺用缓凝型外加剂或有抗渗要求的混凝土，不得少于14d，见图6.3-17。

浇筑完毕后的12h内，对混凝土加以覆盖，并保湿养护，测量放线必须掀开保温材料（5℃以上）时，放完线要立即覆盖；在新浇筑混凝土表面先铺一层塑料薄膜，再严密加盖阻燃毡帘被。对墙、柱上口保温最薄弱部位先覆盖一层塑料布，再加盖两层小块毡帘被，压紧填实、周圈封好。拆模后混凝土采用刷养护液养护。混凝土初期养护温度，不得低于-15℃，不能满足该温度条件时，必须立即增加覆盖毡帘被保温。拆模后混凝土表面温度与外界温差大于15℃时，在混凝土表面，必须继续覆盖毡帘被；在边角等薄弱部位，必须加盖毡帘

（*a*）

（*b*）

图6.3-17 混凝土保温养护

（*a*）覆盖草垫子保温；（*b*）塑料布养护

3）采用塑料布覆盖养护的混凝土，其敞露的全部表面应覆盖严密，并应保持塑料布内有凝结水。

4）浇水次数应能保持混凝土处于湿润状态，混凝土养护用水应与拌制用水相同。

5）混凝土强度达到1.2N/mm^{2}前，不得在其上踩踏或安装模板及支架，见图6.3-18。

注：当日平均气温低于5℃时不得浇水；当采用其他品种水泥时，混凝土的养护时间应根据所采用水泥的技术性能确定；混凝土表面不便浇水或使用塑料布时，宜涂刷养护剂；对大体积混凝土的养护，应根据气候条件按施工技术方案采取控温措施。

检查数量：全数检查。

检验方法：观察，检查施工记录。

终凝是指混凝土失去塑性并开始有机械强度的状态，这个情况下就是1.2MPa的强度，基本就是不会踩出脚印的样子

图 6.3-18 混凝土达到强度后，才能安装模板

6.4 现浇结构与装配式结构分项工程

（1）现浇结构的外观质量缺陷，应由监理（建设）单位、施工单位等各方根据其对结构性能和使用功能影响的严重程度，按表 6.4-1 确定。混凝土露筋、蜂窝缺陷见图 6.4-1、图 6.4-2。

现浇结构外观质量缺陷 表 6.4-1

名称	现　象	严重缺陷	一般缺陷
露筋	构件内钢筋未被混凝土包裹而外露	纵向受力钢筋有露筋	其他钢筋有少量露筋
蜂窝	混凝土表面缺少水泥砂浆而形成石子外露	构件主要受力部位有蜂窝	其他部位有少量蜂窝
孔洞	混凝土中孔穴深度和长度均超过保护层厚度	构件主要受力部位有孔洞	其他部位有少量孔洞
夹渣	混凝土中夹有杂物且深度超过保护层厚度	构件主要受力部位有夹渣	其他部位有少量夹渣
疏松	混凝土中局部不密实	构件主要受力部位有疏松	其他部位有少量疏松
裂缝	缝隙从混凝土表面延伸至混凝土内部	构件主要受力部位有影响结构性能或使用功能的裂缝	其他部位有少量不影响结构性能或使用功能的裂缝
连接部位缺陷	构件连接处混凝土缺陷及连接钢筋、连接件松动	连接部位有影响结构传力性能的缺陷	连接部位有基本不影响结构传力性能的缺陷
外形缺陷	缺棱掉角、棱角不直、翘曲不平、飞边凸肋等	清水混凝土构件有影响使用功能或装饰效果的外形缺陷	其他混凝土构件有不影响使用功能的外形缺陷
外表缺陷	构件表面麻面、掉皮、起砂、沾污等	具有重要装饰效果的清水混凝土构件有外表缺陷	其他混凝土构件有不影响使用功能的外表缺陷

用风镐或人工剔凿露筋部位的浮浆，露出石子颗粒，用同等跨度的细石混凝土修补，振捣密实，然后用水泥或腻子修补构件表面

图 6.4-1 混凝土中露筋现象

构件主要受力部位有蜂窝属严重缺陷
①凿除蜂窝部位的混凝土。②此部位清扫干净，并用水湿润。③支模板，用比原混凝土高一跨度等级的微膨胀混凝土浇筑（如果蜂窝部位面积很小的话，也可以用108胶兑水泥，按1:1比例制成聚合物砂浆抹面）。④养护、拆模

图 6.4-2 混凝土中蜂窝现象

（2）现浇结构拆模后，应由监理（建设）单位、施工单位对外观质量和尺寸偏差进行检查，做好记录，并应及时按施工技术方案对缺陷进行处理。

（3）现浇结构的外观质量不应有严重缺陷。对已经出现的严重缺陷，应由施工单位提出技术处理方案，并经监理（建设）单位认可后进行处理，对经处理的部位，应重新检查验收。

检查数量：全数检查。

检验方法：观察，检查技术处理方案。

（4）现浇结构的外观质量不宜有一般缺陷。对已经出现的一般缺陷，应由施工单位按技术处理方案进行处理，并重新检查验收。

检查数量：全数检查。

检验方法：观察，检查技术处理方案。

（5）现浇结构不应有影响结构性能和使用功能的尺寸偏差。混凝土设备基础不应有影响结构性能和设备安装的尺寸偏差，见图 6.4-3。

对超过尺寸允许偏差且影响结构性能和安装、使用功能的部位，应由施工单位提出技术处理方案，并经监理（建设）单位认可后进行处理，对经处理的部位，应重新检查验收。

检查数量：全数检查。

检验方法：量测，检查技术处理方案。

(*a*)

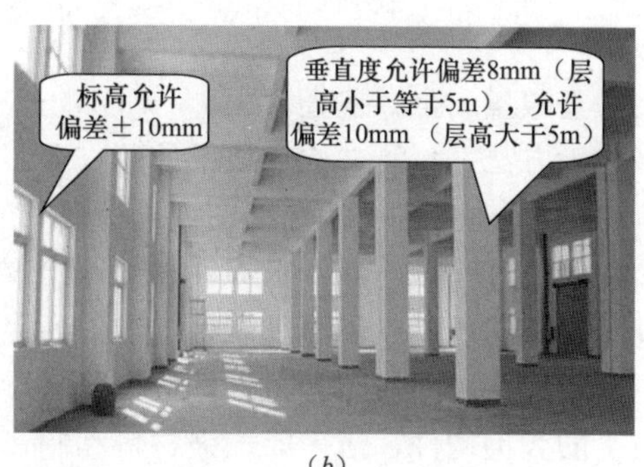

(*b*)

图 6.4-3　柱、梁、墙检查

(6) 现浇结构和混凝土设备基础拆模后的尺寸偏差应符合规定。

检查数量：同一检验批内，梁、柱和独立基础，抽查构件数量的 10%，且不少于 3 件；墙和板，按有代表性的自然间抽查 10%，且不少于 3 间；大空间结构，墙按相邻轴线间高度 5m 左右划分检查面，板按纵、横轴线划分检查面，抽查 10%，且均不少于 3 面；对电梯井应全数检查；对设备基础应全数检查。

(7) 预制构件应进行结构性能检验，结构性能检验不合格的预制构件不得用于混凝土结构。叠合结构中预制构件的叠合面应符合设计要求。装配式结构外观质量、尺寸偏差的验收及对缺陷的处理应按规范规定执行，见图 6.4-4。

(*a*)

(*b*)

图 6.4-4　预制构件的试验

(8) 预制构件应在明显部位标明生产单位、构件型号、生产日期和质量验收标志。构件上的预埋件、插筋和预留孔洞的规格、位置和数量应符合标准图或设计的要求。

检查数量：全数检查。

检验方法：观察。

(9) 预制构件的外观质量不应有严重缺陷，对已经出现的严重缺陷，应按技术处理方案进行处理，并重新检查验收。

检查数量：全数检查。

检验方法：观察，检查技术处理方案。

(10) 预制构件不应有影响结构性能和安装、使用功能的尺寸偏差。对超过尺寸允许偏差且影响结构性能和安装、使用功能的部位，应按技术处理方案进行处理，并重新检查验收。

检查数量：全数检查。

检验方法：量测，检查技术处理方案。

（11）预制构件应按标准图或设计要求的试验参数及检验指标进行结构性能检验。

检验内容：钢筋混凝土构件和允许出现裂缝的预应力混凝土构件进行承载力、挠度和裂缝宽度检验；不允许出现裂缝的预应力混凝土构件进行承载力、挠度和抗裂检验；预应力混凝土构件中的非预应力杆件按钢筋混凝土构件的要求进行检验。对设计成熟、生产数量较少的大型构件，当采取加强材料和制作质量检验的措施时，可仅做挠度、抗裂或裂缝宽度检验，当采取上述措施并有可靠的实践经验时，可不进行结构性能检验。

检查数量：对成批生产的构件，应按同一工艺正常生产的不超过 1000 件且不超过 3 个月的同类产品为一批。当连续检验 10 批且每批的结构性能检验结果均符合规范要求时，对同一工艺正常生产的构件，可改为不超过 2000 件且不超过 3 个月的同类型产品为一批，在每批中应随机抽取一个构件，作为试件进行检验。

检验方法：采用短期静力加载检验。

加强“材料和制作质量检验的措施”包括下列内容。

1）钢筋进场检验合格后，在使用前再对用作构件受力主筋的同批钢筋按不超过 5t 抽取一组试件，并经检验合格，对经逐盘检验的预应力钢丝可不再抽样检查。

2）受力主筋焊接接头的力学性能，应按现行行业标准《钢筋焊接及验收规程》JGJ 18 检验合格后，再抽取一组试件，并经检验合格。

3）混凝土按每 $5m^3$ 且不超过半个工作班生产的相同配合比的混凝土，留置一组试件，并经检验合格。

4）受力主筋焊接接头的外观质量、入模后的主筋保护层厚度、张拉预应力总值和构件的截面尺寸等应逐件检验合格。

5）“同类型产品”是指同一钢种、同一混凝土强度等级、同一生产工艺和同一结构形式的构件。对同类型产品进行抽样检验时，试件宜从设计荷载最大受力、最不利或生产数量最多的构件中抽取。对同类型的其他产品，也应定期进行抽样检验。

（12）进入现场的预制构件其外观质量、尺寸偏差及结构性能应符合标准图或设计的要求。

检查数量：按批检查。

检验方法：检查构件合格证。

（13）预制构件与结构之间的连接应符合设计要求，连接处钢筋或埋件采用焊接或机械连接时，接头质量应符合现行行业标准《钢筋焊接及验收规程》JGJ 18 和《钢筋机械连接技术规程》JGJ 107 的要求。

检查数量：全数检查。

检验方法：观察，检查施工记录。

（14）承受内力的接头和拼缝，当其混凝土强度未达到设计要求时，不得吊装上一层结构构件，当设计无具体要求时，应在混凝土强度不小于 $10N/mm^2$ 或具有足够的支撑时方可吊装上一层结构构件，已安装完毕的装配式结构应在混凝土强度到达设计要求后，方可承受全部设计荷载。

检查数量：全数检查。

检验方法：检查施工记录及试件强度试验报告。

（15）预制构件吊装前应按设计要求，在构件和相应的支承结构上标志中心线、标高等，控制尺寸按标准图或设计文件校核预埋件及连接钢筋等并做出标志。预制构件应按标准图或设计的要求吊装，起吊时绳索与构件水平面的夹角不宜小于45°，否则应采用吊架或经验算确定。

检查数量：全数检查。

检验方法：观察检查。

（16）装配式结构中的接头和拼缝，应符合设计要求，当设计无具体要求时，应符合下列规定：

1）对承受内力的接头和拼缝，应采用混凝土浇筑，其强度等级应比构件混凝土强度等级提高一级；

2）对不承受内力的接头和拼缝，应采用混凝土或砂浆浇筑，其强度等级不应低于C15或M15；

3）用于接头和拼缝的混凝土或砂浆，宜采取微膨胀措施和快硬措施，在浇筑过程中应振捣密实，并应采取必要的养护措施。

检查数量：全数检查。

检验方法：检查施工记录及试件强度试验报告。

6.5 混凝土结构子分部工程

（1）对涉及混凝土结构安全的重要部位，应进行结构实体检验，结构实体检验应在监理工程师（建设单位项目专业技术负责人）见证下，由施工项目技术负责人组织，实体检验的试验室应具有相应资质。结构实体检验内容应包括混凝土强度、钢筋保护层厚度以及工程合同约定的项目，必要时可检验其他项目，见图6.5-1。

结构实体检验应在监理工程师（建设单位项目专业技术负责人）见证下，由施工项目技术负责人组织，实体检验的试验室应具有相应资质，《混凝土结构工程施工质量验收规范》GB 50204—2015中规定：对涉及混凝土结构安全的重要部位应进行结构实体检验，检验内容包括混凝土强度、钢筋保护层厚度和合同约定的其他项目。因为这些项目必须在混凝土结构子分部工程验收时提供，所以必须在混凝土结构子分部工程验收之前完成检验工作

图6.5-1 结构实体检测

（2）对混凝土强度的检验，应以在混凝土浇筑地点制备，并与结构实体同条件养护的试件强度为依据，其同条件养护试件的留置养护和强度代表值应符合规范的规定，对混凝土强度的检验也可根据合同的约定，采用非破损或局部破损的检测方法，按国家现行有关标准的规定进行。

（3）当同条件养护试件强度的检验结果符合现行国家标准《混凝土强度检验评定标准》GB/T 50107 的有关规定时，混凝土强度应判为合格。

（4）对钢筋保护层厚度的检验，抽样数量、检验方法、允许偏差和合格条件应符合的规定。当未能取得同条件养护试件强度，同条件养护试件强度被判为不合格或钢筋保护层厚度不满足要求时，应委托具有相应资质等级的检测机构，按国家有关标准的规定进行检测。

（5）混凝土结构子分部工程施工质量验收时应提供下列文件和记录：

1）设计变更文件；

2）原材料出厂合格证和进场复验报告；

3）钢筋接头的试验报告；

4）混凝土工程施工记录；

5）混凝土试件的性能试验报告；

6）装配式结构预制构件的合格证和安装验收记录；

7）预应力筋用锚具、连接器的合格证和进场复验报告；

8）预应力筋安装、张拉及灌浆记录；

9）隐蔽工程验收记录；

10）分项工程验收记录；

11）混凝土结构实体检验记录；

12）工程的重大质量问题的处理方案和验收记录。

（6）混凝土结构子分部工程施工质量验收合格应符合下列规定：

1）有关分项工程施工质量验收合格；

2）应有完整的质量控制资料；

3）观感质量验收合格；

4）结构实体检验结果满足规范要求。

（7）当混凝土结构施工质量不符合要求时应按下列规定进行处理：

1）经返工返修或更换构件部件的检验批，应重新进行验收；

2）经有资质的检测单位检测鉴定，达到设计要求的检验批，应予以验收；

3）经有资质的检测单位检测鉴定，达不到设计要求，但经原设计单位核算，并确认仍可满足结构安全和使用功能的检验批，可予以验收；

4）经返修或加固处理，能够满足结构安全使用要求的分项工程，可根据技术处理方案和协商文件进行验收。

（8）纵向受力钢筋的最小搭接长度。

1）当纵向受拉钢筋的绑扎搭接接头面积百分率不大于 25％时（图 6.5-2），其最小搭接长度应符合表 6.5-1 的规定。两根直径不同的钢筋搭接长度，以较细钢筋的直径计算。

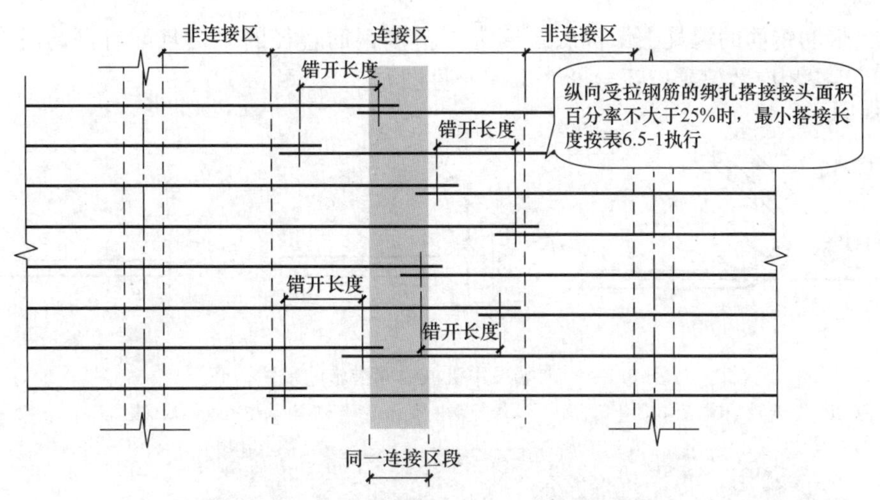

图 6.5-2 纵向钢筋搭接接头面积百分率为 25%（8 根钢筋有 2 根在同一连接区段）

纵向受力钢筋的最小搭接长度 **表 6.5-1**

钢筋类型		混凝土强度等级			
		C15	C20～C25	C30～C35	≥C40
光圆钢筋	HPB300 级	45*d*	35*d*	30*d*	25*d*
带肋钢筋	HRB335 级	55*d*	45*d*	35*d*	30*d*
	HRB400 级 RRB400 级	—	55*d*	40*d*	35*d*

2）当纵向受拉钢筋搭接接头面积百分率大于 25%，但不大于 50%时，其最小搭接长度应按表 6.5-1 中的数值乘以系数 1.2 取用；当接头面积百分率大于 50%时，应按表 6.5-1 中的数值乘以系数 1.35 取用，见图 6.5-3。

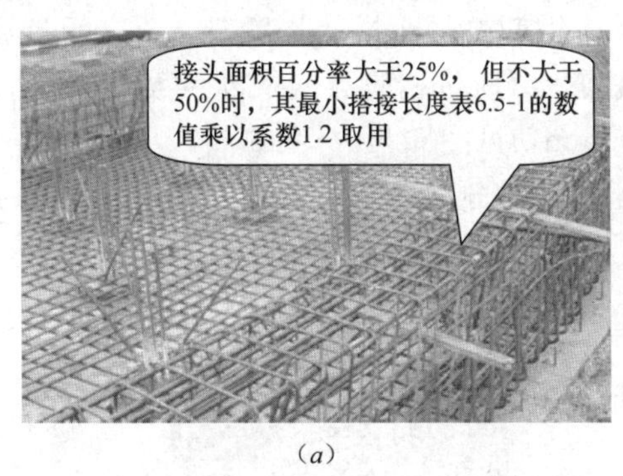

（*a*）

（*b*）

图 6.5-3 钢筋接头面积不同，系数不同

3）当符合下列条件时，纵向受拉钢筋的最小搭接长度，按下列规定进行修正：

① 当带肋钢筋的直径大于 25mm 时，其最小搭接长度应按相应数值乘以系数 1.1 取用。

② 对环氧树脂涂层的带肋钢筋，其最小搭接长度应按相应数值乘以系数 1.25 取用。

③ 当在混凝土凝固过程中受力钢筋易受扰动时（如滑模施工），其最小搭接长度应按相应数值乘以系数 1.1 取用。对末端采用机械锚固措施的带肋钢筋，其最小搭接长度可按相应数值乘以系数 0.7 取用。

④ 当带肋钢筋的混凝土保护层厚度大于搭接钢筋直径的 3 倍且配有箍筋时，其最小搭接长度可按相应数值乘以系数 0.8 取用，见图 6.5-4、图 6.5-5。

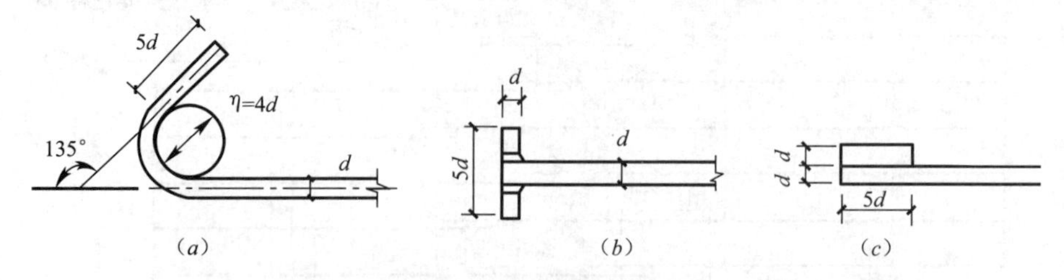

图 6.5-4　末端采用机械锚固措施的带肋钢筋

(a) 末端带 135°弯钩；(b) 末端与钢板穿孔焊；(c) 末端与短钢筋双面贴焊

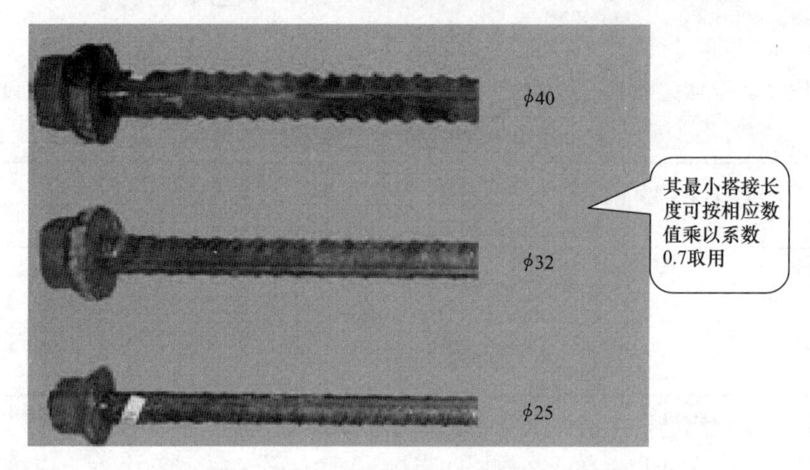

图 6.5-5　钢筋对末端采用机械锚固最小长度

⑤ 对有抗震设防要求的结构构件，其受力钢筋的最小搭接长度对一、二级抗震等级应按相应数值乘以系数 1.15 采用，对三级抗震等级应按相应数值乘以系数 1.05 采用，在任何情况下受拉钢筋的搭接长度不应小于 300mm，见图 6.5-6、图 6.5-7。

4）纵向受压钢筋搭接时，其最小搭接长度应根据规定确定相应数值后乘以系数 0.7 取用，在任何情况下受压钢筋的搭接长度不应小于 200mm，见图 6.5-7。

图 6.5-6　钢筋搭接长度根据抗震需求乘以系数

注：受力钢筋的最小搭接长度对一、二级抗震等级应按相应数值乘以系数 1.15 采用，对三级抗震等级应按相应数值乘以系数 1.05 采用。

图 6.5-7　钢筋最小搭接长度

注：任何情况下受拉（压）钢筋的搭接长度不应小于 300（200）mm。

（9）预制构件结构性能检验方法：

1）预制构件结构性能试验条件应满足下列要求：

构件应在0℃以上的温度中进行试验；蒸汽养护后的构件应在冷却至常温后进行试验；构件在试验前应量测其实际尺寸，并检查构件表面所有的缺陷和裂缝，在构件上标出；试验用的加荷设备及量测仪表应预先进行标定或校准，见图6.5-8。

构件在试验前应量测其实际尺寸，并检查构件表面所有的缺陷和裂缝

(a)

(b)

图6.5-8 构件检查

注：构件应在0℃以上的温度中进行试验；蒸汽养护后的构件应在冷却至常温后进行试验。

2）试验构件的支承方式应符合下列规定：

板梁和桁架等简支构件试验时，应一端采用铰支承，另一端采用滚动支承。铰支承可采用角钢、半圆形钢或焊于钢板上的圆钢，滚动支承可采用圆钢；四边简支或四角简支的双向板，其支承方式应保证支承处构件能自由转动，支承面可以相对水平移动，见图6.5-9、图6.5-10。

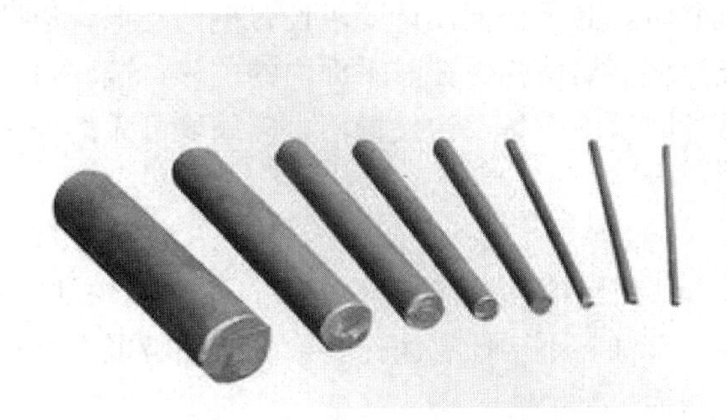

图6.5-9 滚动支承可采用圆钢

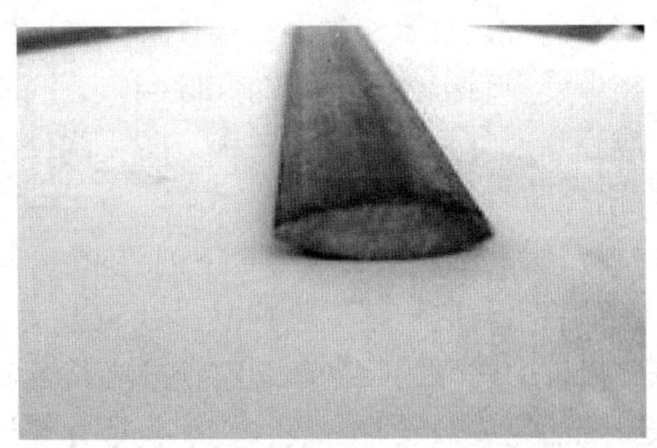

图6.5-10 铰支承采用角钢、半圆形钢或焊于钢板上的圆钢

当试验的构件承受较大集中力或支座反力时，应对支承部分进行局部受压承载力验算；构件与支承面应紧密接触，钢垫板与构件钢垫板与支墩间宜铺砂浆垫平；构件支承的中心线位置应符合标准图或设计的要求。

3）加载方法应根据标准图或设计的加载要求、构件类型及设备条件等进行选择，当按不同形式荷载组合进行加载试验（包括均布荷载、集中荷载、水平荷载和竖向荷载等）时，各种荷载应按比例增加。

4）每级加载完成后应持续10～15min，在荷载标准值作用下应持续30min。在持续时间内，应观察裂缝的出现和开展以及钢筋有无滑移等；在持续时间结束时，应观察并记录各项读数。

5）对构件进行承载力检验时，应加载至构件出现所列承载能力极限状态的检验标志。当在规定的荷载持续时间内，出现上述检验标志之一时，应取本级荷载值与前一级荷载值的平均值作为其承载力检验荷载实测值。当在规定的荷载持续时间结束后，出现上述检验标志之一时，应取本级荷载值作为其承载力检验荷载实测值。

6）构件挠度可用百分表、位移传感器、水平仪等进行观测，接近破坏阶段的挠度可用水平仪或拉线钢尺等测量。试验时，应量测构件跨中位移和支座沉陷。对宽度较大的构件应在每一量测截面的两边或两肋布置测点，并取其量测结果的平均值作为该处的位移，见图 6.5-11、图 6.5-12。

图 6.5-11　构件挠度可用百分表、位移传感器、水平仪等进行观测

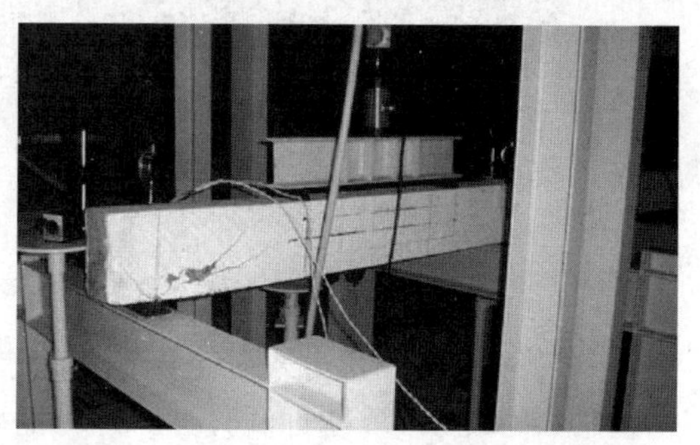

图 6.5-12　量测构件跨中位移和支座沉陷

7）试验时，必须注意下列安全事项：试验的加荷设备支架、支墩等应有足够的承载力安全储备；对屋架等大型构件进行加载试验时，必须根据设计要求设置侧向支撑，以防止构件受力后产生侧向弯曲和倾倒，侧向支撑应不妨碍构件在其平面内的位移；试验过程中应注意人身和仪表安全，为了防止构件破坏时试验设备及构件塌落，应采取可靠的安全措施。

8）构件试验报告应符合下列要求：

试验报告应包括试验背景、试验方案、试验记录、检验结论等内容，不得漏项缺检；试验报告中的原始数据和观察记录必须真实、准确，不得任意涂抹、篡改；试验报告宜在试验现场完成，及时审核、签字盖章并登记归档。

9）同一强度等级、同条件养护试件留置数量，根据混凝土工程量和重要性确定，不应少于 3 组；同条件养护试件拆模后，应放置在靠近相应结构构件或结构部位的适当位置，并应采取相同的养护方法。同条件养护试件应在达到等效养护龄期时，进行强度试验；等效养护龄期应根据同条件养护试件强度与在标准养护条件下 28d 龄期试件强度相等的原则确定，见图 6.5-13。

10）同条件自然养护试件的等效养护龄期及相应的试件强度代表值，宜根据当地的气温和养护条件按下列规定确定：

① 等效养护龄期可取按日平均温度逐日累计达到 600℃・d 时所对应的龄期，0℃及以下的龄期不计入，等效养护龄期不应小于 14d，也不宜大于 60d。

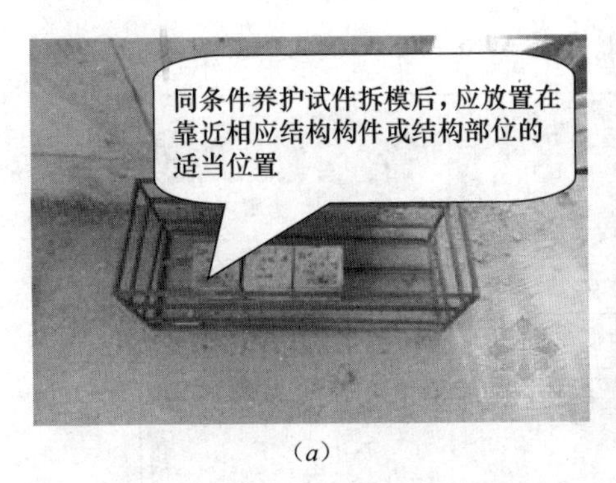

(a)

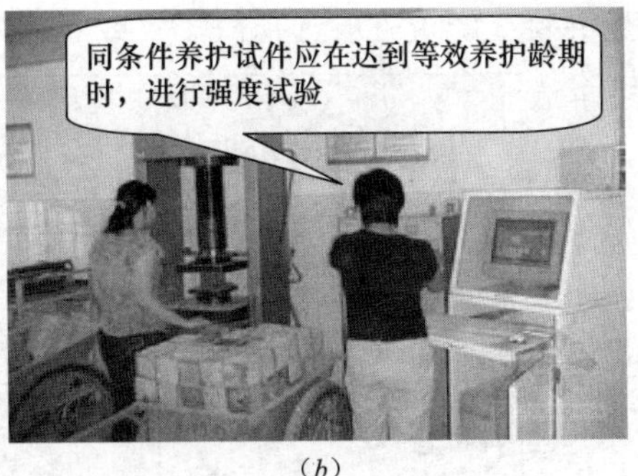

(b)

图 6.5-13 同条件试件的留置和试验

② 同条件养护试件的强度代表值，应根据强度试验结果按现行国家标准《混凝土强度检验评定标准》GB/T 50107 的规定确定后乘折算系数取用，折算系数宜取为 1.10，也可根据当地的试验统计结果作适当调整。冬期施工人工加热养护的结构构件，其同条件养护试件的等效养护龄期可按结构构件的实际养护条件由监理（建设）、施工单位等各方根据规定共同确定。

(10) 结构实体钢筋保护层厚度检验：

1) 钢筋保护层厚度检验的结构部位和构件数量应符合下列要求：检验的结构部位，应由监理（建设）、施工单位等各方根据结构构件的重要性共同选定；对梁类、板类构件应各抽取构件数量的 2%，且不少于 5 个构件进行检验，当有悬挑构件时，抽取的构件中悬挑梁类、板类构件所占比例均不宜小于 50%。

2) 对选定的梁类构件，应对全部纵向受力钢筋的保护层厚度进行检验，对选定的板类构件应抽取不少于 6 根纵向受力钢筋的保护层厚度进行检验，对每根钢筋应在有代表性的部位测量 1 点。

3) 钢筋保护层厚度的检验，可采用非破损或局部破损的方法；也可采用破损方法，并用局部破损方法进行校准。当采用非破损方法检验时，所使用的检测仪器应经过计量检验，检测操作应符合相应规程的规定，钢筋保护层厚度检验的检测偏差不应大于 1mm。

4) 钢筋保护层厚度检验时，纵向受力钢筋保护层厚度的允许偏差对梁类构件为 +10mm、−7mm，对板类构件为 +8mm、−5mm。

5) 对梁类、板类构件纵向受力钢筋的保护层厚度，应分别进行验收，结构实体钢筋保护层厚度验收合格应符合下列规定：

当全部钢筋保护层厚度检验的合格点率为 90%及以上时，检验结果判为合格；当全部钢筋保护层厚度检验的合格点率小于 90%，但不小于 80%，可再抽取相同数量的构件进行检验；当按两次抽样总和计算的合格点率为 90%及以上时，钢筋保护层厚度的检验结果仍应判为合格；每次抽样检验结果中不合格点的最大偏差均不应大于规定允许偏差的 1.5 倍。

6.6 混凝土工程施工工艺流程控制程序

(1) 混凝土施工用机械设备

混凝土施工用机械设备包括混凝土制备、运输、浇筑、掘物、养护、检测等，见图 6.6-1。

施工现场混凝土浇筑一般选择汽车泵或者地泵进行浇筑，见图 6.6-2～图 6.6-4。

图 6.6-1 混凝土施工用机械设备

图 6.6-2 混凝土浇筑时天泵和地泵

图 6.6-3 混凝土浇筑时罐车

图 6.6-4　现场实测混凝土坍落度

（2）混凝土浇筑前应完成下列工作：

1）隐蔽工程验收和技术复核（钢筋的验收、模架的验收）。

2）对操作人员进行技术交底（混凝土浇筑现场交底）。

3）根据施工方案中的技术要求，检查并确认施工现场具备实施条件。

4）施工单位应填报浇筑申请单，并经监理单位签认。

6.7　混凝土施工质量控制要点

（1）混凝土垫层标高控制，见图 6.7-1。

图 6.7-1　垫层标高控制

（2）钎探点位置布置，见图 6.7-2。

（3）混凝土浇筑前钢筋、模板验收，见图 6.7-3、图 6.7-4。

图 6.7-2 地基钎探点布置

图 6.7-3 钢筋验收

图 6.7-4 模板验收

（4）混凝土浇筑前清理基层，见图 6.7-5。

混凝土浇筑前，底层垃圾、材料归堆，清扫干净
浇筑完成后用水将落地的水泥浆、混凝土冲洗干净

（a）　　（b）

图 6.7-5　清理基层

（5）楼板标高控制，见图 6.7-6。

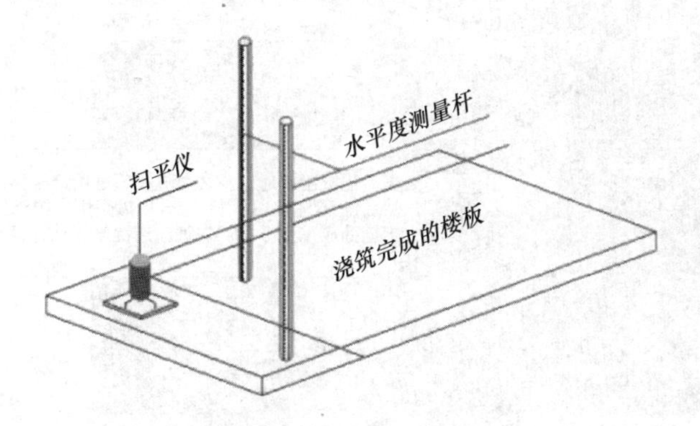
水平度测量杆
扫平仪
浇筑完成的楼板

图 6.7-6　楼板标高控制

（6）插筋保护层控制，见图 6.7-7。

墙体插筋处混凝土标高需控制到位，防止漏筋
漏筋后需将混凝土剔凿入钢筋位置内5cm，重新摆正钢筋位置后浇筑高一等级混凝土

图 6.7-7　墙体插筋保护层控制

（7）后浇带质量控制，见图 6.7-8。
（8）楼梯梁钢筋保护层控制，见图 6.7-9。
（9）楼梯施工缝留置，见图 6.7-10。

图 6.7-8 后浇带质量控制

图 6.7-9 楼梯梁钢筋保护层控制

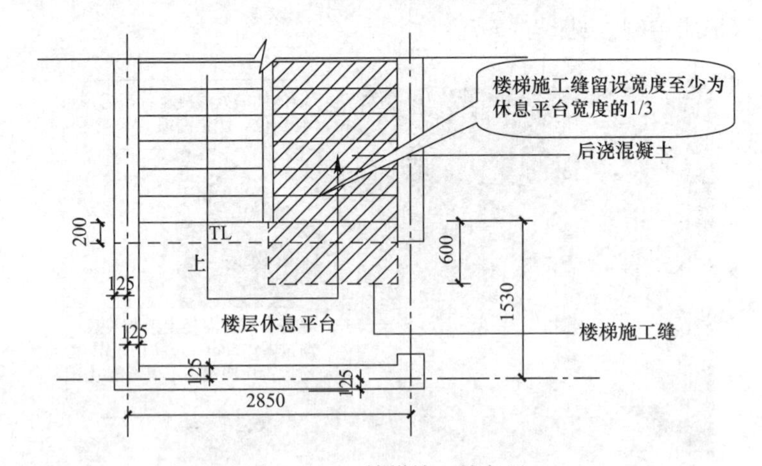

图 6.7-10 楼梯施工缝留置

（10）楼梯模板安装，见图 6.7-11。

（11）楼梯休息平台标高控制，见图 6.7-12。

（12）混凝土降板标高控制，见图 6.7-13。

图 6.7-11 定型模板的作用

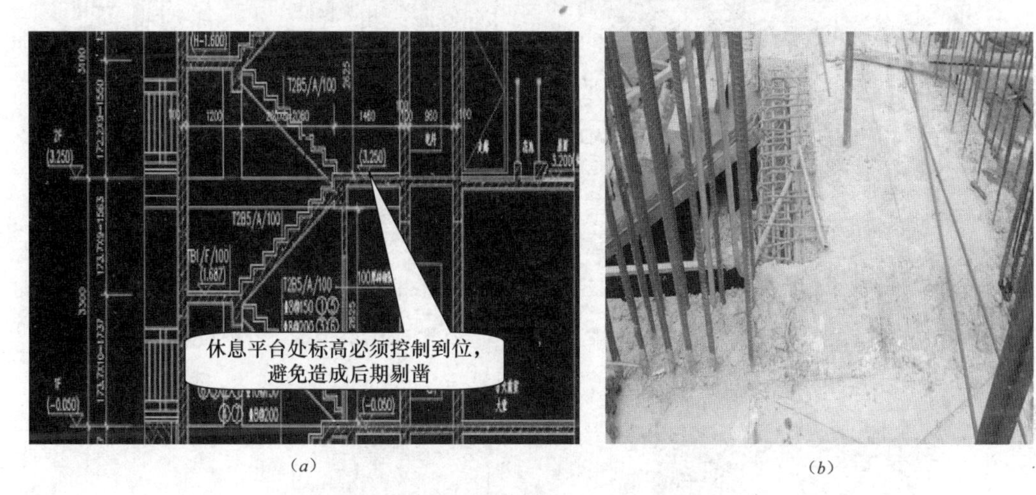

(a) (b)

图 6.7-12 楼梯休息平台标高控制

图 6.7-13 降板处混凝土标高控制

(13) 柱子混凝土浇筑控制，见图 6.7-14。

(14) 砂浆排放量设置，见图 6.7-15。

(15) 混凝土施工墙柱收边，见图 6.7-16。

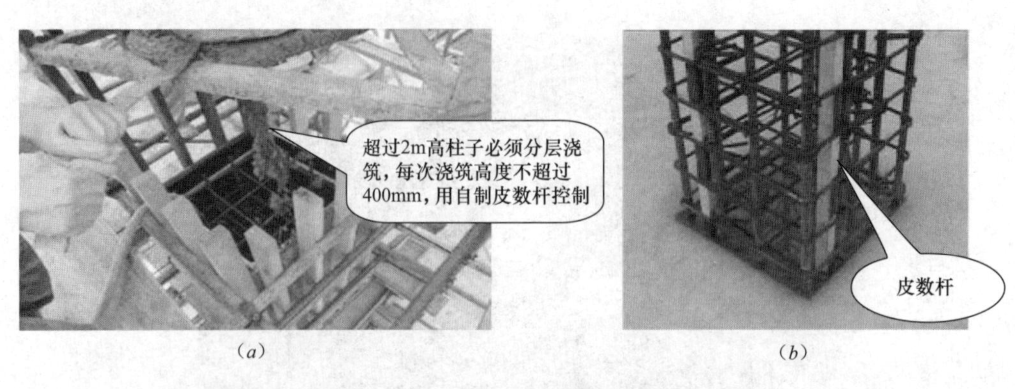

(*a*) (*b*)

图 6.7-14 柱子混凝土浇筑控制要点

图 6.7-15 设置专用湿润泵管砂浆及水排泄管

图 6.7-16 墙柱收边要点

(16) 混凝土楼板拉毛，见图 6.7-17。

图 6.7-17 楼板拉毛

(17) 混凝土楼板上人时间控制，见图 6.7-18。

(18) 混凝土施工布料机，见图 6.7-19。

(19) 混凝土板后浇带施工缝处理，见图 6.7-20。

(20) 混凝土板后浇带成形，见图 6.7-21。

(21) 混凝土楼板后浇带模板安装，见图 6.7-22。

(22) 混凝土墙后浇带做法，见图 6.7-23。

(23) 混凝土防水预留槽做法，图 6.7-24。

图 6.7-18 楼板达到强度后，才允许上人

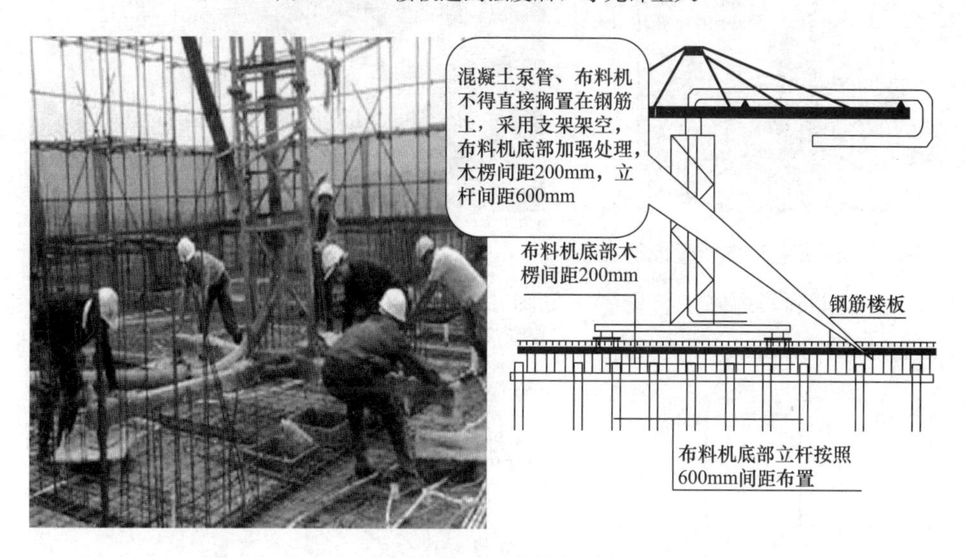

图 6.7-19 布料机

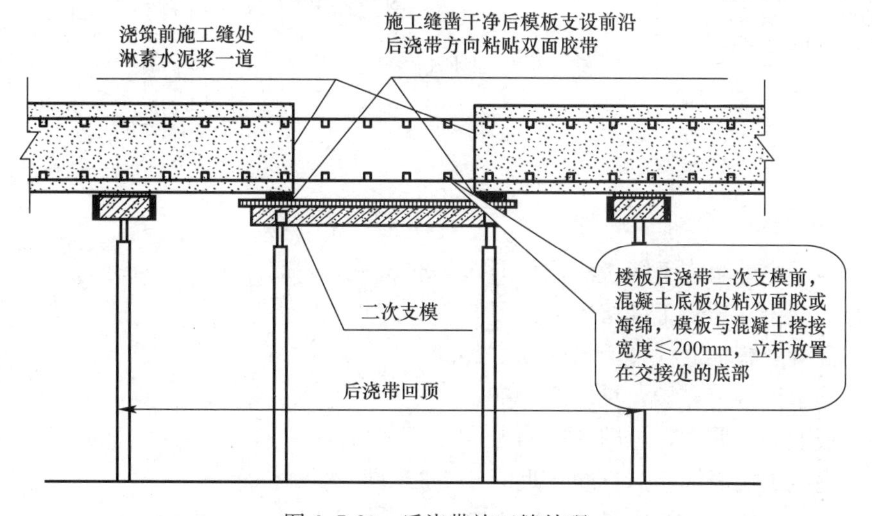

图 6.7-20 后浇带施工缝处理

图 6.7-21 后浇带的成形效果

图 6.7-22 后浇带模板安装

图 6.7-23 后浇带的质量控制

图 6.7-24 防水预留槽的做法

(24) 混凝土墙竖向施工缝留置，见图 6.7-25。

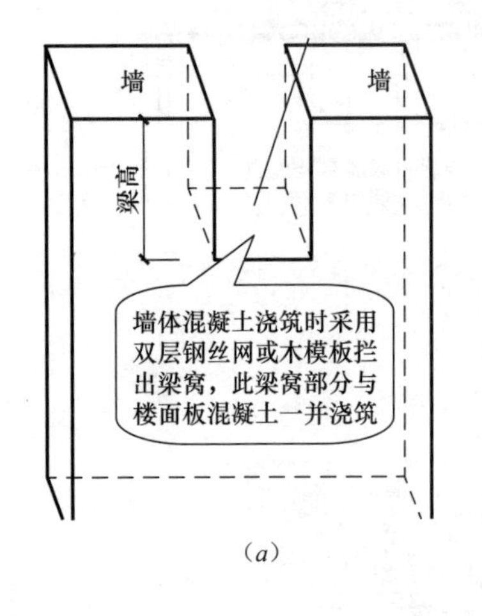

(a)

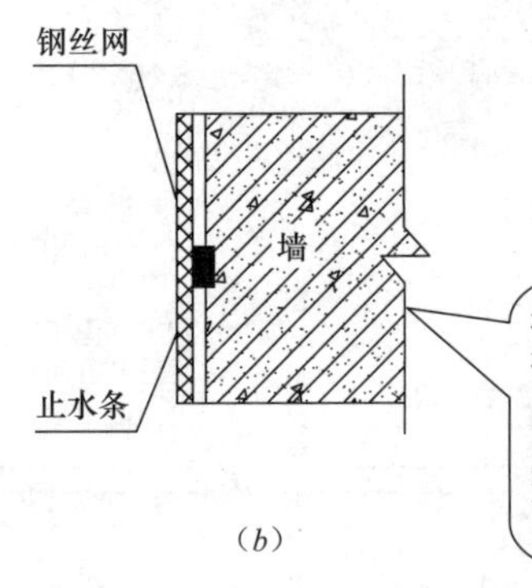

(b)

图 6.7-25 墙体竖向施工缝留置

(25) 地下室外墙施工缝做法，见图 6.7-26、图 6.7-27。

(26) 混凝土柱子施工缝留置，见图 6.7-28。

(27) 混凝土施工缝处理，见图 6.7-29。

(28) 柱子混凝土养护，见图 6.7-30。

(29) 板混凝土养护，见图 6.7-31。

(30) 混凝土墙面拆模后打磨，见图 6.7-32。

(31) 混凝土施工实测实量，见图 6.7-33。

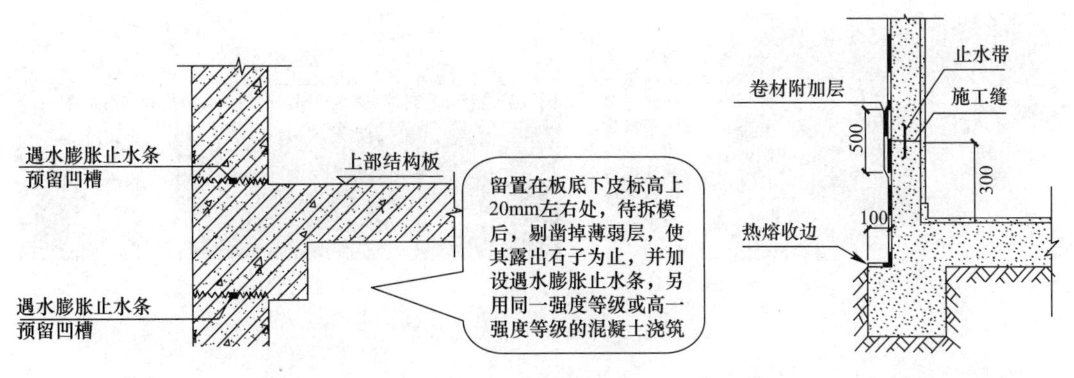

图 6.7-26 地下室外墙与顶板间施工缝留置

图 6.7-27 地下室底板外墙施工缝留置

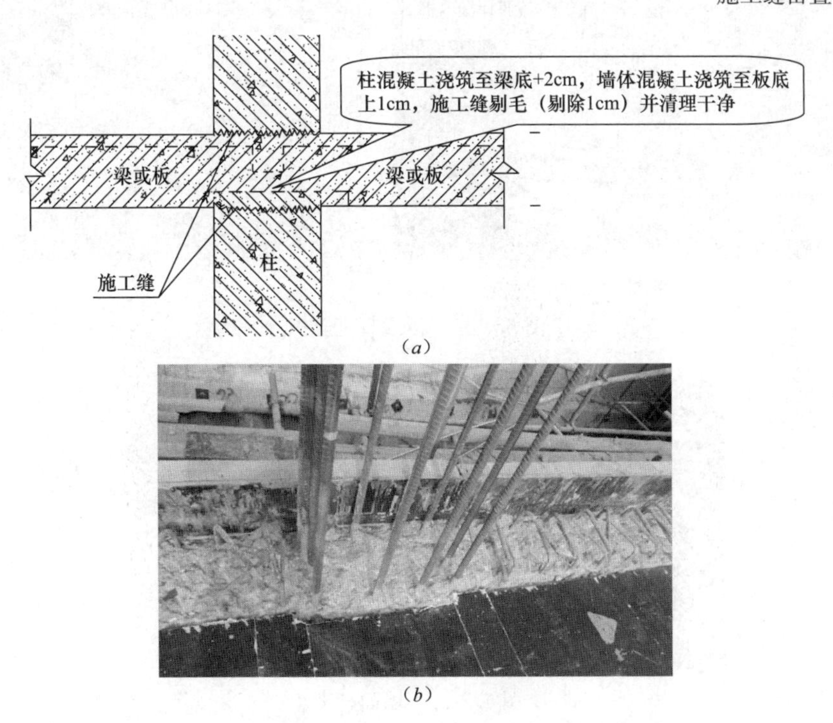

(*a*)

(*b*)

图 6.7-28 柱子施工缝留置

(*a*)

(*b*)

图 6.7-29 施工缝处理

在浇筑好的混凝土表面包裹或者覆盖上塑料薄膜，主要起到保持混凝土里面水分的作用

(*a*)

包裹塑料膜养护至少养护7d，必须保持塑料膜内有水珠

(*b*)

图 6.7-30 柱子混凝土养护

覆膜保湿养护

(*a*)

喷涂养护液养护

(*b*)

图 6.7-31 板混凝土养护

混凝土拆模后打磨处理，清除表面浮浆

图 6.7-32 墙面打磨

拆模后3d内将实测值标注在墙体上，施工单位用白色粉笔、监理用蓝色、项目部用红色

(*a*)

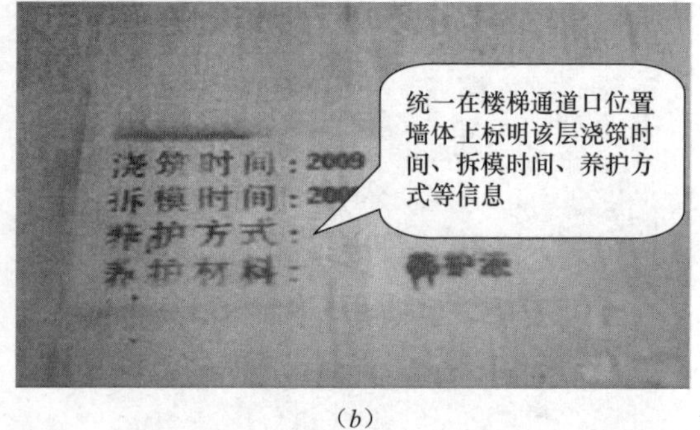
统一在楼梯通道口位置墙体上标明该层浇筑时间、拆模时间、养护方式等信息

(*b*)

图 6.7-33 拆模后测量标记

（32）混凝土施工成形检查表，见表 6.7-1。

混凝土施工成形记录 **表 6.7-1**

工程编号	工程名称	验收部位	建设单位	施工单位
××	××	××	××	××
成形情况	1. 经检查混凝土成形尺寸在规范允许范围内，无胀模现象。 2. 外观质量为基本光滑，无露筋现象。 3. 剪力墙处有局部轻微的麻面现象			
修补方案	将麻面处表面的松动石子凿除后用 1∶2 水泥砂浆进行修补，修补后加强养护			
检查意见	符合设计要求及施工规范规定			
施工单位验收结论	质检员： 年 月 日	监理单位验收结论	专业监理工程师： 年 月 日	

贴于墙上，有问题验收后及时处理，不把结构遗留问题带入装修阶段

(33) 混凝土拆模后处理，见图 6.7-34。

泵管清理干净堆放在指定位置（不得堆放在外架、楼梯口、通道口、洞口、电梯井架体等危险位置）

(a)

模板拆除后楼层清理干净，管线位置采用木盒保护

(b)

图 6.7-34 拆模后现场清理

6.8 混凝土施工质量问题及处理措施

(1) 混凝土施工质量问题见图 6.8-1～图 6.8-9。

截面尺寸不足（500mm×485mm＜500mm×500mm）

图 6.8-1 混凝土截面尺寸不足

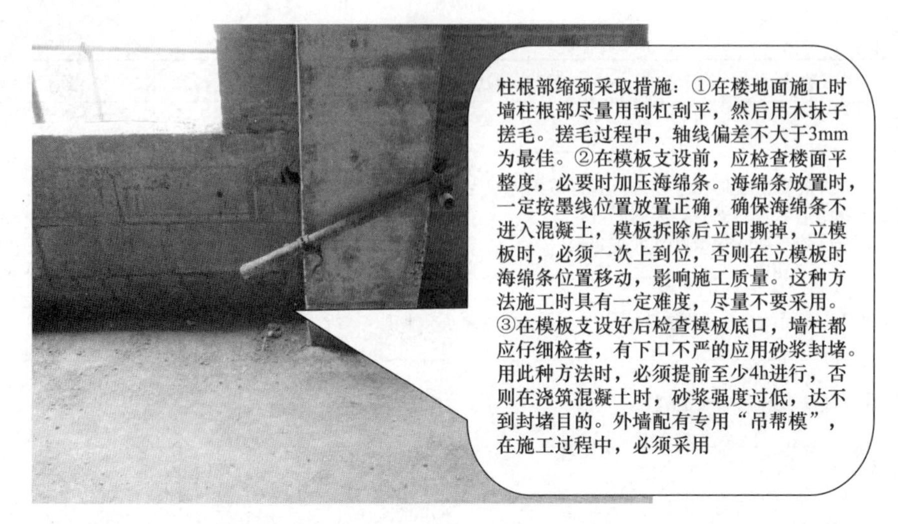

柱根部缩颈采取措施：①在楼地面施工时墙柱根部尽量用刮杠刮平，然后用木抹子搓毛。搓毛过程中，轴线偏差不大于3mm为最佳。②在模板支设前，应检查楼面平整度，必要时加压海绵条。海绵条放置时，一定按墨线位置放置正确，确保海绵条不进入混凝土，模板拆除后立即撕掉，立模板时，必须一次上到位，否则在立模板时海绵条位置移动，影响施工质量。这种方法施工时具有一定难度，尽量不要采用。③在模板支设好后检查模板底口，墙柱都应仔细检查，有下口不严的应用砂浆封堵。用此种方法时，必须提前至少4h进行，否则在浇筑混凝土时，砂浆强度过低，达不到封堵目的。外墙配有专用“吊帮模”，在施工过程中，必须采用

图 6.8-2　混凝土柱根处理

图 6.8-3　混凝土胀模

图 6.8-4　混凝土露筋

后浇带处混凝土疏松，容易造成渗漏
剔除松散石子并剔凿平整，特别是钢板止水带处的松散层，露出坚实层，充分浇水浸润；然后，在接口处喷刷一层水泥浆，再浇筑比旧混凝土高一级的混凝土

图 6.8-5　混凝土疏松

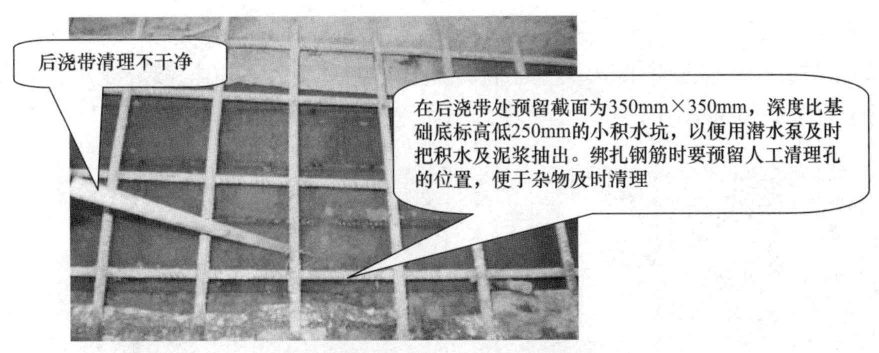

后浇带清理不干净
在后浇带处预留截面为350mm×350mm，深度比基础底标高低250mm的小积水坑，以便用潜水泵及时把积水及泥浆抽出。绑扎钢筋时要预留人工清理孔的位置，便于杂物及时清理

图 6.8-6　混凝土后浇带处留置

止水带脱落
止水带必须安装牢固，中埋式止水带中心线应和变形缝中心线重合，止水带不得穿孔或用铁钉钉固。止水带端部应先用扁钢夹紧，再将扁钢与结构内的钢筋焊牢，使止水带固定牢靠、平直

图 6.8-7　混凝土止水带问题

对拉螺栓的止水片面积较小
应在对拉螺栓中部设置钢板止水片；止水片焊接应建立专项检查制度，确保焊接密实

图 6.8-8　止水片问题

所有临边柱、墙模板轴线必须进行双控：以吊控为主，平面控制为辅。当吊控与平面控制偏差大于5mm时，应查找原因

图 6.8-9　支模竖向双控

(2) 施工质量问题的处理措施。

1) 施工缝处理：混凝土接槎面（墙柱外边线内）所有浮浆、松散混凝土、石子彻底剔除到露石子；接槎面未清净不绑；正负零以下做隐检，正负零以上做预检，见图 6.8-10。

(a) (b)

图 6.8-10 施工缝处理

2) 污筋：所有钢筋上有污染的水泥未清干净不绑，见图 6.8-11。

(a) (b)

图 6.8-11 钢筋污染处理

3) 查偏：所有立筋未检查其保护层大小是否偏位不绑，见图 6.8-12。

图 6.8-12 钢筋查偏

4) 纠偏：所有立筋保护层大小超标的、立筋未按 1∶6 调整到正确位置的不绑，见图 6.8-13。

(a)　　　　　　　　(b)

图 6.8-13　钢筋纠偏处理

5）甩头：所有受力筋甩头长度（包括接头面积百分率、抗震系数）、错开距离、第一个接头位置、锚固长度（包括抗震系数）不合格不绑，见图 6.8-14。

(a)　　　　　　　　(b)

图 6.8-14　钢筋甩头处理

6）接头：所有接头质量（包括绑扎、焊接、机械连接）有一个不合格，不绑，见图 6.8-15。

(a)　　　　　　　　(b)

图 6.8-15　钢筋接头处理

7）模板、脚手架支架搭设：施工支架按施工技术方案和规范要求搭设牢固，不使用不合格材料，利于施工使用，见图 6.8-16。

钢管脚手架的立柱，应置于坚实的地基上，立柱钢管加垫座，用混凝土块或用坚实的厚木块垫好
(a)
(b)
脚手架的立柱要求垂直，其中转角立柱的垂直偏差不得超过0.5%，其中立柱不得超过1%，八层建筑的外脚手架立柱间距不得大于2m，纵向的水平钢管的垂直间距不大于1.8m，并要用构件连接，拧紧螺栓。承重的纵向水平杆必须支承于横杆之上，禁用不合格材料
(c)
走道上必须满铺脚手板，不得留有空隙和探头板，加踢脚板，所有铺板应用钢丝绑扎牢固
(d)
临边防护缺少中间防护水平杆
走道临边无防栏
常见问题
钢管与地面接处点无垫板，垫板不符合要求
脚手板未按规定满铺，脚手板使用材料不符合要求
(e)
作业层脚手板未满铺
脚手架未能与构筑物（塔）连接
无防护栏杆
垂直爬梯未搭设到作业层
(f)
未设内水平杆
脚手板下缺小横杆
主节点处缺小横杆
水平杆没有设在立杆里边
(g)

图 6.8-16　脚手架搭设

作业层无防护栏杆
无纵、横剪刀撑
脚手板未满铺

(*h*)

纵向水平杆应在小横杆下面
小横杆的间距不得大于立距的1/2
没有按规定设置纵横向扫地杆

(*i*)

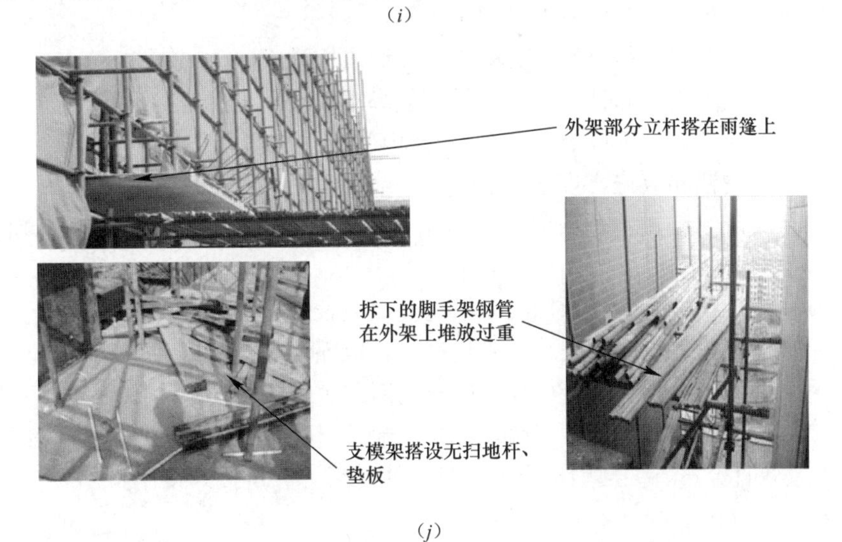
外架部分立杆搭在雨篷上
拆下的脚手架钢管在外架上堆放过重
支模架搭设无扫地杆、垫板

(*j*)

图 6.8-16 脚手架搭设（续）

（*k*）

（*l*）

（*m*）

图 6.8-16 脚手架搭设（续）

8）卸料平台注意事项：

① 卸料平台的制作应由专业电焊工进行；

② 所要求的焊缝不得有脱焊、漏焊，焊缝应饱满；

③ 平台上的木板应满铺，并用 8 号钢丝绑牢；

④ 防护栏杆的高度不应低于 1.5m，且内侧应立挂密目安全网；

⑤ 钢丝绳的锚扣应符合规范要求；

⑥ 料台安装前应先检查预留锚环与结构的连接是否可靠，是否有松动的情况，确认无误后方可安装；

⑦ 卸料平台吊装时，起吊用的四根钢丝绳应长短相同，以保证平台的平稳安装；

⑧ 吊装时，信号工应与安装工密切配合，以保证安全；

⑨ 为保险起见，卸料平台应挂上明显的限载牌，限载要求为 1.0t；

⑩ 第一次使用时应做静载试验，在确认料台不变形，焊缝无开裂，锚环处混凝土无裂缝等现象，且经过有关部门负责人的签字认可后，方可投入使用。

见图 6.8-17。

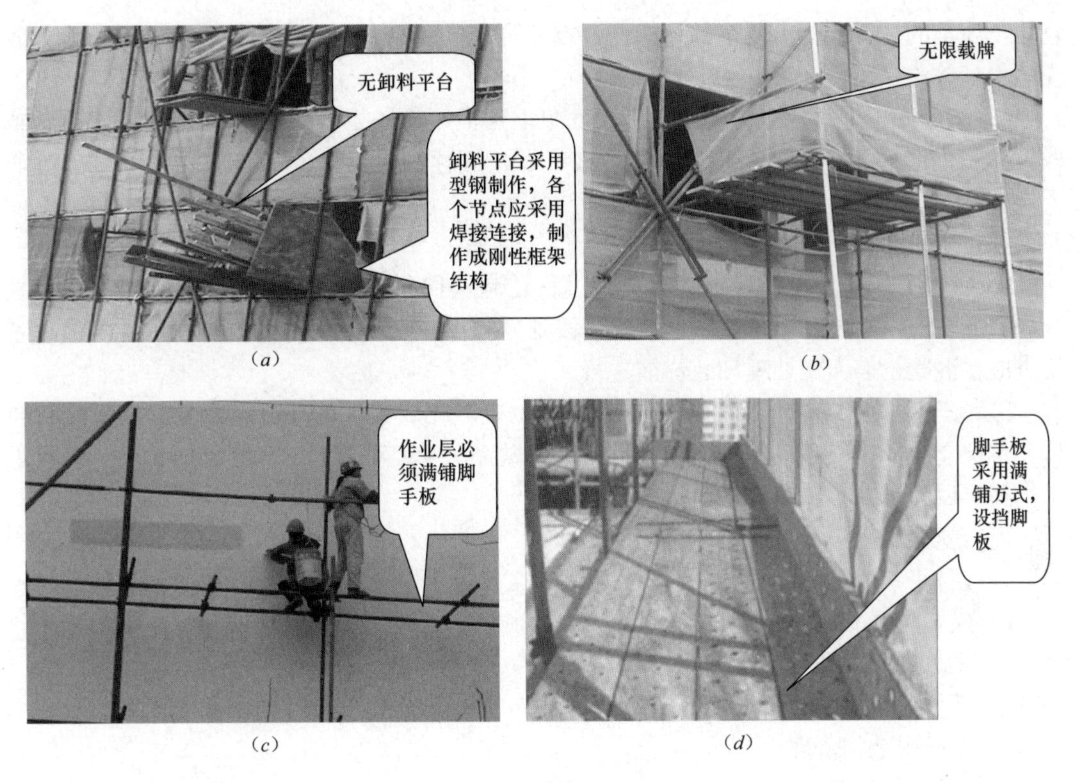

(a) (b) (c) (d)

图 6.8-17 卸料平台搭设

6.9 总结

(1) 施工缝或后浇带处浇筑混凝土应符合：

1) 混凝土结合面应采用粗糙面，结合面应清除浮浆、疏松石子、软弱混凝土层；

2) 结合面清理干净处应采用洒水方法进行充分湿润，并不得有积水；

3) 施工缝处已浇筑混凝土的强度不应小于 1.2MPa；

4) 柱、墙水平施工缝水泥砂浆接浆层厚度不应大于 30mm，接浆层水泥砂浆应与混凝土浆液同成分。

(2) 混凝土养护。

1) 混凝土浇筑后应及时进行保湿养护，保湿养护可采用洒水、覆盖、喷涂养护剂等方式。选择养护方式应考虑现场条件、环境温湿度、构件特点、技术要求、施工操作等因素。

2) 采用硅酸盐水泥、普通硅酸盐水泥或矿渣硅酸盐水泥配制的混凝土，养护时间不应少于 7d；采用缓凝型外加剂、大掺量矿物掺合料配制的混凝土，不应少于 14d；抗渗混凝土、强度等级 C60 及以上的混凝土，不应少于 14d；后浇带混凝土的养护时间不应少于 14d。

(3) 混凝土施工缝及后浇带。

1) 施工缝和后浇带的留设位置应在混凝土浇筑之前确定，宜留设在结构受剪力较小且便于施工的位置。受力复杂的结构构件或有防水抗渗要求的结构构件，施工缝留设位置应经设计单位认可。

2）基础底板外墙施工缝导墙顶部距底板上边面不应小于300mm，并增设止水钢板或橡胶膨胀止水条。柱、墙顶部施工缝，宜留在板底标高上返30mm位置，剔除20mm软弱层。

（4）质量检查与缺陷修整。

1）混凝土结构施工质量检查可分为过程控制检查和拆模后的实体质量检查。过程控制检查应在混凝土施工全过程中，按施工段划分和工序安排及时进行；拆模后的实体质量检查应在混凝土表面做处理和装饰前进行。

2）关于混凝土结构质量的检查，施工单位应对完成施工的部位或成果的质量进行自检，自检应全数检查。混凝土结构质量检查应做好记录。对于返工和修补的构件，应有返工修补前后的记录，并应有图像资料。

（5）模板检查包括下列内容：

1）模板与支架的安全性；

2）模板位置和尺寸；

3）模板的刚度和密封性；

4）模板涂刷隔离剂及必要的表面湿润；

5）模板内杂物清理。

（6）钢筋及预埋件检查内容：

1）钢筋的规格、数量；

2）钢筋的位置；

3）钢筋的保护层厚度；

4）预埋件（预埋管线、箱盒、预留孔洞）规格、数量、位置及固定。

（7）混凝土浇筑过程检查内容：

1）混凝土输送、浇筑、振捣等；

2）混凝土浇筑时模板的变形、漏浆等；

3）混凝土浇筑时钢筋和预埋件（预埋管线、预留孔洞）位置；

4）混凝土试件制作；

5）混凝土养护；

6）施工荷载加载后，模板与支架的安全性。

（8）混凝土拆模后实体质量检查：

1）构件的轴线位置、标高、截面尺寸、表面平整度、垂直度（构件垂直度、单层垂直度和全高垂直度）；

2）预埋件的数量、位置；

3）构件的外观缺陷（漏振、露筋、蜂窝、胀模等）。

（9）混凝土外观质量及内部质量检查。

混凝土外观质量主要检查表面平整度（有表面平整要求的部位）、麻面、蜂窝、空洞、露筋、碰损掉角、表面裂缝等。重要工程还要检查内部质量缺陷，如用回弹仪检查混凝土表面强度、用超声仪检查裂缝、钻孔取芯检查各项力学指标等。

1）混凝土表面麻面。

① 现象：混凝土表面局部缺浆粗糙或有许多小凹坑，见图 6.9-1。

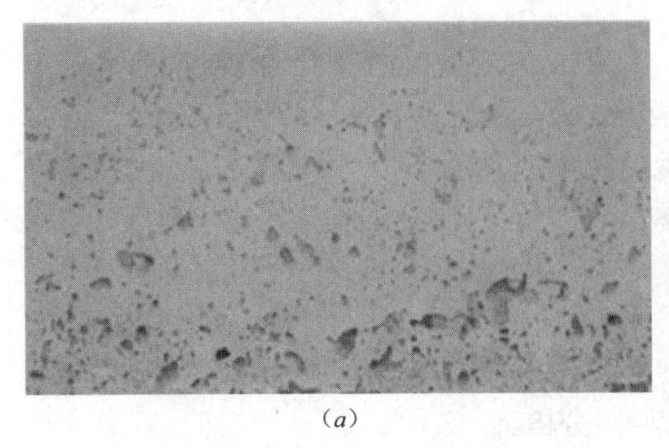

（a）

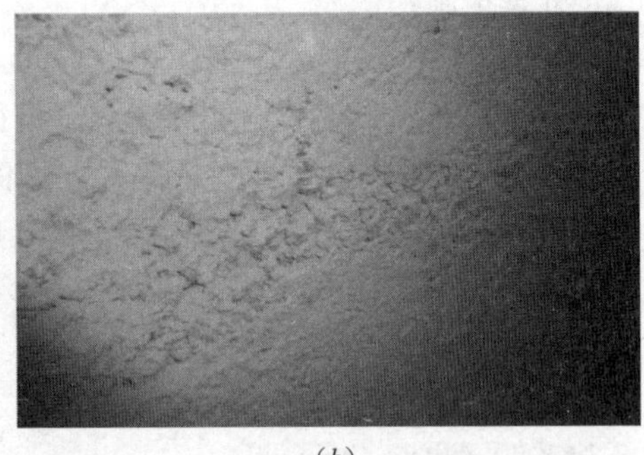

（b）

图 6.9-1 混凝土麻面

② 原因分析：

a. 模板表面粗糙或清理不干净，粘有干硬砂浆等杂物，拆模时混凝土表面粘损，出现麻面；

b. 木模板在浇筑混凝土前没有浇水湿润或湿润不够，浇筑混凝土时，与模板接触部分的混凝土水分被模板吸收，致使混凝土表面失水过多，引起麻面；

c. 钢模板隔离剂涂刷不均匀或漏刷；

d. 模板接缝拼装不严密，浇筑混凝土时缝隙漏浆，混凝土表面沿模板缝隙位置出现麻面；

e. 混凝土捣固不密实，混凝土中气泡未排出，一部分气泡停留在模板表面形成麻点。

③ 处理措施：

a. 模板清理干净，不得粘有干硬水泥砂浆等杂物；

b. 木模板在浇筑混凝土前，应用清水充分湿润，清洗干净，不留积水，使模板缝隙拼装严密，如有缝隙应用油毡条、塑料条、纤维板或水泥砂浆等堵严，防止漏浆；

c. 钢模板隔离剂要涂刷均匀，不得漏刷；

d. 混凝土必须按操作规程分层均匀振捣密实，严防漏振，每层混凝土均匀振捣至气泡排出为止；

e. 将麻面部位用清水冲刷，充分湿润后用水泥素浆或 1∶2 的水泥砂浆找平。

2）混凝土实体缺棱掉角。

① 现象：梁、柱、板、墙和洞口直角处混凝土局部掉落，不规整，棱角有缺陷，见图 6.9-2。

图 6.9-2 混凝土实体缺棱掉角

② 原因分析：

a. 木模板在浇筑混凝土前未湿润或湿润不够，浇筑后混凝土养护不好，棱角处混凝土养护不好，水分被木模板大量吸收，致使混凝土水化不好，强度降低，拆模时棱角被粘掉；

b. 常温施工时，过早拆除侧面非承重模板；

c. 拆除时受外力作用或重物撞击，或保护不好，棱角被碰掉。

③ 处理措施：

a. 木模板在浇筑混凝土前应充分湿润，混凝土浇筑后应注意浇水养护；

b. 拆除钢筋混凝土结构侧面非承重模板时，混凝土应具有足够的强度；

c. 拆模时不得用力过猛、过急，注意保护棱角，吊运时严禁模板撞击棱角；

d. 加强成品保护，对于处在人多、运料等通道处的混凝土阳角，拆模后要用角钢等保护好，以免撞击。

3）露筋。

① 现象：钢筋混凝土内的主筋、副筋、箍筋没有被混凝土包裹而外露，见图 6.9-3。

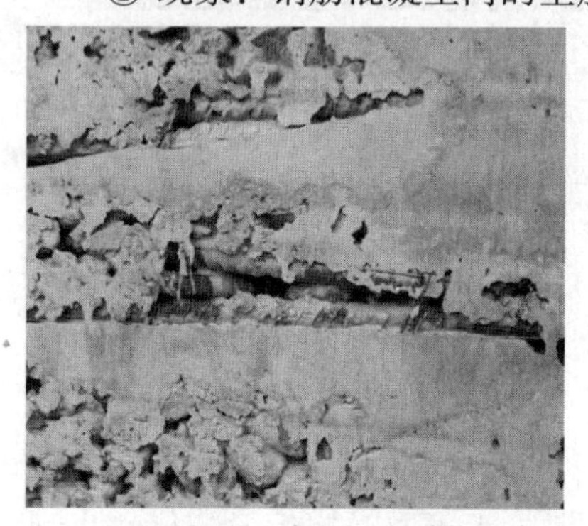

图 6.9-3 混凝土露筋

② 原因分析：

a. 混凝土浇筑振捣时，钢筋垫块移位或垫块太小甚至漏放，钢筋紧贴模板，致使拆模后露筋；

b. 钢筋混凝土结构断面较小，钢筋过密，如遇大石子卡在钢筋上，混凝土水泥浆不能充满钢筋周围，使钢筋密集处造成露筋；

c. 因配合比不当，混凝土产生离析，浇筑部位缺浆或模板严重漏浆，造成露筋；

d. 混凝土振捣时，振动棒撞击钢筋，使钢筋移位，造成露筋；

e. 混凝土保护层振捣不密实，或木模板湿润不够，混凝土表面失水过多，或拆模过早等，拆模时混凝土缺棱掉角，造成露筋。

③ 预防措施：

a. 浇筑混凝土前，应检查钢筋位置和保护层的厚度是否准确，发现问题及时修整；

b. 为保证混凝土保护层的厚度，要注意按间距要求固定好垫块；

c. 为了防止钢筋移位，严禁振动棒撞击钢筋；

d. 混凝土倾落高度超过 2m 时，要用串筒或流槽等进行下料；

e. 拆模时间要根据试块试验结果正确掌握，防止过早拆模；

f. 操作时不得踩塌钢筋，如钢筋有踩弯或脱扣者，应及时调直和绑好；

4）混凝土外加剂使用不当。

① 现象：

a. 混凝土浇筑后，局部或大范围内长时间不能凝结；

b. 已浇筑完的混凝土结构物表面鼓包，俗称表面“开花”。

② 原因分析：

a. 缓凝型减水剂掺入量过多；

b. 以干粉状掺入混凝土中的外加剂，含有未碾成粉状的颗粒，遇水膨胀，造成混凝土表面“开花”，见图 6.9-4。

③ 预防措施：

a. 应熟悉外加剂的品种和特性，合理利用，并应制定使用管理规定；

b. 不同品种、用途的外加剂应分别堆放；

c. 粉状外加剂应保持干燥状态，防止受潮结块；

d. 外加剂的使用量按配合比要求严格按计量添加，并正确使用。

④ 治理方法：

a. 因缓凝型减水剂使用量不当造成混凝土凝固硬化时间推迟，可延长其养护时间，推迟拆模，后期混凝土强度一般不受影响；

b. 已经“开花”的混凝土结构物表面应剔除因外加剂颗粒造成的鼓包后，再进行修补。

5）混凝土塑性裂缝。

① 现象：

裂缝结构表面出现形状不规则且长短不一、互不连贯、类似干燥的泥浆面，大多混凝土在浇筑初期（一般在浇筑后 4h 左右）。当混凝土表面本身与外界气温相差悬殊，或本身温度长时间过高（40℃以上），而气候很干燥的情况下出现，见图 6.9-5。塑性裂缝又称龟裂。

图 6.9-4　混凝土表面“开花”

图 6.9-5　混凝土塑性裂缝

② 原因分析：

a. 混凝土浇筑后，表面没有及时覆盖，受风吹日晒，表面游离水分蒸发过快，产生急剧的体积变形，而此时混凝土强度低，不能抵抗这种变形应力而导致开裂；

b. 使用收缩率较大的水泥，水泥用量过高或使用过量的粉砂；

c. 混凝土水灰比过大，模板过于干燥，也是导致这类裂缝出现的因素。

③ 预防措施：

a. 配制混凝土时应严格控制水灰比和水泥用量，选择级配良好的石子，减小空隙率和砂率，同时要捣固密实，以减少收缩量；

b. 浇筑混凝土前将基层和模板浇水湿透；

c. 混凝土浇筑后对裸露表面应立即使用潮湿材料覆盖，认真养护；

d. 在气温高、湿度低或风速大的天气施工，混凝土浇筑后应及时进行喷水养护，使其保持湿润，大面积混凝土宜浇完一段，养护一段，此时要加强表面的抹压和养护工作；

e. 混凝土养护时可采用覆盖湿草袋、塑料薄膜等方法，当表面出现裂缝时，应及时抹压一次，再覆盖养护。

6）模板施工缺陷。

① 现象：

a. 炸模；

b. 倾斜变形，见图 6.9-6。

② 原因分析：

a. 没有采用对拉螺栓来承受混凝土对模板的侧压力或支撑不够，致使浇捣时炸模；

b. 有的模板自身变形，相邻模板拼接不严、不平，造成拼装后的模板平整度不符合标准要求。

③ 预防措施：

a. 采用对拉螺栓、水平支撑、斜支撑等措施，保证模板不炸模；

b. 对变形不能使用的模板进行更换，以保证拼装后的模板符合要求；

c. 每层混凝土浇筑厚度控制在 30cm 左右；

d. 提倡采用定型大面积模板或整体拼装式模板。

7）混凝土构筑物表面蜂窝。

① 现象：混凝土局部疏松，砂浆少、石子多，石子之间出现空隙，形成蜂窝状的孔洞，见图 6.9-7。

图 6.9-6 拼装后模板平整度差

图 6.9-7 混凝土表面蜂窝

② 原因分析：

a. 混凝土配合比不准确或砂、石、水泥材料计量错误或加水量不准，造成砂浆少、石子多；

b. 混凝土搅拌时间短，没有拌和均匀，混凝土和易性差；

c. 未按操作规程浇筑混凝土，下料不当，使石子集中，振不出水泥浆，造成混凝土离析；

d. 混凝土一次下料过多，没有分段分层浇筑，振捣不实或下料与振捣配合不好，未及时振捣又下料，因漏振而造成蜂窝；

e. 模板空隙未堵好，或模板支设不牢固，振捣混凝土时模板位移，造成严重漏浆，形成蜂窝。

③ 预防措施：

a. 混凝土搅拌时严格控制配合比，经常检查，保证材料计量准确；

b. 混凝土应拌和均匀，颜色一致，按规定控制搅拌最短时间；

c. 混凝土自由倾落高度一般不得超过 2m，如超过 2m 高度，要采用串筒、溜槽等措施下料；

d. 下料要分层，每层厚度控制在 30cm 并分层捣固；

e. 振捣混凝土拌合物时，插入式振捣器移动间距不应大于其作用半径的 1.5 倍，振捣器与相邻两段之间应搭接振捣 3～5cm；

f. 混凝土振捣时，必须掌握好每点的振捣时间，振捣时间与混凝土坍落度有关，一般每点的时间控制在 15～30s，合适的振捣时间也可由下列现象来判定，即混凝土不再显著下沉，不再出现气泡，表面出浆呈水平状态，并将模板边角填满充实；

g. 浇筑混凝土时，应经常观察模板、支架、堵缝等情况，如发现异常，应立即停止浇筑，并应在混凝土凝结前修整完好。

④ 治理方法：

混凝土有小蜂窝，剔成喇叭口，用清水冲洗干净，再用高一强度等级的细石混凝土修补、捣实，并加强养护。

8）混凝土施工缝处理措施。

施工缝的位置应在混凝土浇筑之前确定，宜留置在结构受剪力和弯矩较小且便于施工的部位（图 6.9-8），并应按下列要求进行处理。

① 应凿除处理层混凝土表面的水泥砂浆和软弱层，但凿除时，混凝土须达到下列强度：

a. 用水冲洗凿毛时，须达到 0.5MPa；

b. 用人工凿除时，须达到 2.5MPa；

c. 用风动机凿毛时，须达到 10MPa。

② 经凿毛处理的混凝土面，应用水冲洗干净，在浇筑次层混凝土前，对垂直施工缝宜刷一层水泥净浆，对水平缝宜铺一层厚为 10～20mm 的 1∶2 的水泥砂浆。

③ 重要部位及有防震要求的混凝土结构或钢筋稀疏的钢筋混凝土结构，应在施工缝处补插锚固钢筋或石榫，有抗渗要求的施工缝宜做成凹形、凸形或设置止水带。

图 6.9-8 混凝土施工缝处理

④ 施工缝为斜面时应浇筑成或凿成台阶状。

⑤ 施工缝处理后，须待处理层达到一定强度后才能继续浇筑混凝土，需要达到的强度一般最低为 1.2MPa，当结构物为钢筋混凝土，不得低于 2.5MPa。

7 钢筋工程施工技术与管理

7.1 钢筋工程施工质量预控

7.1.1 施工方案的质量控制

钢筋工程在整个建筑工程开展过程中都发挥着十分重要的作用，且基本贯穿工程进行的始终。然而，由于缺乏对钢筋工程技术上的革新和调整，其整体工作方法还停留在机械化程度低且施工水平较为落后的层面。所以，可以通过加强对施工方案的革新来提高整体的质量管理水平。在开展施工前，有关方案必须经过逐层的审批认证，并对其中可能存在的问题加以修改和解决，直到方案完全符合施工现场的实际需要。此时，施工单位应将技术交底分为两个部分，即一般性施工步骤的交底和特殊工序步骤的交底。对于操作难度相对较小的钢筋铺设工程，可交给工作经验相对较少的新手来进行，对于工序复杂且关乎整体质量安全和下一步工序开展的特殊环节，则应由经验丰富的工人配合相关质量监督检查人员来开展，以此避免安全事故的发生。对施工方法的监控还表现在监督监管体系的建立和完善上。施工单位应对钢筋工程的整体工序进行即时性的监督抽查，并做好检查记录。一方面，监督工作能避免因工人操作失误而造成的安全事故或安全隐患；另一方面，通过观察施工过程，还能从各方面找出工人在施工环节中的创新和技术改变，或随着施工环节变化而改变的新型施工方式。监督环节的存在使得施工计划的更改变得有据可依，同时也使钢筋工程的整体施工质量不断得到提升和改变，使施工进程中的每个部分都得到了优化处理，帮助施工单位提高整体运行效率。

7.1.2 施工细节的管理

钢筋工程的顺利开展需要多方面的配合。举例来说，在进行钢筋的安装捆扎工作时，必须按照梁、柱、楼梯等几个大的方向，再根据不同方向的不同要求，按照固定的捆扎顺序完成先框架，后梁、板、楼梯的安装工作。而工序之间的配合，就需要工作人员准确了解相关规定，并由经验相对丰富的老工人带领新工人来完成。施工进行中，施工单位也要注意焊接、机械连接等环节的处理。对于这些技术含量较高，对工作人员经验水平、操作能力要求较高的部分，必须在上岗前加强针对性的培训，并将相关工作人员按工作经验进行搭配分组。这种做法不仅能加快钢筋工程的整体施工速度，也能加强不同施工小组之间的配合与管理，使得施工细节能得到质量上的保证。对于细节的管理也能使得原有建筑质量得到进一步的提升和加强。即通过细化质量管理环节的每个方面，来实现整体的提升。此外，还要注意对钢筋工程验收环节的质量管理。此时，不仅要综合考虑建筑工程的整体施工进展和质量问题，也要检查焊接等环节的具体质量，从而确保验收产品的质量达到相关标准，并能满足接下来的施工需要。

7.1.3　钢筋预检

（1）对一般结构构件，箍筋弯钩的弯折角度不应小于 90°，弯折后平直段长度不应小于箍筋直径的 5 倍；对有抗震设防要求或设计有专门要求的结构构件，箍筋弯钩的弯折角度不应小于 135°，弯折后平直段长度不应小于箍筋直径的 10 倍和 75mm 两者之中的较大值，见图 7.1-1、图 7.1-2。

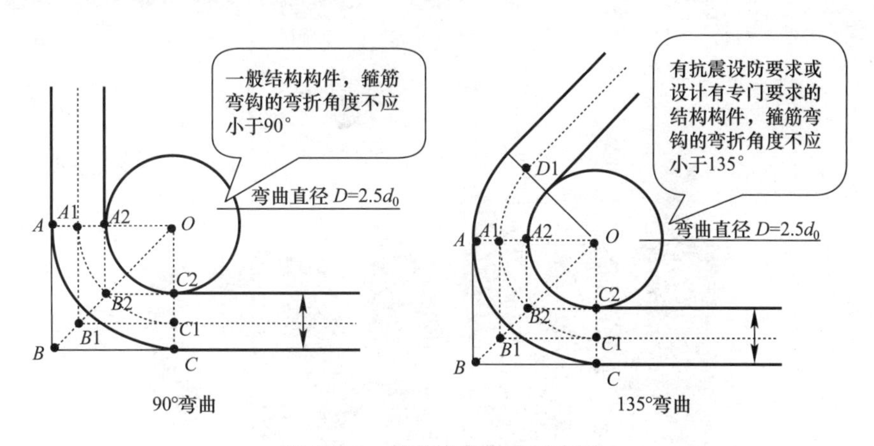

图 7.1-1　箍筋弯钩角度示意图

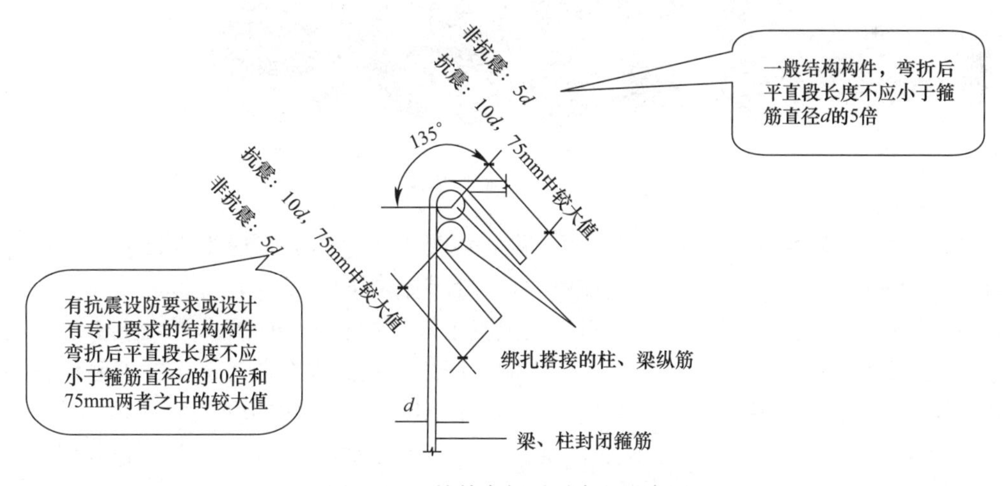

图 7.1-2　箍筋弯折后平直段示意图

（2）保护层垫块的分类制作与码放。

钢筋保护层垫块是用来放在钢筋下进行钢筋固定，使得承压面积增大，解决局部承压的一种常用的部件。现在市面上使用最为广泛的两类垫块分别是以混凝土和塑料为原料生产的，见图 7.1-3、图 7.1-4。

两种垫块的优缺点如下。

1）使用效果不同。混凝土在施工的时候，如果使用振捣器，就会使混凝土垫块容易出现碎裂、移位等现象，这样就可能导致施工质量出现问题，我们再进行修改会很麻烦，也会增加成本。而且混凝土垫块必须要事先定制，垫块不能很好地和混凝土体结合在一起，容易出现缝隙，而塑料垫块就不会存在这种状况。

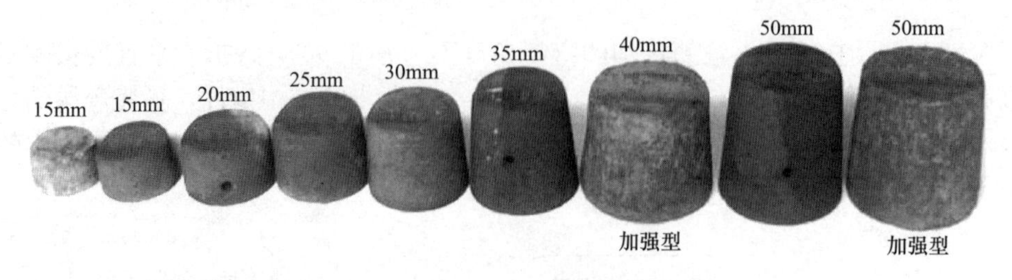

图 7.1-3 锥台型混凝土垫块

图 7.1-4 塑料垫块

2）使用方便程度不同。从加工方面来说，混凝土垫块的加工最为方便，在工地上我们自己都能进行加工，但是需要的场地较大，并且制作周期很长。在进行运输和储存的时候，塑料垫块又是最方便的，因为塑料远比混凝土轻。在使用的时候，混凝土垫块也比塑料垫块费事、费时，并且还会受到天气的影响。所以，我们现在使用最多的钢筋保护层垫块就是使用塑料生产出来的，这种是优点最多，使用时最方便的垫块。

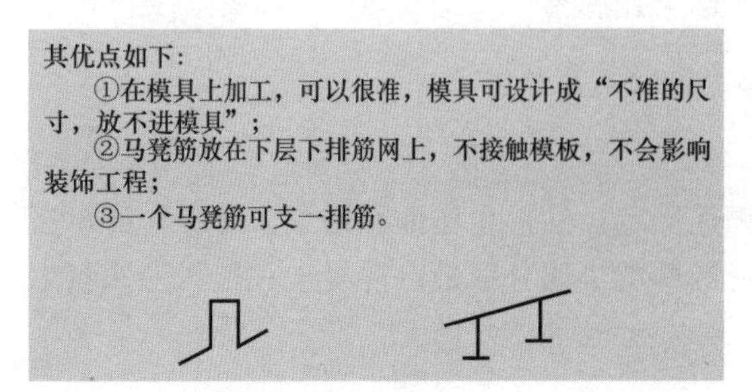

其优点如下：
①在模具上加工，可以很准，模具可设计成“不准的尺寸，放不进模具”；
②马凳筋放在下层下排筋网上，不接触模板，不会影响装饰工程；
③一个马凳筋可支一排筋。

图 7.1-5 马凳筋简图

（3）钢筋马凳筋的分类制作与码放。

1）钢筋马凳筋的定义。

马凳筋作为板的措施钢筋是必不可少的，一些缺乏实际经验和感性认识的人往往对其忽略和漏算。马凳筋不是个简单概念，但时至今日没有具体的理论依据和数据，没有通用的计算标准和规范，往往是凭经验和直觉。马凳筋常用计算简图及类型，见图 7.1-5、图7.1-6。

▲模具上加工的凳子均一样高。

▲加工得准，叠几层马凳筋，顶面仍平。

▲ 1.这种马凳筋加工不准。
2.这种凳放不平。
3.放模板上返锈。
4.一凳只支一个。

▲这样的马凳筋1.要改为放在下层网上。
2.不接触模板，不影响装修。
3.要用模具加工。
4.要有马凳筋一览表。

图 7.1-6 马凳筋类型图

当基础厚度较大时（大于 800mm）不宜用马凳筋，而是用支架（见图 7.1-8 钢筋支架）更稳定和牢固。板厚很小时可不配置马凳筋，如小于 100mm 的板，马凳筋的高度小于 50mm，无法加工，可以用短钢筋头或其他材料代替。马凳筋一般图纸上不注，只有个别设计者设计马凳筋，大都由项目工程师在施工组织设计中详细标明其规格、长度和间距，通常马凳筋的规格比板受力筋小一个级别，如板筋直径 $\phi12$ 可用直径为 $\phi10$ 的钢筋制作马凳筋，当然也可与板筋相同。纵向和横向的间距一般为 1m。如果双层双向的板筋为 $\phi8$，钢筋刚度较低，需要缩小马凳筋之间的距离，如间距为 800mm×800mm，如果双层双向的板筋为 $\phi6$，马凳筋间距则为 500mm×500mm。有的板钢筋规格较大，如采用直径 $\phi14$，那么马凳筋间距可适当放大。总之，马凳筋设置的原则是固定牢上层钢筋网，能承受各种施工活动荷载，确保上层钢筋的保护层在规范规定的范围内，见图 7.1-7～图 7.1-9。

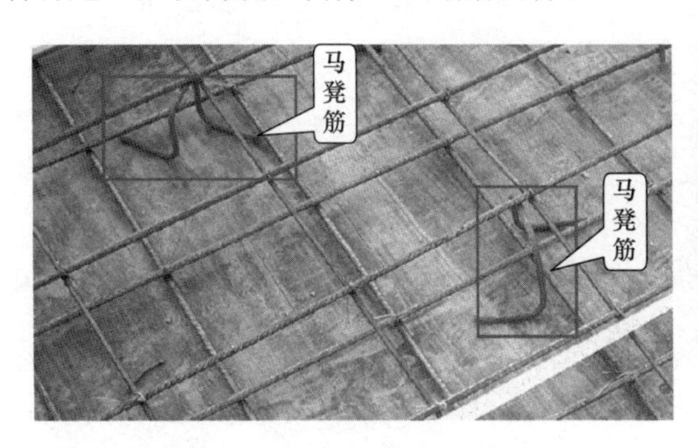
马凳筋
马凳筋

图 7.1-7 马凳筋位置图

当基础厚度较大时（大于800mm）不宜用马凳筋，而是用支架

图 7.1-8 钢筋支架示意图

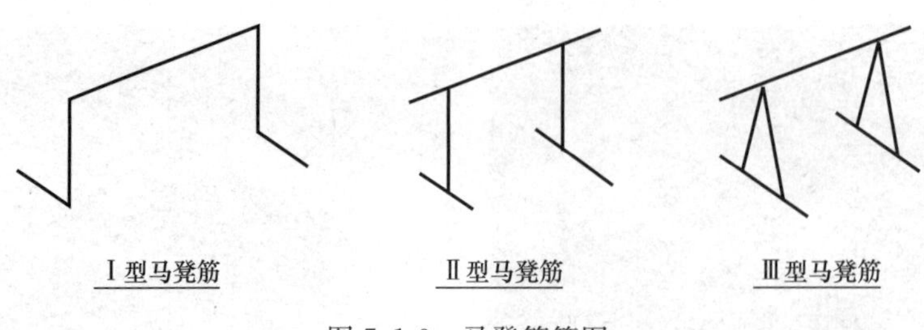

图 7.1-9 马凳筋简图

2）马凳筋根数的计算。

可按面积计算根数，马凳筋个数＝板面积/(马凳筋横向间距×纵向间距)，如果板筋设计成底筋加支座负筋的形式，且没有温度筋时，那么马凳筋个数必须扣除中空部分。梁可以起到马凳筋作用，所以马凳筋个数须扣梁。电梯井、楼梯间和板洞部位无需马凳筋，不应计算，楼梯马凳筋另行计算。

3）马凳筋长度的计算。

马凳筋高度＝板厚－2×保护层－∑(上部板筋与板最下排钢筋直径之和)。

上平直段为板筋间距＋50mm（也可以是 80mm，马凳筋上放一根上部钢筋），下左平直段为板筋间距＋50mm，下右平直段为 100mm，这样马凳筋的上部能放置两根钢筋，下部三点平稳地支撑在板的下部钢筋上。马凳筋不能接触模板，防止马凳筋返锈，见图 7.1-10。

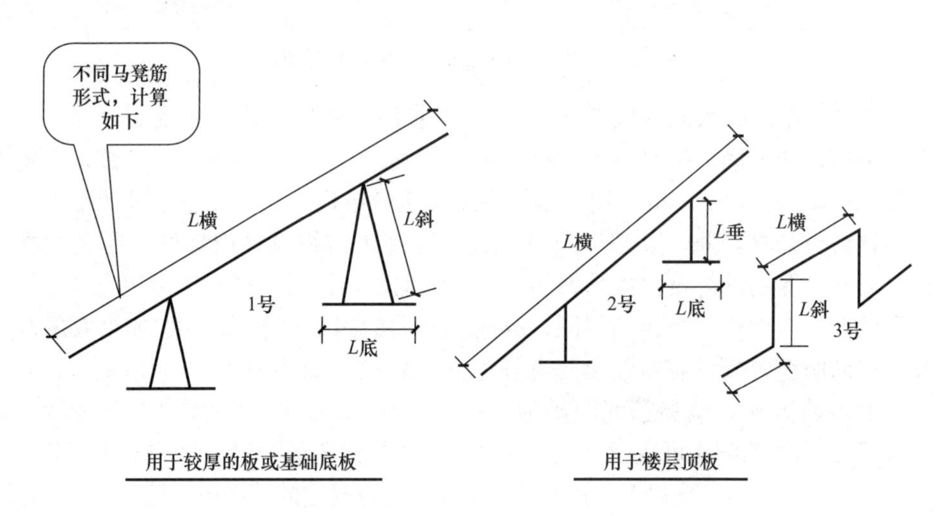

图 7.1-10 马凳筋长度计算

注：以上 2）、3）都提到马凳筋的计算，在实际的工程作业中，马凳筋的计算往往不被重视，结果造成的损失是无法弥补的。如 2014 年 12 月 29 日 8 时 16 分左右，××大学附属中学体育馆的建筑工地上，在进行地下室底板钢筋施工作业时，上排钢

筋突然坍塌，将进行绑扎作业的人员挤压在上下钢筋之间，塌落面积大约为 2000m²，造成 10 人死亡 4 人受伤。专家们分析认为，基础底板上钢筋绑扎时，钢筋原材料集中堆放，造成马凳筋及支撑钢管滑脱倾覆，上排钢筋网坍塌，最终造成无法弥补的后果，通过类似的案例说明，小小的马凳筋在工程中不能被忽略，要经过严格计算，以保证工程的安全性，见图 7.1-11。

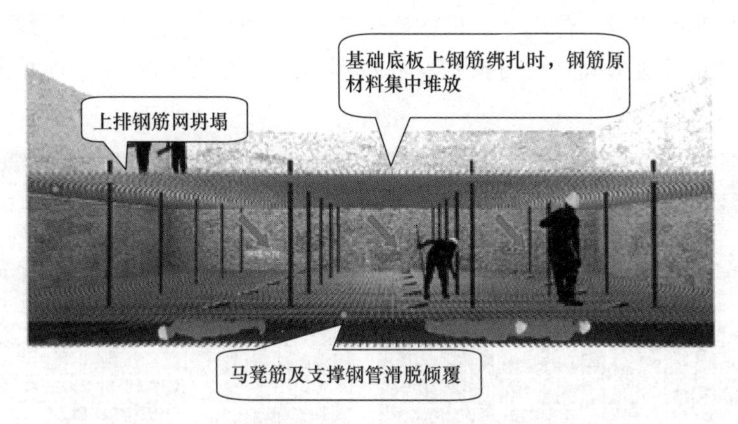

图 7.1-11　马凳筋失稳造成事故的原因分析图示

4）马凳筋的规格。

当板厚≤140mm，板受力筋和分布筋≤ϕ10，马凳筋直径可采用 ϕ8；当 140mm<h≤200mm，板受力筋≤ϕ12 时，马凳筋直径可采用 ϕ10；当 200mm<h≤300mm 时，马凳筋直径可采用 ϕ12；当 300mm<h≤500mm 时，马凳筋直径可采用 ϕ14；当 500mm<h≤700mm 时，马凳筋直径可采用 ϕ16；厚度大于 800mm，最好采用钢筋支架或角钢支架。

5）筏形基础中措施钢筋。

大型筏形基础中措施钢筋不一定采用马凳筋，而往往采用钢支架形式（图 7.1-12），支架必须经过计算才能确定它的规格和间距，才能确保其稳定性和承载力。在确定支架的荷载时，除计算上部钢筋荷载外，还要考虑施工荷载。支架立柱间距一般为 1500mm，在立柱上只需设置一个方向的通长角钢，这个方向应该是与上部钢筋最下一皮钢筋垂直，间距一般为 2000mm。除此之外，还要用斜撑焊接。支架的设计应有计算式，经过审批才能施工，不能只凭经验，支架规格、间距过小造成浪费，支架规格、间距过大可能造成基础钢筋整体塌陷的严重后果。所以，支架设计不能掉以轻心，对马凳筋制作要求见图 7.1-13。

图 7.1-12　筏形基础中的措施钢筋

马凳筋制作要求。

1）列出马凳筋一览表。有几种楼板厚度、同样楼板厚度钢筋不同，马凳筋也不同；同样楼板厚度、钢筋相同，排筋方向不同，马凳筋也不同。

2）马凳筋一律用直径大于14mm的下脚料制作（约1m），不要用新料切断加工。端头悬挑不宜大于20cm。

3）加工好的马凳筋分类码放，标识清楚，要自检是否是同样高度，放靠尺应均能贴上。

4）注意加工马凳筋的横梁筋要直，先自检，后加工（若不直，先调直）。

5）马凳筋标识牌要有：序号、计算式、附图、使用部位、支撑几层筋、放置间距、加工数量。

6）双层网钢筋直径大于14mm者，马凳筋无须用1m左右横梁，300~400mm长即可，因双层网筋自身就可作横梁筋，但不允许对受力筋网用电弧点焊代替马凳筋。

图 7.1-13　马凳筋的具体要求

6）马凳筋其他注意事项。

建筑工程一般都对马凳筋有专门的施工组织设计，如果施工组织设计中没有对马凳筋做出明确和详细的说明，那么就按常规计算。但有两个前提，一是马凳筋要有一定的刚度，能承受施工人员的踩踏，避免板上部钢筋扭曲和下陷；二是为了避免以后结算争议和扯皮，对马凳筋要办理必要的手续和签证，由施工单位根据实际制作情况以工程联系单的方式提出，报监理及建设单位确认，根据确认的尺寸计算。

马凳筋排列可按矩形陈列也可按梅花状放置，一般是矩形陈列。马凳筋方向要一致，见图 7.1-14。

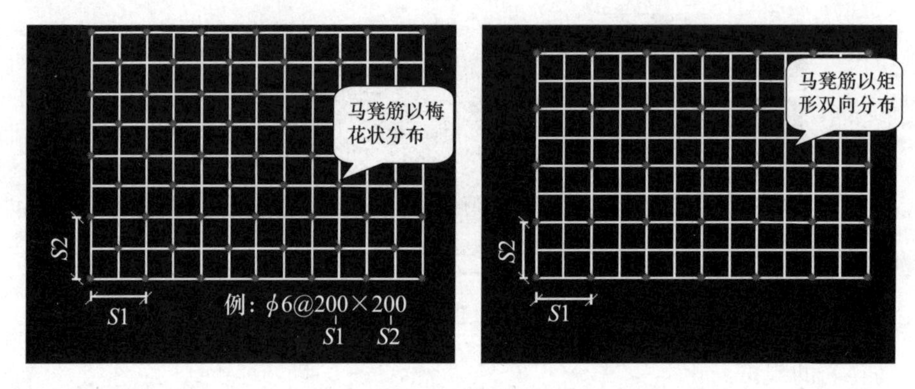

图 7.1-14 马凳筋布置图

有一些不正规施工单位为了省钢筋，不用马凳筋固定板钢筋而采用其他硬物（如石子、垫块、木块、塑料等）充当马凳筋功能，这是没有专业性的野蛮施工。

（4）钢筋定距框的分类制作与码放（图 7.1-15）。

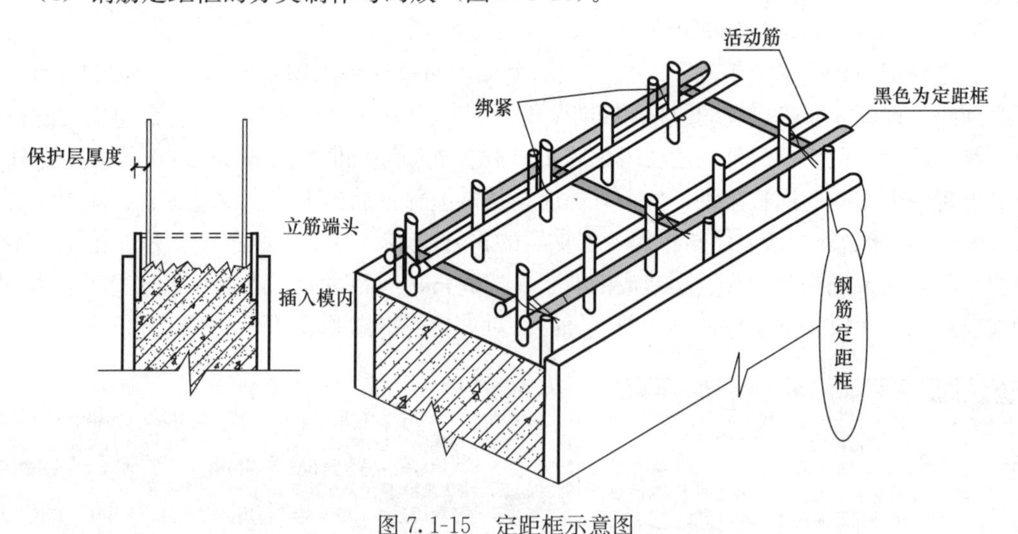

图 7.1-15 定距框示意图

1）柱筋定距框制作，见图 7.1-16。

2）墙筋定距框制作。

墙体竖向筋位置采用在墙体顶部模板上口处绑扎水平定距框控制，水平定距框采用 ϕ14 短筋根据现场钢筋间距情况提前制作。其中，h 为立筋间距，h=150mm；b_1 为立筋排距；b_2=墙厚−2×保护层厚度；b_3=立筋直径，即 12、14、16mm，见图 7.1-17、图 7.1-18。

（5）直螺纹的加工抽检。

钢筋应先调直再加工，切口端面宜与钢筋轴线垂直，端头弯曲、马蹄形严重的应切去，不得用气割下料。检验合格的丝头应加以保护，在其端头加戴保护帽或用套筒拧紧，按规格分类堆放整齐。

1）钢筋应有出厂质量证明和检验报告，钢筋的品种和质量应符合现行国家标准《钢筋混凝土用钢》GB/T 1499.1～1499.3 的要求。

2）直螺纹连接套应有产品合格证和检验报告，材质几何尺寸、直螺纹加工应符合设计和规定要求。

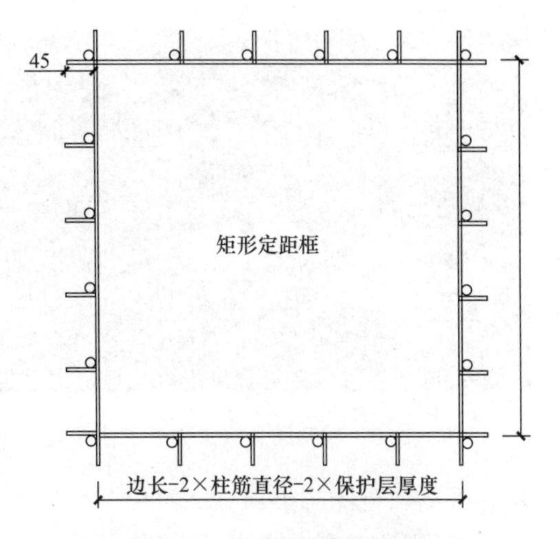

图 7.1-16 柱定距框示意图

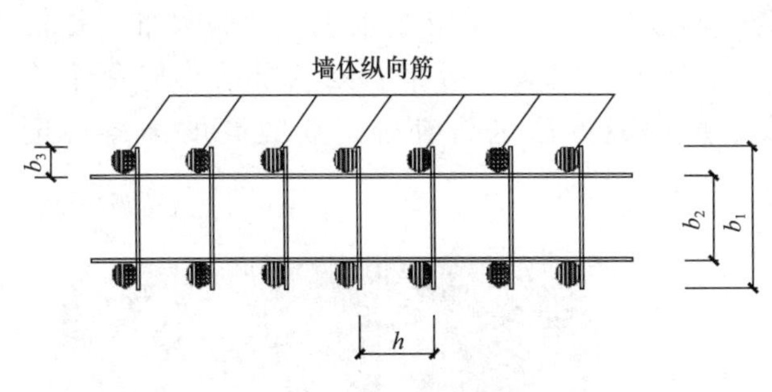

图 7.1-17 墙筋定距框示意图

图 7.1-18 墙筋定距框

3）连接套必须逐个检查，要求管内螺纹圈数、螺距、齿高等必须与锥螺纹校验塞规相咬合；丝扣无损破、歪斜、不全、滑丝、混丝现象，螺纹处无锈蚀，见图 7.1-19。

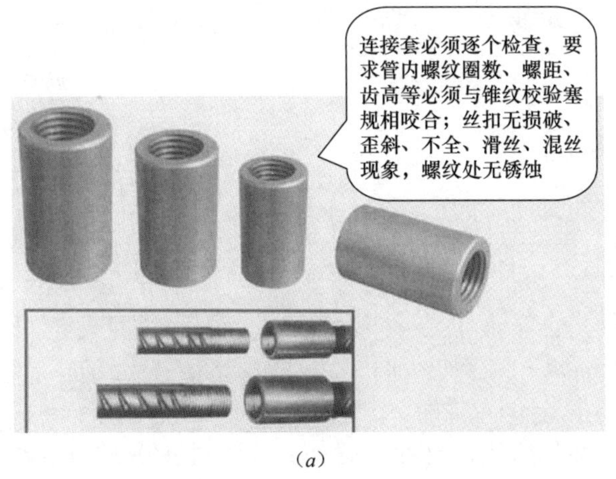

（a）

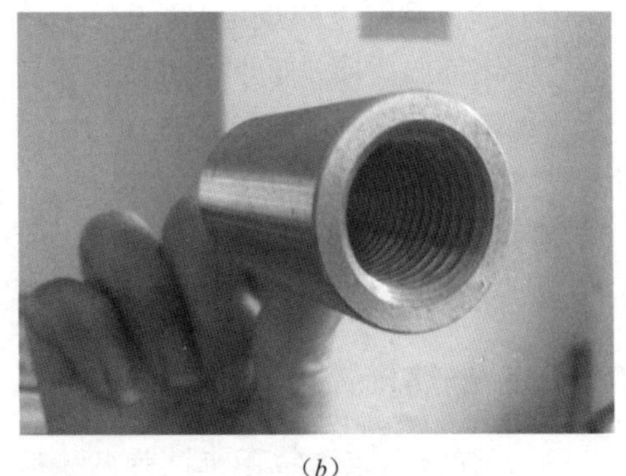

（b）

图 7.1-19 直螺纹连接套筒检查

4）钢筋连接开始前及施工过程中，应对每批进场钢筋和接头进行工艺检验：

图 7.1-20 对钢筋和接头进行工艺检验

① 每种规格钢筋母材的抗拉强度试验；

② 每种规格钢筋接头的试件数量不应少于 3 根；

③ 接头试件应达到《钢筋机械连接技术规程》JGJ 107—2016 中相应等级的强度要求，见图 7.1-20。

5）钢筋接头安装连接后，随机抽取同规格接头数的 10%进行外观检查。应满足钢筋与连接套的规格一致，连接丝扣无完整丝扣外露，见图 7.1-21。

6）用质检的力矩扳手，按规定的接头拧紧值抽检接头的连接质量。抽检数量：梁、柱构件按接头数的 15%，且每个构件的抽检数不得少于 1 个接头；基础、墙、板构件按各自接头数每 100 个接头作为一验收批，不足 100 个也为一个验收批，每批抽 3 个接头，抽检的接头应全部合格，如有 1 个接头不合格，则该批接头应逐个检查，对查出的不合格接头可采用电弧贴角焊缝方法进行补强，焊缝高度不得小于 5mm，见图 7.1-22。

图 7.1-21 钢筋接头安装连接后进行随机检查示意图

图 7.1-22 接头的连接检验

7）应具备以下质量记录：

① 钢筋出厂质量证明书或试验报告单；

② 钢筋机械性能试验报告；

③ 连接套合格证；

④ 接头强度检验报告；

⑤ 接头拧紧力矩的抽检记录。

7.1.4 钢筋预控

（1）弹线：未弹线不绑（弹两条墙、柱外边线，轴线；弹两条模板外 50mm 位置控制线）。

（2）施工缝、污筋、查偏、纠偏、甩头、接头等参见 6.8 节中“（2）施工质量问题的处理措施”中有关内容。

7.2 钢筋施工质量过程控制

7.2.1 原材料质量控制

（1）外观检查

钢筋进场应进行外观检查。钢筋应平直，表面不得有损伤、裂纹、结疤、折叠、油污、颗粒状或片状老锈。钢筋表面允许有凸块，但高度不超过横肋的最大高度，见图7.2-1。

图7.2-1 外观检查示意图

（2）质量合格文件检验

钢筋进场时应提供相关的资料，包括出厂合格证、检验报告、标牌，进口钢筋还应提供商检报告，以上文件资料须齐全有效。已进场的钢筋，在24h内未提供完整的质量合格文件的，做退场处理，见图7.2-2～图7.2-5。

图7.2-2 正确的钢筋标牌悬挂示意图

注：合格钢筋铭牌正确悬挂方式，用钢钉固定在钢筋上。

图7.2-3 不正确的钢筋标牌悬挂示意图

注：不合格钢筋悬挂方式，使用钢丝绑扎在钢筋上。

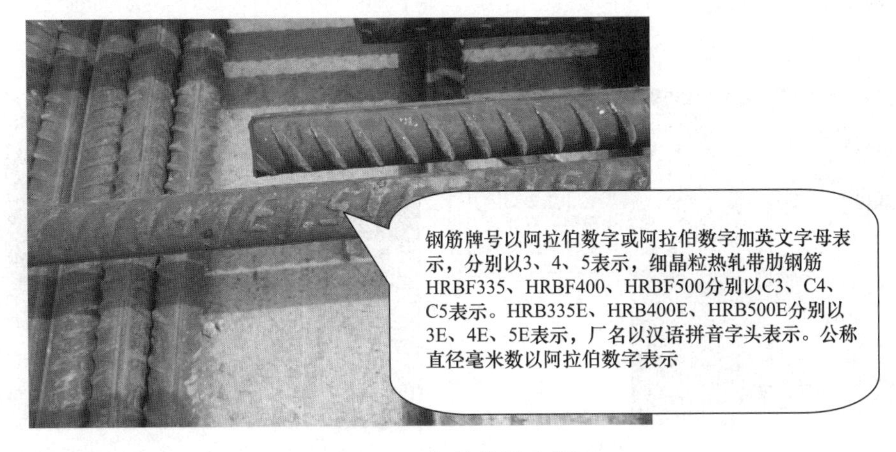

钢筋牌号以阿拉伯数字或阿拉伯数字加英文字母表示，分别以3、4、5表示，细晶粒热轧带肋钢筋HRBF335、HRBF400、HRBF500分别以C3、C4、C5表示。HRB335E、HRB400E、HRB500E分别以3E、4E、5E表示，厂名以汉语拼音字头表示。公称直径毫米数以阿拉伯数字表示

图7.2-4 钢筋牌号示意图

图 7.2-5　钢筋标识牌示意图

（3）原材复试

钢筋进场后按照相关标准的规定应进行抽样检验。检测的项目如下。

1）抗拉性能包括极限抗拉强度、屈服强度和伸长率，见图 7.2-6。

图 7.2-6　抗拉性能检验示意图

2）弯曲性能包括弯心直径和弯曲角度，见图 7.2-7。

3）钢筋直径偏差检验。

① 直径偏差检验见图 7.2-8。

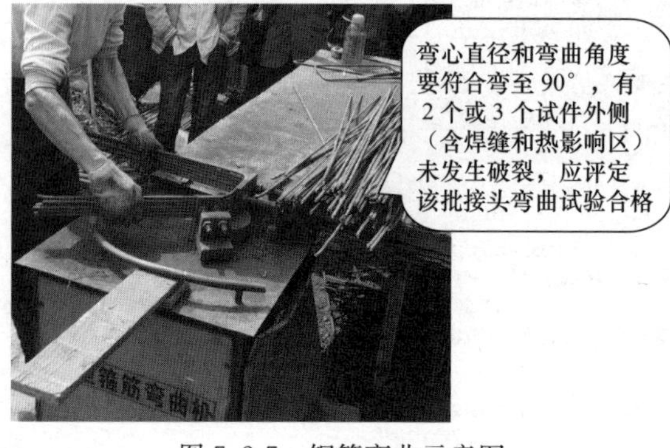

图 7.2-7　钢筋弯曲示意图

图 7.2-8　直径偏差检验示意图

② 钢筋的直径允许偏差，见表 7.2-1。

钢筋直径允许偏差 **表 7.2-1**

公称直径（mm）	内径 d（mm）	
	公称尺寸	允许偏差
6	5.8	±0.3
8	7.7	±0.4
10	9.6	
12	11.5	
14	13.4	±0.4
16	15.4	
18	17.3	
20	19.3	±0.5
22	21.3	
25	24.2	
28	27.2	±0.6
32	31.0	
36	35.0	

③ 重量偏差检验，见图 7.2-9。

④ 钢筋实际重量与理论重量的允许偏差应符合表 7.2-2 的规定。

钢筋重量允许偏差 **表 7.2-2**

公称直径（mm）	实际重量与理论重量的允许偏差（%）
6～12	±7
14～20	±5
22～50	±4

⑤ 重量偏差计算如下：

$$重量偏差 = \frac{试样实际总重量 - (试样总长度 \times 理论重量)}{试样总长度 \times 理论重量} \times 100\%$$

4）当用户有特殊要求或对原材某些性能怀疑时，还应进行专门的数据检验。检验的批量按下列情况确定。

① 同一厂家、同一牌号、同一规格的钢筋以 60t 为一个检验批，不足 60t 的也应按一个检验批处理。

② 对同一厂家、同一牌号、同一规格的钢筋，不同时间进场的同批钢筋，当确有可靠依据时，可按一次进场的钢筋处理。取样数量按照每批随机抽取 5 个试件，且长度不小于 500mm。为了保证截取的试件具有代表性，盘条钢筋端头 50cm 范围内及直条钢筋端头 5cm 范围内不应作为样品使用。

(4) 材料储存

钢筋进场后，搬运到指定地点，架空堆放并挂牌标识，注明使用部位、规格、数量、产地、试验状态、尺寸等内容。钢筋堆放场地地坪做好排水处理，2%坡向排水明沟。在原材上不能进行涂刷作业。雨天施工，在钢筋上铺麻袋或彩条布，防止污染钢筋。钢筋存放区搭防雨棚，避免淋雨锈蚀。钢筋要分类进行堆放，直条钢筋放在一起，箍筋堆放在一起，防止钢筋生锈，生锈的钢筋须除锈，经项目技术负责人批准后方可使用，见图 7.2-10。

图 7.2-9　重量偏差检验示意图

图 7.2-10　钢筋储存示意图

7.2.2 钢筋加工质量控制

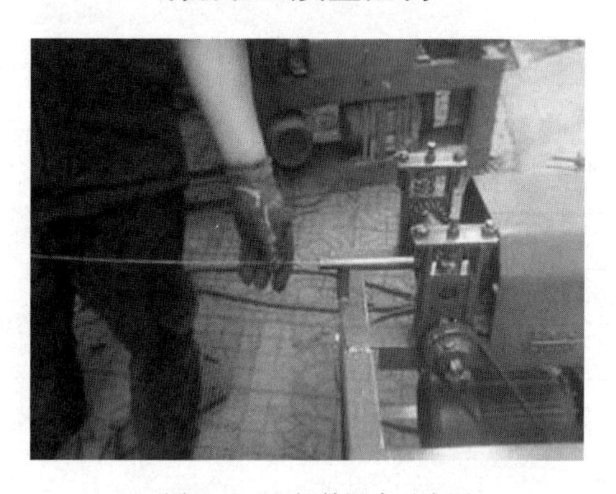

图 7.2-11　钢筋调直示意图

注：钢筋调直宜采用无延伸功能的机械设备，也可采用冷拉方法调直。

(1) 钢筋调直

钢筋调直宜采用无延伸功能的机械设备，也可采用冷拉方法调直。采用冷拉调直的，按照现行规范要求，调直后的钢筋应进行力学性能和重量偏差的检验，目的是加强对调直后钢筋性能质量的控制，防止冷拉加工过度从而改变钢筋的力学性能。采用冷拉调直应按规范要求控制冷拉率：HPB300 光圆钢筋的冷拉率不宜大于 4%；HRB335、HRB400、HRB500、HRBF335、HRBF400、HRBF500 及 RRB400 带肋钢筋的冷拉率不宜大于 1%，见图 7.2-11。

(2) 钢筋翻样表的制作

钢筋翻样表是钢筋加工的主要依据，为钢筋加工提供质量保障。钢筋翻样的依据有签章齐全的设计图纸、设计交底记录、图纸会审记录、相关标准图集等。对于较复杂部位钢筋，应在现场实测后制作料表，从而保证尺寸的准确。应注意直条钢筋弯曲成形过程中，外侧表面受拉伸长，内侧表面受压缩短，中心线尺寸不变，当以钢筋外包尺寸进行钢筋下料时，还应减去外侧表面受拉伸长的增加值，即弯曲调整值，见表 7.2-3。

钢筋翻样配料单 **表 7.2-3**

工程名称：××综合楼
工程部位：第 3 层 FL-1 日期：××-××-×× 第 1 页 共 10 页

钢筋编号	规格	钢筋图形	断料长(mm)	根数	合计根数	总重(kg)	备注
构件名称：YKL1（7） 构件数量：1							
构件位置：3-Ⅱ轴/3-1-3-8 轴							
单根构件重量：757.657 总重量：757.657							
1	ϕ18	8400 8700 6000 8000 580 直 直 直 直	8980/8700/ 6000/8000	1	1	63.294	上部通长筋
2	ϕ18	3580 6000 5370 8950 5370 580 直 直 直 直 直	4160/6000/ 5370/8950/5370	1	1	59.628	上部通长筋
3	ϕ18	2380 580	2960	2	2	11.826	3-1，3-M 轴右侧支座负筋
4	ϕ18	4520	4520	2	2	18.058	3-2，3-M 轴支座负筋
5	ϕ18	4500 8950 8700 8950 直 直 直 直	4500/8950/ 8700/8950	1	1	62.125	下部通长筋
6	ϕ18	5370 6000 6000 8950 6000 直 直 直 直 直	5370/6000/ 6000/8950/6000	1	1	64.562	下部通长筋
7	ϕ18	4500 8950 8700 8950 直 直 直 直	4500/8950/ 8700/8950	1	1	62.125	下部通长筋
8	ϕ18	1040 8950 8770 6000 8950 直 直 直 直 直	1040/8950/ 8770/6000/8950	1	1	67.339	下部通长筋
9	ϕ18	5170	5170	2	2	20.655	3-3，3-M 轴支座负筋
10	ϕ18	5170	5170	2	2	20.655	3-5，3-M 轴支座负筋
11	ϕ18	5170	5170	2	2	20.655	3-6，3-M 轴支座负筋
12	ϕ8	570 270	1840	215	215	156.098	第 1跨；第 2跨；第 3跨；第 4跨；第 5跨
13	ϕ8	570 120	1540	215	215	130.647	第 1跨；第 2跨；第 3跨；第 4跨；第 5跨
接头统计	规格	数量	丝扣类型				
	ϕ18	21					
	合计	21					

（3）钢筋切断

钢筋下料切断通常采用钢筋切断机，应先断长料，后断短料，减少短头，减少损耗。切割过程中，如发现钢筋有劈裂、缩头或严重的弯头等必须切除，见图 7.2-12。

（4）钢筋下料

1）钢筋因弯曲或弯钩会使其长度变化，配料中不能直接根据图纸尺寸下料，必须了解混凝土保护层、钢筋弯曲、弯钩等规定，再根据图示尺寸计算其下料长度，见图 7.2-13～图 7.2-15。

① 直条钢筋下料长度＝构件长度－保护层厚度＋弯钩增加长度

② 弯起钢筋下料长度＝直段长度＋斜段长度－弯曲调整值＋弯钩增加长度

③ 箍筋下料长度＝箍筋周长＋箍筋调整值

图 7.2-12　钢筋切口示意图

注：切口应平滑，与长度方向垂直且长度不应小于 500mm。

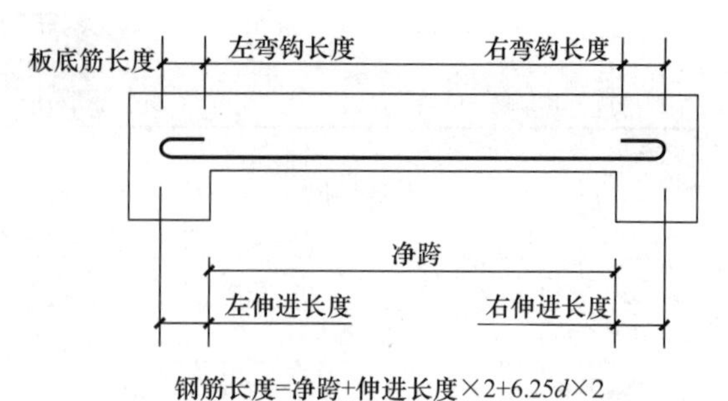

图 7.2-13　直钢筋下料长度计算示意图

弯起钢筋的长度$=L+2\Delta L+2x$

$\Delta L=S-L_1$

$S=h/\sin\alpha$　　$L_1=h\cos\alpha/\sin\alpha$

$\Delta L=S-L_1=h/\sin\alpha-h\cos\alpha/\sin\alpha$

$=h(1-\cos\alpha/\sin\alpha)=h\tan\alpha/2$

图 7.2-14　弯起钢筋下料长度计算示意图

2）钢筋弯曲成形。

根据现行国家标准《混凝土结构工程施工质量验收规范》GB 50204 的规定，对各个部位不同级别的钢筋弯曲过程中的弯弧内直径有详细的数值要求，弯曲时应严格执行。HRB335 级和 HRB400 级钢筋的弯曲角度也要严格控制，如果弯过头了，不能再弯过来，以免钢筋弯曲点处发生裂纹。加工好的成品钢筋应按每工作班同一类型钢筋、同一加工设备抽查不少于 3 件，见图 7.2-16。

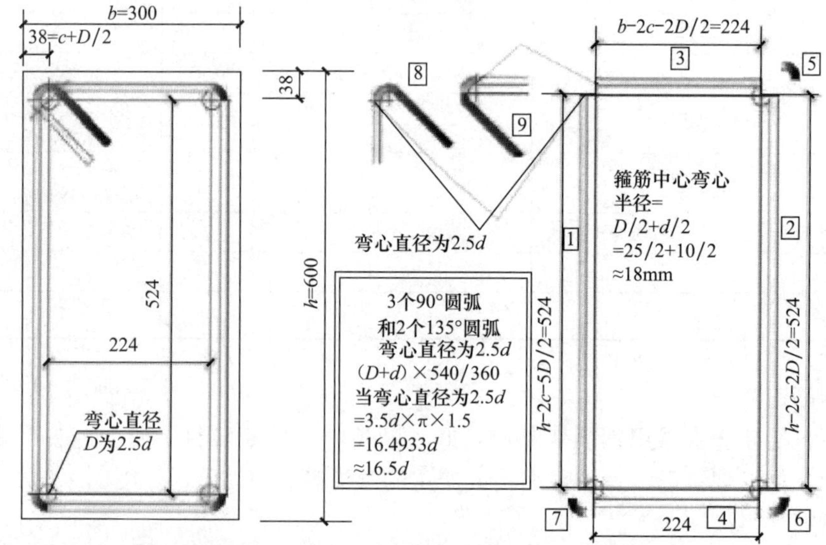

分解为4个平段，3个（1/4）圆弧，2个135°圆弧+10d，共9部分。

平段1、2、3、4和8、9号中的两个10d，没有内皮外皮和中心长度的区别，都等于$2b+2h-8c-4D+20d$，剩下的就是3个90°度圆弧和2个135°圆弧（见上中框内），所以，我们得到：箍筋下料长度$=2b+2h-8c-4D+20d+16.5d$

当弯心直径D为2.5d时，箍筋中心线下料长度$=2b+2h-8c+26.5d$

按照中心线长度下料成形后自然形成的：成型箍筋外皮展开长度$=2b+2h-8c+31.21d$；成型箍筋内皮展开长度$=2b+2h-8c+21.79d$

图中c为保护层厚度，d为钢筋直径。

图 7.2-15　箍筋下料长度计算示意图

3）弯曲调整值。

钢筋弯曲后特点：一是外壁伸长、内壁缩短，轴线长度不变；二是在弯曲处形成圆弧。钢筋的量度方法是沿直线量外包尺寸，因此弯起钢筋的量度尺寸大于下料尺寸，两者之间的差值称为弯曲调整值。

不同弯曲角度的钢筋调整值见表 7.2-4。

弯钩增加长度：钢筋弯钩有 180°、90°和 135°三种。

图 7.2-16 钢筋弯曲成形加工

钢筋调整值表 表 7.2-4

钢筋弯曲角度	30°	45°	60°	90°	135°
钢筋弯曲调整值	$0.35d$	$0.5d$	$0.85d$	$2d$	$2.5d$

① 180°弯钩常用于 HRB300 级钢筋。

② 90°弯钩常用于柱立筋的下部、附加钢筋和无抗震要求的箍筋中。

③ 135°弯钩常用于 HRB335、HRB400 级钢筋和有抗震要求的箍筋中。

④ 当弯弧内直径为 $2.5d$（HRB335、HRB400 级钢筋为 $4d$）、平直部分为 $3d$ 时，其弯钩增加长度的计算值为：半圆弯钩为 $6.25d$、直弯钩为 $3.5d$、斜弯钩为 $4.9d$，见图 7.2-17、图 7.2-18。

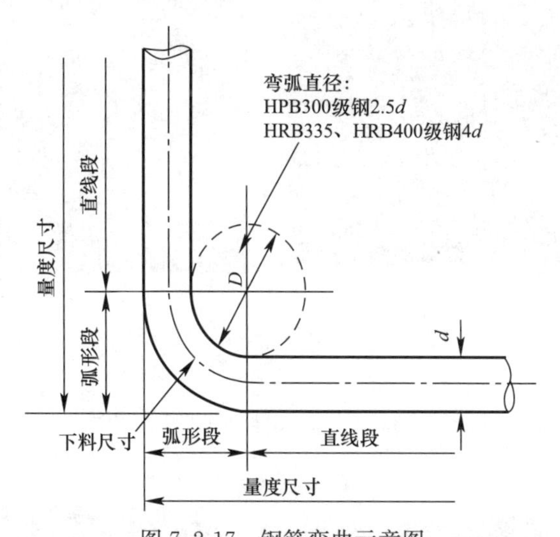

图 7.2-17 钢筋弯曲示意图

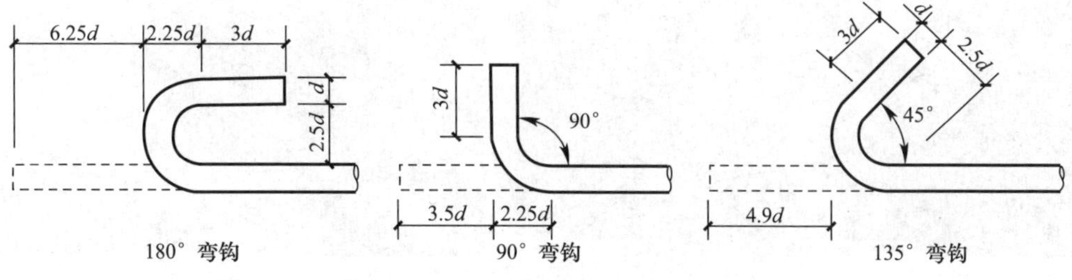

图 7.2-18 钢筋弯钩增加长度示意图

⑤ 箍筋调整值：即为弯钩增加长度和弯曲调整值两项之差或和，根据箍筋量外包尺寸或内皮尺寸而定，见表 7.2-5。

箍筋调整值表　　　　表 7.2-5

箍筋量度方法	箍筋直径（mm）			
	4～5	6	8	10～12
量外包尺寸	40	50	60	70
量内皮尺寸	80	100	120	150～170

7.2.3 钢筋加工性能

（1）钢筋性能

钢筋混凝土用的钢筋和预应力混凝土中的非预应力钢筋的力学性能必须符合《钢筋混凝土用钢　第 1 部分：热轧光圆钢筋》GB/T 1499.1—2017 的规定。钢筋应有出厂质量保证书或试验报告单，并做机械性能试验。对中、小桥梁工程所用的钢筋，使用前可不进行抽验，对大型桥所用的钢筋，应进行抽验。

（2）钢筋的验收、存放

钢筋必须按不同钢种、等级、牌号、规格及生产厂家分批验收、分别堆存、不得混杂，且应立牌标明以资识别。钢筋运输、存放应避免锈蚀、污染，钢筋宜堆放在仓库里，见图 7.2-19。

（*a*）

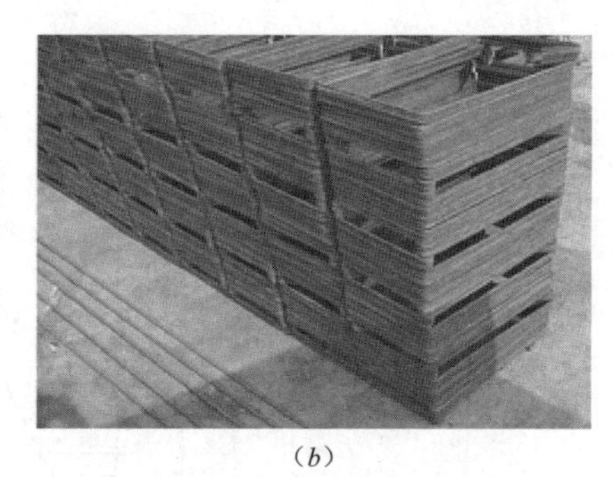

（*b*）

图 7.2-19　钢筋分类码放示意图

（3）钢筋使用

钢筋外表有严重锈蚀、麻坑、裂纹、夹砂和夹层等缺陷时，应予剔除，不得使用，见图 7.2-20、图 7.2-21。

图 7.2-20　钢筋表面缺陷

图 7.2-21　符合规定的钢筋

(4) 钢筋代换

钢筋的类别和直径应按设计规定采用。以另一种强度牌号或直径的钢筋代替设计中所规定的钢筋时，应了解设计意图和代用材料性能，并须符合设计规范有关规定。对于重要结构中的主钢筋，在代用时，应征得有关方面的同意。

(5) 钢筋加工机具

钢筋加工采用的机具见图 7.2-22。

图 7.2-22 钢筋加工工具

(6) 钢筋加工机具的应用

1) 钢筋调直机：调直机兼有除锈、调直、切断三项功能，见图 7.2-23。

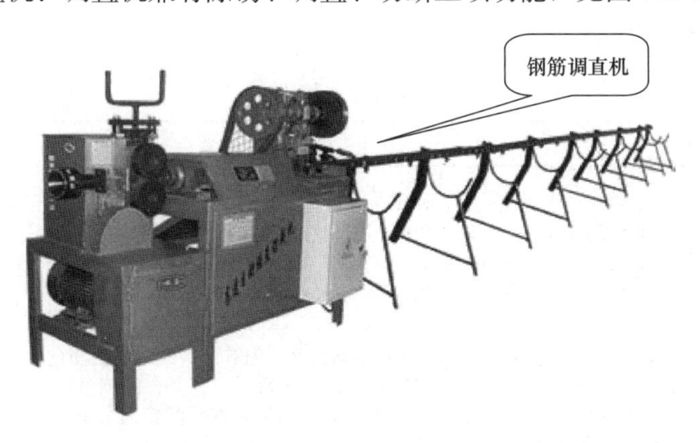

图 7.2-23 钢筋调直机

2）钢筋切断机：直螺纹钢筋加工需用专用直口钢筋切断机。钢筋下料时须按下料长度切断。钢筋切断可用钢筋切断机（直径 40mm 以下）、手动切断器（直径小于 12mm）、乙炔或电弧割切或锯断（直径大于 40mm），见图 7.2-24。

（*a*） （*b*）

图 7.2-24 钢筋切断机

3）钢筋弯曲机：用钢筋弯曲机或弯箍机进行，弯曲形状复杂的钢筋应画线、放样后进行，见图 7.2-25。

（*a*）

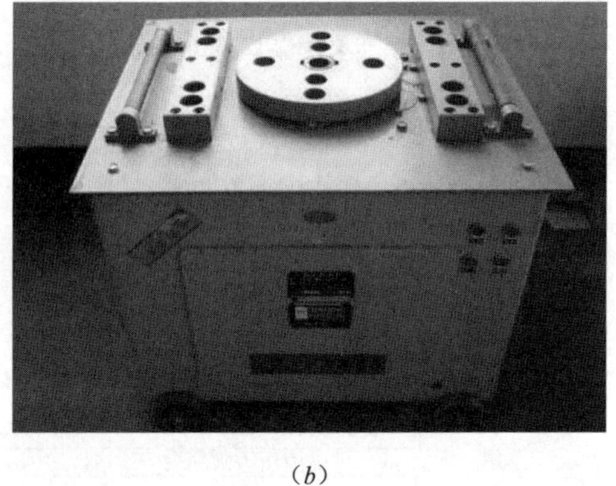

（*b*）

图 7.2-25 钢筋弯曲机

（7）钢筋加工的注意要点

注意要点见表 7.2-6。

钢筋加工要点 表 7.2-6

项目	加工注意要点
钢筋调直和清除污锈	1. 钢筋的表面应洁净，使用前应将表面油渍、浮皮、铁锈等清除干净； 2. 钢筋应平直，无局部折断，成盘的钢筋和弯曲的钢筋均应调直； 3. 采用冷拉方法调制钢筋时，HPB300 级钢筋的冷拉率不宜大于 2%，HRB335、HRB400 级钢筋的冷拉率不宜大于 1%
钢筋加工配料要求	钢筋加工配料时，要准确计算钢筋长度，如有弯钩或弯起钢筋，应加长其长度，并扣除弯曲成形的延伸长度，拼配钢筋实际需要长度。同直径、同钢号、不同长度的各种钢筋编号（设计编号）应先按顺序填写配料表，再根据调直后的钢筋长度，统一配料，以便减少钢筋的断头废料和焊接量

续表

项目	加工注意要点					
受力主筋制作和末端弯钩形状	钢筋的弯起和末端均应符合设计要求，如设计无规定时，应符合下列规定					
	弯起部位	弯起角度	钢筋种类	弯心直径（D）	平直部分长度	说明
	末端弯钩	130°	HPB300	≥25d ≥5d	≥3d	d 为钢筋直径
		135°	HRB400	≥4d ≥5d	按设计要求 （一般≥5d）	
		90°	HRB400	≥4d ≥5d	按设计要求 （一般≥10d）	
	中间弯起	90°以下	各类	15d		
箍筋末端弯钩形式	箍筋末端弯钩角度和形状			有关规定		
	90°/180°			用 HPB300 级钢筋制作的箍筋，其末端应做成弯钩，弯钩的弯心直径应大于受力主筋直径，且不小于箍筋直径的 2.5 倍，弯钩平直部分长度，一般结构不宜小于箍筋直径的 5 倍。有抗震要求的结构，不应小于箍筋直径的 10 倍		
	90°/90° 135°/135°					
弯曲钢筋应先做样板	弯曲钢筋时，应先反复修正并完全符合设计尺寸和形状，作为样板（筋）使用，然后进行正式加工生产					
机弯钢筋时不应任意逆转	弯筋机弯曲钢筋时，在钢筋弯到要求角度后，先停机再逆转取下弯好的钢筋，不得在机器向前运转过程中，立即逆向运转，以避免损坏机器					
钢筋加工后的存放	弯曲后的钢筋存放时，应注意下列要求： 1. 钢筋成形后，应详细检查尺寸和形状，并注意有无裂纹； 2. 同一类型钢筋存放在一起，一种形式弯完后，应捆绑好，并挂上标签，写明钢筋规格尺寸，必要时应注明使用的工程名称； 3. 成形的钢筋，如需两根扎结或焊接者，应捆在一起； 4. 弯曲成形的钢筋运输时，应谨慎装卸，避免变形，存放时要避免雨淋受潮生锈，以及其他有害气体的腐蚀					

（8）钢筋加工质量控制

1）受力钢筋质量控制，见图 7.2-26。

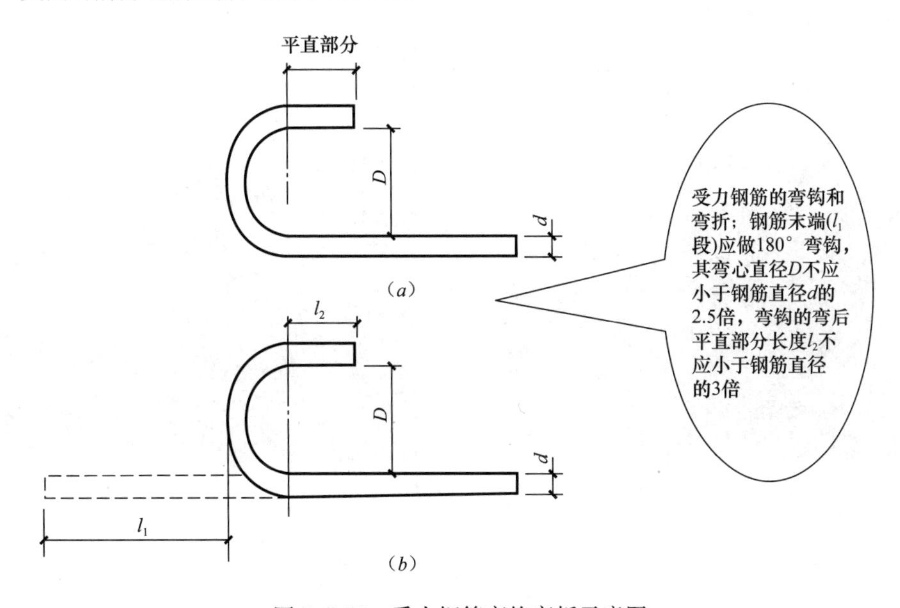

图 7.2-26 受力钢筋弯钩弯折示意图

2）箍筋加工质量控制见图 7.2-27。

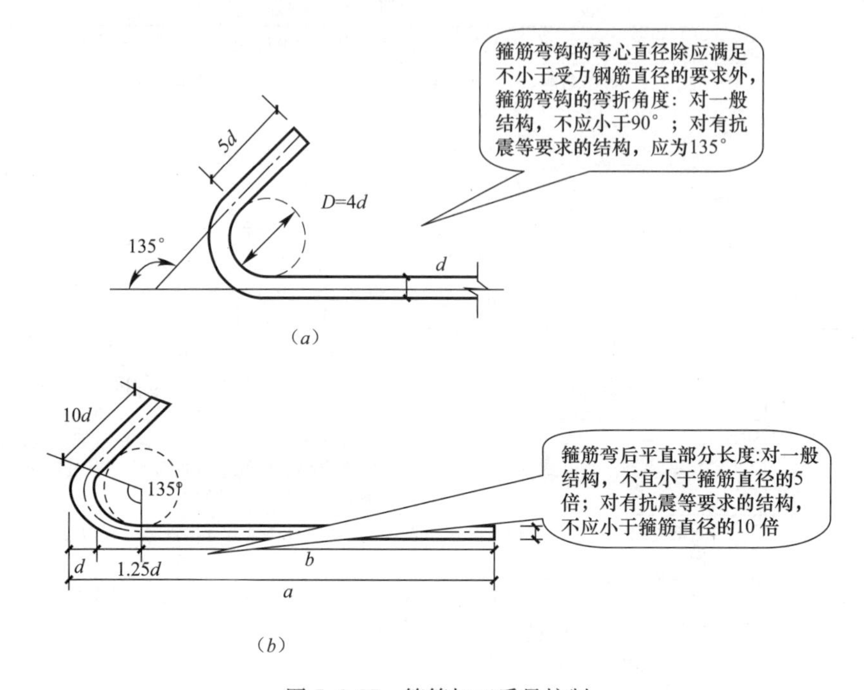
箍筋弯钩的弯心直径除应满足不小于受力钢筋直径的要求外，箍筋弯钩的弯折角度：对一般结构，不应小于90°；对有抗震等要求的结构，应为135°
5d
D=4d
135°
d
(a)
10d
135°
箍筋弯后平直部分长度:对一般结构，不宜小于箍筋直径的5倍；对有抗震等要求的结构，不应小于箍筋直径的10倍
d
1.25d
b
a
(b)

图 7.2-27　箍筋加工质量控制

（a）箍筋弯钩弯折示意图；（b）箍筋弯折后平直段

① 箍筋加工常见问题：

a. 平直部分长 10d 不到位原因：一是不重视，二是不理解其重要性、必要性。

b. 套子 4～10 个一次成形，成形后不打开，也不检查 135°是否到位。

c. 下料时，长度短了，造成平直长度 10d 不足。

d. 下料够长，撼偏了，一钩长、一钩短。

e. 不足 135°成形，工长未对钢筋制作做预检。

② 箍筋控制样板，见图 7.2-28。

（a）　　（b）

图 7.2-28　箍筋样板示意图

（a）查 135°，两钩要 45°平行，直钩 10d；（b）检查钢箍内净尺寸

(c)

(d)

图 7.2-28 箍筋样板示意图（续）
(c) 135°摵得好，挂在杆子上应达到图中水平；(d) 绑成柱子后所呈现的效果

3）箍筋加工后码放，见图 7.2-29。

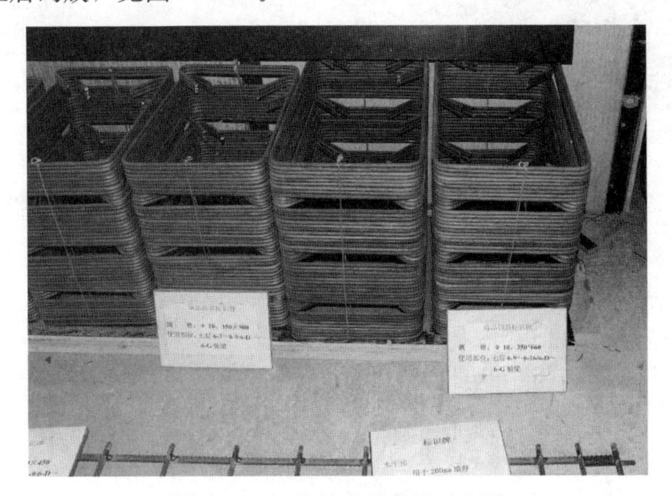

图 7.2-29 箍筋分类码放示意图
注：箍筋码放四个开口轮流放置并设标识牌。

7.2.4 钢筋连接

（1）钢筋连接的原则

钢筋接头宜设置在受力较小处，同一根钢筋不宜设置两个以上接头，同一构件中的纵向受力钢筋接头宜相互错开。直径大于 12mm 的钢筋，应优先采用焊接接头或机械连接接头。轴心受拉和小偏心受拉构件的纵向受力钢筋；直径 $d>28$mm 的受拉钢筋、直径 $d>32$mm 的受压钢筋不得采用绑扎搭接接头。直接承受动力荷载的构件，纵向受力钢筋不得采用绑扎搭接接头。

钢筋连接的形式有图 7.2-30 所示的三种。

（2）钢筋焊接连接

钢筋焊接连接要求见图 7.2-31。

1）电阻点焊。

① 电阻点焊是将两钢筋安放成交叉叠接形式，压紧于两电极之间，利用电阻热熔化母材金属，加压形成焊点的一种压焊方法。

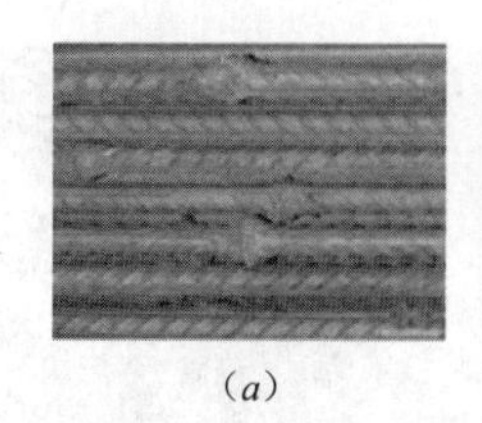
（a）

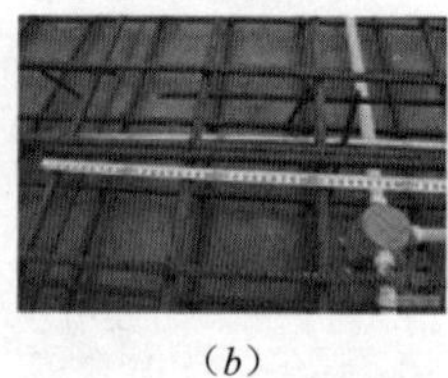
（b）

（c）

图 7.2-30 钢筋连接形式

（a）焊接法；（b）绑扎法；（c）机械连接法

焊工必须持证操作，施焊前应进行现场条件下的焊接工艺试验，试验合格后，方可正式施焊

钢筋搭接焊长度

钢筋牌号	焊缝形式单面焊	帮条长度≥8d
HPB300	双面焊	≥4d
HRB335 HRB400 RRB400	单面焊	≥10d
	双面焊	≥5d

注：d为主筋直径（mm）。

同一台班、同一焊工完成的300个同牌号、同直径接头为一批；当同一台班完成的接头数量较少，可在一周内累计计算，仍不足300个时应作为一批计算。从每批接头中随机切取6个接头，其中3个做抗拉试件，3个做弯曲试验

图 7.2-31 钢筋焊接连接要求原则

② 特点：钢筋混凝土结构中的钢筋焊接骨架和焊接网，宜采用电阻点焊制作；以电阻点焊代替绑扎，可以提高劳动生产率、骨架和网的刚度以及钢筋（钢丝）的设计计算强度，宜积极推广应用。

③ 适用范围：适用于 ϕ6～ϕ16mm 的热轧 HPB300、HRB335 级钢筋，ϕ3～ϕ5mm 的冷拔低碳钢丝和 ϕ4～ϕ12mm 冷轧带肋钢筋，见图 7.2-32。

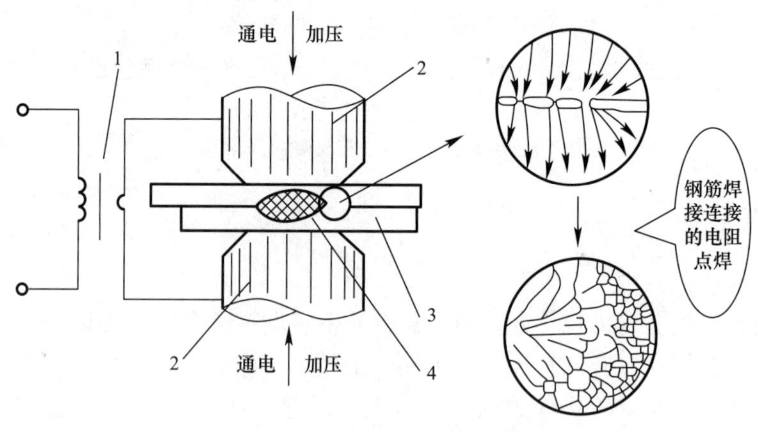

图 7.2-32 钢筋电阻点焊示意图

1—阻焊变压器；2—电极；3—焊件；4—熔核

2）闪光对焊。

① 闪光对焊是将两钢筋安放成对接形式，利用焊接电流通过两钢筋接触点产生塑性区及均匀的液体金属层，迅速施加顶锻力完成的一种压焊方法。

② 特点：具有生产效益高、操作方便、节约能源、节约钢材、接头受力性能好、焊接质量高等优点，故钢筋的对接连接宜优先采用闪光对焊。

③ 适用范围：适用于 ϕ10～ϕ40mm 的热轧 HPB300、HRB335、HRB400 级钢筋，

ϕ10～ϕ25mm 的 HRB500 级钢筋，见图 7.2-33。

3）电弧焊。

① 电弧焊是以焊条作为一极，钢筋为另一极，利用焊接电流通过产生的电弧热进行焊接的一种熔焊方法。

② 特点：轻便、灵活，可用于平、立、横、仰全位置焊接，适应性强，应用范围广。

③ 适用范围：适用于构件厂内，也适用于施工现场；可用于钢筋与钢筋，以及钢筋与钢板、型钢的焊接，见图 7.2-34。

图 7.2-33 钢筋闪光对焊示意图

图 7.2-34 钢筋电弧焊示意图

4）电渣压力焊。

① 电渣压力焊是将两钢筋安放成竖向对接形式，利用焊接电流通过两钢筋断面间隙，在焊剂层下形成电弧过程和电渣过程，产生电弧热和电阻热，熔化钢筋、加压完成的一种焊接方法。

② 特点：操作方便、效率高。

③ 适用范围：适用于 ϕ14～ϕ40mm 的热轧 HPB300、HRB335 级钢筋连接，主要用于柱、墙、烟囱、水坝等现浇钢筋混凝土结构（建筑物、构筑物）中竖向或斜向（倾斜度在 4∶1 范围内）受力钢筋的连接，见图 7.2-35。

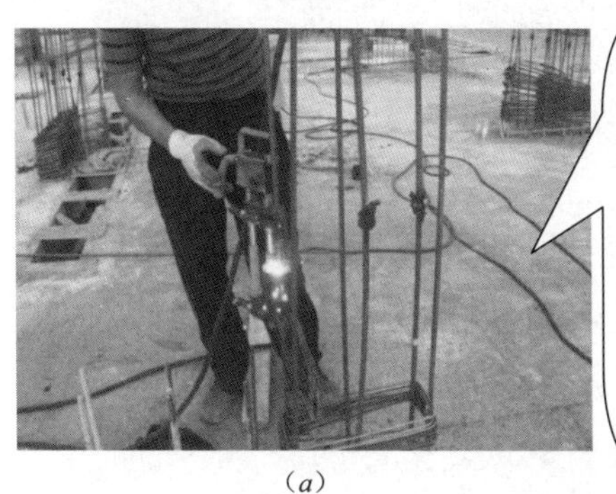
电渣压力焊外观合格标准：四周焊包均匀凸出钢筋表面的高度应大于或等于4mm；钢筋与电极接触处，应无烧伤缺陷；接头处的弯折角不大于4°；接头处的轴线偏移不得大于钢筋直径的0.1倍，且不得大于2mm

(*a*)

电渣压力焊外观没有达到合格标准

(*b*)

图 7.2-35 钢筋电渣压力焊示意图

5）气压焊。

① 气压焊是采用氧乙炔焰或氢氧焰将两钢筋对接处进行加热，使其达到一定温度，加压完成的一种焊接方法。

② 特点：设备轻便，可对钢筋进行水平位置、垂直位置、倾斜位置等全位置焊接。

③ 适用范围：适用于 ϕ14～ϕ40mm 的热轧 HPB300、HRB335、HRB400 级钢筋相同直径或径差不大于 7mm 的不同直径钢筋间的焊接，见图 7.2-36。

6）埋弧压力焊。

① 埋弧压力焊是将钢筋与钢板安放成 T 形，利用焊接电流通过，在焊剂层下产生电弧，形成熔池，加压完成的一种压焊方法。

② 特点：生产效率高，质量好，适用于各种预埋件 T 形接头钢筋与钢板的焊接，预制厂大批量生产时，经济效益尤为显著。

③ 适用范围：适用于 ϕ6～ϕ25mm 的热轧 HPB300、HRB335 级钢筋的焊接，钢板为厚度 6～20mm 的普通碳素钢 Q235A，与钢筋直径相匹配，见图 7.2-37。

图 7.2-36　钢筋气压焊示意图

图 7.2-37　钢筋埋弧压力焊示意图

(3) 钢筋绑扎连接

见图 7.2-38。

(a)

钢筋的绑扎搭接接头应在接头中心和两端用钢丝扎牢

(b)

图 7.2-38　钢筋绑扎示意图

(4) 钢筋机械连接

1）钢筋机械连接准备

钢筋机械连接又称为“冷连接”，是继绑扎、焊接之后的第三代钢筋接头技术，具有接头强度高于钢筋母材、速度比电焊快、无污染、节省钢材等优点，见图 7.2-39～图 7.2-44。

图 7.2-39　钢筋机械端头套丝扣

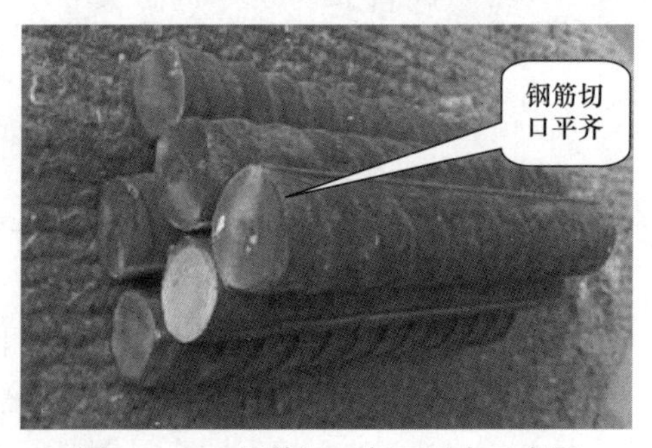

图 7.2-40　钢筋切口断面平齐示意图

图 7.2-41 钢筋套丝后断面不平齐示意图

图 7.2-42 钢筋加工完戴好保护帽示意图

图 7.2-43 钢筋保护帽节点图

钢筋连接前，摘掉保护帽，对钢筋进行除锈

图 7.2-44 钢筋手工除锈示意图

2）钢筋机械连接步骤

钢筋就位→拧下钢筋丝头保护帽→接头拧紧→做标记→施工检验。

① 钢筋就位：将丝扣检验合格的钢筋搬运至待连接处，见图 7.2-45。

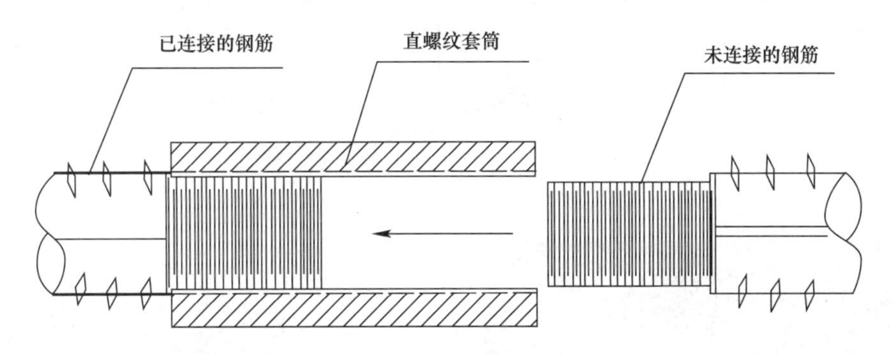

图 7.2-45 钢筋就位示意图

② 接头拧紧：用扳手和管钳将连接接头拧紧。

③ 做标记：对已经拧紧的接头做标记，与未拧紧的接头区分开。钢筋接头连接方法，见图 7.2-46。

3）径向挤压连接

① 将一个钢套筒套在两根带肋钢筋的端部，用超高压液压设备（挤压钳）沿钢套筒径向挤压钢套管，在挤压钳挤压力作用下，钢套筒产生塑性变形与钢筋紧密结合，通过钢套筒与钢筋横肋的咬合，将两根钢筋牢固连接在一起。

连接时，先取下连接端的塑料保护帽，检查丝扣是否完好无损，规格与套筒是否一致；确认无误后，把拧上连接套一头钢筋拧到被连接钢筋上，并用力矩扳手按规定的力矩值，拧紧钢筋接头，当听到扳手发出“咔哒”一声时，表明钢筋接头已被拧紧，做好标记，以防钢筋接头漏拧

图 7.2-46 钢筋接头连接方法示意图

② 特点：接头强度高，性能可靠，能够承受高应力反复拉压载荷及疲劳载荷。操作简便、施工速度快、节约能源和材料、综合经济效益好，该方法已在工程中大量应用。

③ 适用范围：适用于 ϕ18～ϕ50mm 的 HRB335、HRB400、HRB500 级带肋钢筋（包括焊接性差的钢筋），相同直径或不同直径钢筋之间的连接。

4）剥肋滚压直螺纹连接

是径向挤压连接的一种连接形式，先将钢筋接头纵、横肋剥切处理，使钢筋滚丝前的柱体直径达到同一尺寸，然后滚压成形。它集剥肋、滚压于一体，成形螺纹精度高，滚丝轮寿命长，是目前直螺纹套筒连接的主流技术，见图 7.2-47～图 7.2-53。

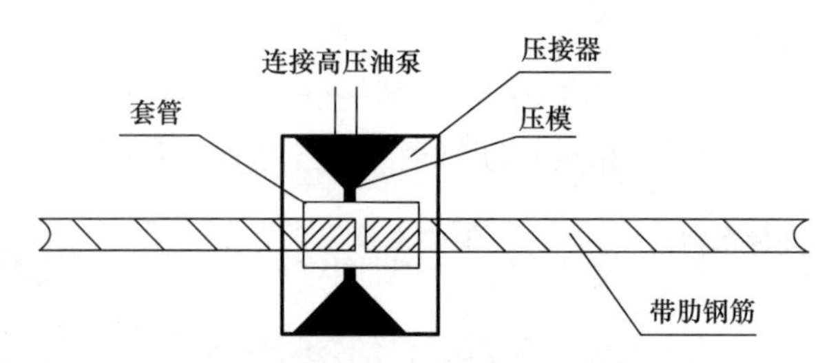

图 7.2-47 钢筋径向挤压连接原理

图 7.2-48 钢筋径向挤压连接示意图

图 7.2-49 钢筋套筒示意图

5）轴向挤压连接

① 轴向挤压连接是采用挤压机的压模，沿钢筋轴线冷挤压专用金属套筒，把插入套筒里的两根热轧带肋钢筋紧固成一体的机械连接方法。

② 特点：操作简单、连接速度快、无明火作业、可全天候施工，节约大量钢筋和能源。

③ 适用范围：适用于按一、二级抗震设防要求的钢筋混凝土结构中 ϕ20～ϕ32mm 的Ⅱ、Ⅲ级热轧带肋钢筋现场连接施工，见图 7.2-54、图 7.2-55。

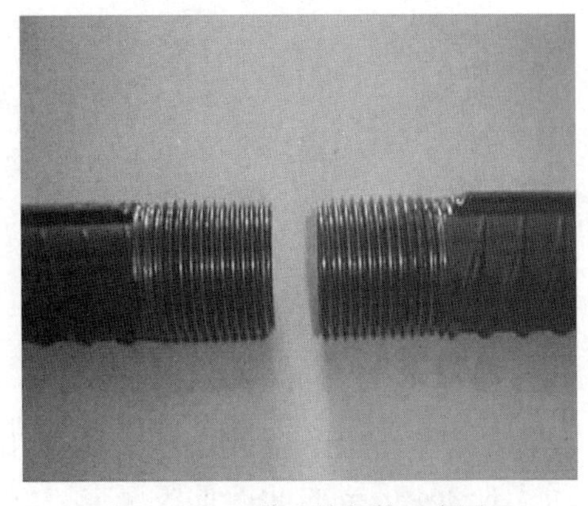

图 7.2-50　待连接钢筋示意图

注：两根将被连接的带肋钢筋的端部。

图 7.2-51　不合格的钢筋连接示意图

钢筋套筒连接，外留丝扣不能超过2个

图 7.2-52　钢筋连接外留丝扣示意图

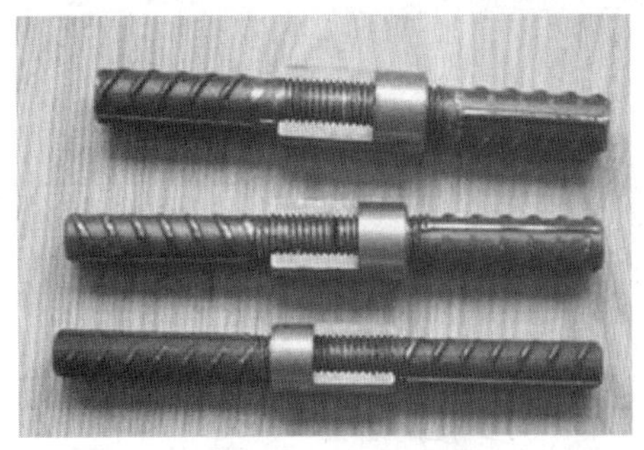

图 7.2-53　已连接好的带肋钢筋示意图

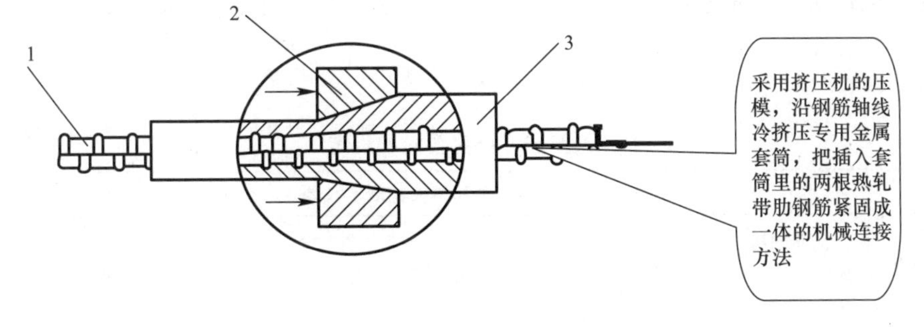
1
2
3
采用挤压机的压模，沿钢筋轴线冷挤压专用金属套筒，把插入套筒里的两根热轧带肋钢筋紧固成一体的机械连接方法

图 7.2-54　轴向挤压连接原理示意图

1—钢筋；2—压模；3—钢套筒

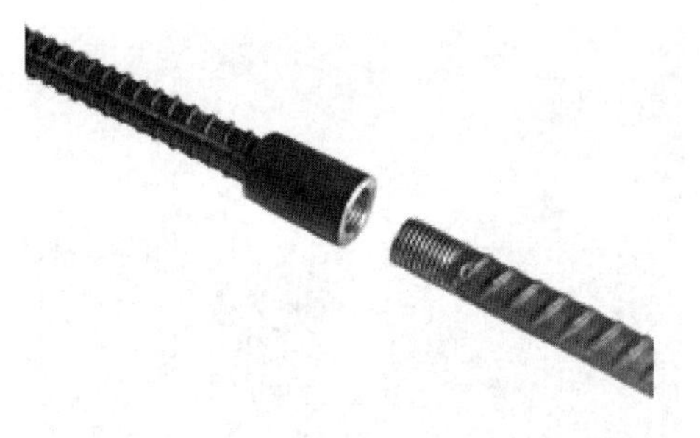

图 7.2-55 轴向挤压连接示意图

6）锥螺纹连接

① 利用锥螺纹能承受拉、压两种作用力及自锁性、密封性好的原理，将钢筋的连接端加工成具有锥螺纹，按规定的力矩值可把钢筋连接成一体的接头。

② 特点：工艺简单、可以预加工、连接速度快、同心度好、不受钢筋含碳量和有无花纹限制等优点。

③ 适用范围：适用于工业与民用建筑及一般构筑物的混凝土结构中，钢筋直径为 $\phi16\sim\phi40$mm 的Ⅱ、Ⅲ级竖向、斜向或水平钢筋的现场连接施工，见图 7.2-56～图 7.2-58。

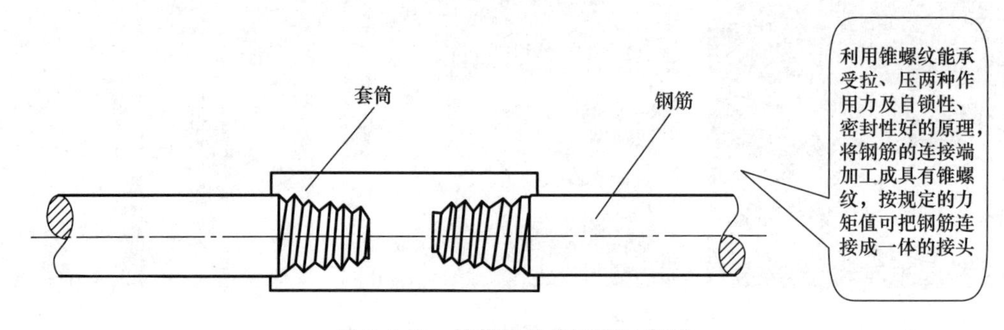

图 7.2-56 锥螺纹连接原理示意图

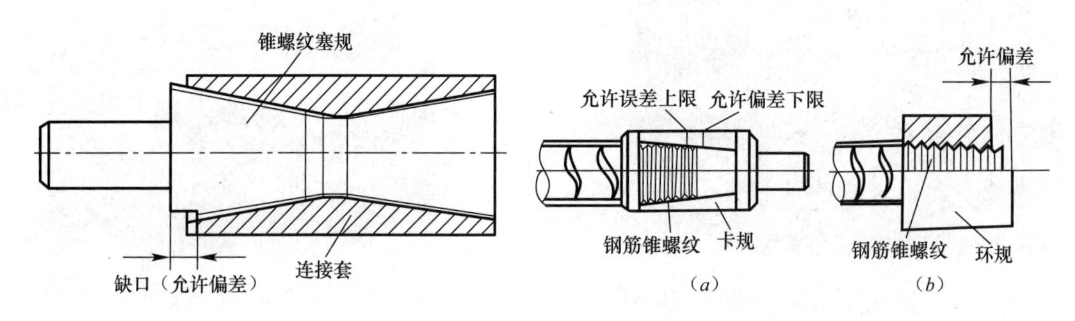

图 7.2-57 锥螺纹连接细部节点（一）

图 7.2-58 锥螺纹连接细部节点（二）

（5）钢筋连接接头有关规定和要求（表 7.2-7）

钢筋连接接头要求和规定 **表 7.2-7**

项目	钢筋接头的规定和要求
钢筋接头方法的采用	钢筋的接头一般应用焊接，螺纹钢筋可采用挤压套管接头。对直径等于或小于 25mm 的钢筋，在无焊接条件时，可采用绑扎接头，但对轴心受拉和小偏心受拉构件中的受力钢筋均应焊接，不得采用绑扎接头
钢筋的纵向焊接	应采用闪光电焊，当采用闪光对焊不具备条件时，可采用电弧焊（帮条焊、搭接焊等）。钢筋的交叉连接，无电阻点焊机时，可采用手工电弧焊

续表

<table>
<tr><th>项目</th><th>钢筋接头的规定和要求</th></tr>
<tr><td rowspan="2">采用搭接使用的焊条</td><td>1. 钢筋接头采用搭接或帮条电弧焊时，要求尽量做成双面焊缝，只有不能做成双面焊缝时，才允许采用单面焊缝。
2. 钢筋接头采用焊接电弧焊时，两钢筋搭接部位应预先折向一侧，但两接合钢筋轴线一致，接头双面焊缝的长度不应小于 5d，单面焊缝的长度不应小于 10d（d 为钢筋直径）。
3. 钢筋接头采用帮条电弧焊时，帮条应采用与焊接钢筋同级别的钢筋，其总截面面积不应小于被焊钢筋截面面积，帮条长度：如用双面焊缝不应小于 5d，如用单面焊缝不应小于 10d（d 为钢筋直径），两钢筋间距 2～5mm。
4. 焊接厚度≥0.3d，焊接宽度≥0.7d。
5. 帮条焊时，帮条与钢筋之间应用四点定位焊固定，接焊时，应用两点固定</td></tr>
<tr><td>其性能应符合相关标准的有关规定，并符合设计要求</td></tr>
<tr><td>接头位置与接头截面面积</td><td>受力钢筋焊接或绑扎接头应设置于受力较小处，并分开布置，梁接头间距不小于 1.3 倍搭接长度。在搭接长度区段内的受力钢筋，其接头的截面面积占截面面积的百分率应符合下列规定：
搭接长度区段内受力钢筋接头面积的最大百分率
<table>
<tr><th rowspan="2">接头形式</th><th colspan="2">接头面积最大百分率（%）</th></tr>
<tr><th>受拉区</th><th>受压区</th></tr>
<tr><td>钢筋绑扎接头</td><td>25</td><td>50</td></tr>
<tr><td>钢筋焊接接头</td><td>50</td><td>不限制</td></tr>
</table>
注：在同一根钢筋上应尽量少设接头。</td></tr>
</table>

7.2.5 梁钢筋绑扎及安装

（1）工艺流程：

画梁箍筋位置线→放箍筋→穿梁受力筋→绑扎箍筋。

（2）在梁侧模板上画出箍筋间距，摆放箍筋，见图 7.2-59。

（3）先穿主梁的下部纵向受力钢筋及弯起钢筋，将箍筋按已画好的间距逐个分开；穿次梁的下部纵向受力钢筋及弯起钢筋，并套好箍筋；放主次梁的架立筋；隔一定间距将架立筋与箍筋绑扎牢固；调整箍筋间距，使间距符合设计要求，绑架立筋，再绑主筋，主次梁同时配合进行，见图 7.2-60。

图 7.2-59　梁箍筋绑扎示意图

图 7.2-60　梁绑扎示意图

（4）框架梁上部纵向钢筋应贯穿中间节点，梁下部纵向钢筋伸入中间节点锚固长度及伸过中心线的长度要符合设计要求。框架梁纵向筋在端节点内的锚固长度也要符合设计要求，见图 7.2-61。

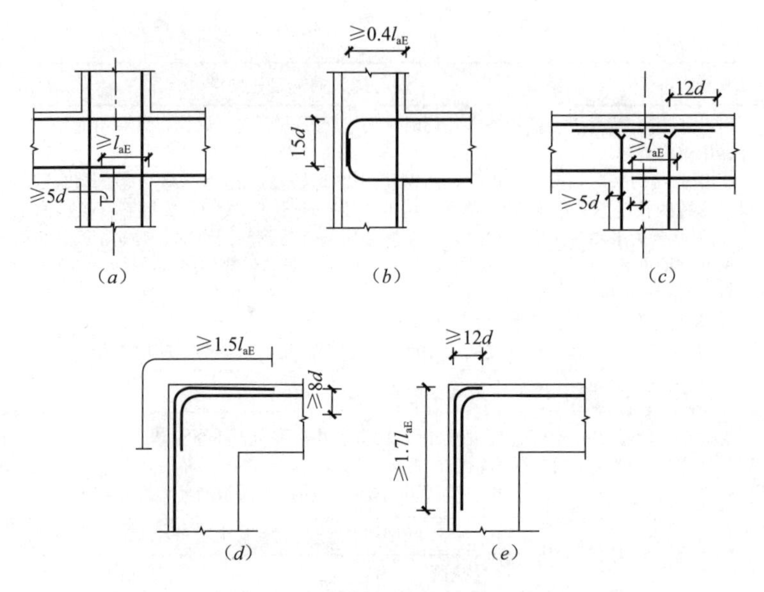

图 7.2-61 梁钢筋锚固搭接示意图

(a) 中间层中间节点；(b) 中间层端节点；(c) 顶层中间节点；

(d) 顶层端节点（一）；(e) 顶层端节点（二）

(5) 绑梁上部纵向筋的箍筋，宜用套扣法绑扎，见图 7.2-62。

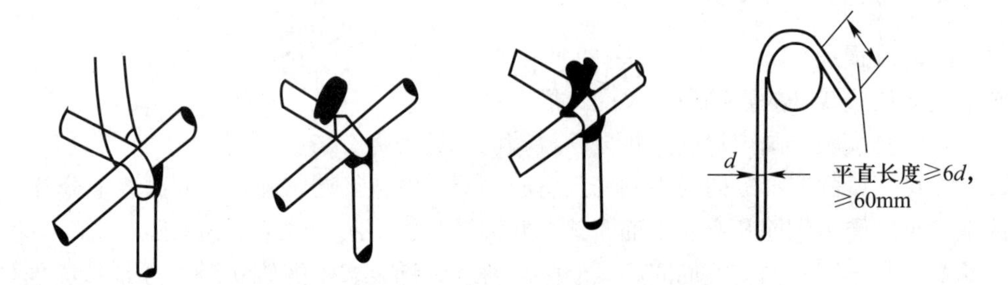

图 7.2-62 梁钢筋套扣法绑扎示意图

(6) 箍筋在叠合处的弯钩，在梁中应交错绑扎，箍筋弯钩为 135°，平直部分长度为 10d，如做成封闭箍时，单面焊缝长度为 5d，见图 7.2-63。

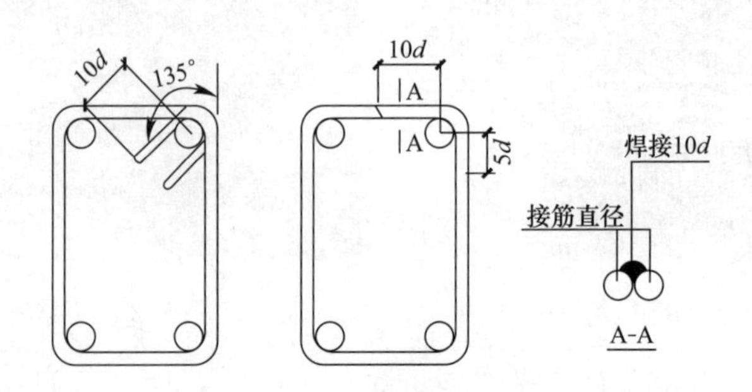

图 7.2-63 箍筋绑扎示意图

（7）梁端第一个箍筋应设置在距离柱节点边缘 50mm 处。梁端与柱交接处箍筋应加密，其间距与加密区长度均要符合设计要求，见图 7.2-64。

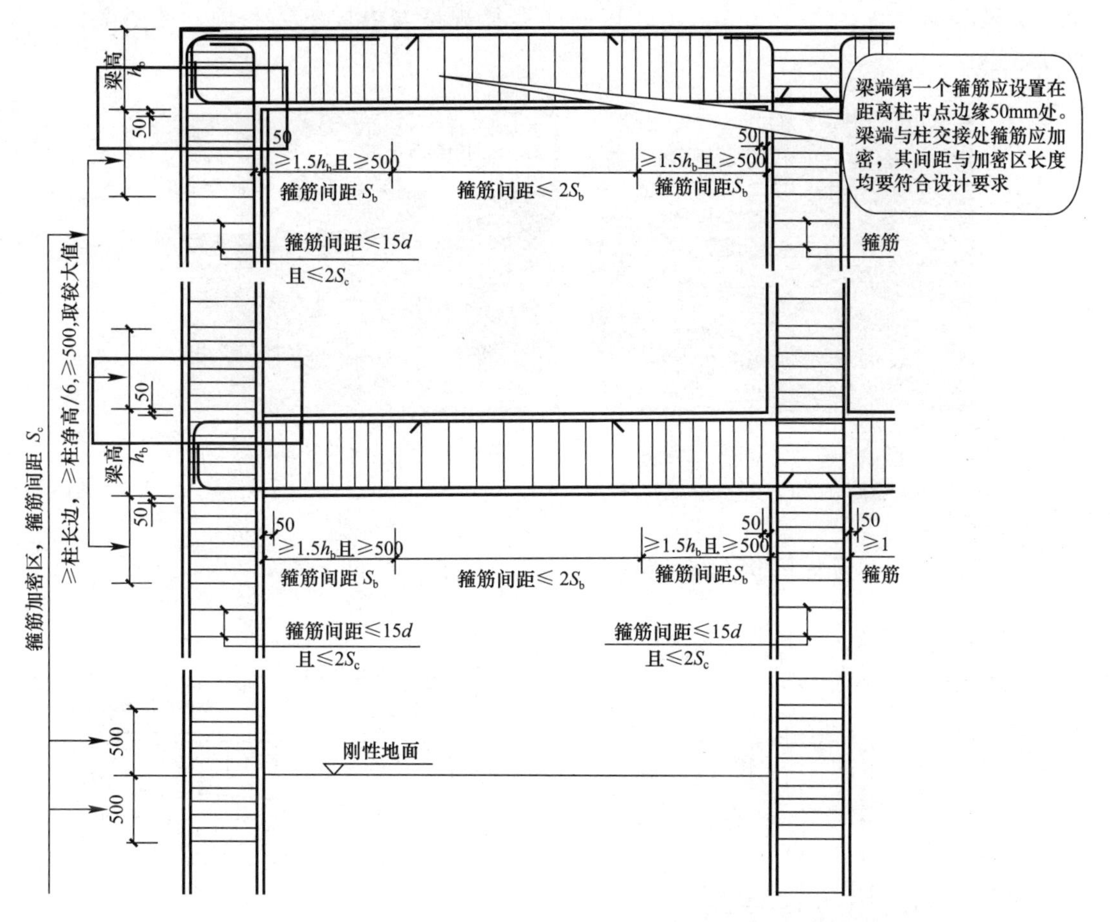

图 7.2-64 箍筋间距与加密区示意图

（8）在主、次梁受力筋下均应垫垫块（或塑料卡），保证保护层的厚度。受力筋为双排时，可用短钢筋垫在两层钢筋之间，钢筋排距应符合设计要求，见图 7.2-65。

图 7.2-65 主、次梁受力筋下的垫块示意图

（9）梁筋的搭接：梁的受力钢筋直径等于或大于 22mm 时，宜采用焊接接头；直径小于 22mm 时，可采用绑扎接头，搭接长度要符合规范的规定。搭接长度末端与钢筋弯折处的距离，不得小于钢筋直径的 10 倍。接头不宜位于构件最大弯矩处，受拉区域内 HPB235 级钢筋绑扎接头的末端应做弯钩（HRB335 级钢筋可不做弯钩），搭接处应在中心和两端扎牢。接头位置应相互错开，当采用绑扎搭接接头时，在规定搭接长度的任一区域内有接头的受力钢筋截面面积占受力钢筋总截面面积百分率，在受拉区不大于 50%。

（10）箍筋的接头应交错设置，并与两根架立筋绑扎，悬臂挑梁则箍筋接头在下，其余做法与柱相同。梁主筋外角处与箍筋应满扎，其余可梅花点绑扎，见图 7.2-66。

（11）纵向受力钢筋出现双层或多层排列时，两排钢筋之间应垫以直径 15mm 的短钢筋，如纵向钢筋直径大于 25mm 时，短钢筋直径规格与纵向钢筋相同，见图 7.2-67、图 7.2-68。

图 7.2-66 箍筋绑扎示意图

注：箍筋梅花形布置，全数绑扎。

图 7.2-67 纵向钢筋排列示意图

（12）悬挑梁：当梁下部钢筋为螺纹钢时伸入，见图 7.2-69、图 7.2-70。

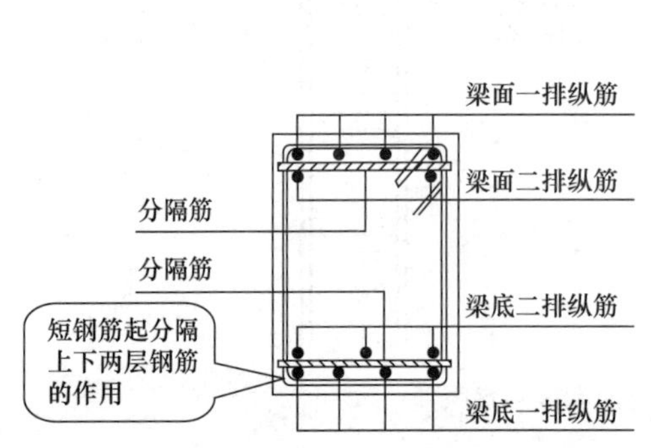

图 7.2-68 纵向钢筋分隔排列示意图

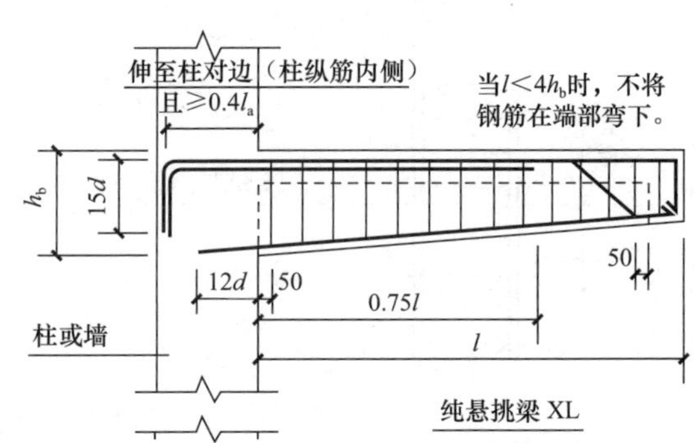

图 7.2-69 悬挑梁钢筋伸入示意图（一）

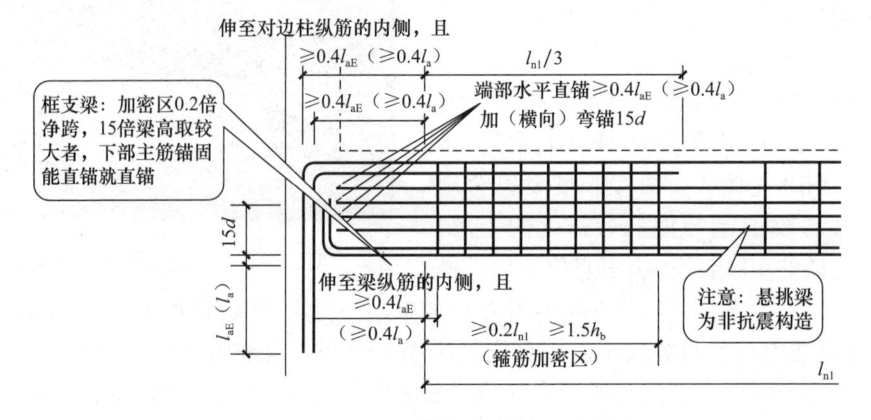

图 7.2-70 悬挑梁钢筋伸入示意图（二）

7.2.6 板钢筋绑扎及安装

（1）板钢筋绑扎流程

1）单层钢筋。

弹钢筋位置线→铺设顶板下网下层钢筋→铺设顶板下网上层钢筋→绑扎顶板下网钢筋→水、电工序插入→放置马凳筋、垫块→绑扎顶筋。

2）双层钢筋。

弹钢筋位置线→铺设下网下层钢筋→铺设下网上层钢筋→绑扎顶板下网钢筋→水、电工序插入→放置马凳筋、垫块→铺设上网下层钢筋→铺设上网上层钢筋→绑扎顶板上网钢筋→安墙、柱水平定距框→检查调整墙、柱预留钢筋。

3）钢筋绑扎遵循原则：板、次梁与主梁交叉处，板的钢筋在上，次梁钢筋居中，主梁钢筋在下；当有圈梁、垫梁时，主梁钢筋在上，见图 7.2-71。

图 7.2-71　钢筋绑扎原则示意图

（2）操作工艺

1）根据图纸设计的间距，算出顶板实际需用的钢筋根数，在顶板模板上弹出钢筋位置线，靠近模板边的那根钢筋距离板边为 50mm，见图 7.2-72。

2）按弹出的钢筋位置线，绑扎顶板下层钢筋。先摆放受力主筋，后放分布钢筋。分布钢筋的作用是将受力钢筋在横向连成一片，保持受力钢筋的位置不致因受外力作用而产生位移，同时将集中荷载分散给受力钢筋，并将混凝土的收缩与温度变形引起的应力分散承受，见图 7.2-73。

图 7.2-72　楼板绑扎弹线示意图

图 7.2-73　楼板绑扎底部筋示意图

3）单向板受力钢筋布置在受力方向，放在下层。分布钢筋布置在非受力方向，放在上层。双向板在板中双向都配受力筋，在受力大的方向受力钢筋布置在下层，见图 7.2-74、图 7.2-75。

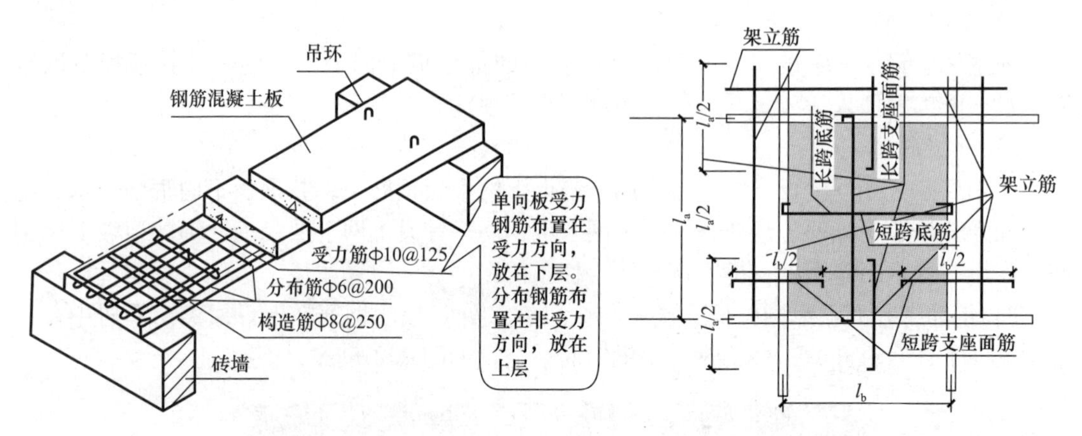

图 7.2-74 单向板受力钢筋布置示意图　　图 7.2-75 双向板受力钢筋布置示意图

4）检查顶板下层钢筋施工合格后，放置顶板混凝土保护层（用砂浆垫块），垫块厚度等于保护层厚度，可按 1m 左右间距呈梅花形布置，在下层钢筋上摆放马凳筋（间距以 1m 左右一个为宜），在马凳筋上摆放纵横两个方向走位钢筋，然后绑扎顶板负弯矩钢筋。

图 7.2-76 安放水平定距框示意图

5）安放水平定距框，调整墙、柱预留钢筋的位置，将墙、柱的预留筋绑扎牢固，筋甩出长度、甩头错开百分比及错开长度应满足设计及规范要求，见图 7.2-76。

6）如果顶板为双层钢筋，下层钢筋绑扎完成后，放置马凳筋垫块，铺设上层下部钢筋，再铺设上层上部钢筋，绑扎上层钢筋，最后安放水平定距框调整墙、柱预留钢筋的位置，见图 7.2-77。

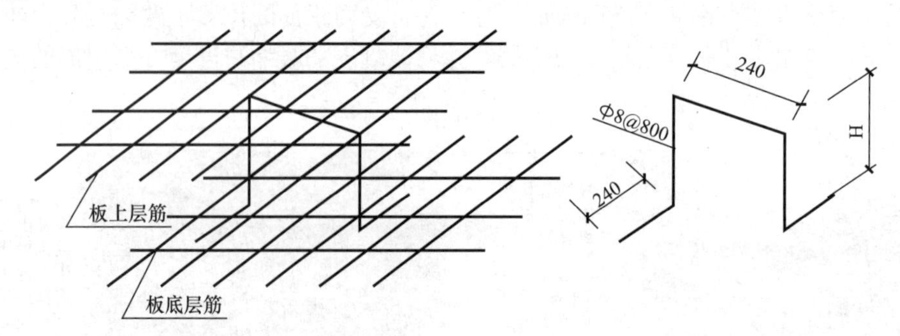

(a)

图 7.2-77 楼板马凳筋布置示意图

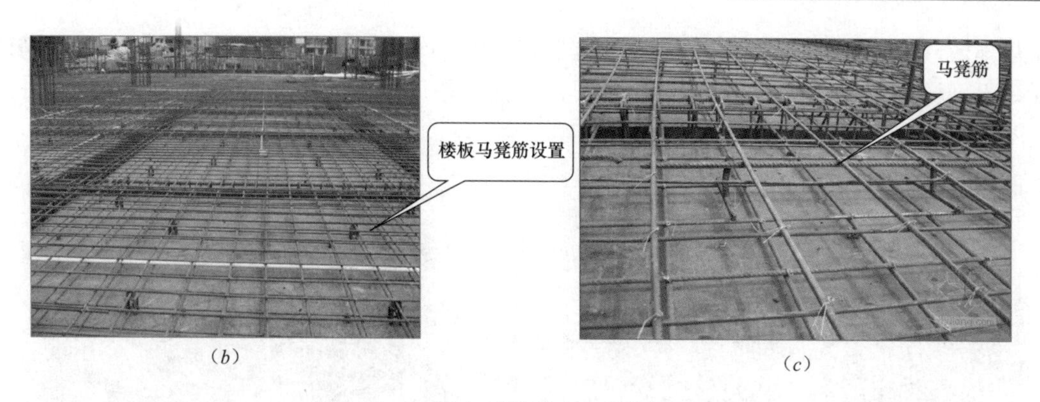

(b)　　　　　　　　(c)

图 7.2-77　楼板马凳筋布置示意图（续）

7）绑扎板筋时一般用顺扣（图 7.2-78）或八字扣，除外围钢筋的交点应全部绑扎外，其余各点可交错绑扎（双向板相交点须全部绑扎）。如板为双层钢筋，两层筋之间须加钢筋撑脚。负弯矩钢筋每个相交点均应绑扎。

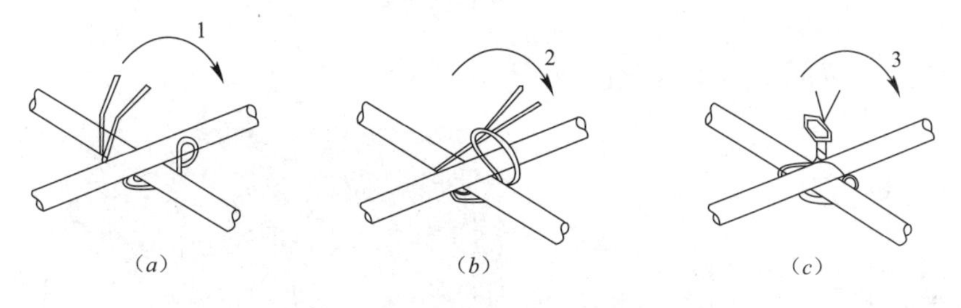

(a)　　　　(b)　　　　(c)

图 7.2-78　顺扣绑扎板筋示意图

8）板筋绑扎见图 7.2-79。

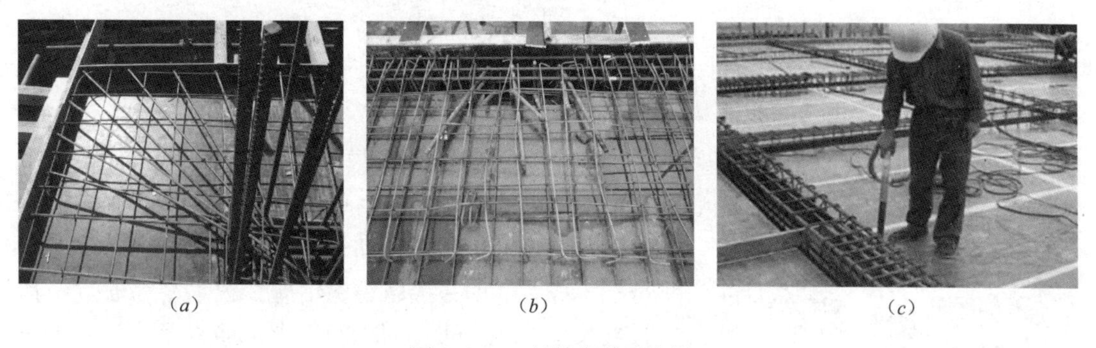

(a)　　　　(b)　　　　(c)

图 7.2-79　板筋绑扎示意图

7.2.7　墙钢筋安装

（1）根据楼层所放墙体边线，再次检查钢筋位置是否正确，如钢筋发生移位，必须经技术人员检查后方可进行处理。

（2）安装梯子筋。第一道竖向梯子筋安装在距暗柱第二或第三道墙体立筋上，梯子筋比墙体钢筋提高一个强度等级，梯子筋代替墙体钢筋使用，梯子筋安装以建筑 50cm 线控制标高，找出第一道墙体水平筋绑扎位置，即梯子筋第一道水平杆绑扎位置，然后将梯子筋与预留墙体钢筋绑扎。第一道梯子筋安装好后每隔 1.2m 绑扎一道，来控制水平钢筋位置。水平梯子筋应安放在墙体钢筋顶部，以保证钢筋尺寸正确。墙体水平钢筋定位梯子筋见图 7.2-80。

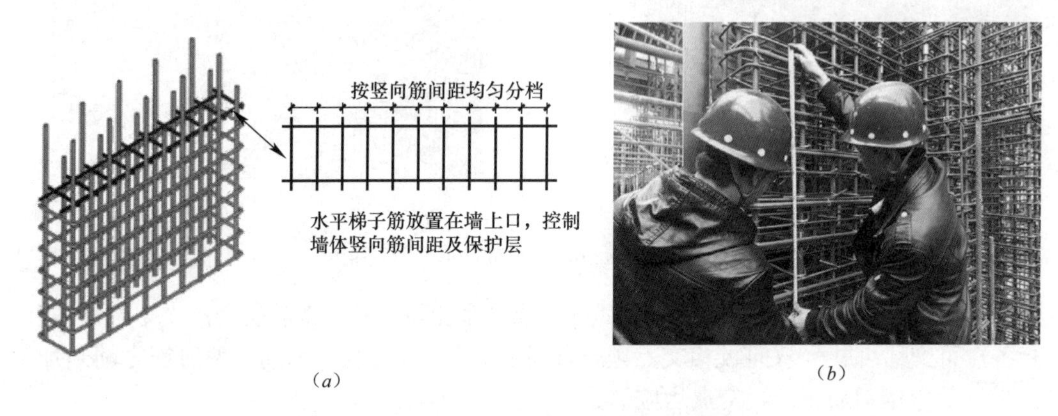
按竖向筋间距均匀分档
水平梯子筋放置在墙上口，控制墙体竖向筋间距及保护层
(a)
(b)

图 7.2-80 墙体水平钢筋定位梯子筋

墙体竖向梯子筋间距 1.2m 左右，见图 7.2-81。

墙体保护
墙体水平钢筋与梯子筋绑扎固定，梯子筋上中下位置设成顶模筋
墙体边线
顶模筋：墙厚减2~3mm
50
顶板
根据楼层所在墙体厚度，加工梯子筋

图 7.2-81 墙体钢筋定位梯子筋

竖筋搭接区内保证有3根水平筋通过

图 7.2-82 墙体竖向连接示意图

(3) 竖筋绑扎。绑扎竖筋确保起步筋距柱边 (50mm) 位置准确，绑完竖筋后，立2～4 根竖筋，将竖筋与下层伸出的搭接筋绑扎，在竖筋上画好水平筋分档标志，竖筋搭接区内保证有 3 根水平筋通过，其搭接长度为 l_{lE}（图 7.2-82）。当钢筋直径大于 16mm 时采用直螺纹连接。墙体竖向钢筋采用绑扎搭接，其搭接长度见表 7.2-8。

采用直螺纹连接，其错开间距>35d。

墙体竖向钢筋采用绑扎搭接长度 表 7.2-8

墙体竖向钢筋直径	绑扎搭接长度 l_{lE}
ϕ14	487mm
ϕ12	418mm

（4）水平钢筋绑扎。墙底部水平起步筋确保距地面 50mm，并按约 1.5m 设置定距框。水平钢筋搭接头间要错开 500mm，在墙体靠近端部搭接，且距钢筋弯折处不小于 15d，搭接长度和绑扎要求同立筋绑扎。在转角和门窗洞口边，均要绑扎到位、牢固。绑扎时柱上要画等分线，水平钢筋绑扎完必须拉线调整，见图 7.2-83～图 7.2-85。

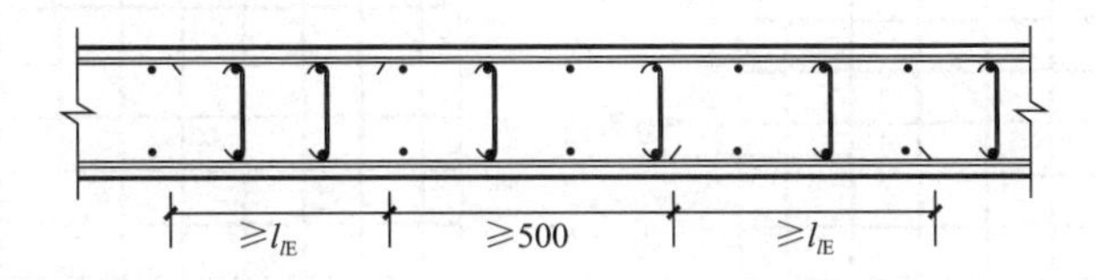

图 7.2-83　墙体水平筋绑扎示意图

注：剪力墙水平钢筋沿高度每隔一根错开搭接。

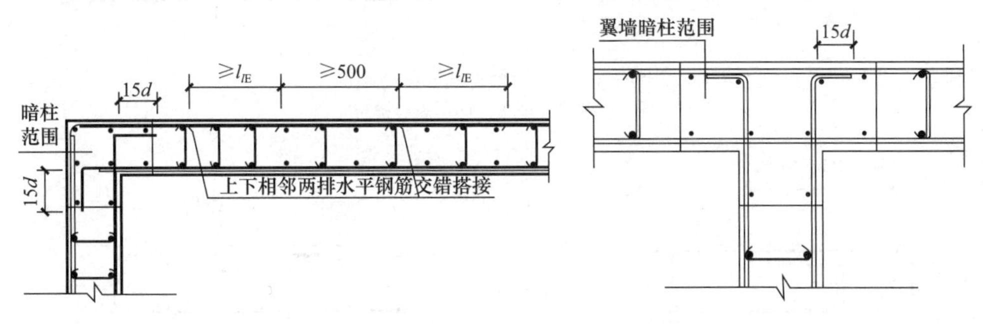

图 7.2-84　墙体转角筋绑扎示意图　　图 7.2-85　翼墙筋绑扎示意图

墙体水平钢筋采用绑扎搭接，其搭接长度见表 7.2-9。

墙体水平钢筋采用绑扎搭接长度　　**表 7.2-9**

墙体水平钢筋	15d	绑扎搭接长度 l_{lE}
ϕ14	210mm	568mm
ϕ12	180mm	487mm

（5）剪力墙筋应逐点绑扎，双排钢筋之间应绑拉筋或支撑筋，其纵横间距不大于 600mm；墙筋绑扎完毕后绑扎墙体拉钩，墙体拉钩间距 600mm 呈梅花形布置，拉钩绑在墙体水平筋与立筋交接点处。墙体保护层采用成品垫块予以保证，垫块绑扎在墙体立筋上，间距 600mm，呈梅花形布置或矩形布置，见图 7.2-86。

（6）剪力墙与框支柱连接处，剪力墙的水平横筋应锚固到框架柱内，锚固方式见图 7.2-87。

（7）剪力墙水平筋在两端头、转角、十字节点、连梁等部位的锚固长度以及洞口周围加固筋伸入洞口的长度，均要符合锚固长度，弯钩长度≥15d。水平筋通过暗柱时保证主筋保护层尺寸。墙体水平筋与暗柱箍筋禁止有 3 根（含）以上重叠，重叠钢筋必须错开 20mm 以上。

（8）竖向钢筋收头顶部做法和变截面处墙体竖向钢筋做法见图 7.2-88、图 7.2-89。

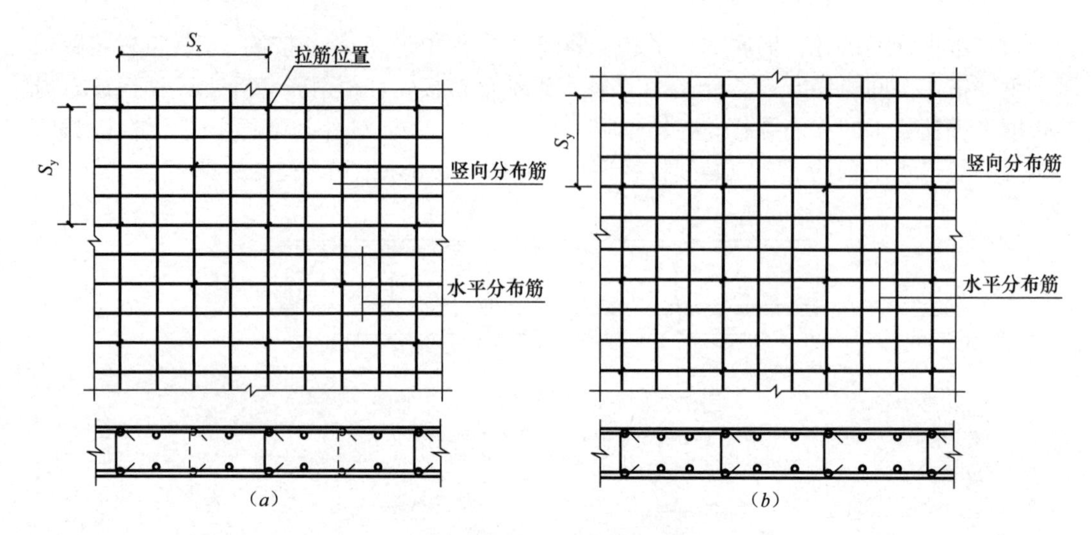

图 7.2-86 墙体拉钩布置示意图
(a) 梅花形排布；(b) 矩形排布

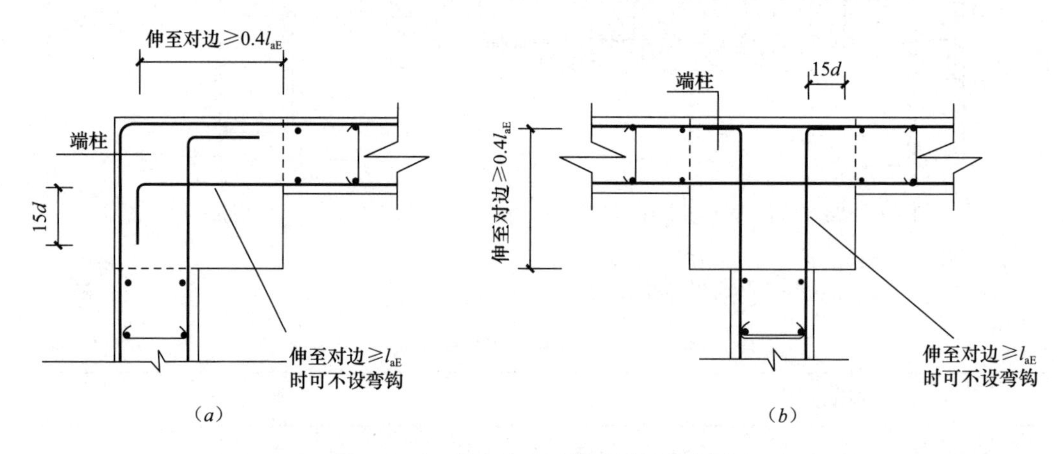

图 7.2-87 剪力墙水平横筋锚固示意图

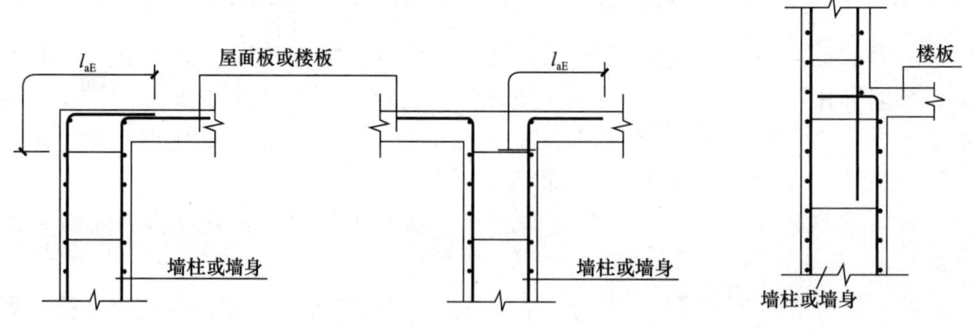

图 7.2-88 竖向钢筋收头顶部做法

图 7.2-89 竖向钢筋变截面处墙体做法

(9) 合模后对伸出的竖向钢筋应进行修整，在模板上口用梯子筋将伸出的竖向钢筋加以固定，浇筑混凝土时应有专人看管，浇筑后再次调整以保证钢筋位置的准确。

7.2.8 柱钢筋安装

（1）弹柱位置线（略）。

（2）柱甩筋清理、校正。柱纵筋绑扎前，首先检查纵向预留钢筋位置是否正确，如有偏位，按 1∶6 打弯进行调整。

（3）套柱箍筋。

按图纸要求的箍筋间距，计算好每根柱箍筋数量，从下层面 5cm 起线，先将箍筋套在下层或底板伸出的主筋上，箍筋的弯钩叠合处应在柱上四角，相邻两箍筋弯钩位置不得相同，应错开。

（4）柱主筋直螺纹连接。

1）柱受力钢筋采用剥肋直滚轧螺纹连接，连接钢筋时，钢筋规格和套筒的规格必须一致，钢筋和套筒的丝扣应干净，完好无损。

2）滚压直螺纹应使用管钳和力矩扳手进行施工，将两个钢筋丝头在套筒中间位置相互顶紧，接头拧紧力矩符合表 7.2-10 的规定。

接头拧紧力矩　　　　表 7.2-10

钢筋直径（mm）	16	18～20	21～25	26～32
拧紧力矩（N·m）	80	160	230	300

3）经拧紧并检查完后的滚压直螺纹接头应马上用红油漆做好标记，单边外露完整丝扣不应超过 1 扣；同时每拧紧一个，标识一个，以防漏拧。

（5）钢筋连接、锚固。

1）柱钢筋搭接连接见图 7.2-90。

2）柱钢筋机械连接。

① 柱钢筋采用机械连接，连接接头相互错开，具体位置见图 7.2-91。

当柱（包括芯柱）纵筋采用搭接连接，且为抗震设计时，在柱纵筋搭接长度范围（应避开柱端的箍筋加密区）的箍筋均应按≤5d（d为柱纵筋较小直径）及≤100mm的间距加密

图 7.2-90　柱钢筋搭接连接

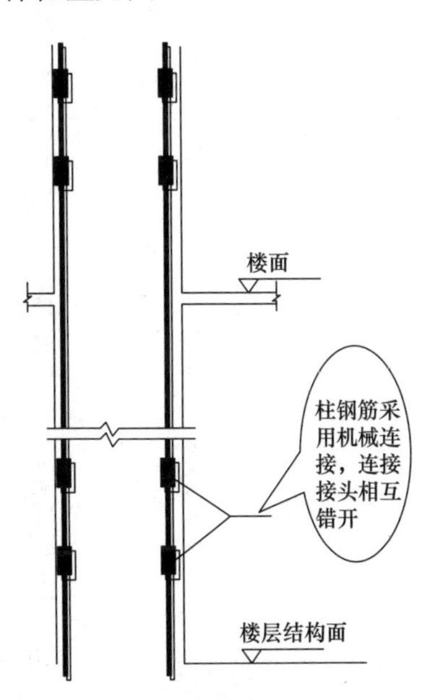

图 7.2-91　柱钢筋采用机械连接接头

② 钢筋的箍筋弯钩为 135°，平直段长度满足 $10d$，且对于不合格的箍筋严禁上墙使用。柱筋锚固数值见表 7.2-11。

柱筋锚固数值表　　表 7.2-11

钢筋直径（mm）	锚固长度（mm），C30（C40）
25	1025（875）
22	950（748）
20	820（680）
18	738（612）
16	656（544）

（6）框架柱钢筋绑扎。

1）对连接好的柱筋要用线坠吊垂直，吊好后用钢管或钢筋做临时定位，保证垂直度。

2）按图纸要求间距，计算好每根柱箍筋数量，先将箍筋套在下层伸出的搭接筋上，然后立柱子钢筋，按已画好的箍筋位置线，将已套好的箍筋往上移动，由上往下绑扎，宜采用缠扣绑扎。

3）箍筋与主筋要垂直，箍筋转角处与主筋交点均要绑扎，主筋与箍筋非转角部分的相交点成梅花交错绑扎。

4）柱上下两端箍筋应加密，加密区长度及加密区内箍筋间距应符合设计图纸及施工规范不大于 100mm 且不大于 $5d$ 的要求（d 为主筋直径）。箍筋加密见图 7.2-92。

5）顶层框架柱封顶构造应严格按照相关图集施工，具体见图 7.2-93。

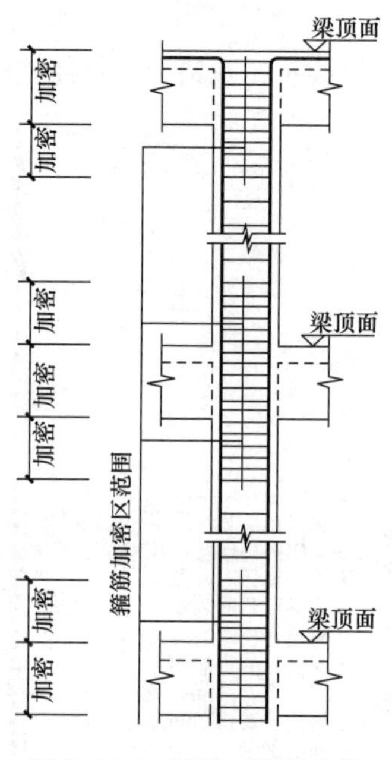

图 7.2-92　箍筋加密示意图

6）框架柱钢筋保护层厚度为 30mm，暗柱钢筋保护层为 25mm；剪力墙地上部分为

15mm，地下部分外墙为 40mm，内墙为 25mm。垫块应绑在柱竖筋外皮上，间距 800mm，或用塑料卡卡在外竖筋上，以保证主筋保护层厚度准确。同时，采用钢筋定距框来保证钢筋位置的正确性。定距框见图 7.2-94。

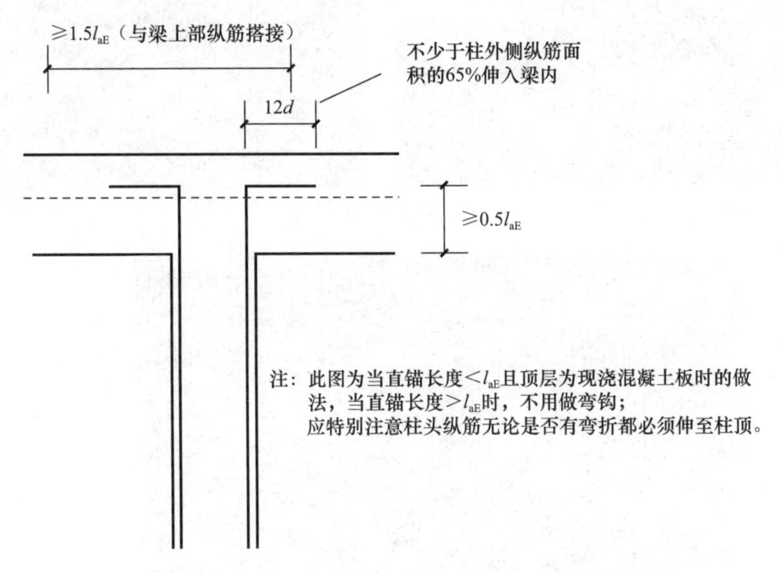

图 7.2-93　顶层框架柱封顶构造示意图

7.2.9　钢筋施工七不绑

长期以来，钢筋工程必须做好“隐蔽验收”才可以合模，然而实践告诉我们，靠“隐蔽验收”对钢筋工程质量把关，是行不通的。到了“隐蔽验收”，再对钢筋工程质量提意见，为时已晚，哪怕提出纠正一根钢筋的位置，也往往要拆掉这道墙、这根柱子所有的水平筋（或箍筋），否则无法操作，那时钢筋工程的损失就太大了。由此，我们强调把钢筋质量检查重点放在“预检”上，而不是“隐蔽验收”上，要做到“七不绑”：

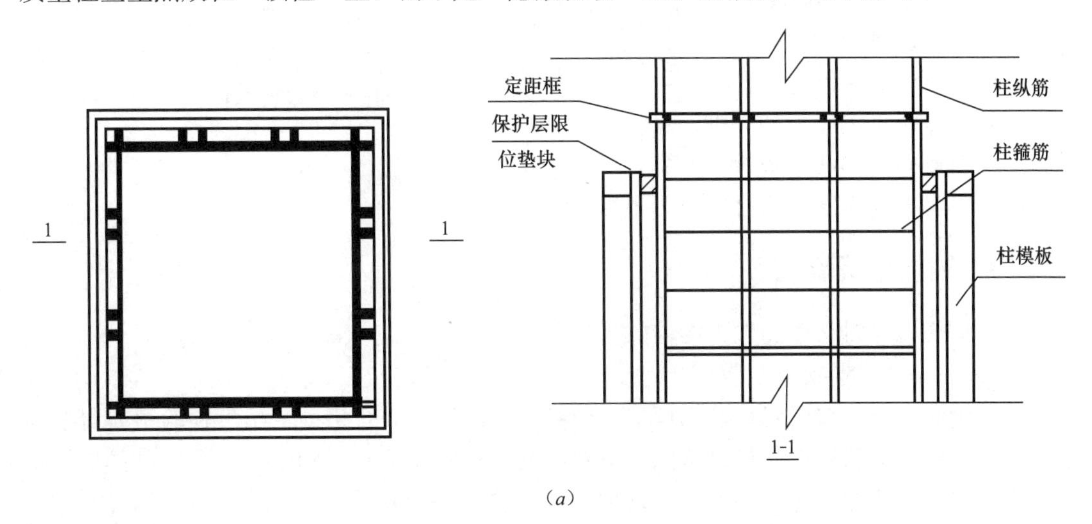

图 7.2-94　定距框示意图

（a）柱定位筋

(*b*) (*c*) (*d*)

图 7.2-94 定距框示意图（续）

(*b*)、(*c*) 定距框；(*d*) 有定距框，但端部应刷防锈漆（不是红油漆），应有编号，方便工人取用

（1）没有弹线不绑；
（2）没有剔除浮浆不绑；
（3）没有清刷污筋不绑；
（4）未查钢筋偏位不绑；
（5）没有纠正偏位钢筋不绑；
（6）没有检查钢筋甩头长度不绑；
（7）没有检查钢筋接头合格与否不绑。

7.2.10 钢筋隐蔽验收

（1）钢筋原材料与钢筋加工的验收

1）严格材料进场报验制度。

每批钢筋进场，都要对钢筋的规格、数量、生产厂家、合格证、出厂检验报告等资料进行核查，检查钢筋外观质量，特别注意对钢筋直径应视不同类别依据相关标准的规定进行实测。如对于热轧带肋钢筋直径实测时，要注意区分公称直径与内径。《钢筋混凝土用钢 第1部分：热轧光圆钢筋》GB/T 1499.1 给出的允许偏差是指内径的允许偏差，例如 ϕ20 钢筋，其内径公称尺寸为 19.3mm，允许偏差为±0.5mm。相关人员应熟悉标准，以

免误判，对于不符合标准的钢筋不允许进场。

2）严格材料见证取样及审批制度。

钢筋进场要进行力学性能试验，应按有关技术标准和规范规定，实施见证取样检测，送检率不低于取样数量的30%。如有一项试验结果不合格，则应从同一批中另取双份数量的试件进行复检，如仍有一个试件为不合格品，则该批钢筋为不合格。对一、二级抗震等级，检验所得强度实测值应符合以下规定：抗拉强度实测值与屈服强度实测值的比值不应小于1.25，屈服强度实测值与强度标准值的比值不应大于1.3。材料检验合格经监理审批后方可进行加工和安装，不合格的钢筋应清退出场。

3）钢筋加工的验收。

监理人员应及时进行巡视和旁站，对钢筋的弯钩弯折、加工形状、尺寸认真检查，其弯钩、弯折的角度应符合设计及规范要求。对于箍筋应按现行规范对保护层的规定控制其下料尺寸。

（2）钢筋连接的质量验收

1）钢筋连接的质量控制原则。

钢筋的连接形式主要有绑扎搭接、焊接及机械连接三种，纵向受力钢筋的连接方式应符合设计及规范要求，机械连接及焊接接头应按相关规程进行力学性能试验。

2）钢筋连接验收要点。

① 连接区段长度的确定。机械连接及焊接接头连接区段的长度为35d且不小于500mm，接头为搭接长度的1.3倍。

② 接头面积百分率的控制。机械连接及焊接接头面积百分率在受拉区不宜大于50%。纵向受拉钢筋绑扎接头面积百分率应符合下列规定：梁、板、墙类不宜大于25%，柱类不宜大于50%。梁柱类构件纵向受力钢筋搭接长度范围内应按设计要求和规范规定配置箍筋。

（3）钢筋安装隐蔽工程验收

梁、柱节点核心区域检查内容如下。

1）箍筋加密区：抗震柱在节点区内应全长加密；梁则根据抗震等级确定加密区范围，从梁端内50mm处开始绑扎第一根箍筋。实际施工中，往往存在加密区箍筋少放，甚至漏放现象，形成抗震薄弱环节。

2）注意梁柱纵筋在此区域内不宜有连接接头。

3）框架柱顶部节点的锚固。应分别对中柱、边柱和角柱节点梁柱外层钢筋互锚进行检查。

4）梁的上下层纵筋的锚固长度和伸入支座的平直长度。

7.2.11 钢筋隐蔽验收控制要点

（1）钢筋绑扎时，钢筋级别、直径、根数和间距应符合设计图纸的要求。

（2）柱子钢筋的绑扎，主要是控制搭接部位和箍筋间距（尤其是加密区箍筋间距和加密区高度），这对抗震地区尤为重要。若竖向钢筋采用焊接，要做抽样试验，保证钢筋接头的可靠性。

（3）梁钢筋的绑扎，主要是控制锚固长度和弯起钢筋的弯起点位置。对抗震结构则要重视梁柱节点处梁端箍筋加密范围和箍筋间距。主次梁节点处钢筋要加密。

（4）对楼板钢筋，主要防止支座负弯矩钢筋被踩踏而失去作用，另外要垫好保护层垫块，尤其是挑梁、挑板。

（5）对墙板的钢筋，要控制墙面保护层和内外皮钢筋间的距离，撑好双F卡，防止两排钢筋向墙中心靠近，对受力不利。

（6）对楼梯钢筋，主要控制梯段板的钢筋锚固，以及钢筋变折方向不要弄错，防止弄错后在受力时出现裂缝。

（7）钢筋规格、数量、间距等在做隐蔽验收时一定要仔细核实。保证钢筋配置的准确，也就保证了结构的安全。

7.3 钢筋施工质量成品保护

7.3.1 钢筋成品保护措施

（1）楼板、底板钢筋防踩措施，包括铺跳板、通道等。

（2）防止把钢筋当作爬墙柱梯凳，必经路口应设爬梯设施。

（3）严禁水、电、木工和钢筋工种对受力筋用作电弧点焊，明文列出违规重罚的规定。

（4）定距框的修理。

7.3.2 成品保护的重要性

成品保护不好，往往前功尽弃。例如楼板筋绑完，不铺跳板、不放马凳筋，使得双层网完全踩到一起。

再如绑墙钢筋，在必经之路不设爬梯，上下进出人员全踩墙筋，墙筋绑得再好，也会全部踩变形。

另外电工安盒、木工安模用顶撑，随便在受力筋上进行电弧点焊，全都能造成绑好的钢筋工程被毁损。如何做好钢筋成品保护，应纳入钢筋施工方案和交底，作为一项重要内容。

7.4 钢筋施工质量问题及处理措施

7.4.1 原材料

（1）表面锈蚀

1）现象。

钢筋表面出现黄色浮锈，严重时转为红色，日久后变成暗褐色，甚至发生鱼鳞片剥落现象。

2）原因分析。

保管不良，受到雨雪侵蚀，存放期长，仓库环境潮湿，通风不良。

3）预防措施。

钢筋原料应存放在仓库或料棚内，保持地面干燥，钢筋不得直接堆放在地上，场地四周要有排水措施，堆放期尽量缩短。

4）治理方法。

淡黄色轻微浮锈不必处理。红褐色锈斑可用手工钢刷清除，尽可能采用机械方法，对于锈蚀严重、发生锈皮剥落现象的应研究是否降级使用或不用。

（2）混料

1）现象。

钢筋品种、等级混杂，直径大小不同的钢筋堆放在一起，难以分辨，影响使用。

2）原因分析。

原材料仓库管理不当，制度不严；直径大小相近的，目测有时难以分清；技术证明未随钢筋实物同时交送仓库。

3）治理方法。

发现混料情况后，应立即检查并进行清理，重新分类堆放，如果翻垛工作量大，不易清理，应将该钢筋做好记号，以备发料时提请注意。已发出去的混料钢筋应立刻追查，并采取防止事故的措施。

（3）原料弯曲

1）现象。

钢筋在运至现场发现有严重曲折形状。

2）原因分析。

运输时装车不注意；运输车辆较短，条状钢筋弯折过度；用起重机卸车时，挂钩或堆放不慎；压垛过重。

3）预防措施。

采用专车拉运，对较长的钢筋尽可能采用起重机卸车。

4）治理方法。

利用矫直台将弯折处矫直，对曲折处圆弧半径较小的硬弯，矫直后应检查有无局部细裂纹，局部矫正不直或产生裂纹的不得用作受力筋。

（4）成形后弯曲裂缝

1）现象。

钢筋成形后弯曲处外侧产生横向裂缝。

2）防治方法。

取样复查冷弯性能，分析化学成分，检查磷的含量是否超过规定值，检查裂缝是否由于原先已弯折或碰损而形成，如有这类痕迹，则属于局部外伤，可不必对原材料进行性能复检。

（5）钢筋原材料不合格

1）现象。

在钢筋原料取样检验时，不符合技术标准要求。

2）原因分析。

钢筋出厂时检查不合格，以致整批材质不合格或材质不均匀。

3）预防措施。

进场原材料必须送样检验。

4）治理方法。

另取双倍试样做二次检验，如仍不合格，则该批钢筋不允许使用。

合格的材料标识牌见图 7.4-1。

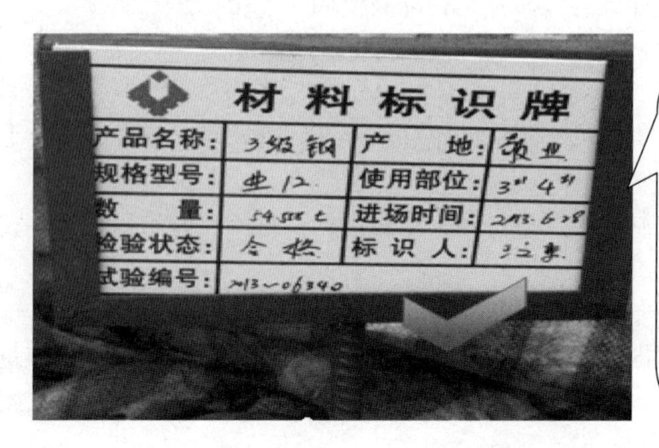

图 7.4-1　合格的材料标识牌

7.4.2　钢筋加工

（1）剪断尺寸不准

1）现象。

剪断尺寸不准或被剪断钢筋端头不平。

2）原因分析。

定位尺寸不准，或刀片间隙过大。

3）预防措施。

严格控制其尺寸，调整固定刀片与冲切刀片间的水平间隙。

4）治理方法。

根据钢筋所在部位和剪断偏差情况，确定是否可用或返工。

（2）箍筋不规范

1）现象。

矩形箍筋成形后拐角不呈 90°或两对角线长度不相等。

2）原因分析。

箍筋边长成形尺寸与图样要求偏差过大，没有严格控制弯曲角度，一次弯曲多个箍筋时没有逐根对齐。

3）预防措施。

注意操作，使成形尺寸准确，当一次弯曲多个箍筋时，应在弯折处逐根对齐。

4）治理方法。

当箍筋外形偏差超过质量标准允许值时，对于Ⅰ级钢筋可以重新将弯折处调直，再进行弯曲调整，对于其他品种钢筋不得重新弯曲。

(3) 成形钢筋变形

1) 钢筋成形时外形准确，但在堆放过程中发现扭曲，角度偏差。

2) 原因分析。

成形后往地面运输摔得过重，或因地面不平，或与别的钢筋碰撞；堆放过高压弯，搬运频繁。

3) 预防措施。

搬运、堆放时要轻抬轻放，放置地点应平整；尽量按施工需要运送现场，按使用先后堆放，并根据具体情况处理。

7.4.3 钢筋安装

(1) 骨架外形尺寸不准

1) 现象。

在楼板外绑扎的钢筋骨架，往里安放时放不进去，或划刮模板。

2) 原因分析。

成形工序未能确保尺寸合格。安装质量影响因素有两点，多根钢筋未对齐；绑扎时某号钢筋偏离规定位置。

3) 预防措施。

绑扎时将多根钢筋端部对齐，防止钢筋绑扎偏斜或骨架扭曲。

4) 治理方法。

将导致骨架外形尺寸不准的个别钢筋松绑，重新安装绑扎。切忌用锤子敲击，以免骨架其他部位变形或松扣。

(2) 平板保护层不准

1) 现象。

浇筑混凝土前发现平板保护层厚度没有达到规范要求。

2) 原因分析。

保护层砂浆垫块厚度不准确或垫块垫得少。

3) 预防措施。

检查砂浆垫块厚度是否准确，并根据平板面积大小适当多垫。

4) 治理方法。

浇捣混凝土前发现保护层不准及时采取措施补救。

(3) 柱子外伸钢筋错位

1) 现象。

下柱外伸钢筋从柱顶甩出，由于位置偏离设计要求过大，与上柱钢筋搭接不直，见图 7.4-2。

2) 原因分析。

钢筋安装后虽已自检合格，但由于固定钢筋措施不可靠，发生变化，或浇捣混凝土时被振捣器或其他操作机具碰歪撞斜，未及时校正。

3) 预防措施。

① 在外伸部分加一道临时箍筋，按图纸位置安好，然后用样板固定好，浇筑混凝土

前再重复一遍。如发生移位则应校正后再浇筑混凝土。

② 注意浇筑操作，尽量不碰撞钢筋，浇筑过程中由专人随时检查及时校正。

4）治理方法。

在靠紧搭接不可能时，仍应使上柱钢筋保持设计位置，并采取垫紧焊接连接。

（4）同截面接头过多

1）现象。

在绑扎或安装钢筋骨架时，发现同一截面受力钢筋接头过多，其截面面积占受力钢筋总截面面积的百分率超出规范中规定数值，见图 7.4-3。

图 7.4-2 下柱钢筋错位

图 7.4-3 安装钢筋骨架时钢筋接头过多

2）原因分析。

① 钢筋配料时疏忽大意，没有认真考虑原材料长度。

② 忽略了某些杆件不允许采用绑扎接头的规定。

③ 忽略了配置在构件同一截面中的接头，其中距不得小于搭接长度的规定，对于接触对焊接头，凡在 $30d$ 区域内作为同一截面，但不得小于 500mm（d 为受力钢筋直径）。

④ 分不清钢筋位于受拉区还是受压区。

3）预防措施。

① 配料时按下料单钢筋编号，再划出几个分号，注明哪个分号与哪个分号搭配，对于同一搭配安装方法不同的（同一搭配而各分号是一顺一倒安装的），要加文字说明。

② 记住轴心受拉和小偏心受拉杆件中的钢筋接头，均应焊接，不得采用绑扎接头。

③ 弄清楚规范中规定的同一截面的含义。

④ 如分不清受拉区或受压区时，接头位置均应按受压区的规定办理，如果在钢筋安装过程中，安装人员与配料人员对受拉或受压理解不同（表现在取料时，某分号有多少），则应讨论解决。

4）治理方法。

在钢筋骨架未绑扎时，发现接头数量不符合规范要求，应立即通知配料人员重新考虑设置方案，如已绑扎或安装完钢筋骨架才发现，则根据具体情况处理，一般情况下应拆除骨架或抽出有问题的钢筋返工。如果返工影响工时或工期太紧，则可采用加焊帮条（个别情况经过研究也可以采用绑扎帮条）的方法解决，或将绑扎搭接改为电弧焊接。

（5）露筋

1）现象。

结构或构件拆模时发现混凝土表面有钢筋露出，见图 7.4-4。

2）原因分析。

保护层砂浆垫块垫得太稀或脱落，由于钢筋成形尺寸不准确，或钢筋骨架绑扎不当，造成骨架外形尺寸偏大，局部抵触模板，振捣混凝土时，振捣器撞击钢筋，使钢筋移位或引起绑扣松散。

3）预防措施。

砂浆垫块要垫得适量可靠，竖立钢筋采用埋有钢丝的垫块，绑在钢筋骨架外侧时，为使保护层厚度准确，应用钢丝将钢筋骨架拉向模板，将垫块挤牢，严格检查钢筋的成形尺寸，模外绑扎钢筋骨架，要控制好它的外形尺寸，不得超过允许值。

4）治理方法。

范围不大的轻微露筋可用灰浆堵抹，露筋部位附近混凝土出现麻点的应沿周围敲开或凿掉，直至看不到孔眼为止，然后用砂浆找平。为保证修复灰浆或砂浆与原混凝土结合可靠，原混凝土面要用水冲洗，用铁刷刷净，使表面没有粉层、砂浆或残渣，并在表面保护湿润的情况下补修。重要受力部位的露筋应经过技术鉴定后，采取措施补救。

（6）钢筋遗漏

1）现象。

在检查核对绑扎好的钢筋骨架时，发现某号钢筋遗漏。

2）原因分析。

施工管理不当，没有事先熟悉图纸和研究各号钢筋安装顺序。

3）预防措施。

绑扎钢筋骨架之前要熟悉图纸，并按钢筋材料表核对配料单和料牌，检查钢筋规格是否齐全准确，形状、数量是否与图纸相符。在熟悉图纸的基础上，仔细研究各钢筋绑扎安装顺序和步骤，整个钢筋骨架绑完后应清理现场，检查有无遗漏。

4）治理方法。

遗漏的钢筋要全部补上，骨架结构简单的将钢筋放进骨架即可继续绑扎，复杂的要拆除骨架部分钢筋才能补上，对于已浇筑混凝土的结构物或构件发现某号钢筋遗漏，要通过结构性能分析确定处理方法。

（7）绑扎节点松扣

1）现象。

搬移钢筋骨架时，绑扎节点松扣或浇捣混凝土时绑扣松脱，见图 7.4-5。

图 7.4-4 混凝土表面有钢筋外露

图 7.4-5 节点松扣

2）原因分析。

绑扎钢丝太硬或粗细不适当，绑扣形式不正确。

3）预防措施。

一般采用20～22号绑线，绑扎直径12mm以下钢筋宜用22号钢丝，绑扎直径12～15mm钢筋宜用20号钢丝，绑扎梁柱等直径较粗的钢筋可用双根22号钢丝，绑扎时要尽量选用不易松脱的绑扣形式，如绑平板钢筋网时，除了用一面顺扣外，还应加一些十字花扣，钢筋转角处要采用兜扣并加缠，对竖立的钢筋网除了十字花扣外，也要适当加缠。

4）治理方法。

将节点松扣处重新绑牢。

(8) 柱钢筋弯钩方向不符合

1）现象。

柱钢筋骨架绑成后，安装时发现弯钩超出模板范围。

2）原因分析。

绑扎疏忽，将弯钩方向朝外。

3）预防措施。

绑扎时使柱的纵向钢筋弯钩朝柱心。

4）治理方法。

将弯钩方向不符合的钢筋拆除，调准方向再绑，切忌不拆除钢筋而硬将其拧转，这样做不但会拧松绑口，还可能导致整个骨架变形。

(9) 基础钢筋倒钩

1）现象。

绑扎基础底面钢筋网时，钢筋弯钩平放。

2）原因分析。

操作疏忽，绑扎过程中没有将弯钩扶起。

3）预防措施。

要认识到弯钩立起可以增强锚固能力，而基础厚度很大，弯钩立起并不会产生露筋钩现象。因此，绑扎时切记要使弯钩朝上。

4）治理方法。

将弯钩平放的钢筋松扣扶起重新绑扎。

(10) 板钢筋主副筋位置放反

1）现象。

平板钢筋施工时板的主副筋放反。

2）原因分析。

操作人员疏忽，使用时对主副筋在上或在下不加区别就放进模板。

3）预防措施。

绑扎现浇板筋时，要向操作者做好专门交底，板底短跨筋置于下排，板面短跨方向筋置于上排。

4）治理方法。

钢筋网主、副筋位置放反，应及时重绑返工。如已浇筑混凝土成形后才发现，必须通过设计单位复核其承载能力，再确定是否采取加固措施。

7.5　钢筋工程质量标准及检验方法

7.5.1　原材料

（1）主控项目

1）钢筋进场时应按现行国家标准规定抽取试件做力学性能检验，其质量必须符合有关标准的规定。

检验方法：检查产品合格证、出厂检验报告和进场复验报告。

2）当发现钢筋脆断、焊接性能不良或力学性能显著不正常等现象，应对该批钢筋进行化学成分检验或检查其他专项检验报告。

检验方法：检查化学成分等专项检验报告。

（2）一般项目

钢筋应平直，无损伤，表面不得有裂纹、油污、颗粒状或片状老锈。

7.5.2　钢筋加工

（1）主控项目

1）受力钢筋的弯钩和弯折应符合设计要求及规范规定。

检验方法：钢尺检查。

2）箍筋的末端应做弯钩，弯钩的弯弧内直径应不小于受力钢筋直径，弯折角度应为35°，弯后平直部分长度不小于10d，且不小于10mm，见图7.5-1。

（2）一般项目

钢筋加工尺寸形状，应符合设计要求及规范规定。

检验方法：钢尺检查。

图7.5-1　箍筋的末端弯钩示意图

7.5.3　钢筋安装

（1）主控项目

钢筋安装时，受力钢筋的品种、级别、规格和数量必须符合设计要求。

检验方法：观察、钢尺检查。

（2）一般项目

钢筋安装位置的偏差要求：绑扎钢筋网片尺寸允许偏差±10mm，绑扎骨架尺寸允许偏差±5mm，受力钢筋间距允许偏差±5mm，保护层厚度±3mm。

检验方法：钢尺检查。

8　模板工程施工技术与管理

8.1　常用模板类型

8.1.1　概述

原则上，模板工程施工中要做到安全生产、技术先进、经济合理、方便适用。结构选型时，力求做到受力明确，构造措施到位，升降搭拆方便，便于检查验收；进行模板工程的设计和施工时优先采用定型化、标准化的模板支架和模板构件。

8.1.2　扣件式钢管支架

国内常用的扣件式钢管支架机械性能应符合现行国家标准《钢管脚手架扣件》GB 15831 规定，材质不低于 KT330-08。要求扣件式钢管支架系统零件少、安装简单、便于拆卸。除了铸铁扣件式钢管支架外，还有钢扣件式钢管支架。钢扣件式钢管支架一般又分为铸钢扣件式钢管支架和钢板冲压、液压扣件式钢管支架，铸钢扣件式钢管支架的生产工艺与铸铁大致相同，而钢板冲压、液压扣件式钢管支架则是采用厚 3.5～5mm 的钢板通过冲压、液压技术压制而成。钢扣件式钢管支架各种性能都比较优越，如抗断性、抗滑性、抗变形、抗脱、抗锈等。扣件式钢管支架搭设必须符合现行行业标准《建筑施工扣件式钢管脚手架安全技术规范》JGJ 130 的规定，见图 8.1-1。

图 8.1-1　模板支架搭设图

（1）钢管

脚手架钢管应采用现行国家标准《直缝电焊钢管》GB/T 13793 中规定的 3 号普通钢管，其质量应符合现行国家标准《碳素结构钢》GB/T 700 中 Q235-A 级钢的规定。单根脚手架钢管的最大质量不宜大于25kg，应采用 $\phi 48 \times 3.5$mm 钢管。钢管表面应平直光滑，不应有裂缝、结疤、分层、错位、硬弯、毛刺、压痕和深的划道，钢管上严禁打孔，应涂有防锈漆，见图8.1-2。

1）支架各部位名词解释。

主节点：立杆、纵向和横向水平杆三杆交接处的扣接点。

扫地杆：贴近地面，连接立杆根部的水平杆，见图8.1-3。

图8.1-2　钢管脚手架图

图8.1-3　扫地杆图

立杆纵距（或称跨）：脚手架立杆的纵向间距。

立杆步距（或称步）：上下水平杆轴线间的距离。

2）扣件式钢管脚手架的具体组成见图8.1-4。

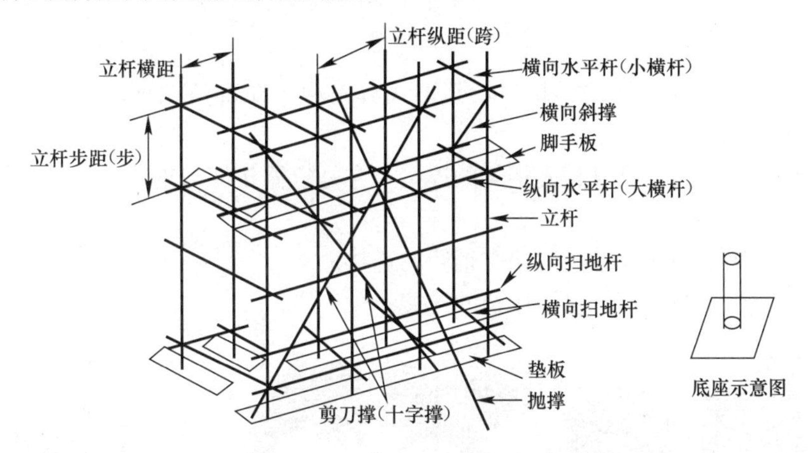

图8.1-4　扣件式钢管脚手架构成示意图

3）纵横向扫地杆位置，见图8.1-5。

4）立杆搭接注意事项。

① 立杆上的对接扣件应交错布置：两根相邻立杆的接头不应设置在同步内，同步内隔一根立杆的两个相隔接头在高度方向错开的距离不宜小于500mm；各接头中心至主节点的距离不宜大于步距的1/3。

② 搭接长度不应小于1m，应采用不少于两个旋转扣件固定，端部扣件盖板的边缘至杆端距离不应小于100mm，见图8.1-6。

图 8.1-5 纵横向扫地杆

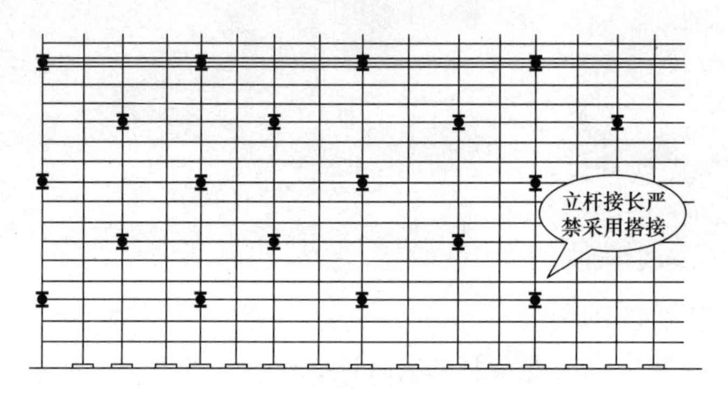

图 8.1-6 立杆搭接示意图

（2）扣件

1）扣件的形式。

扣件是钢管与钢管之间的连接件，其形式有三种，即直角扣件、旋转扣件和对接扣件，见图 8.1-7。

直角扣件：用于两根垂直相交钢管的连接，它是依靠扣件与钢管之间的摩擦力来传递荷载的。

旋转扣件：用于两根任意角度相交钢管的连接。

对接扣件：用于两根钢管对接接长的连接。

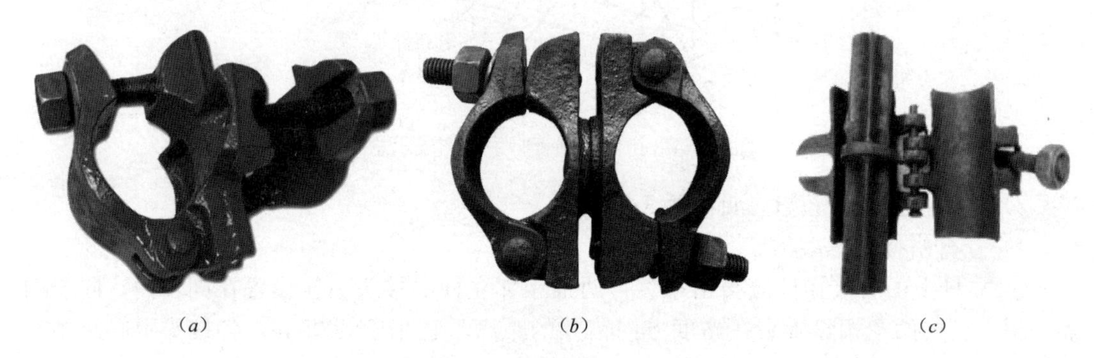

(*a*) (*b*) (*c*)

图 8.1-7 扣件形式

(*a*) 直角扣件；(*b*) 旋转扣件；(*c*) 对接扣件

2）扣件紧固注意事项：

① 扣件式钢管模板支架施工前必须编制施工方案，制定严格周密的施工方法，如果方案制定的不好，在施工时就有可能出现一些不可预料的事件。

② 扣件外观质量要求。经常对扣件的外观质量进行检测，如有裂缝、变形或螺栓出现滑丝的扣件严禁使用，以防使用这些不合格的扣件出现施工故障和事故，见图 8.1-8。

图 8.1-8 检测扣件紧固力矩示意图

③ 搭设扣件式模板支架使用的钢管、扣件，使用前必须进行抽样检测，检测钢管、扣件的质量和外观是否符合标准，抽检数量按规定执行，要按照一定的比例进行抽样检测，未经检测或检测不合格的一律不得使用。

④ 扣件的承载量，作业层上的施工荷载应符合设计要求，不得超载。脚手架不得与模板支架相连，不得不相连时要进行一定的处理，保证扣件的合理承载重量。

3）底座与垫板。

底座与垫板设立于立杆底部的垫座，注意底座与垫板的区别，底座一般是用钢板和钢管焊接而成的，一般放在垫板上面，而垫板既可以是木板也可以是钢板，见图 8.1-9、图 8.1-10。

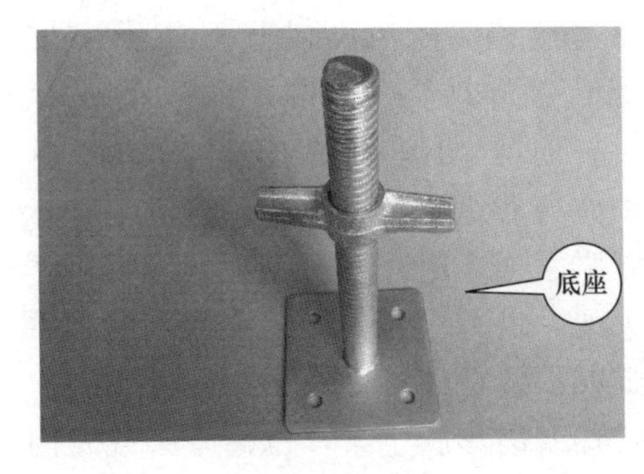

图 8.1-9 底座

图 8.1-10 垫板

8.1.3 碗扣式钢管支架

碗扣式钢管支架基本构造和搭设要求与扣件式钢支架类似，不同之处主要在于碗扣接头。碗扣接头由上碗扣、下碗扣、横杆接头和上碗扣的限位销等组成。在立杆上焊接下碗扣和上碗扣的限位销，将上碗扣套入立杆内。在横杆和斜杆上焊接插头。组装时，将横杆和斜杆插入下碗扣内，压紧和旋转上碗扣，利用限位销固定上碗扣。

碗扣式钢管脚手架立柱横距为1.2m，纵距根据脚手架荷载可为1.2m、1.5m、1.8m、2.4m，步距为1.8m、2.4m。搭设时，立杆的接长缝应错开，第一层立杆应用长1.8m和3.0m的立杆错开布置，往上均用3.0m长杆，至顶层再用1.8m和3.0m两种长度找平。高30m以下脚手架垂直度偏差应控制在1/200以内，高30m以上脚手架应控制在1/600～1/400，总高垂直度偏差应不大于100mm。

碗扣式脚手架是一种新型承插式钢管脚手架，独创了带齿碗扣接头，具有拼拆迅速、省力，结构稳定可靠，配备完善，通用性强，承载力大，安全可靠，易于加工，不易丢失，便于管理，易于运输，应用广泛等特点，大大提高了工作效率，见图8.1-11～图8.1-13。

图8.1-11 碗扣式钢管支架图

图8.1-12 碗扣式钢管支架整体图

图8.1-13 碗扣式钢管支架纵横扫地杆示意图

8.1.4 门式钢管支架

(1) 门式钢管支架定义：是以门架、交叉支撑、连接棒、挂扣式脚手板或水平架、锁臂等组成基本结构，再设置水平加固杆、剪刀撑、扫地杆、封口杆、托座与底座，并采用连墙件与建筑物主体结构相连的一种标准化钢管脚手架。门式钢管脚手架不仅可作为外脚手架，也可作为内脚手架或满堂脚手架。门式脚手架是建筑用脚手架中应用最广的脚手架之一。由于主架呈“门”字形，所以称为门式或门形脚手架，也称鹰架或龙门架，见图8.1-14。

(2) 门式钢管支架搭设要求，见图8.1-15。

（3）垫板底座。为保证地基具有足够的承载能力，立杆基础施工应满足构造要求和施工组织设计的要求。在脚手架基础上应弹出门架立杆位置线，垫板、底座安放位置要准确，见图 8.1-16、图 8.1-17。

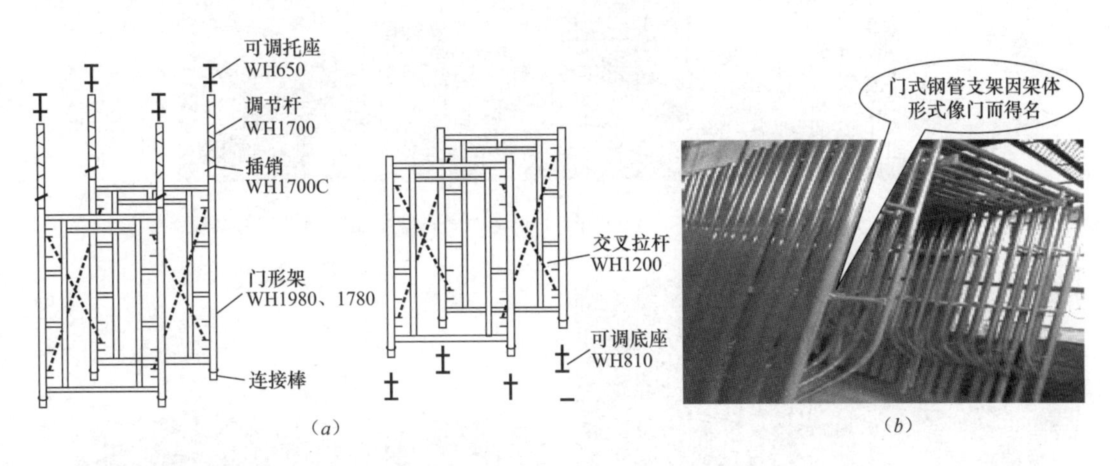

图 8.1-14　门式钢管支架

图 8.1-15　门式钢管支架搭设示意图

图 8.1-16　脚手架架体

8.1.5　承插型盘扣式钢管支架

承插型盘扣式支架立杆采用套管承插连接，水平杆和斜杆采用杆端和接头卡入连接盘，用楔形插销连接，形成结构几何不变体系的钢管支架。承插型盘扣式钢管支架由立杆、水平杆、斜杆、可调底座及可调托座等配件构成。承插型盘扣式钢管支架底座见图 8.1-18。

8.1.6　满堂脚手架支架

（1）满堂脚手架又称作满堂红脚手架，是一种搭建脚手架的施工工艺。满堂脚手架相对其他脚手架系统密度大，一般就是满屋子搭架子。满堂脚手架相对于其他的脚手架更加稳固，可采用扣件脚手架、碗扣架、盘扣架、门架搭设，见图 8.1-19。

（2）满堂脚手架设置垫板与可调底座，见图 8.1-20、图 8.1-21。

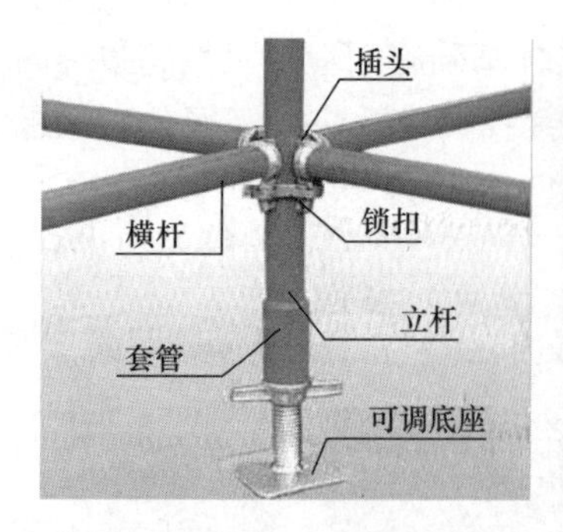

图 8.1-17　脚手架底座

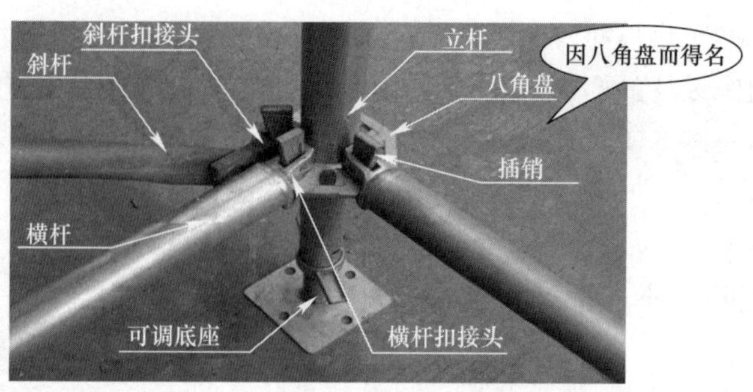

图 8.1-18　承插型盘扣式钢管支架底座

(*a*)

(*b*)

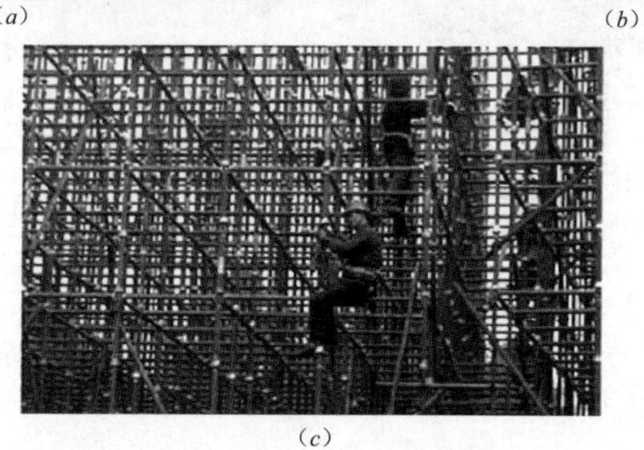

(*c*)

图 8.1-19　满堂脚手架施工示意图

图 8.1-20　满堂脚手架可调底座

图 8.1-21　满堂脚手架配置垫板

8.1.7 滑模

滑模施工时模板会缓慢移动，使结构成形，一般是固定尺寸的定型模板，由牵引设备牵引。滑模工程技术是我国现浇混凝土结构工程施工中机械化程度高、施工速度快、现场场地占用少、结构整体性强、抗震性能好、安全作业有保障、环境与经济综合效益显著的一种施工技术，见图 8.1-22。

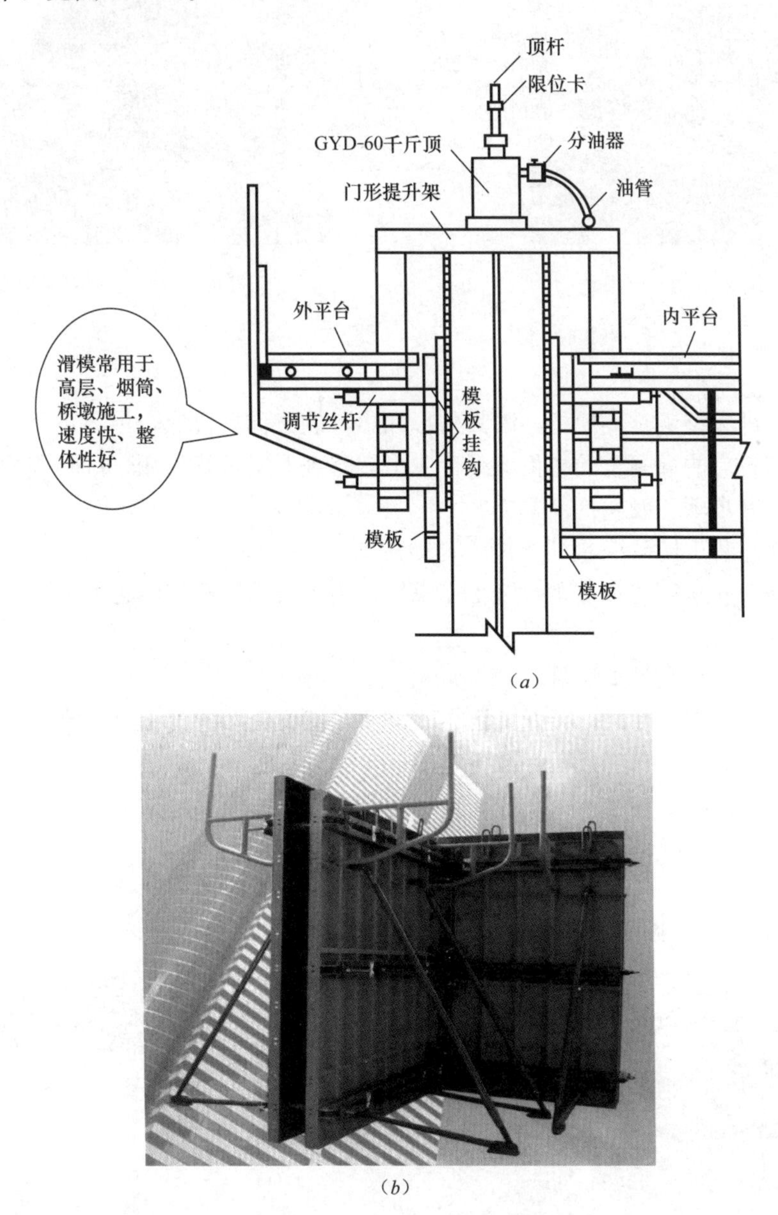

(a)

(b)

图 8.1-22 滑模结构示意图

8.1.8 爬模

爬模是爬升模板的简称，国外也叫跳模。它由爬升模板、爬架（也有的爬模没有爬架）和爬升设备三部分组成，在施工剪力墙体系、筒体体系和桥墩等高耸结构中是一种有效的工具。由于爬模具备自爬的能力，因此不需起重机械的吊运，这就减少了施工中运输机械的吊运工作量。在自爬的模板上悬挂脚手架可省去施工过程中的外脚手架。综上，爬升模板能减少起重机械数量、加快施工速度，因此经济效益较好，见图 8.1-23、图 8.1-24。

图 8.1-23　爬模结构示意图

图 8.1-24　爬模应用示意图

8.1.9　飞模

飞模是一种大型工具式模板，因其外形如桌，故又称桌模或台模。由于它可以借助起重机械从已浇筑完的混凝土的楼板下吊运飞出转移到上层重复使用，故称飞模。飞模是一种施工方法，其步骤一般包括：

（1）地面组装飞模系统；

（2）当某个开间的柱（或梁）施工完成后，用塔式起重机整体起吊飞模就位；

（3）飞模平板上绑筋；

（4）楼面（板）混凝土浇筑；

（5）养护至要求强度后，降低可调支架高度，把飞模系统置于滑动装置上；

（6）将飞模滑出所施工开间，准备起吊；

（7）将飞模整体吊装至下一个开间（这就是“飞”的来历）；

（8）重复（3）～（7）步骤。

因为模板不落地，所以被称为飞模。通俗点说，飞模就是采用预先组装好的楼面模板（含支架）在不同楼层和开间之间流水施工的方法，见图 8.1-25。

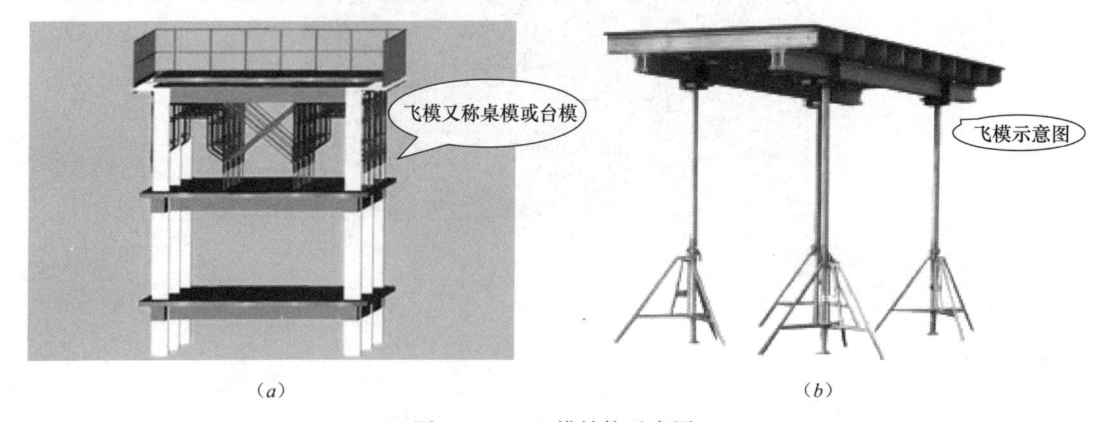

（*a*）　　（*b*）

图 8.1-25　飞模结构示意图

8.1.10 隧道模

隧道模是一种组合式定型模板，用以在现场同时浇筑墙体和楼板的混凝土，因为这种模板的外形像隧道，故称之为隧道模。与常用的组合钢模板相比，可节省一半的劳动力，工期缩短 1/2 以上。采用隧道模施工对建筑结构布局和房间的开间、层高等尺寸要求较严格，见图 8.1-26。

（a）　　（b）

图 8.1-26　隧道模示意图

8.1.11 小钢模板

小钢模为组合钢模板，宽度 300mm 以下，长度 1500mm 以下，面板采用 Q235 钢板制成，厚 2.3mm 或 2.5mm，又称组合式定型小钢模或小钢模板，主要包括平面模板、阴角模板、阳角模板、连接角模等。适用于各种现浇钢筋混凝土工程，可事先按设计要求组拼成梁、柱、墙、楼板的大型模板，整体吊装就位，也可采用散装散拆方法，施工方便，通用性强，易拼装，周转次数多；但一次投资大，拼缝多，易变形，拆模后一般都要进行抹灰，个别还需要进行剔凿修整，见图 8.1-27。

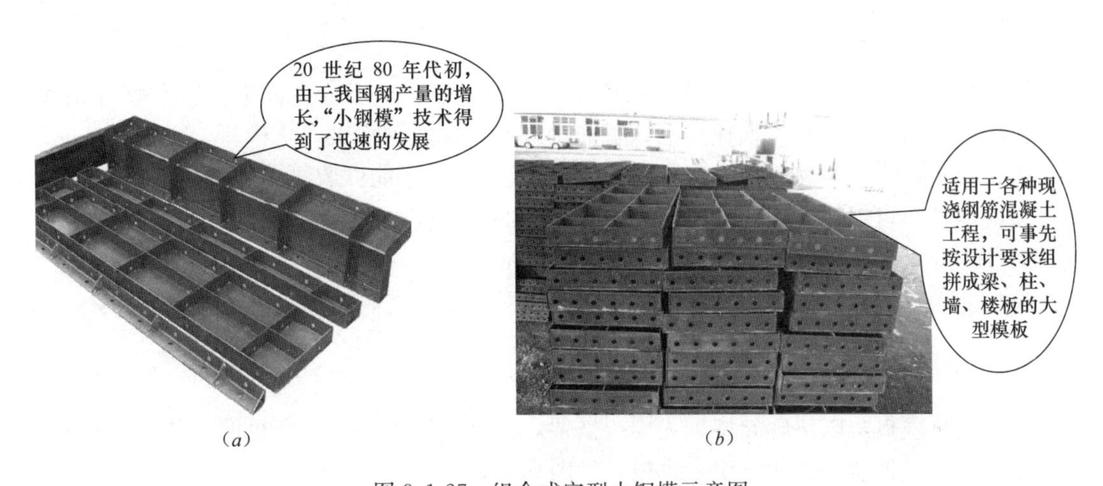

（a）　　（b）

图 8.1-27　组合式定型小钢模示意图

8.1.12 铝合金模板

铝合金模板技术的主要特点，是可以方便地实现如下几大功能。

（1）一次浇筑。铝合金模板系统，将墙模、顶模和支撑等几大独立系统，有机地融为一体。一次将模板全部拼装完毕以实现一次浇筑。

（2）支撑采用早拆原理。只用一层楼面的模板，两层的支撑，可实现3～4天一层的浇筑速度。提高施工效率和模板周转率，以降低成本。

（3）方便实现工厂化施工。在工程的准备阶段，模板供应商已经根据建筑结构定制出完整的模板系统，并在运往工地前，实行整体拼装。这样，就减少了施工中工地可能出现的各种不可预测的问题。

图8.1.28 铝合金模板安装示意图

（4）使用寿命长。在美国使用铝模板已有超过3000次的记录，国内使用铝模板也有超过200次的记录。鉴于其残值回收率高的特点，铝模板从成本核算上，也有其客观的应用价值，见图8.1-28。

8.1.13 胶合板

胶合板是由木段旋切成单板或由木方刨切成薄木，再用胶粘剂胶合而成的三层或多层的板状材料，通常用奇数层单板，并使相邻层单板的纤维方向互相垂直胶合。胶合板制作的面板是使混凝土成形的部分；支撑系统是稳固面板位置和承受上部荷载的结构部分。

8.1.14 竹胶板

竹胶板是以毛竹材料作主要架构和填充材料，经高压成坯的建材。由于竹胶板硬度高、抗折、抗压，在很多使用区域已经替代了钢模板。又由于竹是易培养、成林快的林木，3～5年就可以砍伐，能替换木材，因此，政策支持大力发展以竹为主要加工材料的人造板，已经在很多地方替换了木材类板材的使用。

8.1.15 塑料模板

塑料模板是一种节能型和绿色环保产品，是继木模板、组合钢模板、竹木胶合模板、全钢大模板之后的又一新型换代产品，能完全取代传统的钢模板、木模板、方木，节能环保，摊销成本低。塑料模板周转次数能达到30次以上，还能回收再造。温度适应范围大，规格适应性强，可锯、钻，使用方便。模板表面的平整度、光洁度超过了现有清水混凝土模板的技术要求，有阻燃、防腐、抗水及抗化学品腐蚀的功能，有较好的力学性能和电绝缘性能，能满足各种长方体、正方体、L形、U形的建筑支模的要求，见图8.1-29。

8.1.16 钢框塑料模板

钢框塑料模板是以热轧异型钢为周边框架，以FRTP塑料模板作板面，并加焊若干钢肋承托面板的一种新型工业化组合模板，见图8.1-30。

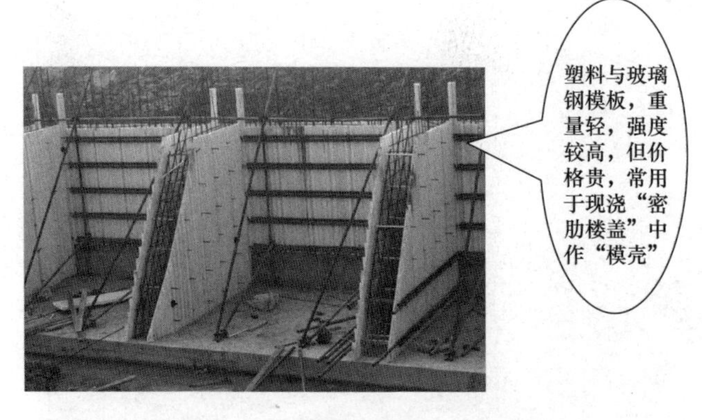

图 8.1-29 塑料模板在施工的应用

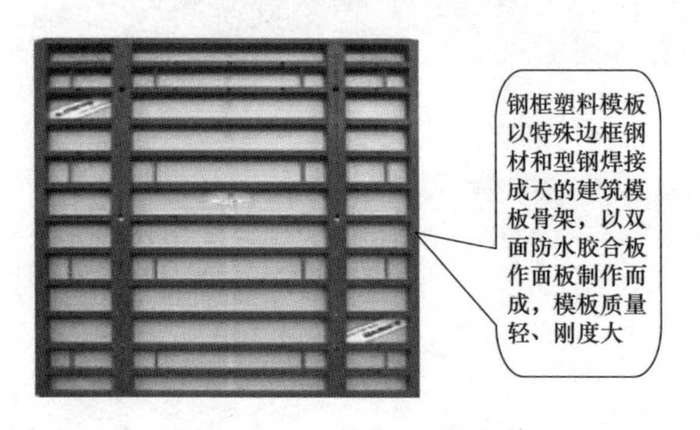

图 8.1-30 钢框塑料模板

8.2 模板设计及计算

8.2.1 设计计算荷载

(1) 恒荷载

主要有：模板及其支架自重 G_1、新浇筑混凝土自重 G_2、钢筋自重 G_3、新浇筑混凝土作用于模板侧压力 G_4，见图 8.2-1。

(2) 活荷载

施工人员及设备荷载 Q_1、振捣混凝土时产生的荷载 Q_2、倾倒混凝土时对垂直面模板产生的水平荷载 Q_3，见图 8.2-2。

(3) 活荷载取值

当计算模板和直接支承模板的小梁时，均布活荷载可取 2.5kN/m^2，再用集中荷载 2.5kN 进行验算，比较两者所得的弯矩值，取其大值；当计算直接支承小梁的主梁时，均布活荷载标准值可取 1.5kN/m^2；当计算支架立柱及其他支承结构构件时，均布活荷载标准值可取 1.0kN/m^2，见图 8.2-3。

对大型浇筑设备，如上料平台、混凝土输送泵等按实际情况计算；采用布料机上料进行浇筑混凝土时，活荷载标准值取 4kN/m^2，见图 8.2-4。

图 8.2-1　施工中恒荷载分布示意图

图 8.2-2　施工中活荷载分布示意图

图 8.2-3　活荷载取值示意图

图 8.2-4　布料机的活荷载标准值

（4）风荷载

风荷载标准值应按现行国家标准《建筑结构荷载规范》GB 50009 中的规定计算，其中基本风压值应按该规范附表 D.4 中 $n=10$ 年的规定采用，并取风振系数。

（5）荷载设计值

1）计算模板及支架结构或构件的强度、稳定性和连接强度时，应采用荷载设计值（荷载标准值乘以荷载分项系数）。

2）计算正常使用极限状态的变形时，应采用荷载标准值。

3）钢面板及支架作用荷载设计值可乘以系数 0.95 进行折减。当采用冷弯薄壁型钢时，其荷载设计值不应折减，见表 8.2-1。

荷载及分项系数表　　表 8.2-1

荷载类别	分项系统
模板及支架自重（G_1）	永久荷载的分项系统： （1）当其效应对结构不利时，对由可变荷载效应控制的组合，应取 1.2；对由永久荷载效应控制的组合，应取 1.35。 （2）当其效应对结构有利时，一般情况应取 1；对结构的倾覆、滑移验算，应取 0.9
新浇筑混凝土自重（G_2）	
钢筋自重（G_3）	
新浇筑混凝土作用于模板侧压力（G_4）	
施工人员及设备荷载（Q_1）	可变荷载的分项系数： 一般情况下应取 1.4； 对标准值大于 $4kN/m^2$ 的活荷载应取 1.3
振捣混凝土时产生的荷载（Q_2）	
倾倒混凝土时产生的荷载（Q_3）	
风荷载（ω_k）	1.4

8.2.2 模板及其支架的设计

（1）模板及其支架的设计规定

1）有足够的承载能力、刚度和稳定性。

2）构造应简单，装拆方便，便于钢筋的绑扎、安装和混凝土的浇筑、养护等。

（2）模板设计内容

1）绘制配板设计图、支撑设计布置图、细部构造和异形模板大样图。

2）按模板承受荷载的最不利组合对模板进行验算，见图 8.2-5、图 8.2-6。

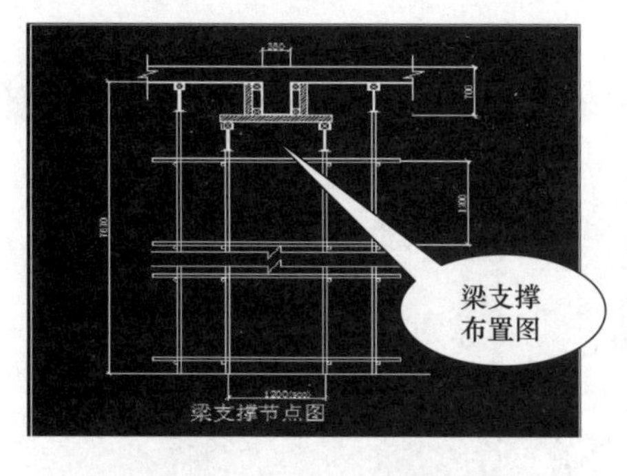

图 8.2-5　梁支撑布置图

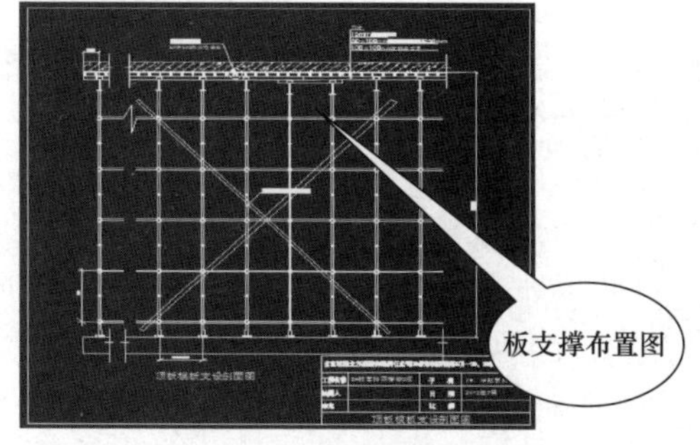

图 8.2-6　板支撑布置图

3）制定模板安装及拆除的程序和方法。

4）编制模板及配件的规格、数量汇总表和周转使用计划。

5）编制模板施工安全、防火技术措施及施工说明书。

(3) 设计应注意的问题

1) 梁混凝土施工由跨中向两端对称分层浇筑，每层厚度不得大于400mm。

2) 当门架使用可调支座时，调节螺杆伸出长度不得大于150mm，碗扣架调节螺杆伸出长度不得大于200mm，见图8.2-7。

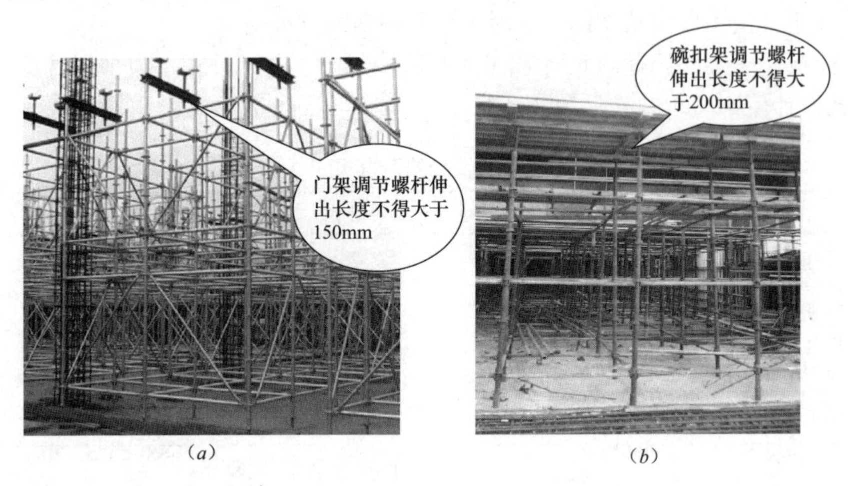

(*a*) (*b*)

图8.2-7 门架节点详图

8.3 模板施工质量控制要点

8.3.1 模架材料质量控制

《建筑施工扣件式钢管脚手架安全技术规范》JGJ 130—2011规定，扣件在螺栓拧紧扭力矩达到65N·m时，不得发生破坏。可调托撑螺杆外径不得小于36mm，可调托撑螺杆与支架托板焊接应牢固，焊缝高度不得小于6mm；可调托撑螺杆与螺母旋合长度不得少于5扣，螺母厚度不得小于30mm。可调托撑受压承载力设计值不应小于40kN，支托板厚不应小于5mm，见图8.3-1。

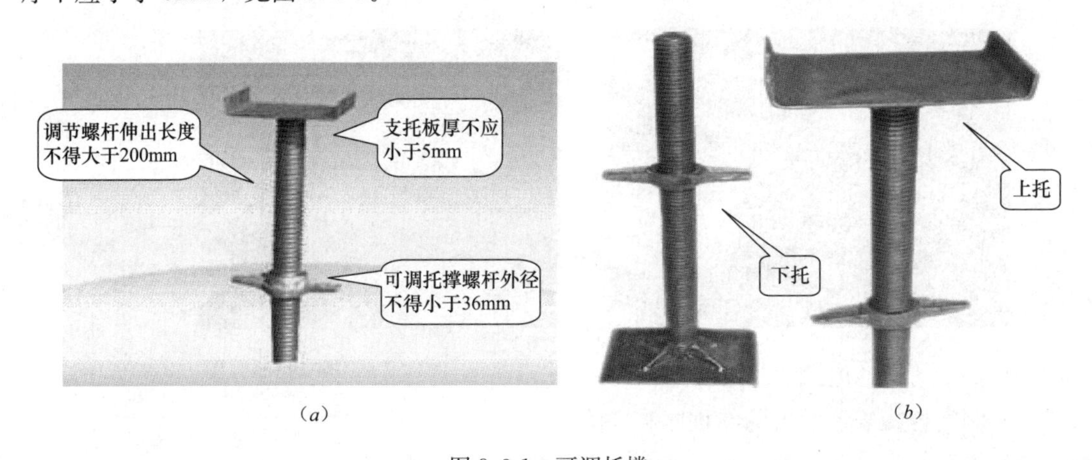

(*a*) (*b*)

图8.3-1 可调托撑

(*a*) 可调托撑（一）；(*b*) 可调托撑（二）

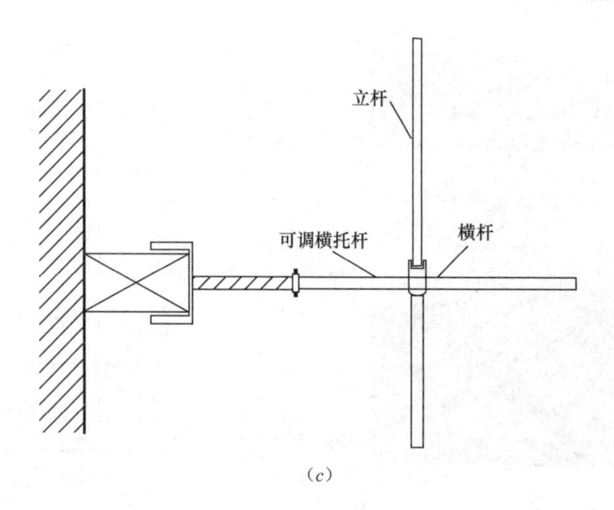

(c)

图 8.3-1 可调托撑（续）
(c) 可调托撑应用

8.3.2 模架搭设施工质量控制要点

(1) 质量控制的“三有”“五要”

“三有”：搭设前有交底；搭设中有检查；搭设完毕后有验收。

“五要”：交底要细；检查要勤；验收要严；履行程序时必须要有签字手续；楼板及梁模板跨度大于等于 4m 要起拱。

(2) 质量控制技术要点

1) 自由端控制要点，见图 8.3-2。

2) 多层模板支撑施工控制要点，见图 8.3-3。

3) 模板支架稳定体系与非稳定体系控制，见图 8.3-4、图 8.3-5。

4) 模板搭设尺寸允许偏差，见表 8.3-1。

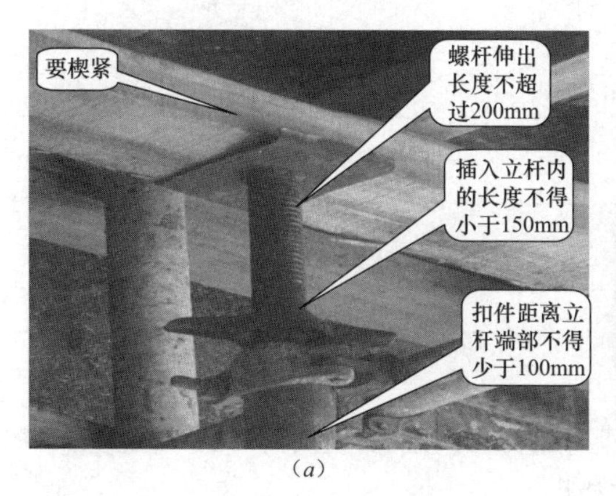

(a)

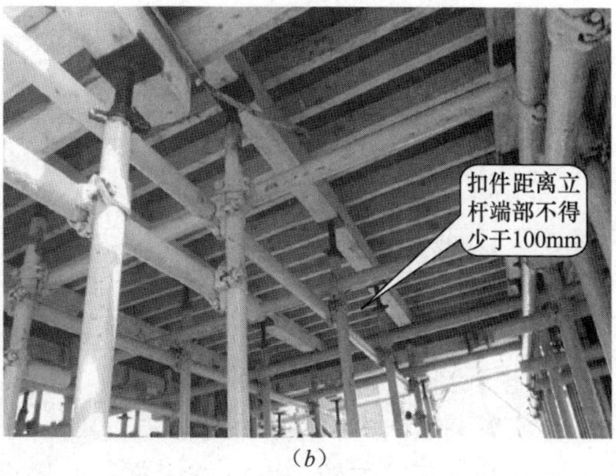

(b)

图 8.3-2 自由端控制
(a) 上托各自由端；(b) 自由端

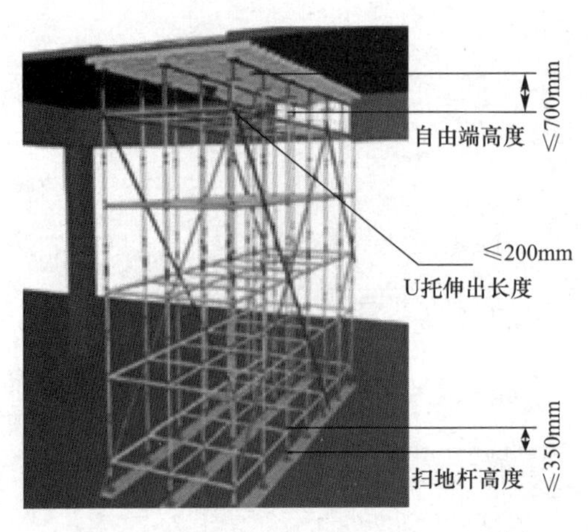

自由端高度对比表

搭设形式	自由端高度（含U托）	U托伸出长度
碗扣式脚手架	≤700mm	≤200mm
扣件式脚手架	≤500mm	≤200mm
盘扣式脚手架	≤680mm	≤200mm

(*c*)

图 8.3-2　自由端控制（续）

(*c*) 自由端高度对比

图 8.3-3　多层模板支撑

图 8.3-4　稳定模板支撑

模板搭设尺寸允许偏差　　　**表 8.3-1**

项目		允许偏差（mm）	检验方法
轴线位置		5	钢尺检查
底模上表面标高		±5	水准仪或拉线、钢尺检查
模板内部尺寸	基础	±10	钢尺检查
	柱、墙、梁	±5	钢尺检查
柱、墙（层高）垂直度	层高不大于 6m	8	经纬仪或吊线、钢尺检查
	大于 6m	10	经纬仪或吊线、钢尺检查
相邻模板表面高低差		2	钢尺检查
表面平整度		5	2m 靠尺和基尺检查

5）模板搭设一般注意事项。

安装现浇结构的上层模板及其支架时，下层楼板应具有承受上层荷载的承载能力，加设支架时上、下层支架的立柱应对准，并铺设垫板。

模板安装的轴线位置、标高、截面尺寸、垂直度、表面平整度和隔离剂、接缝、起拱高度等均须符合设计和规范要求。用作模板的地坪、胎模等应平整光洁，不得产生影响构件质量的下沉、裂缝、起砂和起鼓，见图 8.3-6。

图 8.3-5 非稳定模板支撑

图 8.3-6 模板搭设注意事项

固定在模板上的预埋件、预留孔和预留洞等均不得遗漏，且应安装牢固，其偏差符合规范要求。

在施工过程中防止容易出现的其他细节质量问题，见图 8.3-7。

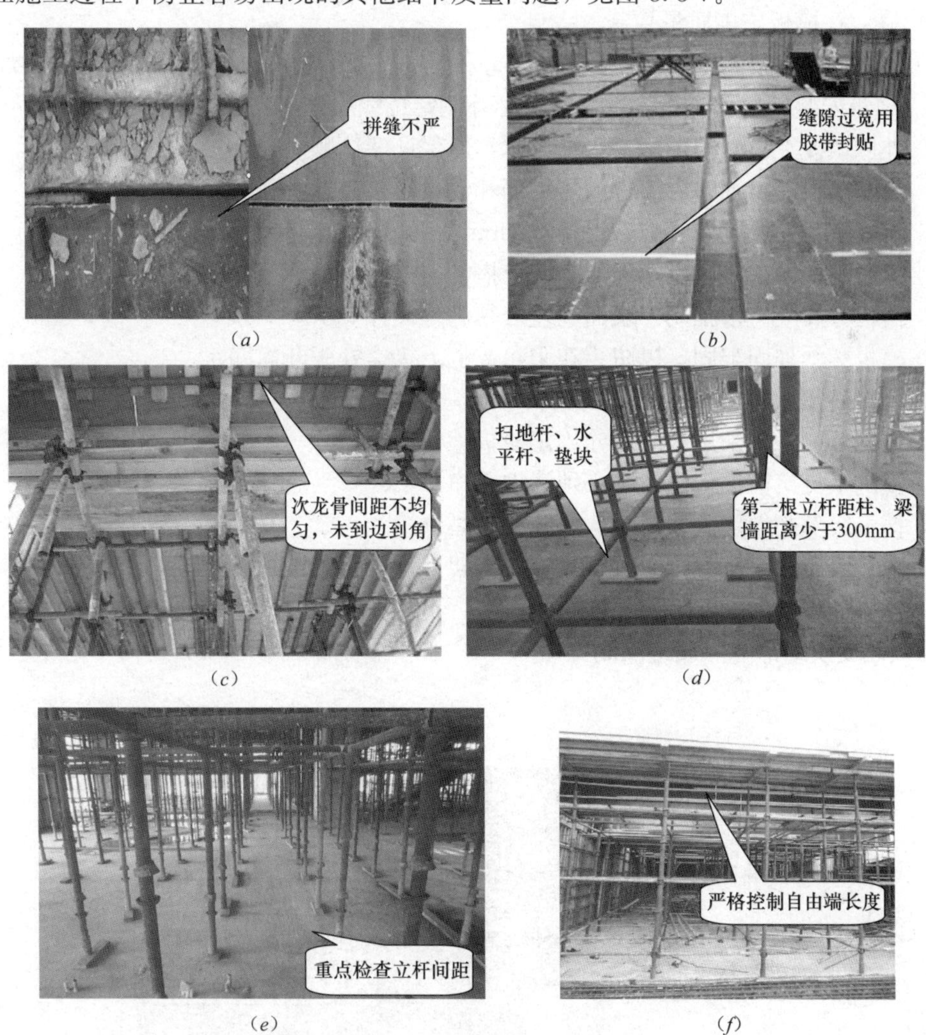

(a) (b) (c) (d) (e) (f)

图 8.3-7 模架施工细部质量控制

(a) 拼缝不严；(b) 缝隙过宽；(c) 次龙骨细部节点不均；(d) 第一根立杆距柱、墙距离不符合要求；(e) 立杆间距不一；(f) 自由端长度不合适

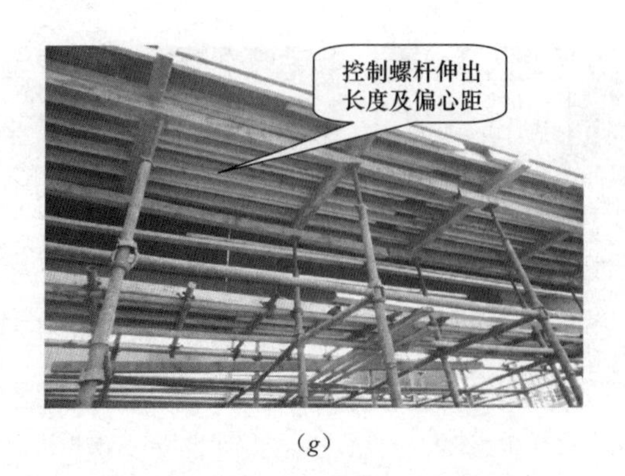

(g)

图 8.3-7 模架施工细部质量控制（续）

（g）螺杆细部节点

6）墙、柱模板施工质量控制。

① 墙、柱定位线应采用双线控制，外侧定位线距构件边缘 20cm，模板的厚度为 15mm。模板安装就位后进行复核，模板距外侧定位线应为 18.5cm。

② 外侧墙模上口必须加一道水平方木，以保证墙体顺直。

③ 涂刷模板隔离剂时，不得沾污钢筋和混凝土接槎处。

④ 模板拼装应严密，缝隙不得超过 1mm，不得出现错槎现象。

⑤ 门窗洞口模板应特别加固，中间应搭设内撑，防止浇筑混凝土发生变形。

⑥ 模板标高应严格控制，表面高差必须满足设计要求。

⑦ 模板必须加固牢固，以防止在阳角或上下接槎处胀开而漏浆。

⑧ 外墙必须做好加固支撑。

⑨ 地库外墙必须采用止水螺栓固定模板。

⑩ 混凝土浇筑前模板内杂物必须清理干净。

⑪ 模板底部必须用砂浆封口，以防漏浆烂根。

⑫ 浇筑混凝土时应安排专人对模板及支架进行观察和维护。

⑬ 拆模过程中和拆除后，加强成品保护，不能造成墙体或墙角的损坏。

墙、柱支模细部节点质量控制见图 8.3-8～图 8.3-15。

图 8.3-8 螺杆细部节点

图 8.3-9 柱支模细部节点

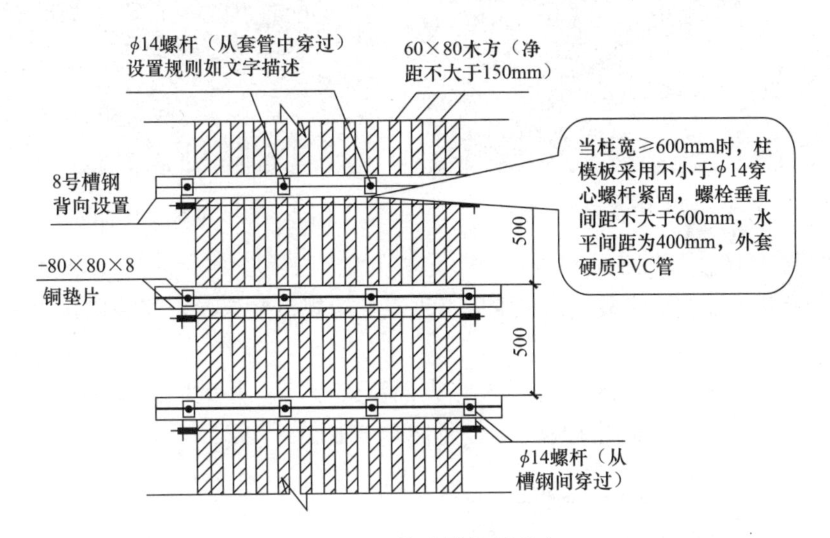

图 8.3-10 柱支模细部节点

图 8.3-11 墙、柱支模细部节点

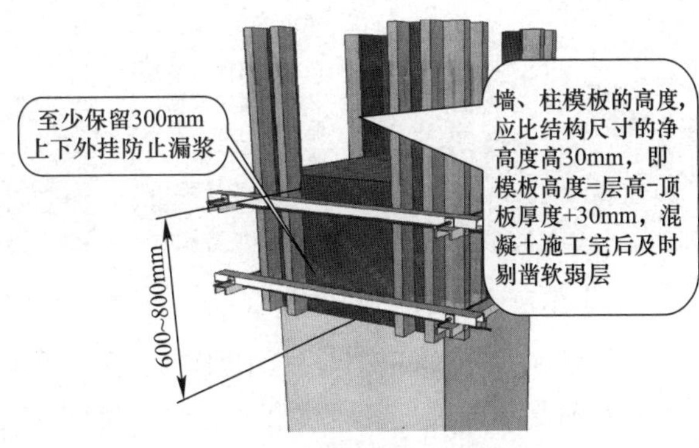

图 8.3-12 柱支模细部节点

图 8.3-13 斜撑细部节点

图 8.3-14 斜撑细部节点

图 8.3-15 墙、柱模板数据复核

图 8.3-16 模板安装前的准备（一）

7）地下室外墙模板施工质量控制。

① 必须严格按照模板安装表面平整度、垂直度的规范要求检查安装质量，见图 8.3-16、图 8.3-17。

② 对于旧的模板，在安装之前必须将表面清理干净，并满刷隔离剂。有破损表面及烂角的位置必须锯掉，不能用于施工中，见图 8.3-18。

图 8.3-17 模板安装前的准备（二）

图 8.3-18 模板安装前的准备（三）

③ 保证工程结构和构件各部位形状、尺寸和相互位置的正确，见图 8.3-19。

④ 具有足够的强度、刚度和稳定性，能可靠地承受新浇混凝土的重量和侧压力，以及在施工过程中所产生的荷载，从而在浇筑过程中不发生变形。

⑤ 支撑架要横平竖直，间距均匀，挑出长度一致，若层高较高，立杆需对接的接头在同一步内相互错开，一根立杆最多允许有一个接头。

⑥ 模板接缝要严密，缝隙大于 1mm 的模板缝，采用缝中间塞海绵条，混凝土面用胶带纸粘贴进行处理。地下室外墙模板及支撑安装图见图 8.3-20。

8）内墙模板施工质量控制。

内墙模板及顶板模板安装图见图 8.3-21。

图 8.3-19 模板安装前的准备（四）

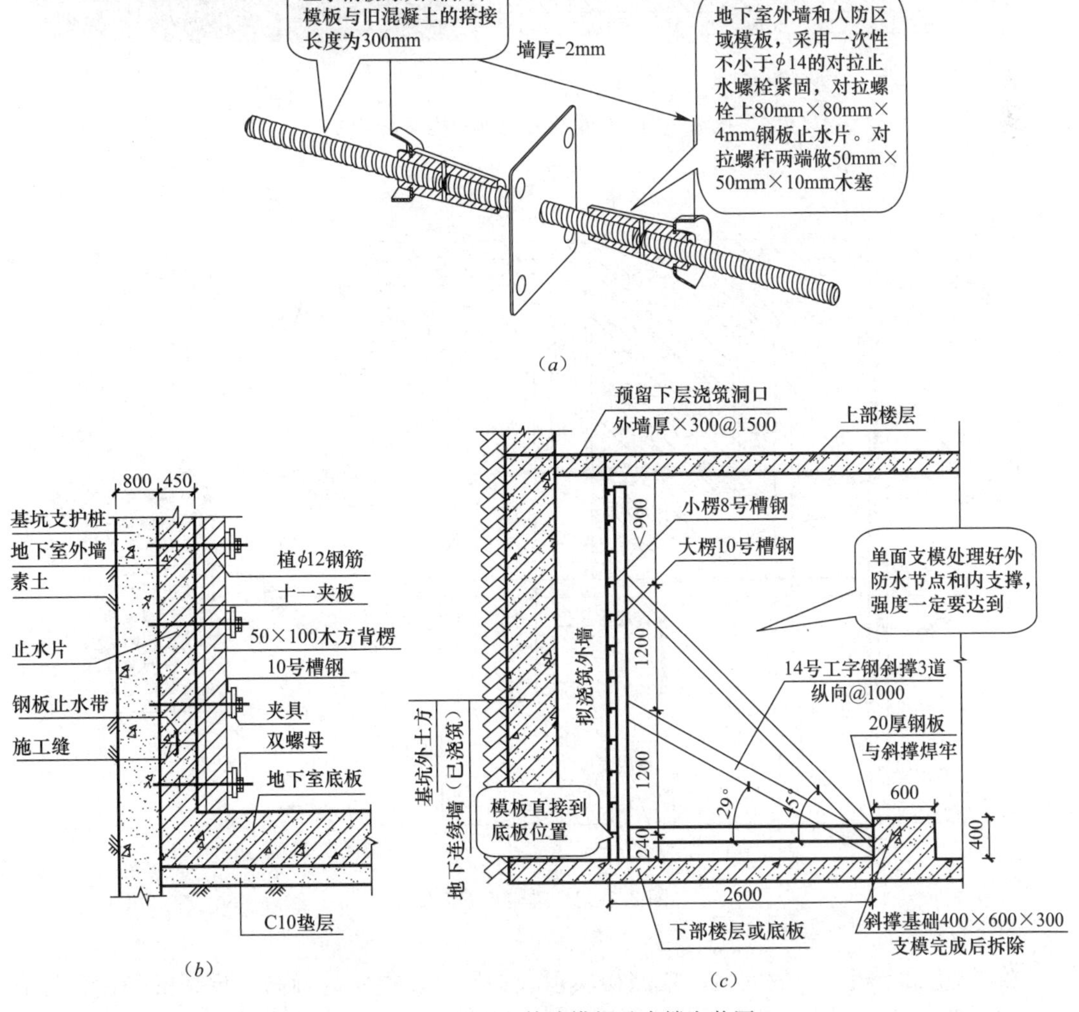

图 8.3-20 地下室外墙模板及支撑安装图

9）梁模板施工质量控制。

① 梁模板的安装。先要将梁支柱的标高调整好，接着对梁底板的模板进行安装，并拉线进行找平，然后依照梁所在的位置，按照边模包底模的原则安装压脚板与斜撑等，如发现工程架高大于 700mm，此时应该对其做好加固工作，见图 8.3-22、图 8.3-23。

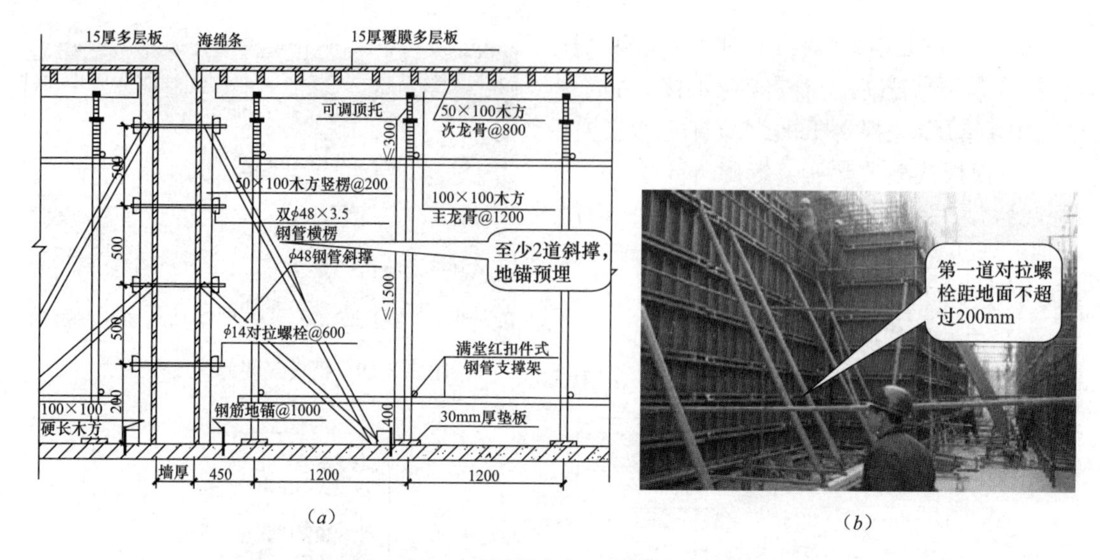

(a) (b)

图 8.3-21 内墙模板与顶板模板安装图

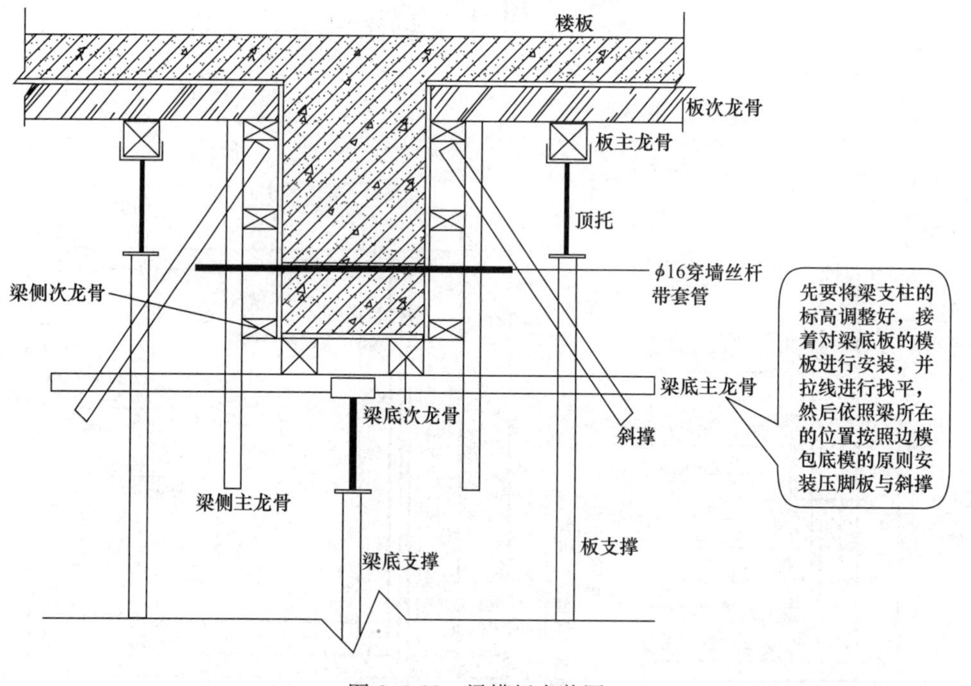

图 8.3-22 梁模板安装图

② 结构梁及板支柱的安装。依照楼层顶板的厚度、楼层的标高与模板安装设计等有关要求，先从房间某一端开始施工，然后依次对结构梁以及板模板的支撑架进行安装。支柱的间距依照模板设计确定，一般是 800mm×1000mm，而梁支柱的间距是 600mm×800mm。与此同时，水平拉杆要按照工程项目中支柱的有关高度给予确定，见图 8.3-24。

③ 测量放线。在对结构梁以及板进行安装之前，应该在房建工程框架柱上弹出所测量的轴线、梁所在位置线以及楼层顶板的水平方向的控制线。

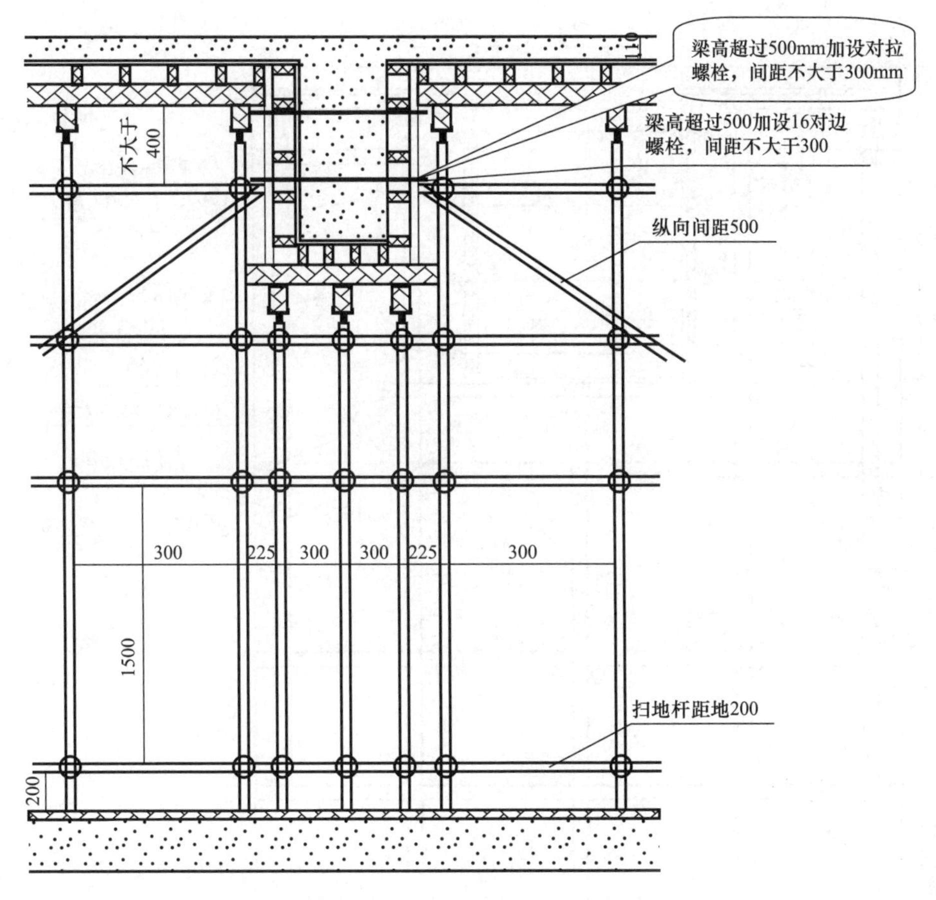

图 8.3-23 梁模板细部节点详图

10）楼盖后浇带模板支撑体系施工质量控制。

楼盖后浇带模板支撑体系见图 8.3-25。

（*a*）

图 8.3-24 梁模板支柱安装节点图

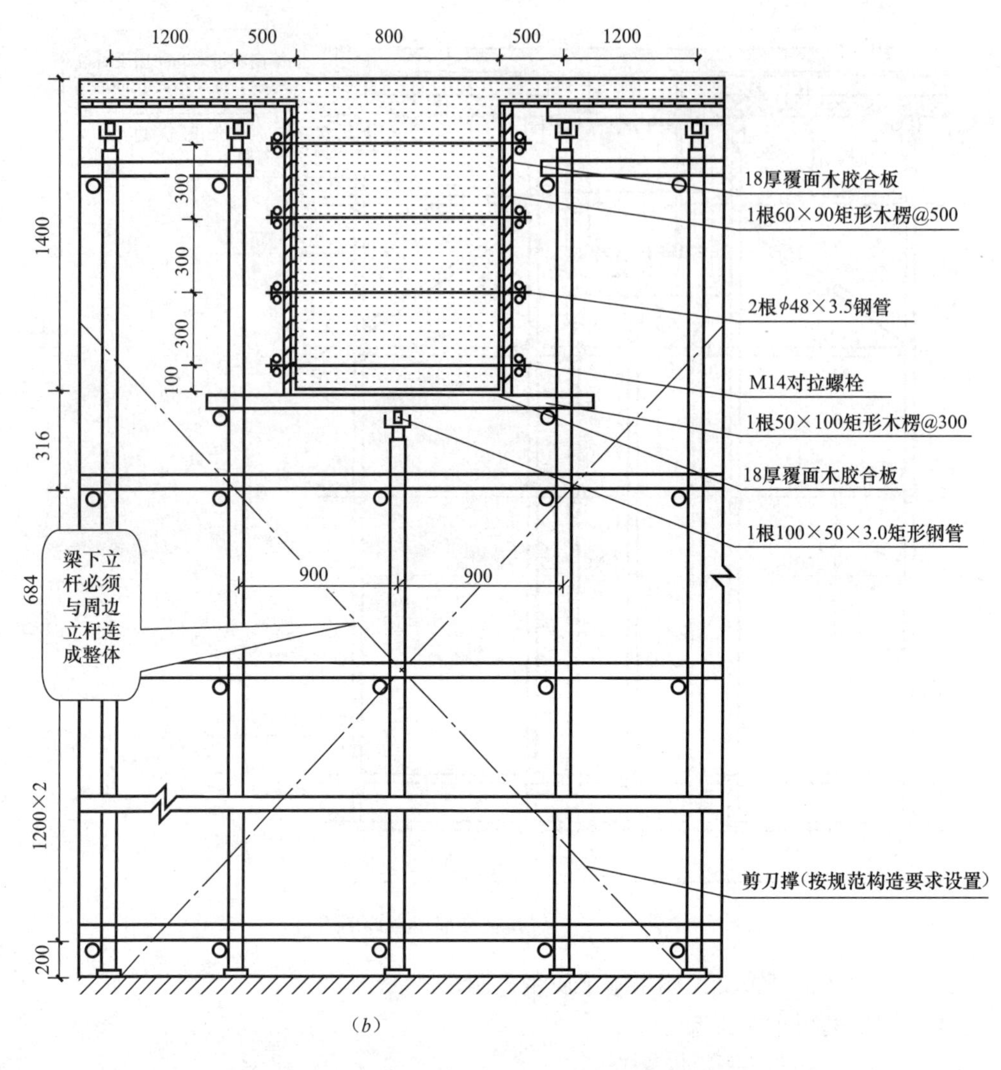
1200
500
800
500
1200
1400
316
684
1200×2
200
300
300
300
100
900
900
18厚覆面木胶合板
1根60×90矩形木楞@500
2根ϕ48×3.5钢管
M14对拉螺栓
1根50×100矩形木楞@300
18厚覆面木胶合板
1根100×50×3.0矩形钢管
梁下立杆必须与周边立杆连成整体
剪刀撑(按规范构造要求设置)

(b)

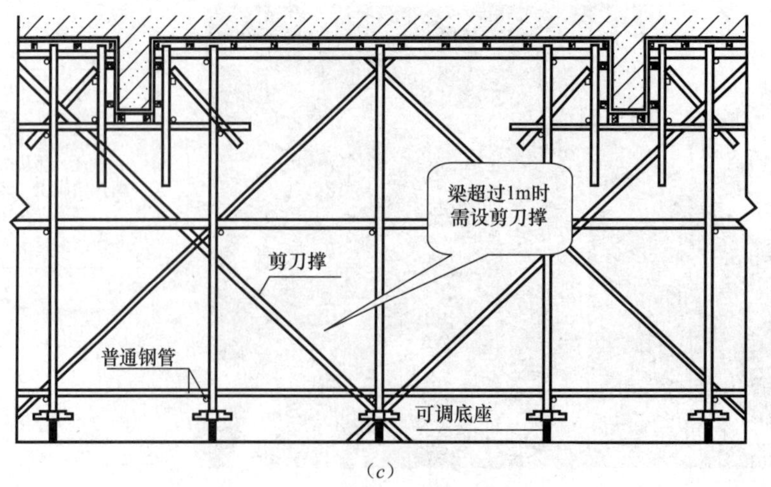
梁超过1m时需设剪刀撑
剪刀撑
普通钢管
可调底座

(c)

图 8.3-24　梁模板支柱安装节点图（续）

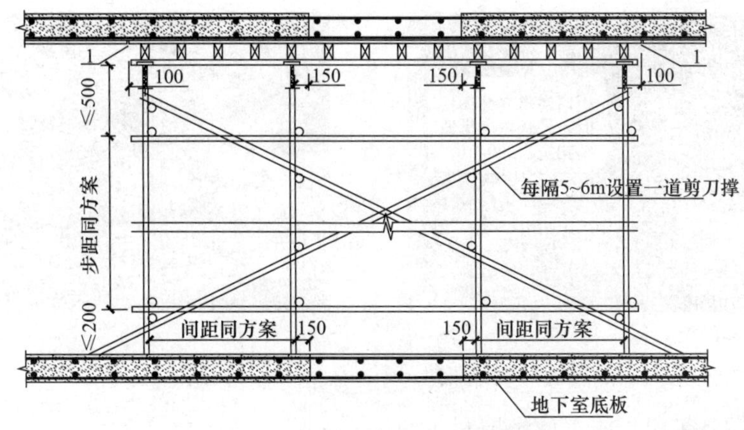

图 8.3-25 楼盖后浇带模板独立支撑体系

1—模板、方木在此位置断开

① 在距离后浇带边 150mm 的位置拉通线并弹线，第一排立杆沿所弹的线进行排架，然后根据楼板支撑架的间距从第一排立杆往两边进行排架。

② 后浇带两边各搭设两排立杆，其纵横向均连通，梁板的纵横向立杆间距同专项方案。

③ 独立后浇带模板及方木与两侧断开，单独下料，超出独立支撑架最外侧立杆 100mm。

④ 独立后浇带的支撑架与其他梁板的支撑架相对分离，两侧其他梁板支撑架的水平横杆应延伸至独立后浇带的支撑架内，与其横向水平杆搭接不小于 1m，并等间距设置 3 个旋转扣件固定。

⑤ 独立后浇带的支撑架设置纵横向剪刀撑，横向剪刀撑每 5～6m 设置一道，纵向剪刀撑沿两外侧立杆连续设置。

⑥ 待混凝土达到一定强度，将后浇带两侧梁板进行凿毛处理，拆除梁侧模板，将凿出来的混凝土碎渣集中清扫到梁侧开设的清扫口位置，统一进行清除，然后用模板盖住后浇带进行保护，顶板后浇带两侧砌两皮灰砂砖挡水坎。

⑦ 后浇带模板支撑体系要注意的其他注意事项，见图 8.3-26。

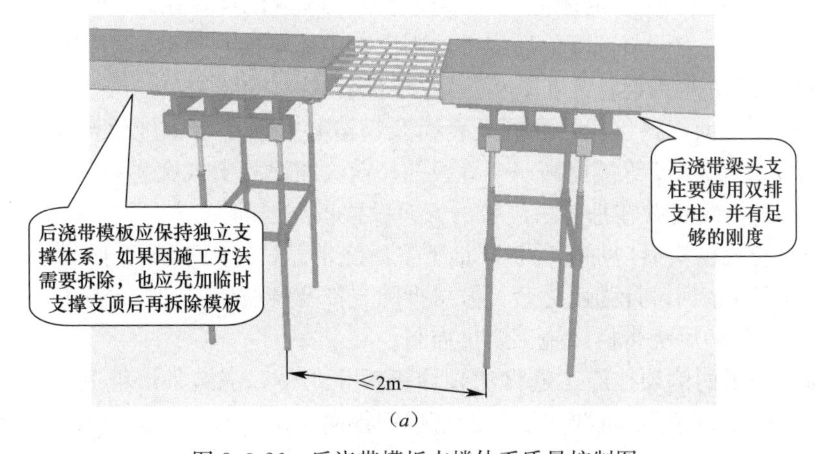

(*a*)

图 8.3-26 后浇带模板支撑体系质量控制图

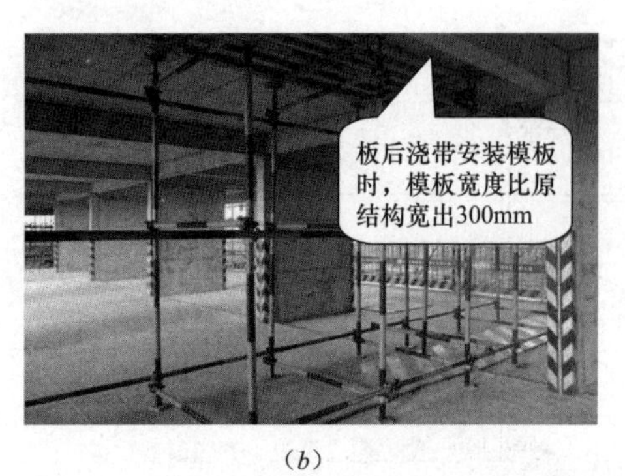

(b)

(c)

图 8.3-26 后浇带模板支撑体系质量控制图（续）

11）楼板后浇带模板施工质量控制。

① 搭设模板支架时，钢支撑与其他支撑不得相互连接，应该是独立的。

② 后浇带部位钢筋应贯通布置，见图 8.3-27。

③ 楼面后浇带遮挡钢丝网的固定方法同底板后浇带，底部在后浇带两侧钉 20mm 厚、宽 30mm 的模板条控制钢筋保护层厚度并防止混凝土遗漏。

④ 浇筑混凝土时对抛洒在后浇带内的混凝土应及时清理干净。

⑤ 后浇带两侧混凝土浇筑后，待强度达到设计强度后，方可拆除模板。模板拆除时，不应对钢支撑造成影响，见图 8.3-28。

图 8.3-27 楼板后浇带钢筋贯通布置

图 8.3-28 楼板后浇带拆除

⑥ 早期收缩后浇带应在两侧混凝土龄期达到 45d 后，且宜在较冷天气或比原浇筑时的温度低时浇筑；作为调节沉降的后浇带，则应在主体结构封顶后，根据沉降观测资料确定沉降已相对稳定并得到设计人员认可后才能浇筑。

⑦ 后浇带封闭前，将接缝处混凝土表面杂物清除并凿毛，刷纯水泥浆两遍后，用抗渗等级相同且比设计强度等级提高一个等级的补偿收缩混凝土（微膨胀剂掺量比两侧主体掺量增加 50%）浇筑，并在垂直后浇带的方向设置板加强筋。

⑧ 后浇带浇捣密实后应加强养护，地下室后浇带养护时间不应少于 28d，跨内模板应待后浇带封闭后且达到设计强度之后，方可拆除支撑及模板。

12）地下室外墙后浇带模板施工质量控制。

① 外墙后浇带两侧须按施工缝做法预埋钢板止水带，浇筑外墙混凝土前在后浇带两侧安装具有一定强度的阻挡混凝土流失的密目钢板网，钢板网与钢板止水带焊接并固定牢固，见图 8.3-29。

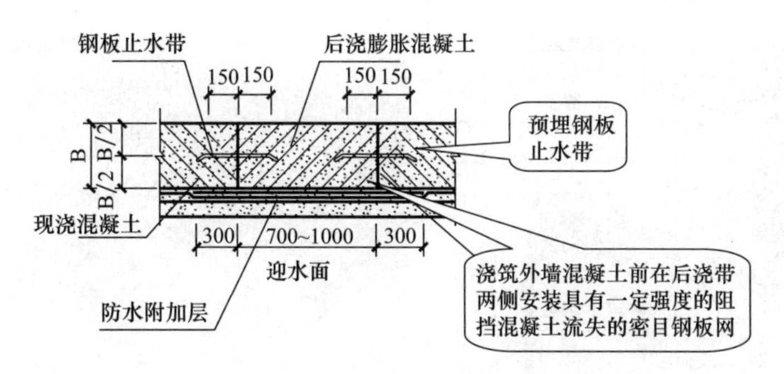

图 8.3-29 地下室外墙后浇带细部节点图（预埋钢板止水带）

② 外墙后浇带外部须设防水附加层，防水附加层宽度需在两边各超出后浇带 300mm 以上，见图 8.3-30。

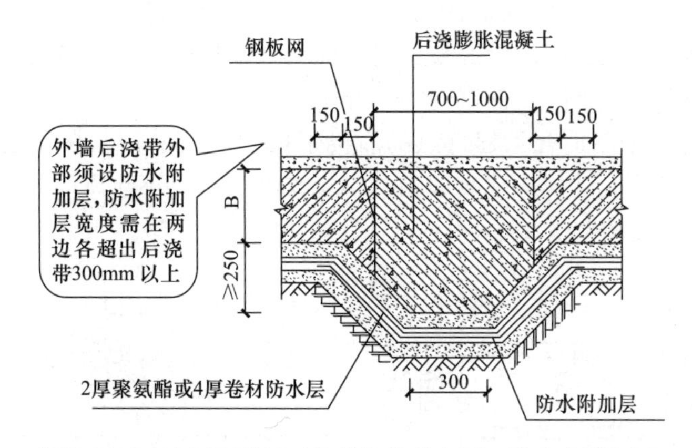

图 8.3-30 地下室外墙后浇带细部节点图（设防水附加层）

③ 外墙后浇带模板应加固牢靠，防止胀模及漏浆。

④ 外墙后浇带混凝土尽可能与地下室顶板后浇带混凝土同时浇筑。

⑤ 墙体表面缺陷处理及螺杆孔封闭处理后，施工防水附加层，附加层验收合格后，再施工防水层。

⑥ 为及时进行地下室外墙侧回填土施工，可先完成大面外墙防水施工后，在后浇带两侧各 1m 位置先砌 240mm 厚实心砖墙分隔。待外墙后浇带混凝土完成后，后浇带位置外墙防水与大面先行施工的防水在分隔墙内做好搭接。

13）后浇带模板施工质量控制。

① 钢筋控制。检查后浇带内钢筋的规格、形状、尺寸、数量、间距、搭接长度和接头位置是否符合设计要求和施工规范规定，尤其是后浇带内钢筋如果断开，则要求绑扎搭接接头面积的百分率不超过 25%，焊接接头不超过 50%。后浇带内钢筋由于暴露时间较长，钢筋锈蚀在所难免，故混凝土浇筑前，应要求对钢筋表面颗粒状或片状老锈进行除锈处理。若有钢筋被踩弯或压弯现象，在混凝土浇筑前及时进行矫正，见图 8.3-31。

② 模板支撑体系控制。要求模板支模架子一次性安装成形，待后浇带混凝土浇筑好以后再进行拆除，确保板底平整，见图 8.3-32。

图 8.3-31 地下室外墙后浇带钢筋处理

图 8.3-32 模板支撑体系节点图

③ 两侧接缝收口控制。如采用钢丝网时，制作的单层钢丝网片必须绷紧，并且钢丝网片与钢筋支架绑扎必须结实、牢固。

④ 混凝土浇筑控制。在浇筑后浇带两侧混凝土的过程中，应采取对称浇筑的方法，保证后浇带模板不会移位；后浇带混凝土浇筑前清理干净后浇带中杂物，将两侧混凝土的松散石子凿除，表面清洗干净，保持湿润，并刷水泥浆。

⑤ 防渗漏措施。采用适合工程特点的后浇带接缝形式和其与两侧混凝土接缝防水做法是做好防渗漏措施的关键，通常应采取企口缝或阶梯缝，并选择接缝中部设置止水条或止水带的组合做法，见图 8.3-33。

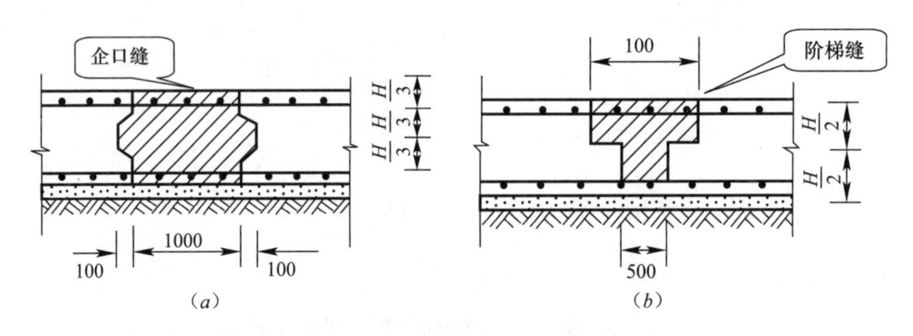

图 8.3-33 防渗漏企口缝与阶梯缝

14）电梯井、集水坑模板施工质量控制（图 8.3-34）。

① 涂刷隔离剂时不得沾污钢筋和混凝土接槎处。

② 模板的接缝严密，不得有漏浆，在混凝土浇筑前应浇水湿润。但模板内不应存积水，模板与混凝土接触面应清理干净。

③ 固定在模板上的预留孔洞不得遗漏，且安装牢固。

④ 后浇带部位模板的拆除和支顶严格按施工方案实施。

⑤ 拆除模板应保证构件的表面棱角不被损坏。

⑥ 模板安装应满足下列要求：

a. 模板与混凝土的接触面应清理干净并均匀涂刷隔离剂，但不得采用影响结构性能或妨碍装饰工程施工的隔离剂，宜用水质隔离剂。

b. 在浇筑混凝土前，模板内的杂物应清理干净。

⑦ 允许偏差：模板安装允许偏差见表 8.3-2。

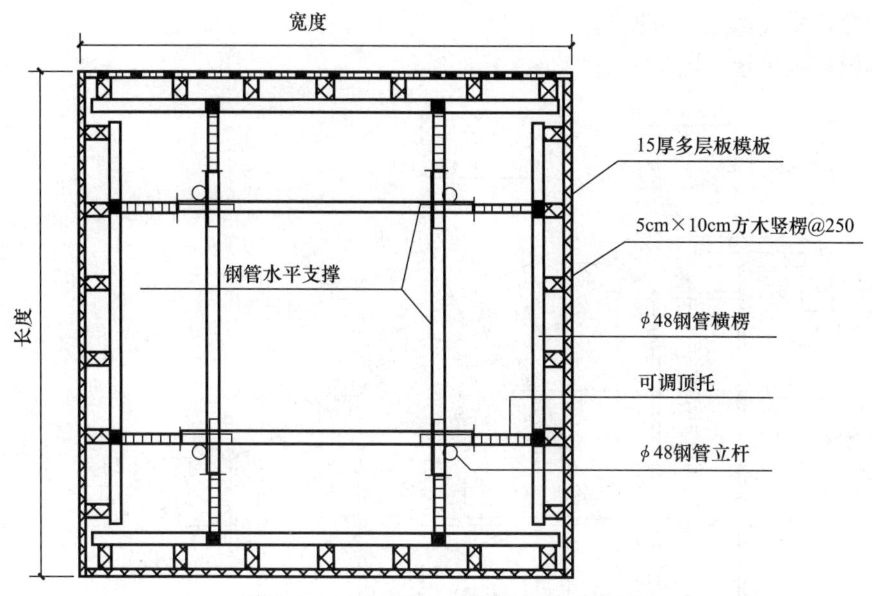

图 8.3-34 集水坑、电梯井模板示意图

模板安装允许偏差 表 8.3-2

项次	项目		允许偏差值（mm）	检查方法
1	轴线位移（柱、墙）		3	尺量
2	标高		±3	水准仪或拉线尺量
3	截面尺寸：柱、墙		±3	钢尺检查
4	层间垂直度：层高不大于5m		3	经纬仪或吊线、尺量
5	相邻两板表面高低差		2	钢尺检查
6	表面平整度		2	2m靠尺和塞尺检查
7	预留洞	中心线位置	5	钢尺检查
		尺寸	+5，−0	钢尺检查
8	阴阳角	方正	2	方尺、塞尺
		顺直	2	拉线、尺量

15）门窗洞口模板施工质量控制（图 8.3-35）。

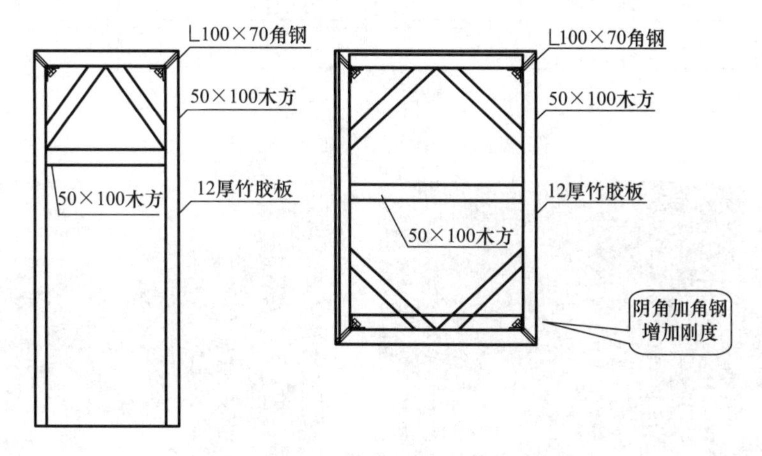

图 8.3-35 门窗洞口模板

注：关键是保证混凝土浇筑时洞口模板不变形。

16）楼梯模板施工质量控制。

楼梯模板施工示意图见图 8.3-36～图 8.3-39。

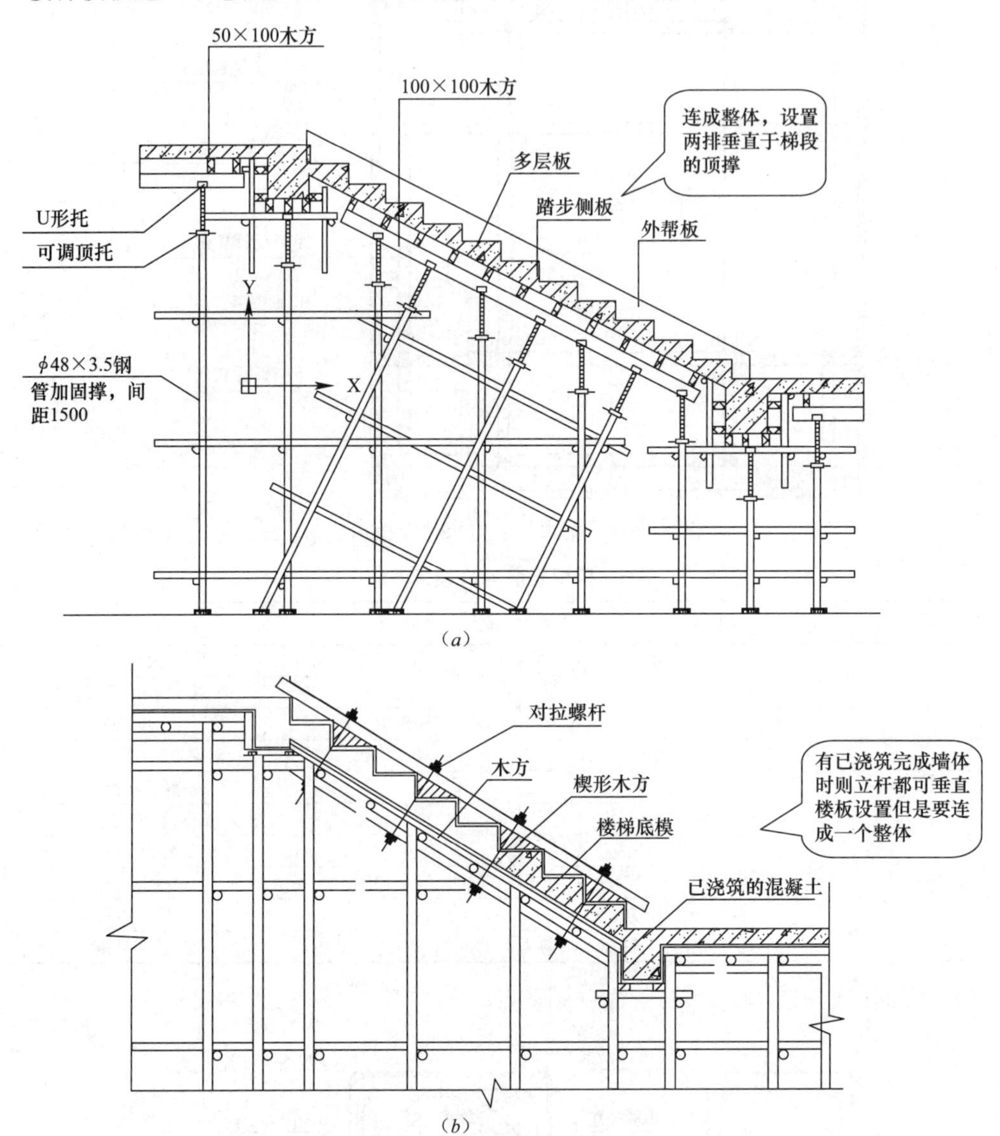

图 8.3-36 楼梯模板施工示意图

图 8.3-37 传统楼梯模板施工示意图

图 8.3-38 定型楼梯模板施工示意图

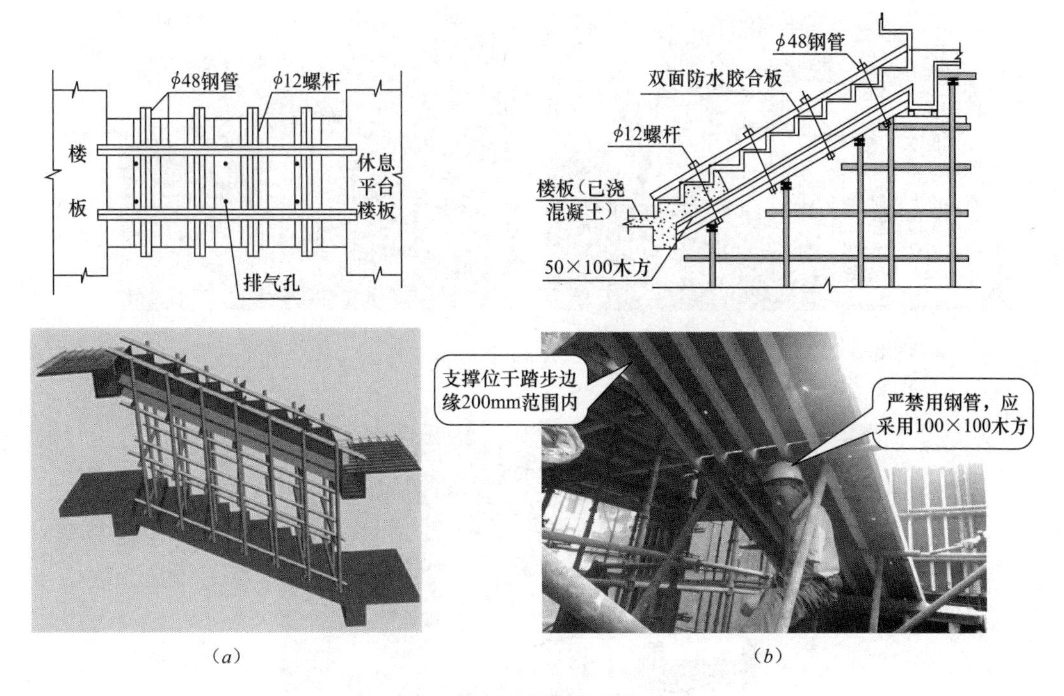

（a）　（b）

图 8.3-39　模板支撑体系

① 安装支撑时要特别注意斜向支柱（斜撑）的固定，防止浇筑混凝土时模板移动。可采用在脚部钉小木板，中间分层拉横杆的方法进行固定。

② 楼梯斜段立杆一定要用横杆分层连通拉结。

③ 楼梯斜段主龙骨一定要钉牢在立杆顶托上面；次龙骨一定要钉牢在主龙骨上面。

④ 楼梯段侧模板安装采用侧模包底模的方法。

⑤ 平台板和梯段侧板节点及楼梯梁和梯段侧板节点，要根据现场情况进行偏差调整。

⑥ 梯段台阶模板安装时，要注意考虑到装修厚度的要求，使上下跑之间的梯阶线在装修后对齐，确保梯阶尺寸一致，按这样的要求施工时，踏步要向里移动 20mm。

⑦ 要注意台阶模板不出现“吃模”，注意台阶模板的垂直度、平顺度。

17）布料机处模板施工质量控制。

① 布料机支撑脚不得碰撞或直接搁置于模板或者钢筋上，且底部必须有支撑立杆。

② 布料机支撑脚所在区域支撑立杆底部必须加设 50mm×100mm 方木垫块，见图 8.3-40。

③ 每一层混凝土施工时，布料机支撑脚放置位置须与前一层施工时相同。

④ 每次混凝土施工前必须检查支撑立杆的加固是否稳固，见图 8.3-41。

⑤ 每次混凝土施工前，责任工长必须对作业人员进行安全、技术交底。

18）细部模板施工质量控制。

施工过程中，通过加强各个细部质量的控制，可有效预防混凝土浇筑过程中及成形期间产生的漏浆、接口明缝和垂直度、平整偏差，见图 8.3-42。

布料机支撑脚所在
区域支撑立杆底部
必须加设50mm×
100mm方木垫块

图 8.3-40　布料机支撑体系

混凝土浇筑
时产生较大
冲击荷载

图 8.3-41　施工中布料机示意图

柱头定型模板
保证成形效果
预留洞模板支
设方式提前进
行设计

(a)

(b)

图 8.3-42　细部模板施工示意图

19）模板拆除施工质量控制。

① 拆模前应达到混凝土的拆模强度要求，墙、梁、柱侧模在混凝土强度能保证其表面及棱角不因拆除模板而损坏时，即可拆除，见表 8.3-3。

② 模板拆除时必须按顺序逐步拆除，严禁乱撬、乱打、野蛮拆除。

③ 模板支撑体系拆除前，核实各部位的轴线与标高是否准确。

④ 拆除梁板底模前，需待混凝土强度达到规范要求（养护不少于 14d）后方可拆模。

现浇结构拆模时所需混凝土强度　　表 8.3-3

结构类型	结构跨度（m）	按设计的混凝土强度标准值的百分率计（%）
板	≤2	50
	>2，≤8	75
	>8	100
梁、拱、壳	≤8	75
	>8	100
悬臂构件	≤2	75
	>2	100

按同条件养护试块强度确定

⑤ 模板拆除一般先支的后拆，后支的先拆，先拆非承重部位，后拆承重部位，并做到不损伤构件或者模板，见图 8.3-43。

模板拆除顺序与立模顺序相反，即后支的先拆，先支的后拆；先拆不承重的模板，后拆承重部分的模板

(*a*)

自上而下进行，先拆侧向支撑，后拆竖向支撑

(*b*)

图 8.3-43　模板拆除顺序示意图

⑥ 肋形楼盖应先拆柱模板，再拆除板底模板、梁侧模板，最后拆梁底模板。拆除跨度较大的梁下支柱时，应先从跨中开始拆向两端。侧立模板的拆模应按自上而下的原则进行。

⑦ 多层楼板模板支柱的拆除：当上层模板正在浇筑混凝土时，下一层楼板的支柱不得拆除，再下一层楼板支柱，仅可拆除一部分；跨度 4m 及 4m 以上的梁，均应保留支柱，其间距不得大于 3m，其余再下一层楼的模板支柱，当楼板混凝土达到设计强度时，即可全部拆除。

8.4　模板构造与安装

8.4.1　一般规定

（1）应进行全面的安全技术交底，立柱间距成倍数关系，见图 8.4-1。

（2）采用爬模、飞模、隧道模等特殊模板施工时，所有参加作业人员必须经过专门技术培训，考核合格后方可上岗。

(3) 木杆、钢管、门架及碗扣式等支架立柱不得混用。

(4) 竖向模板和支架立柱支承部分安装在基土上时，应加设垫板，见图 8.4-2、图 8.4-3。

(a)　　(b)

图 8.4-1　立杆细部节点示意图

图 8.4-2　支架底部设置垫板

图 8.4-3　门架立柱底座

(5) 现浇钢筋混凝土梁、板，当跨度大于 4m 时，模板应起拱；当设计无具体要求时，起拱高度宜为全跨长度的 1/1000～3/1000，见图 8.4-4。支架细部节点见图 8.4-5。

图 8.4-4　模板起拱示意图

(a)

(b)

(c)

图 8.4-5 支架细部节点图

(6) 下层楼板应具有承受上层施工荷载的承载能力，否则应加设支撑支架；上层支架立柱应对准下层支架立柱，并应在立柱底铺设垫板，见图 8.4-6。

(7) 当层间高度大于 5m 时，应选用桁架支模或钢管立柱支模。当层间高度小于等于 5m 时，可采用木立柱支模，见图 8.4-7、图 8.4-8。

图 8.4-6 支架立柱示意图

图 8.4-7 桁架支模示意图

图 8.4-8 木立柱支模示意图

(8) 钢管立柱底部应设垫木或底座，顶部应设可调支托，U 形支托与横梁两侧间如有间隙，必须楔紧，其螺杆伸出钢管顶部不得大于 200mm，螺杆外径与立柱钢管内径的间隙不得大于 3mm，安装时应保证上下同心，见图 8.4-9～图 8.4-12。

图 8.4-9 钢管立柱细部节点

图 8.4-10 钢管立柱底座示意图

图 8.4-11 钢管立柱底托图

图 8.4-12 钢管立柱安装图

(9) 当模板安装高度超过 3.0m 时，必须搭设脚手架，除操作人员外，脚手架下不得有其他人。

(10) 在立柱底距地面 200mm 高处，沿纵横水平方向应按纵下横上的程序设扫地杆。可调支托底部的立柱顶端应沿纵横向设置一道水平拉杆。支撑梁、板的支架立柱安装，当层高在 8～20m 时，在最顶步距两水平拉杆中间应加设一道水平拉杆；当层高大于 20m 时，在最顶两步距水平拉杆中间应分别增加一道水平拉杆。所有水平拉杆的端部均应与四周建筑物顶紧顶牢。无处可顶时，应于水平拉杆端部和中部沿竖向设置连续式剪刀撑，见图 8.4-13。

图 8.4-13 钢管立柱扫地杆示意图

(11) 其他细部节点应注意的问题，见图 8.4-14。

(12) 立杆搭设的三种情况，见图 8.4-15。

（a）　　（b）

图 8.4-14　立杆细部节点图

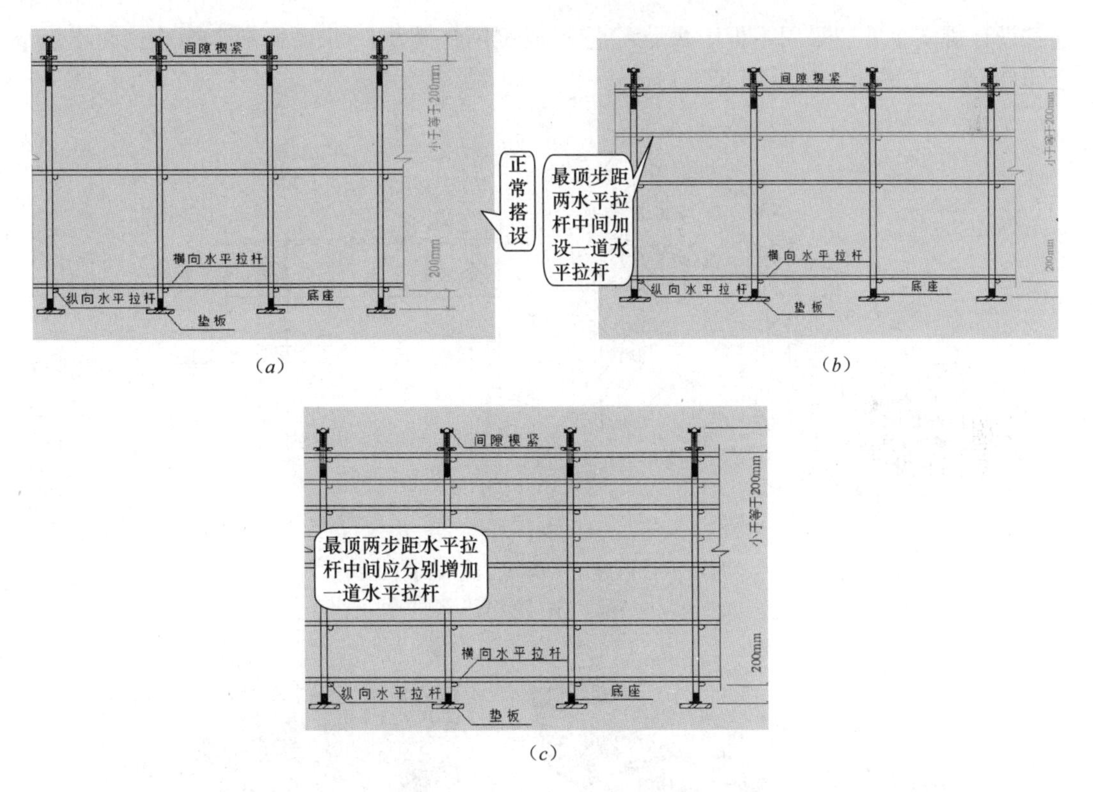

（a）　　（b）

（c）

图 8.4-15　立杆搭设的三种情况

（a）层高≤8m；（b）8m<层高≤20m；（c）层高>20m

（13）吊运模板时应检查绳索、卡具、模板上的吊环，必须完整有效，在升降过程中应设专人指挥，统一信号，密切配合。

（14）吊运大块或整体模板时，竖向吊运不应少于两个吊点，水平吊运不应少于四个吊点，见图 8.4-16。

（15）5 级风及其以上应停止一切吊运作业。

8.4.2　支架立柱安装构造

（1）采用伸缩式桁架时，其搭接长度不得小于 500mm，上下弦连接销钉规格、数量

（a）（b）

图 8.4-16 模板调运示意图

应按设计规定，并应采用不少于两个 U 形卡或钢销钉销紧，两个 U 形卡距或销距不得小于 400mm，见图 8.4-17～图 8.4-19。

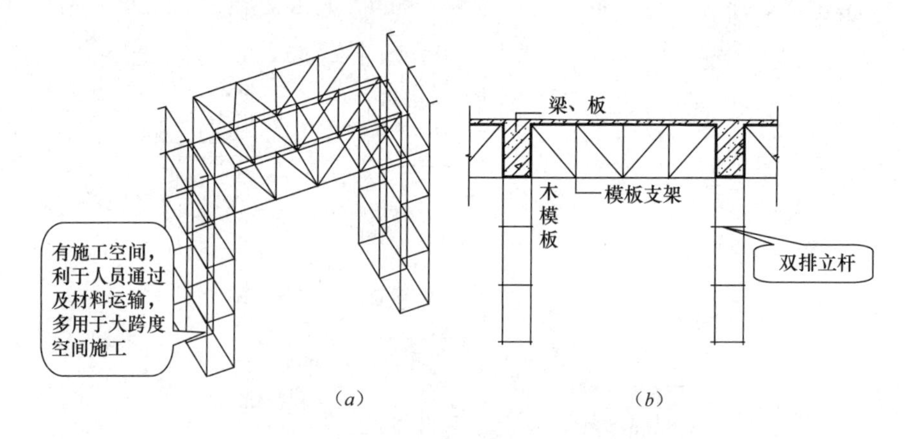

（a）（b）

图 8.4-17 施工中常见的桁架示意图

（a）三维视图；（b）立面视图

图 8.4-18 伸缩节示意图

图 8.4-19 桁架的应用

（2）工具式立柱支撑，立柱不得接长使用，见图 8.4-20。

（3）木立柱宜选用整料，当不能满足要求时，立柱的接头不宜超过 1 个，并应采用对接夹板接头方式。立柱底部可采用垫块垫高，但不得采用单码砖垫高，垫高高度不得超过 300mm。

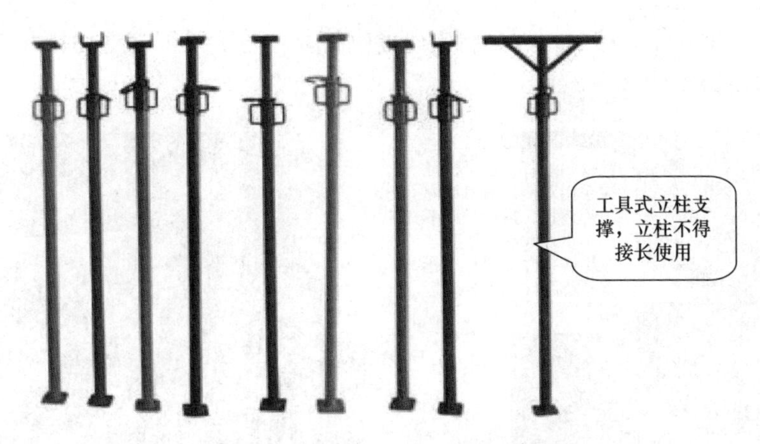

图 8.4-20 工具式立柱支撑示意图

（4）当仅为单排木立柱时，应于单排立柱的两边每隔 3m 加设斜支撑，且每边不得少于两根，斜支撑与地面的夹角应为 60°。

（5）扣件式钢管作立柱时，钢管规格、间距、扣件应符合设计要求。每根立柱底部应设置底座及垫板，木垫板厚度不得小于 50mm，见图 8.4-21。

图 8.4-21 扣件式钢管立柱示意图

（6）扣件式钢管作立柱时，当立柱底部不在同一高度时，高处的纵向扫地杆应向低处延长不少于两跨，高低差不得大于 1m，立柱距边坡上方边缘不得小于 0.5m，见图 8.4-22。

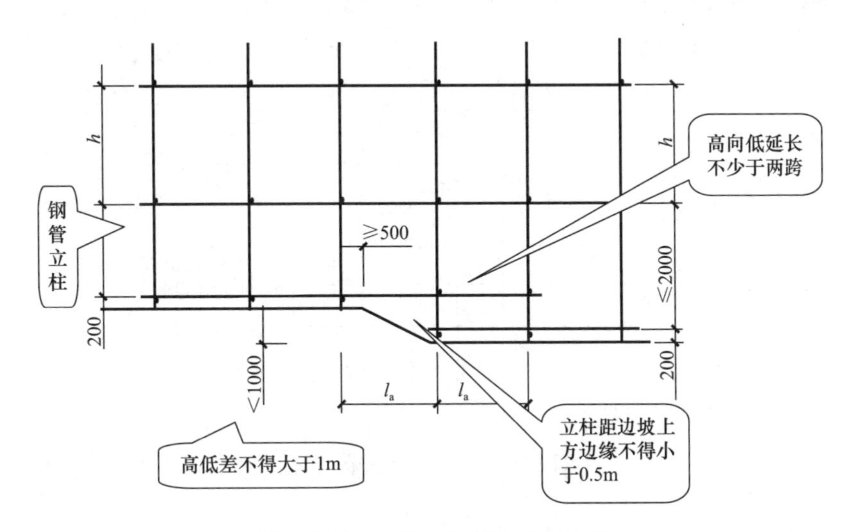

图 8.4-22 扣件式钢管立柱示意图

（7）扣件式钢管作立柱时，立柱接长严禁搭接，必须采用对接扣件连接，相邻两立柱的对接接头不得在同步内，且对接接头沿竖向错开的距离不宜小于 500mm，各接头中心距主节点不宜大于步距的 1/3，见图 8.4-23。

（8）扣件式钢管作立柱时，严禁将上段的钢管立柱与下段钢管立柱错开固定于水平拉杆上，见图 8.4-24～图 8.4-27。

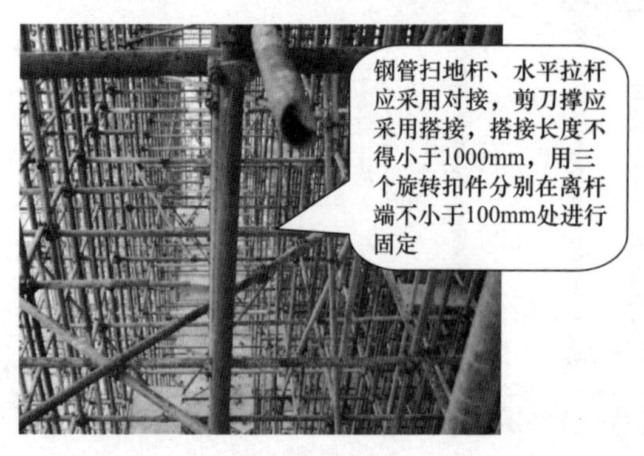

图 8.4-23　扣件式钢管立柱接长

图 8.4-24　扣件式钢管立柱示意图

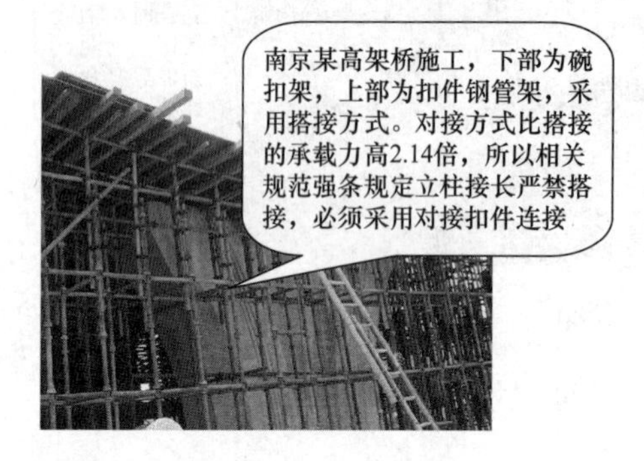

图 8.4-25　案例说明

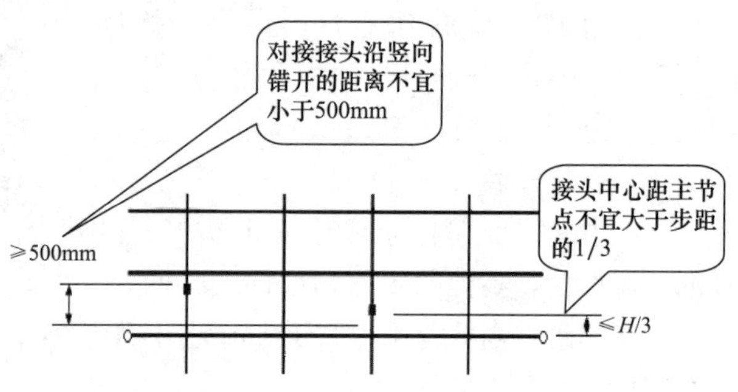

图 8.4-26　立柱接头节点图

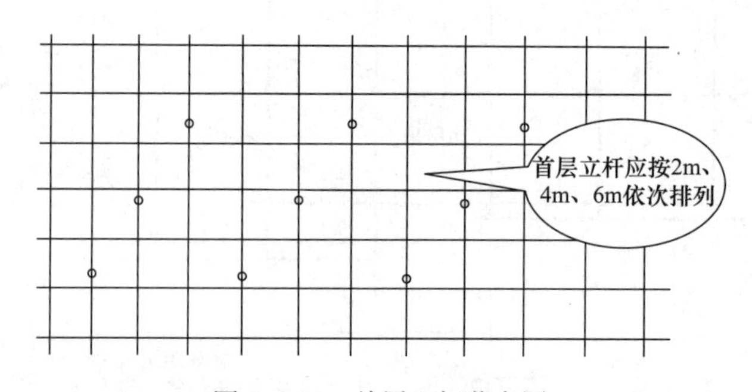

图 8.4-27　首层立杆节点图

（9）满堂模板和共享空间模板支架立柱，在外侧周圈应设由下至上的竖向连续式剪刀撑；中间在纵横向应每隔 10m 左右设由下至上的竖向连续式的剪刀撑，其宽度宜为 4～6m，并在剪刀撑部位的顶部、扫地杆处设置水平剪刀撑。剪刀撑杆件的底端应与地面顶紧，夹角宜为 45°～60°，见图 8.4-28。

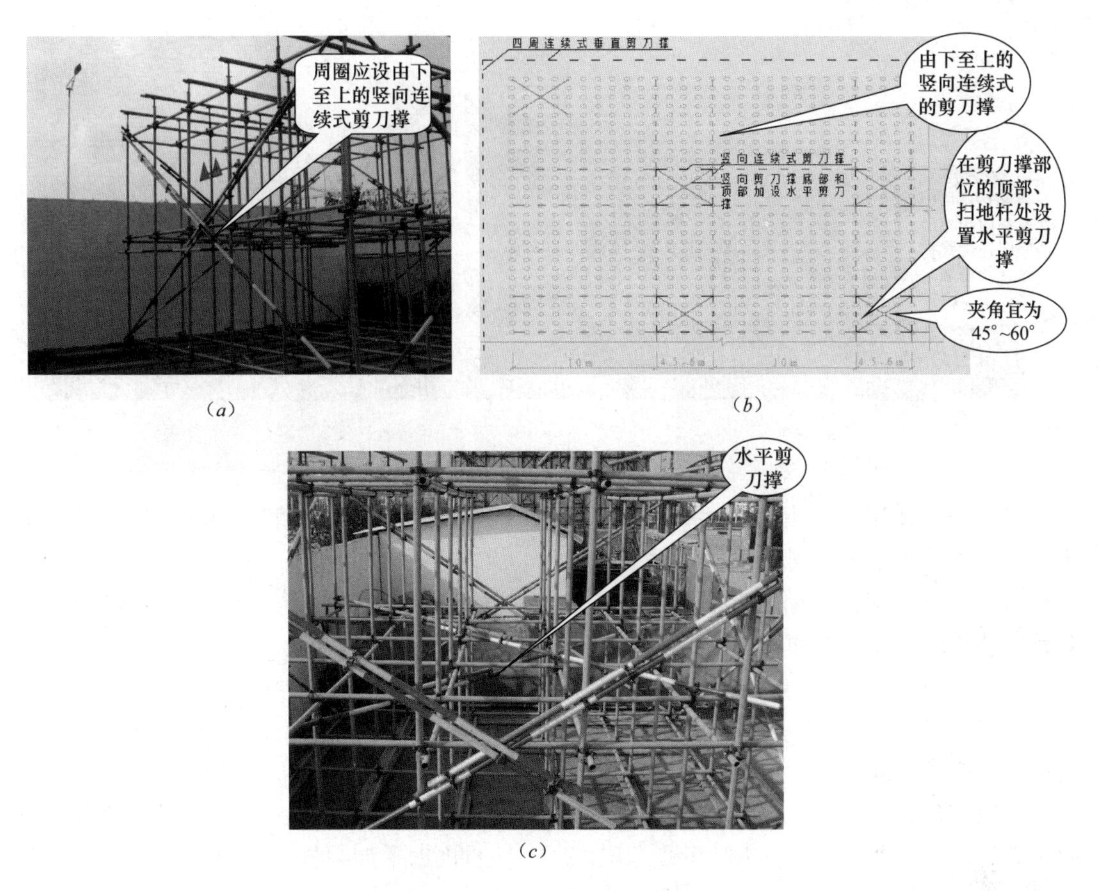

(a) (b) (c)

图 8.4-28 剪刀撑细部节点图

(10) 当建筑层高在 8～20m 时，除应满足上述规定外，还应在纵横向相邻的两竖向连续式剪刀撑之间增加“之”字形斜撑，在有水平剪刀撑的部位，应在每个剪刀撑中间处增加一道水平剪刀撑。当建筑层高超过 20m 时，在满足以上规定的基础上，应将所有“之”字形斜撑全部改为连续式剪刀撑，见图 8.4-29、图 8.4-30。

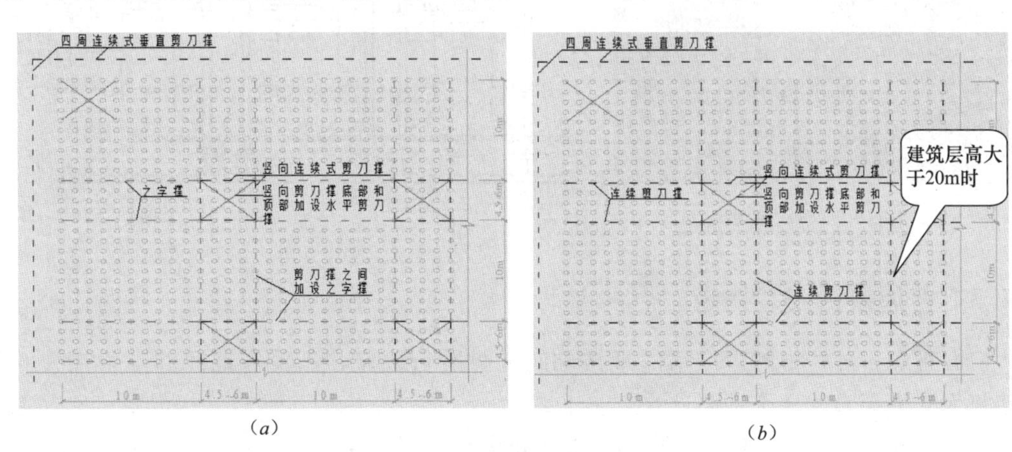

(a) (b)

图 8.4-29 不同层高剪刀撑布置

(a) 层高在 8～20m 的剪刀撑布置；(b) 层高＞20m 的剪刀撑布置

(a)

(b)

图 8.4-30 “之”字形剪刀撑布置

(11) 当采用碗扣式钢管脚手架作立柱支撑时，应采用长 1.8m 和 3.0m 的立杆错开布置，严禁将接头布置在同一水平高度。

(12) 碗扣式钢管脚手架立杆底座应采用钢钉固定于垫木上。立杆立一层，即将斜撑对称安装牢固，不得漏加，也不得随意拆除。

(13) 碗扣式钢管脚手架横向水平杆应双向设置，间距不得超过 1.8m。

(14) 门架的跨距和间距应按设计规定布置，间距宜小于 1.2m；支撑架底部垫木上应设固定底座或可调底座，见图 8.4-31。

(15) 当门架支撑宽度为 4 跨及以上或 5 个间距及以上时，应在周边底层、顶层、中间每 5 列、5 排于每门架立杆根部设 $\phi48\times3.5$mm 通长水平加固杆，并应采用扣件与门架立杆扣牢，见图 8.4-32。

图 8.4-31 门架要求示意图

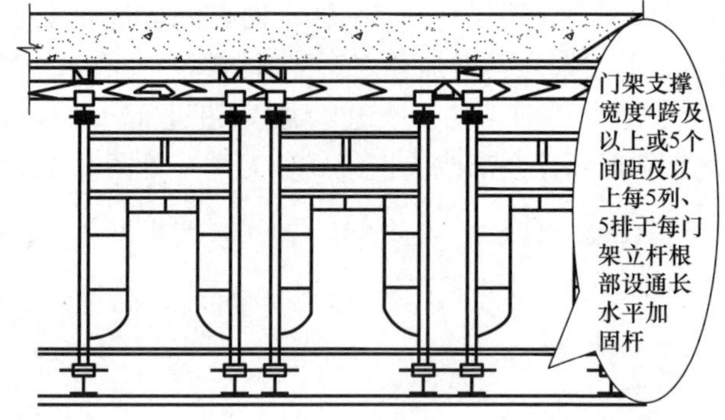

图 8.4-32 门架支撑加固示意图

8.4.3 普通模板安装构造

(1) 现场拼装柱模时，应适时地按临时支撑进行固定，斜撑与地面的倾角宜为 60°，严禁将大片模板系于柱子钢筋上。

(2) 待四片柱模就位组拼并经对角线校正无误后，应立即自下而上安装柱箍。

(3) 柱模校正（用四根斜支撑或用连接在柱模顶四角带花篮螺柱的缆风绳，底端与楼板钢筋拉环固定进行校正）后，应采用斜撑或水平撑进行四周支撑，以确保整体稳定。当高度超过 4m 时，应群体或成列同时支模，并应将支撑连成一体，形成整体框架体系。当需单根支模时，柱宽大于 500mm 时应每边在同一标高上设不得少于两根斜撑或水平撑。斜撑与地面的夹角宜为 45°～60°，下端尚应有防滑移的措施，见图 8.4-33。

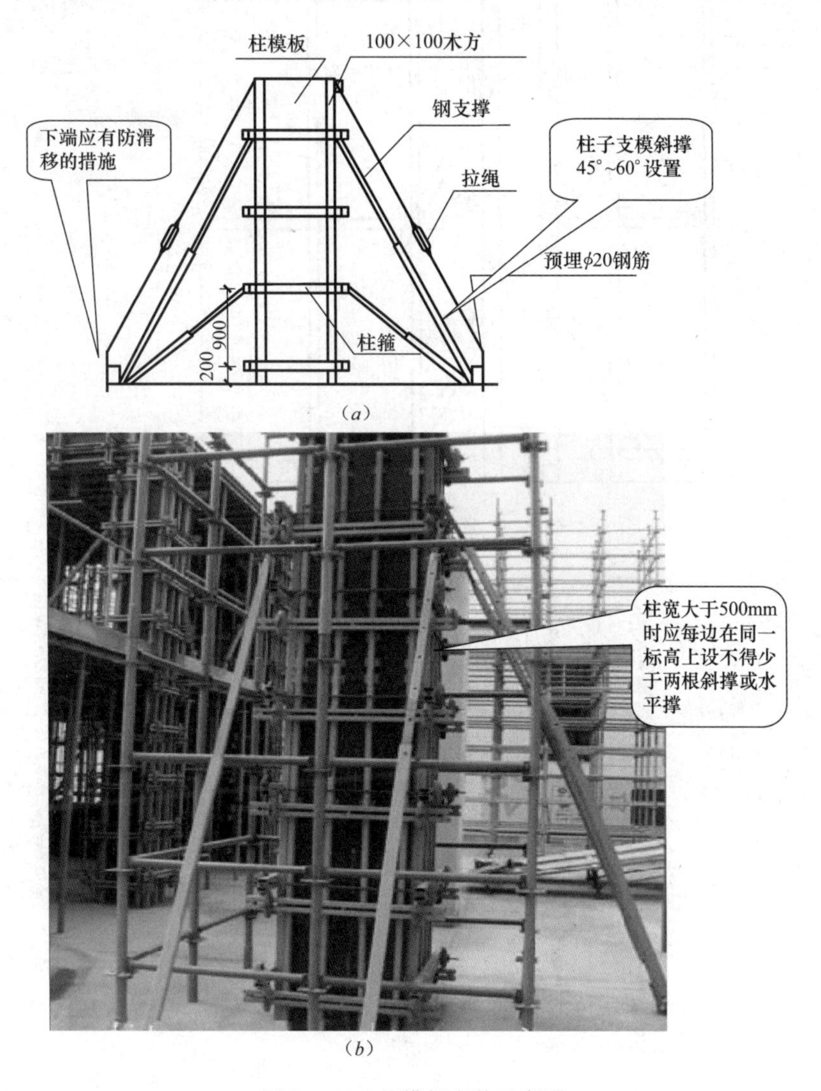

图 8.4-33　柱模板安装示意图

（4）墙模板内外支撑必须坚固、可靠，应确保模板的整体稳定。当墙模板外面无法设置支撑时，应于里面设置能承受拉和压的支撑。多排并列且间距不大的墙模板，当其支撑互成一体时，应有防止浇筑混凝土时引起邻近模板变形的措施，见图 8.4-34、图 8.4-35。

（5）对拉螺栓与墙模板应垂直，松紧应一致，墙厚尺寸应正确。

（6）安装圈梁、阳台、雨篷及挑檐等模板时，其支撑应独立设置，不得支搭在施工脚手架上，见图 8.4-36。

（7）安装悬挑结构模板时，应搭设脚手架或悬挑工作台，并应设置防护栏杆和安全网。作业处的下方不得有人通行或停留。

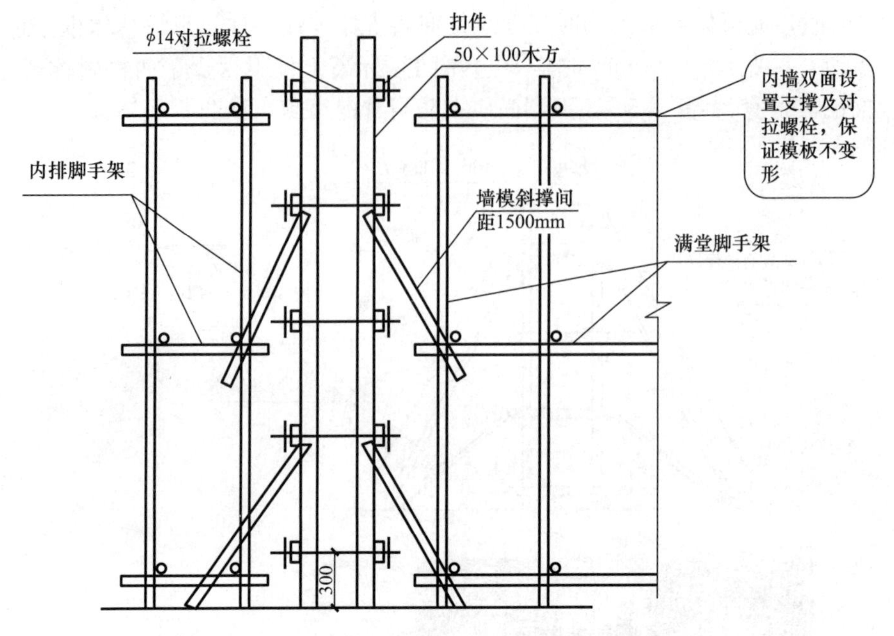

图 8.4-34 墙模板支撑示意图

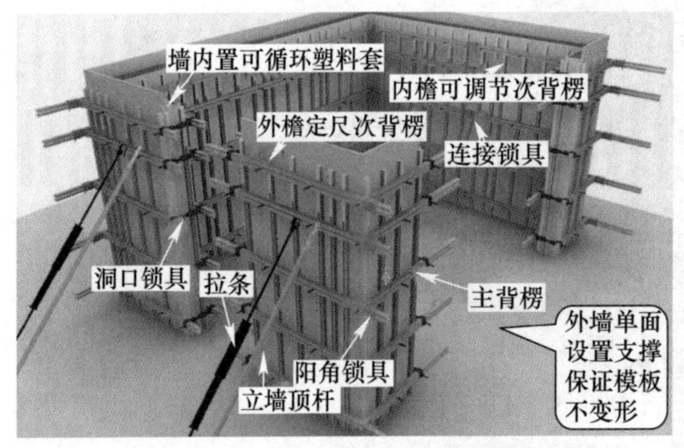

图 8.4-35 外墙单面支撑示意图

图 8.4-36 阳台模板安装示意图

(8) 烟囱、水塔及其他高大构筑物的模板，应编制专项施工方案和安全技术措施，并应向操作人员进行交底后方可安装。

8.4.4 爬升模板安装构造

(1) 爬升模板系统中的大模板、爬升支架、爬升设备、脚手架及附件等，应按施工组织设计及图纸要求验收，合格后方可使用。

(2) 爬升模板安装时，应统一指挥，设置警戒区与通信设施，做好原始记录，见图 8.4-37。

(3) 爬升模板的安装顺序应为底座、立柱、爬升设备、大模板、模板外侧吊脚手板。

(4) 爬升时，作业人员应站在固定件上，不得站在爬升件上爬升，爬升过程中应防止晃动与扭转。

(5) 大模板爬升时，新浇混凝土的强度不应低于 1.2N/mm^2。支架爬升时的附墙架穿墙螺栓受力处的新浇混凝土强度应达到 10N/mm^2 以上。

（6）爬模的外附脚手架或悬挂脚手架应满铺脚手板，脚手架外侧应设防护栏杆和安全网。爬架底部亦应满铺脚手板和设置安全网，见图 8.4-38。

图 8.4-37 爬模示意图

图 8.4-38 爬模安全措施

8.4.5 飞模安装构造

（1）安装前应进行一次试压和试吊，检验确认各部件无隐患。

（2）飞模就位后，应立即在外侧设置防护栏，其高度不得小于 1.2m，外侧应另加设安全网，同时应设置楼层护栏，并应准确、牢固地搭设好出模操作平台，见图 8.4-39。

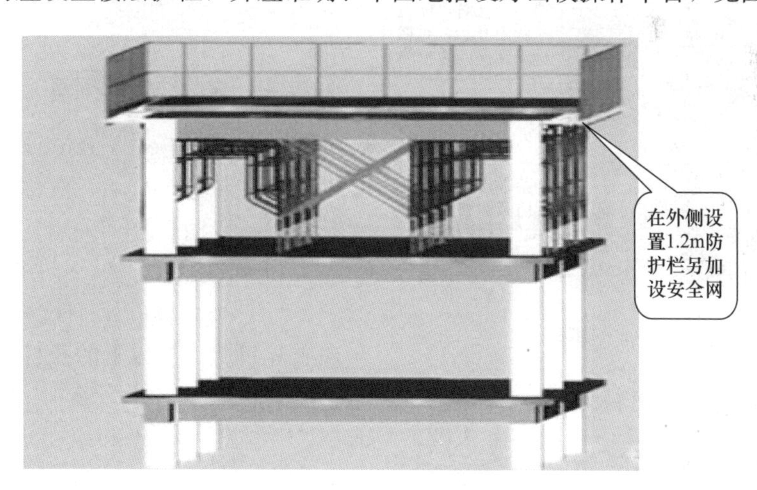

图 8.4-39 飞模安全措施示意图

（3）飞模出模时，下层应设安全网，且飞模每运转一次后应检查各部件的损坏情况，同时应对所有的连接螺栓重新进行紧固。

（4）飞模起吊时，应在吊离地面 0.5m 后停下，待飞模完全平衡后再起吊。吊装应使用安全卡环，不得使用吊钩。

8.4.6 隧道模安装构造

（1）组装好的半隧道模应按模板编号顺序吊装就位，并应将两个半隧道模顶板边缘的角钢用连接板和螺栓进行连接。

（2）合模后应采用千斤顶升降模板的底沿。

8.5 模板拆除

8.5.1 模板拆除要求

（1）模板的拆除措施应经技术主管部门负责人批准。

（2）对不承重模板的拆除应能保证混凝土表面及棱角不受损伤。对承重模板的拆除要有同条件养护试块的试压报告，跨度≤8m的梁板结构，强度要大于等于75%方可拆模；>8m的梁板和悬臂结构，强度要达到100%方可拆模。

（3）后张预应力混凝土结构的侧模宜在施加预应力前拆除，底模应在施加预应力后拆除。设计有规定时，应按规定执行。

（4）拆模的顺序和方法应按模板的设计规定进行。当设计无规定时，可采取先支的后拆、后支的先拆、先拆非承重模板、后拆承重模板，并应从上而下进行拆除。拆下的模板不得抛扔，应按指定地点堆放。

（5）已拆除了模板的结构，若在未达到设计强度以前，需在结构上加置施工荷载时，应另行核算，强度不足时，应加设临时支撑。

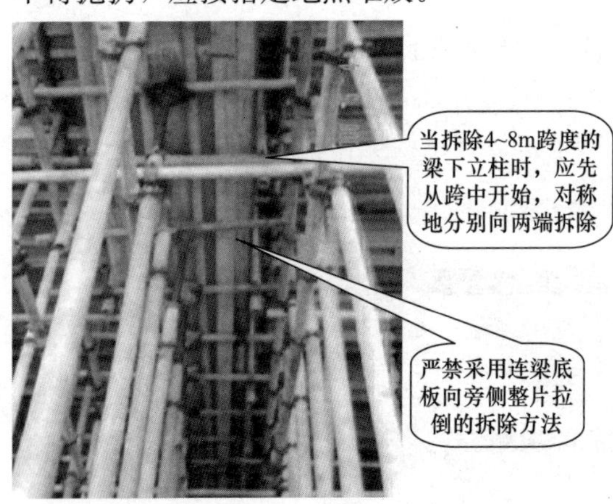
当拆除4~8m跨度的梁下立柱时，应先从跨中开始，对称地分别向两端拆除
严禁采用连梁底板向旁侧整片拉倒的拆除方法

图8.5-1　支架拆除

8.5.2 支架立柱拆除

（1）当拆除4～8m跨度的梁下立柱时，应先从跨中开始，对称地分别向两端拆除。拆除时，严禁采用连梁底板向旁侧整片拉倒的拆除方法，见图8.5-1。

（2）当立柱的水平拉杆超出两层时，应首先拆除2层以上的拉杆。当拆除最后一道水平拉杆时，应和拆除立柱同时进行。

8.5.3 普通模板拆除

（1）柱模拆除应分别采用分散拆除和分片拆除两种方法。分散拆除的顺序应为：拆除拉杆或斜撑、自上而下拆除柱箍或横楞、拆除竖楞，自上而下拆除配件及模板、运走分类堆放、清理、拔钉、钢模维修、刷防锈油或隔离剂、入库备用。

分片拆除的顺序为：拆除全部支撑系统、自上而下拆除柱箍及横楞、拆掉柱角U形卡、分两片或四片拆除模板、原地清理、刷防锈油或隔离剂、分片运至新支模地点备用。

（2）拆除墙模顺序为：拆除斜撑或斜拉杆、自上而下拆除外楞及对拉螺栓、分层自上而下拆除木楞或钢楞及零配件和模板、运走分类堆放、拔钉、清理或检修后刷防锈油或隔离剂、入库备用，见图8.5-2。

图 8.5-2　模板拆除

8.5.4　爬升模板拆除

（1）拆除爬模应有拆除方案，且应由技术负责人签署意见，拆除前应向有关人员进行安全技术交底，之后方可实施。

（2）拆除时应设专人指挥，严禁交叉作业。拆除顺序应为：悬挂脚手架和模板、爬升设备、爬升支架，见图 8.5-3。

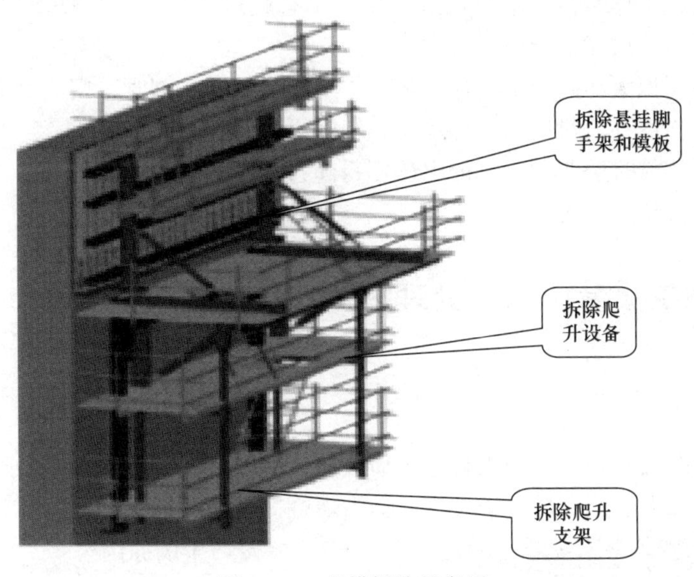

图 8.5-3　爬模拆除示意图

8.5.5　飞模拆除

（1）梁、板混凝土强度等级不小于设计强度的 75%时，方准脱模。

（2）飞模拆除必须由专人统一指挥，飞模尾部应绑安全绳，安全绳的另一端应套在坚固的建筑结构上，且在推运时应徐徐放松。

8.5.6　隧道模拆除

（1）拆除前应对作业人员进行安全技术交底和技术培训。

（2）拆除导墙模板时，应在新浇混凝土强度达到 1.0N/mm² 后，方准拆模。

8.6 模板施工安全管理

（1）安全管理措施要点：加强专项施工方案编制，编制人员需具有较强的理论知识及施工经验，方案需满足规范要求并符合工程实际。高大支撑体系需经技术、安全、质量等部门会审，并按要求组织有关专家论证。加强模板工程支撑体系的基础处理、搭设材料验收、杆件间距检查、安全防护设施等验收控制。严格控制混凝土浇筑顺序，并加强浇筑时的支撑监测工作。

（2）从事模板拆除作业的人员，应组织安全技术培训。对高处作业人员，应定期体检，不符合要求的不得从事高处作业；操作人员应佩戴安全帽、系安全带、穿防滑鞋。

（3）满堂模板、建筑层高 8m 及以上和梁跨大于或等于 15m 的模板，在安装、拆除作业前，工程技术人员应以书面形式向作业班组进行施工操作的安全技术交底。

（4）施工过程中应经常对下列项目进行检查：立柱底部基土回填夯实的状况，垫木应满足设计要求，底座位置应正确，顶托螺杆伸出长度应符合规定；立杆的规格尺寸和垂直度应符合要求，不得出现偏心荷载；扫地杆、水平拉杆、剪刀撑等的设置应符合规定，固定应可靠；安全网和各种安全设施应符合要求。

（5）脚手架或操作平台上临时堆放的模板不宜超过 3 层，连接件应放在工具箱（盒）或工具袋中，不得散放在脚手板上。

（6）对负荷面积大和高 4m 以上的支架立柱采用扣件式钢管、门式和碗扣式钢管脚手架时，除应有合格证外，对所用扣件应用扭矩扳手进行抽检。

（7）施工用的临时照明和行灯的电压不得超过 36V；若为满堂模板、钢支架及特别潮湿的环境时，不得超过 12V。

8.7 模板施工质量问题及处理措施

8.7.1 蜂窝

现行国家标准《混凝土结构工程施工质量验收规范》GB 50204 对蜂窝现象的描述是：混凝土表面缺少水泥浆而形成石子外露。剪力墙蜂窝现象见图 8.7-1。

图 8.7-1 剪力墙蜂窝现象

（1）蜂窝产生的原因

1）振捣不实或漏振；

2）模板缝隙过大导致水泥浆流失；

3）钢筋较密或石子相应过大。

（2）预防措施

1）按规定使用和移动振捣器；

2）中途停歇后再浇捣时，新旧接缝范围要小心振捣；

3）模板安装前应清理模板表面及模板拼缝

处的粘浆，才能使接缝严密；若接缝宽度超过 2.5mm，应采取措施填封，梁筋过密时，应选择相应的石子粒径。

8.7.2 麻面

某处墙体麻面见图 8.7-2。

（1）麻面产生的原因

1）模板表面不光滑；

2）模板湿润不够；

3）漏涂隔离剂。

（2）预防措施

1）模板应平整光滑，安装前要把粘浆清除干净，并满涂隔离剂；

2）浇捣前对模板要浇水湿润。

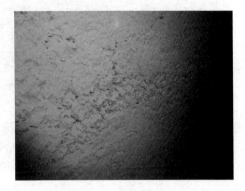

图 8.7-2 墙体麻面现象

8.7.3 露筋

现行国家标准《混凝土结构工程施工质量验收规范》GB 50204 对露筋现象的描述是：构件内钢筋未被混凝土包裹而外露。某墙体露筋见图 8.7-3。

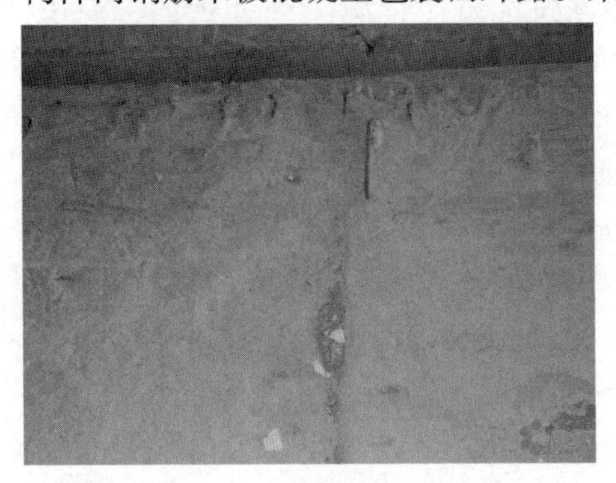

图 8.7-3 墙体露筋现象

（1）露筋产生的原因

1）主筋保护层垫块不足，导致钢筋紧贴模板；

2）振捣不实。

（2）预防措施

1）钢筋垫块厚度及马凳筋高度要符合设计规定的保护层厚度；

2）垫块放置间距适当，垫块间距宜密些，使钢筋下垂挠度减少；

3）使用振捣器必须待混凝土中气泡完全排除后再移动。

8.7.4 孔洞

现行国家标准《混凝土结构工程施工质量验收规范》GB 50204 对孔洞现象的描述是：混凝土中孔穴深度和长度均超过保护层厚度。墙体孔洞见图 8.7-4。

（1）孔洞产生的原因

在钢筋较密的部位，混凝土被卡住或漏振。

（2）预防措施

1）对钢筋较密的部位（如梁柱接头）应分次下料，减小分层振捣的厚度；

2）按照规定使用振捣器。

图 8.7-4 墙体孔洞现象

8.7.5 缝隙、夹层

某墙板裂缝、夹层见图 8.7-5～图 8.7-7。

图 8.7-5 楼板出现裂缝

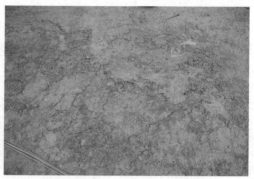

图 8.7-6 楼板缝隙、夹层现象

图 8.7-7 剪力墙竖向裂隙示意图

(1) 缝隙、夹层产生的原因

施工缝或变形缝未经接缝处理、清除表面水泥薄膜和松动石子，未清除松散混凝土面层和充分湿润后就浇筑混凝土；施工缝处锯屑、泥土、砖块等杂物未清理干净；混凝土浇筑高度过大，未设串筒、溜槽，造成混凝土离析。

(2) 预防措施

认真按施工验收规范要求处理施工缝及变形缝表面；接缝处锯末、泥土、砖块等杂物应清理干净并洗净；混凝土浇筑高度大于 2m 应设置串筒或溜槽，接缝处浇筑前应先浇 50mm 厚原配合比无石子砂浆，以利接合良好，并加强接缝处混凝土的振捣密实。缝隙夹层不深时，可将松散混凝土凿去，洗刷干净后，用 1：2 水泥砂浆填密实；缝隙夹层较深时，应清除松散部分和内部夹杂物，用压力水冲洗干净后支模，灌细石混凝土或将表面封闭后进行压浆处理。

8.7.6 缺棱掉角

缺棱掉角现象见图 8.7-8。

(1) 缺棱掉角产生的原因

1) 投料不准确，搅拌不均匀，出现局部强度低；

2) 拆模板过早，拆模板方法不当。

(2) 预防措施

1) 指定专人监控投料，投料计量准确；

2) 搅拌时间要足够；

3) 拆模应在混凝土强度能保证其表面及棱角不因拆除模板而受损坏时方能拆除；

图 8.7-8 柱子缺棱掉角现象

4）拆除时对构件棱角应予以保护。

8.7.7 墙、柱底部烂根

图 8.7-9 柱子烂根现象

墙、柱烂根现象见图 8.7-9。

（1）墙、柱底部烂根产生的原因

1）模板下口缝隙不严密，导致漏水泥浆；

2）浇筑前没有先浇灌足够 50mm 厚以上同强度等级水泥砂浆。

（2）预防措施

1）模板缝隙宽度超过 2.5mm 时，应予以填塞严密，特别要防止侧板吊脚；

2）浇筑混凝土前先浇足 50mm 厚的同强度等级水泥砂浆。

8.7.8 梁柱结点处（接头）断面尺寸偏差过大

图 8.7-10 柱子偏差过大

梁柱结点处（接头）断面尺寸偏差过大（图 8.7-10）产生的原因及预防措施。

（1）产生的原因

1）柱头模板刚度差，或把安装柱头模板放在楼层模板安装的最后段；

2）缺乏质量控制和监督。

（2）预防措施

安装梁板模板前，先安装梁柱接头模板，并检查其断面尺寸、垂直度、刚度，符合要求才允许接驳梁模板。

8.7.9 楼板表面平整度差

（1）楼板表面平整度差产生的原因

1）未设现浇板厚度控制点，振捣后没有用拖板、刮尺抹平；

2）跌级和斜水部位没有符合尺寸的模具定位；混凝土未达终凝就在上面行人和操作，见图 8.7-11。

图 8.7-11 楼面不平整

（2）预防措施

1）浇灌混凝土前做好板厚控制点；

2）浇捣楼面应提倡使用拖板或刮尺抹平；

3）跌级要使用平直、厚度符合要求的模具定位；

4）混凝土强度达到 1.2MPa 后才允许在混凝土面上操作。

8.7.10 混凝土表面不规则裂缝

(1) 混凝土表面不规则裂缝产生的原因

一般是淋水保养不及时，湿润不足，水分蒸发过快或厚大构件温差收缩，没有执行有关规定。

(2) 预防措施

1) 混凝土终凝后立即进行淋水保养；

2) 高温或干燥天气要加麻袋、草袋等覆盖，保持构件有较久的湿润时间；

3) 厚大构件参照大体积混凝土施工的有关规定。

8.7.11 混凝土后浇带处产生裂缝

后浇带裂缝见图 8.7-12。

(1) 后浇带处裂缝产生的原因

混凝土后浇带处混凝土结合面处理不到位，混凝土振捣不密实，混凝土养护不到位，以及支撑系统等因素。

(2) 预防措施

为避免混凝土后浇带处产生裂缝，混凝土后浇带应严格按规范规定施工，并应在主体结构混凝土浇筑 60d 后，再浇筑后浇带混凝土，浇筑时应掺用微膨胀剂，见图 8.7-13。

图 8.7-12 混凝土后浇带处产生裂缝

图 8.7-13 后浇带回顶

8.7.12 剪力墙外墙质量缺陷

剪力墙外墙的接槎质量问题在工程施工经常出现，如控制措施不当，会不同程度地出现错槎、漏浆、蜂窝、麻面现象，见图 8.7-14。

(1) 缺陷主要原因

1) 支模、加固不合理。模板直接落在底板面上，由于底板面无法保证良好的平整度，浇捣混凝土时，混凝土浆体容易从缝隙中流失掉，造成漏浆现象。

2) 剪力墙面板受到混凝土侧压力的影响，由于墙体模板底部受到的混凝土侧压力较大，且螺杆间距较大，因此容易造成板墙底部胀模、跑模，形成错槎质量缺陷。

3）钢管材质问题。钢管壁薄，用作加固墙板围檩时，刚度无法满足受力要求，也是造成墙体施工质量缺陷的一个原因。

4）穿墙螺栓加固不到位，存在鼓模风险。

5）振捣不实、漏振。

（2）预防措施

1）对于底板面不平的板墙根部位置，采用砂浆找平，保证墙体根部的平整。粘贴海绵胶条，防止漏浆，并且令外墙外侧面板高度适当加长，做到加固时外侧面板可以与下层外墙紧密贴合在一块，减少漏浆概率，见图 8.7-15。

图 8.7-14 剪力墙外部缺陷

墙模板配模原则：长边包短边，模板尽量采用横配，尺寸必须准确。预防安装误差影响开间尺寸

图 8.7-15 剪力墙外部缺陷预防措施

2）适当调整板墙根部螺栓间距，离地 200mm 左右设置第一道加固钢管围檩。

8.7.13 楼梯踏步尺寸成形不规范、踢板出现胀模现象

在工程施工当中，由于楼梯模板支设加固不到位，在浇捣混凝土时，踢板出现胀模情况。楼梯出现踏步宽度不统一，给后期楼梯装修施工带来不便。

（1）缺陷主要原因

1）楼梯踢板加固不合理。传统施工做法是在踢板上通长设置两根木方，用钢钉钉在踢板上部，作为一种加固踢板防止胀模措施。而在浇捣混凝土时，混凝土工为了收面方便，往往会拆除加固木方。因此，在混凝土侧压力影响下踢板出现胀模现象。

2）施工人员施工措施不当。混凝土一次下料多，振捣力度大，振捣时振捣器触动踢板，踢板易产生胀模。楼梯质量缺陷见图 8.7-16。

（2）预防措施

在钢管上根据楼梯的宽度、高度，用 ϕ10 钢筋焊接成踏步截面三角形（图 8.7-17），底边钢筋略高出踏步面 10mm，有利于混凝土工进行收面。三角形的立边抵紧踢板背楞木方，加焊水平钢筋卡住梯板背楞上木方，有效防止梯板由于混凝土侧压力产生胀模。同时，做好施工前的技术交底，浇捣混凝土时严禁一次下料过多，采用合理的振捣方式及正确留置施工缝，见图 8.7-18、图 8.7-19。

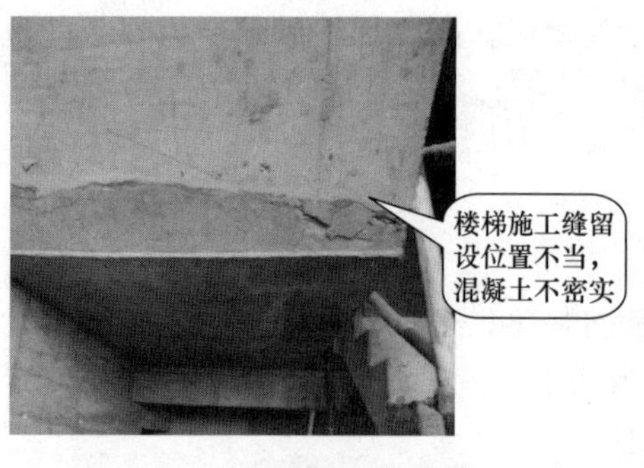

图 8.7-16　楼梯质量缺陷

图 8.7-17　楼梯踏步支模措施

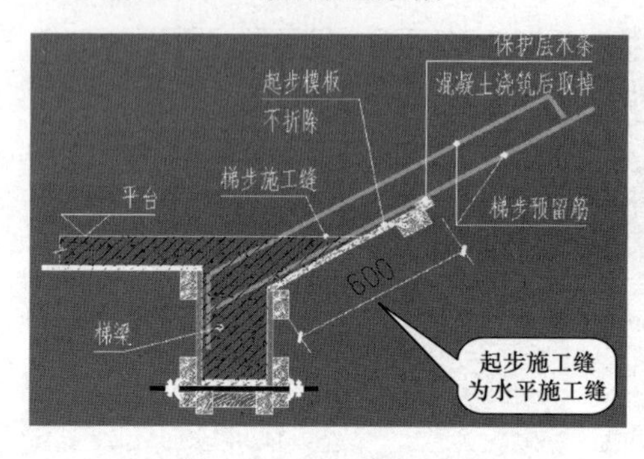

图 8.7-18　楼梯施工缝留置示意图

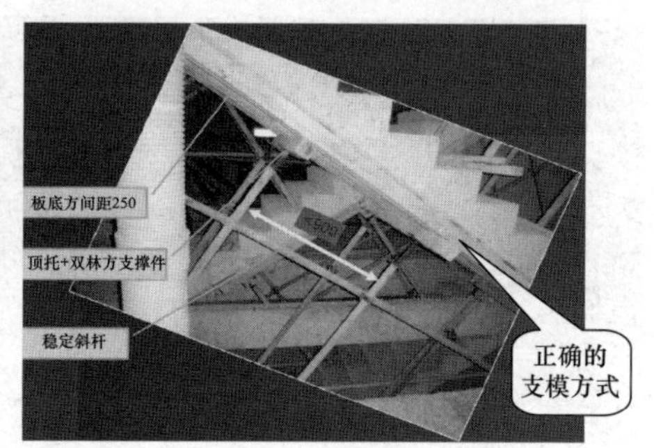

图 8.7-19　楼梯支模

8.8　总结

8.8.1　模架必须验收合格

（1）模板、支架、立柱及垫板。安装现浇结构上层模板及支架时，下层楼板应具有承受上层荷载的承载能力，加设支架时上、下层支架的立柱应对准，并铺垫板。

（2）涂刷隔离剂。

涂刷模板隔离剂不得沾污钢筋和混凝土接槎处。

（3）模板安装。

模板安装应满足下列要求。

1）模板接缝不应漏浆；在浇筑混凝土前，木模板应浇水湿润，但模板内不应有积水。

2）模板与混凝土的接触面应清理干净并涂刷隔离剂，但不得采用影响结构性能或妨碍装饰工程施工的隔离剂。

3）浇筑混凝土前，模板内杂物要清理干净。

4）对清水混凝土工程及装饰混凝土工程，应使用能达到设计效果的模板。

（4）用作模板的地坪与胎膜要求。

用作模板的地坪、胎模等应平整光洁，不得产生影响构件质量的下沉、裂缝、起砂或起鼓。

（5）模板起拱。

对跨度不小于 4m 的现浇钢筋混凝土梁、板，其模板应按设计要求起拱；当设计无具体要求时，起拱高度宜为跨度的 1/1000～3/1000。

8.8.2 模架施工前必须有方案有交底

（1）施工前应认真熟悉设计图纸、有关技术资料和构造大样图，进行模板设计，编制施工方案；做好技术交底，同时必须对架子工进行安全施工技术措施交底，交底清晰，明确详细的施工方案。

（2）根据设计图纸和施工方案，做好测量放线工作。准确地标定测量数据，如标高、中心轴线、预埋件的位置。

（3）合理组织人员，搭设安全的施工脚手架；现场搭设脚手架时，应有项目部管理人员监督，防止出现意外情况。

（4）合理地选择模板的安装顺序，保证模板的强度、刚度及稳定性。一般情况下，模板应自下而上安装。在安装过程中，应设置临时支撑，使模板完全就位，待校正后再进行固定。

（5）模板的支柱应在同一条竖向中心线上。支柱必须坐落在坚实的基土和承载体上。

（6）模板安装应注意解决工序之间的矛盾，并应互相配合，创造施工条件。模板安装应与钢筋组装、各种管线安装密切配合。对预埋管线和预埋件，应先在模板的相应部位画出位置线，做好标记，然后将预埋的管件按照设计位置进行装配，并加以固定。

（7）对于跨度大于等于 4m 的梁应在其模板跨中起拱，起拱值可按设计要求和规范规定，取跨度的 3/1000。

（8）模板设计应便于安装、应用和拆除，卡具要工具化。模板的强度是保证结构安全的关键，所以，对于有梁板结构的模板，其梁模应“帮包底”。这样，能在不拆梁模底板和支柱的情况下，先拆除梁模侧板及平板模板。

（9）模板在安装过程中应随时进行检查，严格控制垂直度、中心线、标高及各部尺寸，模板接缝必须紧密。

（10）楼板的模板安装完毕后，要测量标高。梁模测量中央一点及两端点的标高；平板的模板测量支柱上方一点的标高；梁模底板板面标高应符合梁底设计标高；平板模板板面标高应符合平板底面设计标高。如有不符，可利用支柱脚下木楔加以调整。

（11）浇筑混凝土时，要注意观察模板受荷后的情况，发现位移、膨胀、下沉、漏浆、支撑振动等现象，应及时采取有效措施予以处理。

（12）应严格控制隔离剂的应用，特别应限制使用油质类化合物隔离剂，以防止对结构性能和装饰产生影响。

8.8.3 模架施工完必须有验收

（1）底模及其支架拆除时的混凝土强度应符合设计要求；当设计无具体要求时，混凝土强度应符合规定。

检查数量：全数检查。

检验方法：检查同条件养护试件强度试验报告。

（2）对后张法预应力混凝土结构构件，侧模宜在预应力张拉前拆除；底模支架的拆除应按施工技术方案执行，当无具体要求时，不应在结构构件建立预应力前拆除。

检查数量：全数检查。

检验方法：观察。

（3）后浇带模板的拆除和支顶应按施工技术方案执行。

检查数量：全数检查。

检验方法：观察。

（4）侧模拆除时的混凝土强度应能保证其表面及棱角不受损伤。

检查数量：全数检查。

检验方法：观察。

（5）模板拆除时，不应对楼层形成冲击荷载。拆除的模板和支架宜分散堆放并及时清运。

检查数量：全数检查。

检验方法：观察。

8.8.4 模架拆除前必须有交底

（1）模板拆除要点

1）侧模拆除：在混凝土强度能保证其表面及棱角不因拆除模板而受损后，方可拆除。

2）底模及冬期施工模板的拆除，必须执行现行国家标准《混凝土结构工程施工质量验收规范》GB 50204 的有关条款。作业班组必须进行拆模申请，经技术部门批准后方可拆除。

3）已拆除模板及支架的结构，在混凝土达到设计强度等级后方允许承受全部使用荷载；当施工荷载所产生的效应比使用荷载的效应更不利时，必须经核算，加设临时支撑。

（2）拆装模板的顺序和方法

1）应按照配板设计的规定进行。若无设计规定时，应遵循先支后拆，后支先拆；先拆不承重部分的模板，后拆承重部分的模板；自上而下，支架先拆侧向支撑，后拆竖向支撑等原则。

2）模板工程作业组织，应遵循支模与拆模统由一个作业班组执行作业。其好处是：支模就考虑拆模的方便与安全，拆模时，人员熟知情况，易找到拆模关键点位，对拆模进度、安全、模板及配件的保护都有利。

（3）楼板、梁模板拆除

1）拆除支架部分水平拉杆和剪刀撑，以便作业。而后拆除梁与楼板模板的连接角模及梁侧模板，以使两相邻模板断开。

2）下调支柱顶托螺杆后，模板与木楞脱开。然后用钢钎轻轻撬动模板，拆下第一块，之后逐块逐段拆除，切不可用钢棒或铁锤猛击乱撬。每块模板拆下时，或用人工托扶放于地上，或将支柱顶托螺杆再下调相等高度，在原有木楞上适量搭设脚手板，以托住拆下的模板。严禁使拆下的模板自由坠落于地面。

3）拆除梁底模板的方法大致与楼板模板相同，但拆除跨度较大的梁底模板时，应从跨中开始下调支柱顶托螺杆，然后向两端逐根下调支柱顶托螺杆后，模板与木楞脱开；然后用钢钎轻轻撬动模板，拆下第一块，再逐块逐段拆除。拆除梁底模支柱时，亦从跨中向两端作业。

（4）柱模拆除要点

1）拆除柱模时，应自上而下、分层拆除。拆除第一层时，用木槌或带橡皮垫的锤向外侧轻击模板上口，使之松动，脱离柱混凝土。依次拆下一层模板时，要轻击模边肋，切不可用撬棍从柱角撬离。拆掉的模板及配件用滑板滑到地面或用绳子绑扎吊下。

2）拆除柱模板时，要从上口向外侧轻击和轻撬连接角模，使之松动。要适当加设临时支撑或在柱上口留一个松动穿墙螺栓，以防整片柱模倾倒伤人。

（5）应注意的安全质量问题

1）拆除模板必须经过项目经理、技术负责人同意后，方可进行拆除。严禁未经技术人员批准私自拆除、蛮干。

2）拆除中必须保证不能缺棱掉角，保证棱角的完整。不得破坏混凝土表面观感，不得硬砸硬撬破坏模板，影响下次再用的利用率。

3）高度大于3m的梁、板应先搭设牢固的操作平台，操作平台板要满铺，探头板不得大于20cm和小于10cm。

4）洞口临边、楼板、屋面临边、悬挑结构、大跨度结构、基础边坡的支护的模板搭、拆前必须有工地技术人员的指导，对拆模可能坠落的部位的设备、设施、人员、电源线、道路、通道等都必须认真清场或采取有效的安全防护措施，并做好班前安全活动记录。

5）模板搭、拆作业人员必须使用安全带，拆除电梯井内或在边沿拆除必须先采用木板防护盖严密后方可进行拆除，作业前还必须检查临边的安全防护措施，如栏杆、安全网、外墙脚手架步距上铺板等。临边安全设施不完善必须整改合格后才准进行拆除。

6）拆除模板的操作应按顺序分段进行，严禁猛撬、硬砸或大面积撬落和拉倒，停歇或下班前的拆模作业面不得留下松动和悬挂的模板。

7）拆除檐口、阳台等危险部位的模板时，底下应有架子、安全网和挂安全带操作，并尽量做到模板不掉到架子和安全网上。少量掉落在架子、安全网上的模板应及时清理。

8）拆模前，上下及周围设围栏或警示标志，重要通道应设专人看护，禁止非工作人员入内。

9）拆除模板的顺序按自上而下，从里而外，先拆掉支模的水平和斜拉结构，后拆模板支撑，梁应先拆侧模后拆底模，拆模人应站在一侧，不得站在拆模下方，几个人同时拆模时，应检查站立部位承载能力，操作时互相协调并注意相互间安全距离，保证安全操作。

10）拆模下方不得有他人交叉作业，否则应错开位置操作。

11）拆除阴暗和视线差的角落时应接好照明灯具，当拆除到灯具旁应先移开，以防砸坏灯具和电源线造成漏电危险。

12）拆除薄腹梁时应随拆随加支撑顶牢，延长混凝土构件下方支撑时间和养护期。

13）拆下的模板应及时运到指定的地点集中堆放清理，防止钉子扎脚伤人，做好文明施工。